中国石化员工培训教材

油气管道保护工

中国石化员工培训教材编审指导委员会　组织编写
本书主编　廖渊文　熊道英

中国石化出版社

内　容　提　要

《油气管道保护工》为中国石化员工培训教材系列之一，本书共分六篇：基础知识、管道防腐层、阴极保护、水工保护、管道施工和综合管理。主要途述了成品油储运基本知识、金属腐蚀与防护基础知识、电工基础和检测仪器、安全及环境保护知识；管道外防腐层、防腐层施工技术、防腐层管理、防腐层检测技术；阴极保护原理、牺牲阳极阴极保护、强制电流阴极保护、杂散电流干扰及其防护、阴极保护技术管理；常用的建筑材料、水工保护设施的设计、典型敷设方式下的防护、水工保护工程的施工、水工保护工程造价管理；管理施工基础知识、管道施工基本工艺、穿跨越施工方法；管道保护法律法规管道管理、成品油管道通信线路保护知识。

本书是油气管道人员进行员工岗位技能培训的必备教材，亦可作为油气仓储管理人员、工艺操作人员的辅助参考书。

图书在版编目(CIP)数据

油气管道保护工／廖渊文，熊道英主编．
—北京：中国石化出版社，2012.12(2017.4 重印)
ISBN 978-7-5114-1802-9

Ⅰ.①油…　Ⅱ.①廖…　②熊…　Ⅲ.①石油管道-保护　②天然气管道-保护　Ⅳ.①TE973

中国版本图书馆 CIP 数据核字(2012)第 251340 号

中国石化出版社出版发行

地址：北京市朝阳区吉市口路 9 号
邮编：100020　电话：(010)59964500
读者服务部电话：(010)59964526
http://www.sinopec-press.com
E-mail：press@sinopec.com
北京柏力行彩印有限公司印刷

*

787×1092 毫米 16 开本 23.75 印张 581 千字
2017 年 4 月第 1 版第 3 次印刷
定价：70.00 元

序

中国石化是上中下游一体化能源化工公司，经营规模大、业务链条长、员工数量多，在我国经济社会发展中具有举足轻重的作用。公司的发展，基础在队伍，关键在人才，根本在提高员工队伍整体素质。员工教育培训是建设高素质员工队伍的先导性、基础性、战略性工程，是加强人才队伍建设的重要途径。

当前，我们已开启了建设世界一流能源化工公司的新航程，加快转变发展方式的任务艰巨而繁重，这对进一步做好员工教育培训工作提出了新的更高要求。我们要以中国特色社会主义理论为指导，紧紧围绕企业改革发展、队伍建设和员工成长需要，以提高思想政治素质为根本，以能力建设为重点，积极构建符合中国石化实际的培训体系，加大重点和骨干人才培训力度，深入推进全员培训，不断提高教育培训的质量和效益，为打造世界一流提供有力的人才保证和智力支持。

培训教材是员工学习的工具。加强培训教材建设，能够有效反映和传递公司战略思想和企业文化，推动企业全员学习，促进学习型企业建设。中国石化员工培训教材编审指导委员会组织编写的这套系列教材，较好地反映了集团公司经营管理目标要求，总结了全体员工在实践中创造的好经验好做法，梳理了有关岗位工作职责和工作流程，分析研究了面临的新技术、新情况、新问题等，在此基础上进行了完善提升，具有很强的实践性、实用性和较高的理论性、思想性。这套系列培训教材的开发和出版，对推动全体员工进一步加强学习，进而提高全体员工的理论素养、知识水平和业务能力具有重要的意义。

学习的目的在于运用，希望全体员工大力弘扬理论联系实际的优良学风，紧密结合企业发展环境的新变化、新进展、新情况，学好用好培训教材，不断提高解决实际问题、做好本职工作的能力，真正做到学以致用、知行合一，把学习培训的成果切实转变为推进工作、促进改革创新的实际行动，为建设世界一流能源化工公司作出积极的贡献。

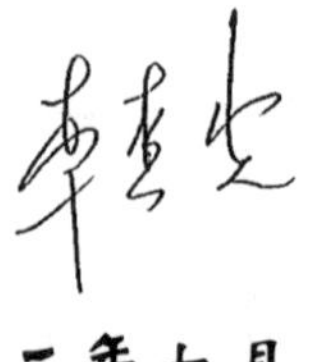

二〇一二年七月十六日

前言

根据中国石化发展战略要求，为加强培训资源建设、推进全员培训的深入开展，集团公司人事部组织梳理了近些年培训教材开发成果，调研了企业培训教材需求，开展了中国石化员工培训课程体系研究。在此基础上，按职业素养、综合管理、专业技术、技能操作、国际化业务、新员工等六类，组织编写覆盖石油石化主要业务的系列培训教材，初步构建起中国石化特色的培训教材体系。这套系列教材围绕中国石化发展战略、队伍建设和员工成长的需要，以提高全体员工履行岗位职责的能力为重点，把研究和解决生产经营、改革发展面临的新挑战、新情况、新问题作为重要目标，把全体员工在实践中创造的好经验好做法作为重要内容，具有较强的实践性、针对性。这套培训教材的开发工作由中国石化员工培训教材编审指导委员会组织，集团公司人事部统筹协调，总部各业务部门分工负责专业指导和质量把关，主编单位负责组织培训教材编写。在培训教材开发和编写的过程中，上下协同、团结合作，各级领导给予了高度重视和支持，许多管理专家、技术骨干、技能操作能手为培训教材编写贡献了智慧、付出了辛勤的劳动。

《油气管道保护工》为员工培训类型的教材，在编写时，主要结合成品油管道保护工作实际，从油气管道保护工日常需要掌握的基础知识和技能出发，深入浅出地阐述了管道防腐、阴极保护、水工保护、管道施工等方面的知识。全书共6篇，分为基础知识、管道防腐层、阴极保护、水工保护、管道施工和综合管理。

《油气管道保护工》教材由销售华南分公司负责组织编写，主编廖渊文、熊道英（销售华南分公司），参加编写的单位有销售华北分公司、销售华东分公司。王喜、刘静、刘军、林武斌（销售华南分公司）主要编写了第1篇，熊道英（销售华南分公司）编写了第2篇，窦志宽（销售华北分公司）编写了第3篇，宋红波（销售华南分公司）编写了第4篇，廖渊文、肖霄（销售华南分公司）编写了第5篇，邓海波、何勇君（销售华南分公司）、张永新（销售华东分公司）编写了第6篇；本教材已经由集团公司人事部组织审定通过，主审秦新言，参加审定的人员有廖渊文、熊道英、邓海波、林武斌、窦志宽、张永鑫，审定工作得到了油品销售事业部、销售华南分公司、销售华北分公司、销售华东分公司等的大力支持；中国石化出版社对教材的编写和出版工作给予了通力协作和配合，在此一并表示感谢。

由于本教材涵盖的内容较多，不同企业之间也存在着差别，编写难度较大，加之编写时间紧迫，不足之处在所难免，敬请各使用单位及个人对教材提出宝贵意见和建议，以便教材修订时补充更正。

目　　录

第1篇　基础知识

第2篇 管道防腐层

第3篇 阴极保护

第5篇　管道施工

第6篇 综合管理

第 1 篇
基础知识

第1章　成品油储运基本知识

1.1　成品油知识

1.1.1　成品油的分类及化学组成

成品油是指汽油、柴油、煤油及其他符合国家产品质量标准、具有相同用途的乙醇汽油和生物柴油等替代燃料。

汽油，主要成分是 $C_4 \sim C_{12}$烃类，为混合烃类物品之一。汽油是一种无色或淡黄色、易挥发和易燃液体，具有特殊臭味。汽油不溶于水，易溶于苯、二硫化碳和醇。

柴油是由原油、页岩油等经直馏或裂化等过程制得的一种油质产物，它的主要成分是含10~22个碳原子的链烷、环烷或芳烃。柴油是沸点范围和黏度介于煤油与润滑油之间的液态石油馏分，易燃易挥发，不溶于水，易溶于醇和其他有机溶剂。

煤油纯品为无色透明液体，含有杂质时呈淡黄色，略具臭味。煤油不溶于水，易溶于醇和其他有机溶剂，易挥发，易燃。煤油因品种不同含有烷烃28%~48%，芳烃20%~50%或8%~15%，不饱和烃1%~6%，环烃17%~44%。碳原子数为11~16。此外，还有少量的杂质，如硫化物(硫醇)、胶质等。

1.1.2　成品油的理化性质

各种汽油的组分有不同，所以它们的理化常数也不一样，有一定的幅度，比如：馏程为30~205℃，沸点为40~200℃，闪点为-58~10℃，相对密度为0.67~0.71g/mL，爆炸极限约为1.3%~6%，热值约为44000kJ/kg。汽油的密度因季节气候不同会有略微变化，平均如下：90号汽油的平均密度为0.72g/mL；93号汽油的密度为0.725g/mL；97号汽油的密度为0.737g/mL。闪点是表示汽油蒸发和安全性能的指标。闪点过低，则说明汽油中混有少许轻质油，将对汽油贮存、运输、使用以及发生交通事故后的安全性带来极大的安全隐患，因此国家标准严格规定的闪点值为≥55℃。

柴油的化学和物理特性位于汽油和重油之间，柴油的凝点是指油品在规定条件下冷却至丧失流动性时的最高温度。柴油中正构烷烃含量多且沸点高时，凝点也高。一般选用柴油要求凝点低于环境温度3~5℃。柴油的相对密度为0.81~0.86g/mL，柴油分为轻柴油(沸点范围约180~370℃)和重柴油(沸点范围约350~410℃)两大类。比起汽油来，柴油含更多的杂质，它燃烧时也更容易产生烟灰，造成空气污染。

煤油的平均相对分子质量在200~250之间。密度大于0.84g/mL，闪点在40℃以上。煤油挥发后与空气混合形成爆炸性的混合气，爆炸极限为2%~3%。煤油燃烧完全，亮度足，火焰稳定，不冒黑烟，不结灯花，无明显异味，对环境污染小。

1.2 成品油管道的输油工艺

1.2.1 成品油管道的输油工艺

1. 成品油管道的基本构成

成品油管道由站场、线路和辅助系统构成。

成品油管道的站场分为首站、中间分输泵站、中间泵站、中间分输站、末站、集输站等。

成品油管道的线路部分包括管道本身、管线阀室、通过河流、山谷、铁路、公路的穿(跨)越构筑物、阴极保护设施以及沿线的简易公路。

成品油管道由钢管焊接而成，除跨越段外全线一般都埋地敷设。为防止土壤对钢管的腐蚀，管外包有防腐绝缘层，并采用外加电流阴极保护措施。每隔一定距离设有截断阀门，进、出站处及大型穿(跨)越构筑物两端也有截断阀门，一旦发生事故可以关闭，及时截断管道内介质流动，防止事故扩大和便于抢修。

调度控制中心及 SCADA 系统是输油管道的神经中枢，通常由全线中心控制、站场控制和就地控制三级组成。它对全线各个站场、关键设备进行远距离数据采集、传输和记录、处理，对管道进行监控、统一调度和控制。具有报警、联锁保护、紧急关断等安全保护功能。

成品油管道的辅助设施有通讯系统、供电系统、消防系统、报警系统(火灾)等。

2. 成品油管道的水力特性

成品油输油管道主要由输油站和管路两部分组成。输油站的作用是向管道输入油品，并给油流供应压力能，克服油流流动的各种阻力损失，以维持管道内油品的流动。根据输油站位置和作用的不同，沿油品流动方向，输油站分为首站、中间站和末站。在首站向管路输入的油品，经中间站加压，最后到达末站，在末站进行贮存、中转或销售等。

(1) 管道的工作特性。管道的工作特性系指管径、管长(L)一定的某管道，输送性质一定的某种油品时，管道压降 H 随流量 Q 变化的关系。其数学关系式为：

$$H = \beta \frac{\nu^m L}{d^{5-m}} Q^{2-m} + \frac{8\zeta}{\pi^2 d^4 g} Q^2 + (Z_Z - Z_Q) \qquad (1-1)$$

式中 $\beta \frac{\nu^m L}{d^{5-m}} Q^{2-m}$ ——管道沿程摩擦阻力；

$\frac{8\zeta}{\pi^2 d^4 g} Q^2$ ——管道局部摩擦阻力；

$Z_Z - Z_Q$——管道高程差。

由于长距离管道上局部阻力总是占很少的一部分，式(1-1)的第二项可以忽略不计。式(1-1)可用图 1-1 的曲线表示，该曲线就称为管道的工作特性曲线。当高程差 $\Delta Z = 0$ 时，管道的特性曲线通过坐标原点；当 $\Delta Z \neq 0$ 时，纵坐标上的截距即为 ΔZ 值；当 $\Delta Z < 0$，曲线由低于坐标原点 ΔZ 处开始。随着流态变化，各区管道特性曲线的曲率也相应变化。实际应用中一般只画出管道实际流量单位的一段曲线，应用它来定性分析管道摩阻的变化情况较为直观、方便。也可用图解法确定泵与管道系统的工作点。

一条管道(d、L、ΔZ 一定)，输送一种油品(ν 一定)时，有一条一定的特性曲线。当 d、

L、ΔZ 和 ν 中有一参数发生变化时，就有另一条特性曲线。例如，同一管道，当所输油品黏度不同，或管道阀件截流程度不同时，管道特性曲线的陡度就不同。黏度愈大、节流愈多，管道特性曲线愈陡。不同的管道，管径愈小、管道愈长时，管道特性曲线愈陡。

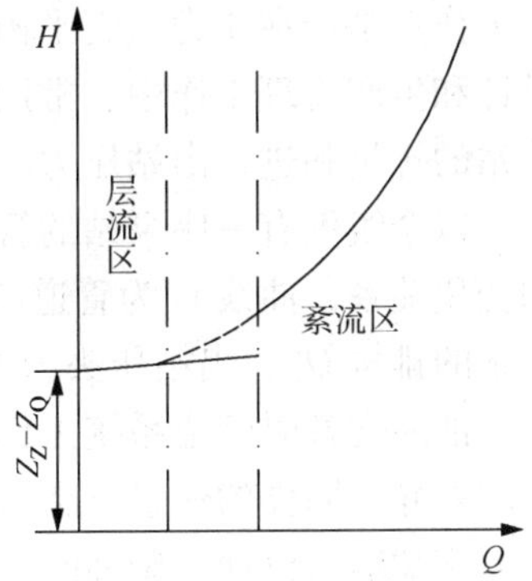

图 1－1　管道的工作特性曲线

（2）输油泵工作特性。离心输油泵的工作特性是指泵所输出的流量 Q 和提供的压头 H 之间的关系，可以用 $H=f(Q)$ 之间的数学关系式或曲线表示。

① 固定转速离心泵的工作特性。在恒定转速下，泵的扬程与排量的变化关系称为泵的工作特性。

对固定转速的离心泵机组，可以由实测的几组扬程、排量数据，用最小二乘法回归得到泵机组的特性方程 $H=f(Q)$，为便于长输管道的应用，可近似表示为：

$$H=a-bQ^{2-m} \tag{1-2}$$

式中　H——离心泵扬程，m 液柱；

Q——离心泵排量，m^3/h；

a、b——常数；

m——管道流量－压降公式（即列宾宗公式）中的指数，在水力光滑区内 $m=0.25$，混合摩擦区中 $m=0.123$。

对于在目前长输管道上使用的离心泵机组，在水力光滑区或混合摩擦区计算中，上式的回归结果与实测特性的误差一般小于 2%。

② 调速泵的工作特性。调速离心泵的转速，可以改变泵的工作特性，进而调节泵的排量和扬程。泵机组的调速措施可分为两类：一类是通过改变原动机的转速实现泵机组调速，柴油机和燃气轮机都具有调速功能，电动机可以用变频方法改变转速；另一类是通过安装在原动机与离心泵之间的调速器改变泵的转速。调速器的传动效率正比于其变速比，调速范围越大，传动效率越低。转速变化后的泵特性可用下式描述：

$$H=a\left(\frac{n}{n_0}\right)^2-b\left(\frac{n}{n_0}\right)^m Q^{2-m} \tag{1-3}$$

式中　n——调速后泵的转速，r/min；

n_0——调速前泵的转速，r/min；

a、b——对应于转速 n_0 时，泵特性方程中的两个常系数。

（3）泵站工作综合特性。泵站的工作特性指泵站的排量和扬程的相互关系。根据泵机组的组合方式，一般离心泵站的 $Q-H$ 特性也可以类似于描述泵特性的二次方程来描述。

$$H_C=A-BQ^{2-m} \tag{1-4}$$

式中　H_C——泵站扬程，m 液柱；

Q——泵站排量，m^3/s；

A、B——由离心泵特性及组合方式确定的常数。

（4）泵站－管道系统工作特性。在长输管道系统中，泵站和管道组成了一个统一的水力系统，管道所消耗的能量必须等于泵站所提供的压力能，即二者必然会保持能量供求的平衡关系。管道的流量就是泵站的排量，泵站的总扬程就是管道需要的总压能，泵站－管道系统的工作点是指在压力供需平衡条件下，管道流量与泵站进、出站压力等参数之间的关系。在设计和生产管理工作中，常用作泵站特性曲线和管道特性曲线并求二者交点的方法，来确定泵站的排量和进、出站压力。

以全线仅有一座泵站的管道系统为例，如图 1－2 所示，曲线 C 为泵站出站压头随排量的变化关系，曲线 G 为管道特性曲线，忽略进站压头，二者的交点称为系统的工作点，即泵站的排量 Q_A，出站压头为 H_A。

油品交替时管道系统工作点的变化如下：顺序输送管道中，不同油品过泵时，由于其密度的差异，同样的输量下会引起泵出口压力的变化，从而会引起管道系统工作点的变化。

交替输送汽油和柴油时，工作点的变化可用图 1－3 来近似表示。

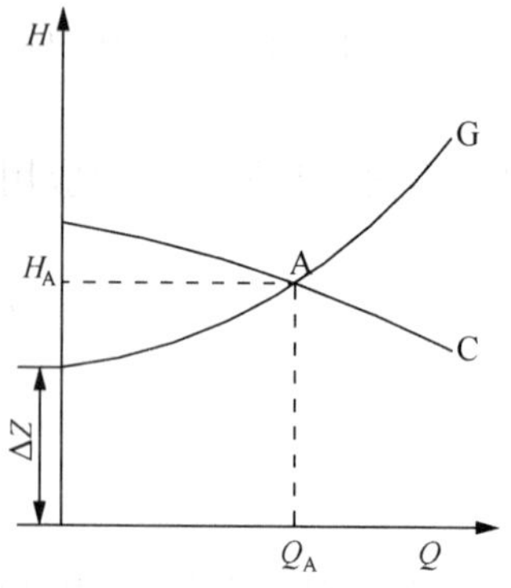

图 1－2　泵站与管道工作点

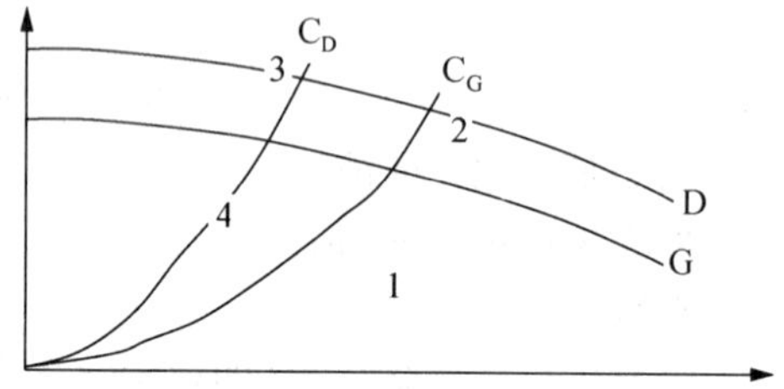

图 1－3　柴油和汽油交替过泵时，管道系统工作点的变化

当管道输送汽油时，管道的工作点为 1；输送柴油时，管道的工作点为 3。

泵站内油品交替时，泵的输油能力会突然变化，从而在管内引起瞬变流动过程。由于混油界面通过离心泵的时间很短，可以认为这种扰动是瞬间完成的，管道系统因这种扰动引起的瞬变时间也是很短的，因此，忽略这种瞬变过程的影响，近似地用图 1－3 来解释油品交替过泵后管道系统水力特性的影响。

当柴油顶汽油时，站内离心泵机组内很快就被柴油充满，泵特性曲线由 G 变为 D，而这时管线内仍为汽油，所以管道特性曲线仍为 C_G，此时系统的工作点由 1 变为 2，即泵的排量和出口压力均突然升高。随着管内柴油长度的逐渐增加，管道特性曲线逐渐由 C_G 向 C_D 移动，直到管线内全部充满柴油，系统的工作点就稳定在点 3。该过程表现为泵的排量逐渐减小，出口压力逐渐升高的渐变过程，变化所需的时间与管道的长度和泵的排量有关，一般在几小时到十几小时之间。

当汽油顶柴油时，站内离心泵机组内很快就被汽油充满，泵特性曲线由 D 变为 G，而这时管线内仍为柴油，所以管道特性曲线仍为 C_D，此时系统的工作点由 3 变为 4，即泵的排量和出口压力均突然下降。随着管内汽油长度的逐渐增加，管道特性曲线逐渐由 C_D 向 C_G 移动，直到管线内全部充满汽油，系统的工作点就稳定在点 1。

因此，在两种油品交替输送过程中，泵站的系统工作点将经历由点 1→2→3 和 3→4→1 的跃变→渐变过程。

3. 成品油管道的输送特点

成品油管道与原油管道相比除了是常温输送管道外，还具有以下特点：

（1）输送介质——成品油是最终产品。从管道中卸出就可以直接进入销售点的油库，或进入航空港，所有成品油管道顺序输送中产生的混油段，都必须经过处理达到质量标准才能交油。因此成品油管道对所输介质的要求比原油管道严格得多。

(2) 常采用密闭顺序输送。成品油管道必须严格防止产生混油，不可以采用旁接罐流程。顺序输送中不同油品的排序很严格，排序的基本原则是按同类油品和密度相近的顺序排列，但仍会有不同种类的油品顺序排列问题。

(3) 服务于市场。成品油管道具有服务于市场的特点，而市场是在竞争中变化的，管道输量大，又是单向运输，运输费用低于铁路和公路，同样的油品运价低、油价就低，因而具有很强的竞争力。成品油管道的风险在于误操作而使混油量增加。成品油管道的操作必须严谨，这是由成品油管道的性质决定的。

(4) 顺序输送时会产生混油。在顺序输送管道中，当两种油品交替时，在接触区内两种油品混合，会形成一段混油。产生的混油在物理化学性质上与所输的两种油品都不同。顺序输送时产生的无法直接销售的混油量，不仅取决于两种油品的物理化学性质，而且与交替过程管内油品的流动状态、输送顺序和管道长度等因素有关。油品性质愈接近，两种油品互相允许的混入量就越大，产生的无法直接销售的混油量就越少。因而一般总是选择性质相近的几种油品进行顺序输送，并把性质相近的两种油品相邻输送，尽可能地减少混油损失。

(5) 混油的处理。在管道终点，一般把两种油品顺序输送时产生的混油分为混油头、混油尾和混油段三部分。一般把混油头切入前行油品罐中，混油尾切入后行油品罐中，把中间的混油段切入专用的混油罐中。这些混油或者重新加工，或者降级使用。切入纯净油罐中的混油，经调和后达到质量指标后对外销售。如果两种油品性质越接近，油品的主要物理化学性质指标的质量潜力越大，允许混入的另一种油品的量就越大，即混油头、混油尾的长度越长，中间混油段越短。有时可以把混油分两段切割，分别切入两种纯油罐中，分别与两种纯净油品进行调和后出售。

(6) 界面跟踪监测复杂。界面跟踪监测是成品油管道特有的一项工作，由于所输送的是最终产品，如果忽略了混油段界面的跟踪，将混油当作纯净油品输送给了分输站，将是很严重的事故，因此必须严密地跟踪监视界面所在位置。测定各批次油品界面的准确位置，要依靠各站密度计的监测，以及对管道的进油量和下载量的监测，通过计算机的精密计算和总调度室的界面跟踪等多项手段的综合判断，来实现对混油界面的跟踪监测。

1.2.2 成品油管道的工艺流程

管道系统常用的输油工艺有“从罐到罐”、“旁接油罐”和“从泵到泵”三种，如图1-4所示。

1.“从罐到罐”式输送工艺

“从罐到罐”式输送工艺是上站来油全部进入油罐，再通过油罐向下游站场输送的输油工艺，蒸发损耗大。

2.“旁接油罐”式输油工艺

“旁接油罐”式输送工艺是上站来油可进入泵站的输油泵，也可同时进入油罐的输油工艺，油罐通过旁路连接到干线上，当本输油站与上下两站的输量不平衡时，油罐起缓冲作用。其特点是：

(1) 各管段输量可以不相等，油罐起调节作用。

(2) 各管段单独成为一水力系统，有利于运行参数的调节和减少站间的相互影响。

(3) 与“从泵到泵”方式相比，不需要较高精度的自动调节系统，操作简单。

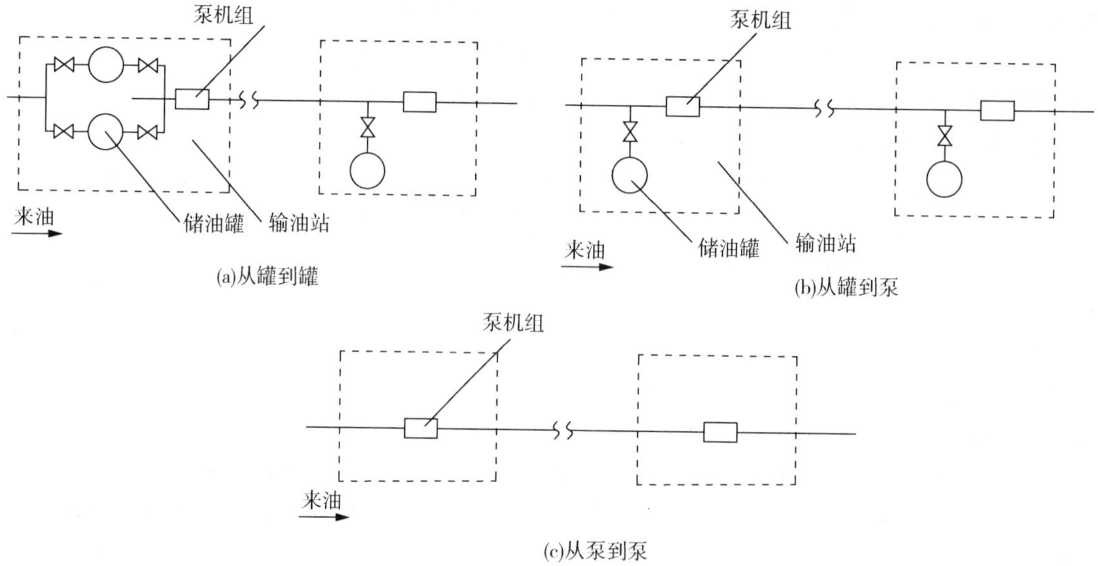

图 1－4　管道系统工艺流程

3.“从泵到泵”密闭式输油工艺

“从泵到泵”输油也称为“密闭输送”工艺，在这种输油工艺中，中间输油站不设供缓冲用的油罐，上站来油全部直接进泵。其特点是：

（1）可基本上消除中间站的轻质油蒸发损耗。

（2）整个管道构成一个统一的水力系统，可充分利用上游余压，减少节流损失，它要求各站必须有可靠的自动调节和保护装置。

（3）工艺流程简单。

目前，成品油管道普遍采用“密闭输送”的工艺流程。

1.2.3　管道运行主要控制参数

对于长输成品油管道来说，操作控制的指标是压力和流量。

1. 管线压力控制

压力控制对管道安全平稳运行至关重要。压力控制是确保管道平稳运行的基本要素。操作人员必须控制以下压力：

（1）泵站的最大出站压力必须低于管线的最大允许运行压力（MAOP）。

（2）泵的入口压力必须高于泵的气蚀余量，高于设计要求的泵入口压力值。

（3）管线中任一点的压力必须高于所输液体的蒸气压，同时低于管道的最大允许运行压力。

（4）对于站内管道压力不得超过设计要求的压力范围。

控制这些参数对于保持管道的完整性、防止设备损坏很重要。

2. 管线流量控制

在管道运行过程中，要求各站的出站流量不能低于运行泵的最小连续稳定流量，同时不得低于每段管段的最小流量，最大不能造成运行泵电机超电流。

为防止在管线运行操作调节过程中压力、流量波动过大，影响管线的安全平稳运行，因此要限制不同工况下调节阀的最大调节幅度值和最小调节频率。

在进行全线停输时，应逐步调整沿线各站场的进站压力，逐步降低管线中的流量，以保证沿线高点不汽化。因为管内油品界面位置是随时变化的，每次停输时各站控制压力也就不一样，总的原则是确保管道和站场不超压的情况下，将高点压力控制在0.2MPa以上。

1.3 成品油管道的特点及组成

1.3.1 成品油管道的特点

长距离输油管道主要由输油站和管道线路两大部分组成，其基本功能是将介质保质、保量，安全经济地输送到目的地。随着科学技术的不断发展，输油管道逐步取代了传统的内航、铁路和汽车的运输，成为一种新型的运输手段。其适用范围不断扩大，形成管道输送网络，优越性日益明显，有效地解决了油品运输难的问题，释放了大量的传统运力。目前国内的成品油管道均采用了国际上先进成熟的技术和工艺，使油品输送不受气候、交通条件影响，具有安全、环保、节能、高效、连续的特点。

1. 输油管道距离长

输油管道由于距离长，当输送油品时，全线所需的压力可能达到10MPa，由于管道和泵的强度以及原动机的功率所限，不可能在管道起点由泵一次把压力提高到足以满足全线的能量消耗，因而，必须在管道沿线设置若干个输油站，逐段加压，接力传送，才能安全经济地完成油品输送任务。所以输油管道设有首站、中间站和末站。

2. 影响因素复杂

输油管道线路是输油系统的重要组成部分，输油站的设计是根据工程建设的目的和市场需要，结合沿线城市、工矿企业、交通、电力、水利等建设现状规划，以及沿途地区的地形、地貌、地质、水文、气象、地震等自然条件，考虑运行安全和施工便利等情况来确定线路的走向。输油管道经过地区的地形地貌复杂，有平原、丘陵、高原山地、城镇人口密集区，且穿越江河、冲沟、铁路、公路繁多，这些给生产运营过程中的管理带来很大的困难。

3. 埋设方式多样

输油管道一般采用埋地铺设，当受自然条件限制时，如经过江河、冲沟、山体等，也可采取管桥、悬索跨、隧道、大开挖沉管、定向钻顶管等方式穿(跨)越。

4. 管理难度大

成品油管道具有线路长、站库多、输送介质易燃易爆、输送压力高和连续输送等特点，所以除要求有先进可靠的设备和技术外，还需对生产运营过程和管道线路进行严格管理、精心维护，才能确保油品输送过程安全平稳。

1.3.2 成品油管道的组成

成品油管道组成主要包括钢管、阀门和相关附属设施。

1. 阀门

阀门是成品油管道的重要组成部分，阀门产品的种类繁多，在成品油管道中应用最多的是截断阀，主要用于截断或接通介质流。包括闸阀、截止阀、隔膜阀、球阀、旋塞阀、蝶阀、柱塞阀、球塞阀、针型仪表阀等。通常选用球阀。管道的线路截断阀主要采用两种连接方式：法兰连接和全焊接。

下面主要介绍球阀。

（1）球阀定义。球阀是由旋塞演变而来的，它的启闭件为一个球体，利用球体绕阀杆的轴线旋转90°实现开启和关闭的目的。球阀在管道上主要用于切断、分配和改变介质流动方向，设计成V形开口的球阀还具有良好的流量调节功能。

（2）球阀的优点。球阀不仅结构简单、密封性能好，而且在一定的公称通径范围内体积较小、质量轻、材料耗用少、安装尺寸小，并且驱动力矩小，操作简便，易于实现快速启闭。

（3）球阀工作原理。球阀的阀体内有两个密封阀座（含软密封），在它们之间夹紧一个球体。球体借助于阀杆可以自由地在阀座密封中旋转，球孔垂直于阀门的通道，靠加给两阀座的预紧力和介质压力将阀座密封圈紧紧压在球体上，从而保证阀门完全密封。

2. 管材（见管道施工篇）

1.3.3 成品油管道沿线设施

管道沿线的附属设施有：固定墩、阀室、五桩（里程桩、拐角桩、测试桩、标志桩、光缆接头盒标志桩）、警示牌、水工保护等。

1. 管道的固定墩

（1）目的与作用。输油管道由于气温或输油介质温度的变化或压力的作用，将会产生轴向力而挤压推挤管道等设备，造成管道变形或失稳。因此，在地下管道出土进入泵房或阀室的地方和某些地下管道弯头的两侧或改变管径处，常需设置锚固墩或其他锚固件以限制轴向力的作用，保护设备、管件和保持管道的轴向稳定。

（2）锚固墩的形式。锚固墩一般是用混凝土或钢筋混凝土制成。管道通过止推件牢固地锚固定于支墩上。可以分为上托式、预埋式和卡式。埋地管道通常采用预埋式。

2. 线路截断阀室

（1）设置线路截断阀的目的。为了方便管道的维修和抢修，减少事故时泄漏油品的损失和危害程度，需在沿线每隔一定距离和特殊地段［如大修河流或特殊穿（跨）越管段两侧］设置线路截断阀。

（2）截断阀的间距及位置选择。阀的间距依管道所处的地区具体条件而异，人口密集区的间距约30km，人烟稀少地区可以加大间距。另外阀的位置应选择在地形开阔、地势较高、交通方便、便于施工和管理的地方。为避免遭到破坏或损害，阀需设保护装置。

3. 阀室安装形式

阀室的类型按其在地面或地下的位置分为地上式和半地下式两种。地上式阀室较半地下式阀室有通风良好、操作维修方便和室内无积水等优点，一般使用于地下水位较高地段。半地下式阀室则有工艺管线简单的优点。对于地下水位较低的干旱地区，也可采用直埋式截断阀。

第 2 章 金属腐蚀与防护基础知识

2.1 化学基本知识

2.1.1 无机化学基本知识

2.1.1.1 物质的组成

物质是由原子、分子、离子等基本微粒构成的。

1. 原子

原子是化学变化中的最小颗粒。也就是说，在化学反应中，不能把原子再进一步地分成更小的微粒了。

原子由居于原子中心的原子核和核外绕核作高速运转的电子构成。原子核由质子和中子构成，1 个质子带 1 个单位的正电荷，中子不带电。1 个电子带 1 个单位的负电荷。由于核内质子数等于核外电子数，因此原子是一种电中性颗粒。不同种类的原子，核内的质子数不同，核外的电子数也不同。不同原子的质量不同，如 1 个氢原子质量为 1.67×10^{-27}kg，1 个氧原子质量为 2.657×10^{-26}kg。由于原子质量数值太小，书写和使用都不方便，所以采用相对质量。氢的相对原子质量约为 1，氧的相对原子质量约为 16。

2. 分子

分子是保持物质化学性质的一种微粒，是由原子组成的，在化学反应中可以再分。例如：水分子(H_2O)在一定的条件下可以分成氢气(H_2)和氧气分子(O_2)。同种物质的分子性质相同，不同种物质的分子性质不相同。

3. 离子

离子是指带电的原子或原子团。在化学反应中，原子得到或失去电子后就生成离子。原子失去电子后生成的带正电荷的离子叫阳离子，如钠离子(Na^+)；原子得到电子后生成的带负电的离子叫阴离子，如氯离子(Cl^-)。阴阳离子由于静电作用而形成不带电性的化合物。

2.1.1.2 无机化合物

无机化合物与有机化合物对应，通常指不含碳元素的化合物，但包括碳的氧化物、碳酸盐、氢化物等，简称无机物。绝大多数的无机物可以归为氧化物、酸、碱和盐 4 大类。

1. 氧化物

氧化物是指由两种元素组成且其中一种是氧元素的化合物，如二氧化碳(CO_2)、氧化钙(CaO)等。根据化学性质不同，氧化物可分为酸性氧化物和碱性氧化物两大类。

2. 酸

酸是指在水溶液中电离出的阳离子全部都是氢离子的化合物。25℃时，酸性溶液的 pH 值小于 7。这类物质大部分易溶于水中，酸的水溶液一般可导电，根据酸在水溶液中电离度的大小，有强酸和弱酸之分。一般认为，强酸在水溶液中完全电离，如盐酸、硝酸。弱酸在水溶液中部分电离，如碳酸。酸的用途很广，许多工业和实验室都要用到酸，常用的有硫酸、盐酸、硝酸等。

3. 碱

碱是在水溶液中电离时所有阴离子都是氢氧根离子（OH^-）的化合物。25℃时，碱性溶液的pH值大于7。碱与酸反应能形成盐和水。碱也有强弱之分，除氢氧化钠等少数几种碱外，大部分碱基本上都难溶于水。常见的碱有氢氧化钠（俗称烧碱、苛性钠）、氢氧化钙（俗称熟石灰）、氢氧化铵（俗称氨水）等。

4. 盐

盐是由正电荷离子与负电荷离子所组成的中性离子化合物。可溶性盐的溶液有导电性，故可作为电解质。盐按照化学组成的不同可分为正盐、酸式盐、碱式盐、复盐和络盐等。

2.1.1.3 无机化学反应

无机化学反应的种类很多，比较常见的几种反应类型为化合反应、分解反应、置换反应和复分解反应。

1. 化合反应

化合反应指的是由两种或两种以上的物质生成一种新物质的反应。化合反应可表示为：$A+B=AB$。其中部分反应为氧化还原反应，部分为非氧化还原反应。绝大多数化合反应都是放热反应。例如常见的金属铝接触空气，它的表面便能立即生成一层致密的氧化膜，可阻止内层铝继续被氧化。反应式为：$4Al+3O_2 = 2Al_2O_3$。

2. 置换反应

置换反应是单质与化合物反应生成另外的单质和化合物的化学反应。置换反应可表示为：$A+BC=B+AC$。如金属锌与稀硫酸反应放出氢气的反应就是置换反应。反应式为：$Zn+H_2SO_4$（稀）$= ZnSO_4+H_2\uparrow$。常见的铝热反应就属于置换反应：$2Al+Fe_2O_3 = Al_2O_3+2Fe$（高温条件）。

3. 分解反应

分解反应是化合反应的逆反应。它是指一种化合物在特定条件下（如加热，通直流电，催化剂等）分解成两种或两种以上单质或化合物的化学反应。分解反应可表示为：$AB=A+B$。如在实验室用双氧水制氧气的反应就属于分解反应。反应式为：$2H_2O_2 = 2H_2O+O_2\uparrow$。高温下煅烧石灰石用于工业上制备二氧化碳的反应也是分解反应：$CaCO_3 = CaO+CO_2\uparrow$。

4. 复分解反应

复分解反应是由两种化合物互相交换成分，生成另外两种化合物的反应。复分解反应可表示为：$AB+CD=AD+CB$。复分解反应的本质是溶液中的离子结合成带电离的物质（如水）、难溶的物质或挥发性气体，而使复分解反应趋于完成。如氢硫酸（或硫化氢气体）与硫酸铜的反应：$H_2S+CuSO_4 = CuS\downarrow+H_2SO_4$。

2.1.2 有机化学基本知识

2.1.2.1 有机化合物的类型

有机化合物是含碳化合物（一氧化碳、二氧化碳、碳酸、碳酸盐、金属碳化物、氰化物除外）或碳氢化合物及其衍生物的总称。目前人类已知的有机物达上千万种，数量远远超过无机物，有机物是生命产生的物质基础。有机化合物的碳原子的结合能力非常强，可以互相结合成碳链或碳环。碳原子数量可以是一两个，也可以是几千、几万个，许多有机高分子化合物(聚合物)甚至可以有几十万个碳原子。此外，有机化合物中同分异构现象非常普遍，这也是有机化合物数目繁多的原因之一。

有机物种类繁多，可分为烃和烃的衍生物两大类。根据有机物分子中所含官能团的不同，又分为烷、烯、炔、芳香烃和醇、醛、羧酸、酯等。

1. 烃类

由碳和氢两种元素构成的一类有机化合物，亦称“碳氢化合物”。烃类按碳骨架不同可以分为以下类型。

(1) 脂肪烃。脂肪烃是一种开链的结构，脂肪烃有碳原子组成一条直链，周围连接上氢原子，也可以有支链结构。脂肪烃按结构和性质的不同，分为饱和烃与不饱和烃两类。烷烃即饱和烃，是只有C—C单键的链烃，是最简单的一类有机化合物。烷烃分子中，氢原子的数目达到最大值，它的通式为C_nH_{2n+2}。最简单的烷烃是甲烷。

不饱和烃是含有双键或三键的烃，如果各键没有被氢原子占满，富余的键会和其他碳原子组成双键或三键。不饱和烃的双键和三键不太牢固，比较容易断裂，所以不饱和烃有很大的化学活泼性，比较容易和其他物质反应。不饱和烃又分为烯烃和炔烃。

烯烃是指乙烯、丙烯、丁二烯等分子内具有一个以上双键结构的链形不饱和烃。烯烃一般通过石脑油裂解设备的裂解过程，再经过分离提取等工艺过程而生产出。其中乙烯是世界上产量最大的化学产品之一，乙烯工业是石油化工产业的核心，乙烯产品占石化产品的70%以上，在国民经济中占有重要的地位。

炔烃的官能团为碳碳三键($C\equiv C$)。简单的炔烃化合物有乙炔(C_2H_2)、丙炔(C_3H_4)等。因为乙炔在燃烧时放出大量的热，因此常被用来做焊接时的原料。

(2) 脂环烃。脂环烃是具有脂肪族性质的环烃，分子中含有闭合的碳环，但不含苯环。脂环烃也可含有两个以上的碳环，它们可用多种方式连接。最简单的脂环烃是环丙烷。脂环烃是不少重要药物的主要成分。

(3) 芳香烃。芳香烃是指分子结构中含有一个或者多个苯环的烃类化合物。最简单和最重要的芳烃是苯及其同系物甲苯、二甲苯、乙苯等。根据分子中所含苯环的数目以及苯环间的联结方式，可分为单环芳香烃、多环芳香烃、稠环芳香烃等。

2. 烃的衍生物

烃分子中的氢原子被其他原子或者原子团所取代而生成的一系列化合物称为烃的衍生物，其中取代氢原子的其他原子或原子团使烃的衍生物具有不同于相应烃的特殊性质，称为官能团。主要的烃的衍生物有以下几种：

(1) 醇。醇是脂肪烃、脂环烃或芳香烃侧链中的氢原子被羟基取代而成的化合物。若苯环上的氢原子被羟基取代后的生成物属于酚类。乙醇、甘油(1，2，3－丙三醇)是生活中常见的醇。

(2) 酚。芳香烃分子中苯环上的氢原子被羟基取代而成的化合物称作酚。根据酚分子中所含羟基的数目，可分为一元酚、二元酚和多元酚等。

(3) 醚。两个烃基通过一个氧原子连结而成的化合物称作醚。可用通式R－O－R′表示。

(4) 醛。醛是醛基(—CHO)和烃基(或氢原子)连接而成的化合物。醛基由一个碳原子、一个氢原子及一个双键氧原子组成。重要的醛有甲醛、乙醛等。

（5）羧酸。羧酸是由烃基和羧基相连构成的有机化合物。羧酸可以分为饱和酸和不饱和酸。低级脂肪酸是重要的化工原料，例如纯乙酸可制造人造纤维、塑料、香精、药物等。高级脂肪酸是油脂工业的基础。二元羧酸广泛用于纤维和塑料工业。某些芳香酸如苯甲酸、水杨酸等都具有多种重要的工业用途。羧酸还可以衍生出不少常见的其他化学物质，主要有酰卤、酸酐、酯和羧酸盐等。

烃的衍生物还有硝基化合物、胺、腈、重氮化合物、偶氮化合物、磺酸、氨基酸、肽、多肽、朊（蛋白质）、糖、高分子化合物等，在此不一一赘述。

2.1.2.2　有机化合物的性质

有机化合物具备挥发性大、熔点、沸点低的特点（熔点一般不超过400℃），且有机化合物大多水溶性差（大多不容或难溶于水，易溶于有机溶剂，如酒精、汽油、四氯化碳、乙醚、苯）。

有机化合物一般可燃性差，稳定性差（有机化合物常会因为温度、细菌、空气或光照的影响分解变质），应速率比较慢，反应产物复杂。总体来说，有机化合物除少数以外，一般都能燃烧。和无机物相比，它们的热稳定性比较差，电解质受热容易分解。

有机物之间的反应大多是分子间的反应，往往需要一定的活化能，因此反应缓慢，往往需要加入催化剂等方法。而且有机物的反应比较复杂，在同样条件下，一个化合物往往可以同时进行几个不同的反应，生成不同的产物。

2.1.2.3　有机化学反应

常见的有机化学反应类型如下。

1. 取代反应

有机分子里的某些原子或原子团被其他原子或原子团所代替的反应。如烷烃的卤化，苯及其同系物的卤化、硝化、磺化等。醇跟卤化氢反应、醇与酸的反应、醇脱水成醚的反应、卤代烃的水解、酯的水解等都是重要的取代反应。

2. 加成反应

有机分子里的不饱和碳原子跟其他原子或原子团直接结合成一种新有机物的反应叫加成反应。发生加成反应的物质主要有烯烃、炔烃、二烯烃、芳香族化合物、醛、酮、油脂等物质。其中烯、炔、二烯常见的加成物质是氢气、卤素单质、卤化氢和水。

3. 加聚反应

含有碳碳双键的不饱和有机物，以加成的方式相互结合，生成高分子化合物的反应叫加聚反应。发生加聚反应的有烯烃、二烯烃以及它们的衍生物，如丙烯酸、甲基丙烯酸甲酯等。

4. 缩聚反应

有机物单体间通过失去水分子等小分子形成高分子化合物的反应叫缩聚反应。

5. 消去反应

有机化合物在适当条件下，从一分子中脱去一个小分子（如水、卤化氢），而生成不饱和（含双链或叁键）化合物的反应称为消去反应。如醇的分子内脱水、卤代烃在 NaOH 的醇溶液里的反应。

6. 氧化反应

氧化反应就是有机物分子里“加氧”或“去氢”的反应。大部分有机物在空气中都可燃烧，这是属于剧烈的完全的氧化反应，这样的氧化反应，最终产物为 CO_2 和 H_2O。此外烯烃、炔烃、苯的同系物的侧链、醇、醛等可被某些氧化剂所氧化。

7. 还原反应

还原反应是有机物分子里“加氢”或“去氧”的反应，其中加氢反应又属加成反应。不饱和烃、芳香族化合物、醛、酮等都可进行加氢还原反应。

8. 水解反应

有机物跟水在一定条件下发生的反应叫水解反应。其实质是在有机物分子中引入羟基的反应，主要有卤代烃、酯、油脂、二糖、多糖、蛋白质的水解，在不同酸碱条件下，水解的程度不同，产物也有所不同。从本质上看，水解反应属于取代反应。

9. 显色反应

某些有机化合物与特定试剂反应，显示出特殊颜色的反应叫显色反应。如苯酚加入 $FeCl_3$ 溶液显紫色；淀粉遇碘溶液呈蓝色；蛋白质(分子中含苯环)与浓 HNO_3 反应后显黄色。利用这些反应，可鉴别或检验某些有机物。

10. 中和反应

有机酸或是有酸性的有机物跟碱作用生成盐和水的反应，叫做中和反应。特别需要指出的是苯酸具有弱酸性，可以跟 NaOH 溶液反应生成苯酸钠和水。此外，还有脱羧反应、裂化反应、裂解反应、酯化反应等反应类型。

2.2 金属腐蚀的基本原理

2.2.1 金属腐蚀的定义

1. 狭义的腐蚀定义

腐蚀“Corrosion”来自拉丁文“Corrode”，意为“损坏”、“腐烂”。腐蚀最初只局限于金属材料，日常生活所见到的铁生锈就是铁及铁基合金生成水含氧化铁为主的腐蚀。狭义的腐蚀定义为“金属和环境间的物理－化学相互作用，其结果是使金属性能发生变化，导致金属、环境及其构成的技术体系功能受到损伤”。这个定义明确指出了金属腐蚀是包括金属材料和环境介质两者在内的一个具有反应作用的体系。这个反应包括化学反应、电化学反应以及物理溶解作用等。金属要发生腐蚀必须有外部介质的作用，而且这种作用发生在金属与介质接触的界面上，不包括因单纯机械作用引起的金属磨损破坏。

存在金属材料与水溶液的情况下，所发生的反应通常具有电化学特征。

2. 广义的腐蚀定义

随着时代进步和科技发展，金属之外的其他材料，如非金属材料、高分子材料和复合材料等应用越来越广泛，这些材料在使用过程中同样会因环境作用发生功能损伤现象。广义的腐蚀包含所有的天然材料和人造材料，因此腐蚀的广义定义是“材料和环境发生化学或电化学作用而导致材料功能损伤的现象”。这个定义包含以下几个含义：

(1) 腐蚀研究着眼点在材料。腐蚀既导致材料损伤，又造成环境破坏。例如，食品或酒类生产、储运过程的容器材料，因腐蚀造成容器壁厚减薄、强度降低，但同时也可能导致食品或酒类受腐蚀产物污染而品质恶化。后者虽因腐蚀引起，但介质环境的变化一般称为污染，而不称为腐蚀。

（2）腐蚀是一种材料和环境间的反应，大多数是电化学反应，这是腐蚀和磨损现象的分界线。实际条件下腐蚀和磨损往往密不可分、同时发生。强调化学或电化学作用时称为腐蚀，强调力学或机械作用时则称为磨损。如两者作用相当，习惯上称为腐蚀磨损或磨损腐蚀，它们不仅包含腐蚀及磨损作用，还会产生复杂的交互作用。根据习惯，部分化学反应及少数物理过程也被当作腐蚀，如：铝在非电解质 CCl_4 中的腐蚀属于纯化学反应；金属在某些高温溶盐或液态金属中的腐蚀属于纯物理溶解；合金在液态金属中的物理熔解（存放熔解锌的钢容器，铁在高温下被液态锌熔解，使容器壁变薄）等。现代的金属腐蚀理论主要以电化学腐蚀（即以电化学反应为特征的腐蚀）为对象。

（3）腐蚀是材料的损伤。宏观上可表现为材料质量流失、强度等性质退化等；微观上可表现为材料相、价态或组织改变，主要靠这些变化来发现腐蚀或评价腐蚀程度。腐蚀一般指材料坏的变化，强化过程或好的变化习惯不称为腐蚀，如钢铁在一定气氛中热处理、材料表面三束（粒子束、电子束、激光束）改性等过程。这层含义有时比较含糊，例如铝、不锈钢材料表面氧化；半导体硅片蚀刻等，虽称为腐蚀，但其后果是有益的。

（4）腐蚀是渐渐发生的慢性过程。有报道称巴拿马运河海水中不锈钢闸门工作 10 年之后才出现点蚀；许多埋地管道运行 10 ~ 20 年后才出现事故多发期，这些都说明腐蚀过程之慢。材料和环境之间发展迅速的反应，如镁粉燃烧、火药爆炸等习惯上不叫腐蚀。这一点上腐蚀和磨损是相同的，均属于渐变过程。而造成材料损伤的另一种类型——“断裂”则不同，是裂纹由无到有、由小到大、从量变到质变，最终导致材料断裂的突变过程。

2.2.2　金属腐蚀的分类

根据不同的分类方法可以将金属腐蚀分为不同的类型，按照作用原理的不同可以分为化学腐蚀与电化学腐蚀；按照破坏形态的不同可以分为全面腐蚀和局部腐蚀。

2.2.2.1　化学腐蚀及电化学腐蚀

1. 化学腐蚀

化学腐蚀是指金属表面与非电解质直接发生纯化学作用而引起的破坏。它又可分为两种：

（1）气体腐蚀。一般是指金属在干燥气体中发生的腐蚀。例如，用氧气切割和焊接管道时在金属表面上产生氧化皮，是金属同氧气发生化学反应所致。

（2）在非电解质溶液中的腐蚀。例如金属能同某些有机液体（如苯、汽油）发生化学反应而腐蚀。

化学腐蚀是非电解质中的氧化剂直接与金属表面的原子相互作用，因此，其特点是在腐蚀过程中没有电流产生。

2. 电化学腐蚀

电化学腐蚀是指金属与电解质因发生电化学反应而产生的破坏。其特点是在腐蚀过程中有电流产生。油气管道在大气、海水、土壤等环境中的腐蚀均属电化学腐蚀。

电化学腐蚀可分为两种：

（1）原电池腐蚀。指金属在电解质溶液中形成原电池而发生的腐蚀。

（2）电解腐蚀。指外界的杂散电流使处在电解质溶液中的金属发生电解而形成的腐蚀。当管道受到外界的交、直流杂散电流的干扰，产生电解作用时，会形成这种类型的腐蚀。

2.2.2.2 全面腐蚀及局部腐蚀

1. 全面腐蚀

腐蚀分布在整个金属表面上，它可以是均匀的，也可以是不均匀的。钢铁构件在大气、海水及稀的还原性介质中的腐蚀一般属于全面腐蚀。

全面腐蚀是一种常见的腐蚀形态。其特征是腐蚀分布于金属整个表面，最终使材料变薄失强而损坏。全面腐蚀过程中，化学反应或电化学反应在暴露于介质的材料全部表面或大部分面积上基本均匀地进行。因此，又可分为均匀全面腐蚀和不均匀全面腐蚀。在全面腐蚀的电化学过程中，构成腐蚀原电池的阴极和阳极面积非常小，甚至用微观方法也不能辨认。各微阴极和微阳极的位置是变幻不定的，因为金属整个表面在电解质环境中都处于活化状态，只是表面各位置点的能量水平随时间和地点存在着变化和起伏，能量高处为阳极(电位相对较负)，能量低处为阴极(电位相对较正)，从而在它们之间构成了无数个微观的腐蚀原电池。通过这种不断变化的过程，从宏观上看来就使金属整个表面都遭到了腐蚀。在全面腐蚀过程中，金属表面不存在任何固定的阳极区和固定的阴极区。

全面腐蚀往往造成金属的大量损失，但从技术观点来看，这类腐蚀并不可怕，一般不会造成突发事故，其腐蚀速度较易测定，在工程设计时可预先考虑足够的腐蚀裕量，以防止设备装置发生过早的腐蚀而失效。采用电化学保护、添加缓蚀剂或采用其他的环境处理技术，选用耐蚀材料、施加涂镀层或其他表面改性技术以及合理的结构设计等，都可有效地控制材料或构件的全面腐蚀。

2. 局部腐蚀

腐蚀主要集中于金属表面某一区域，而表面的其他部分则几乎未被破坏。局部腐蚀的类型很多，主要有应力腐蚀、小孔腐蚀(点蚀)、晶间腐蚀、电偶腐蚀、缝隙腐蚀、腐蚀疲劳等。局部腐蚀的这几种重要类型会在管道腐蚀破坏的主要形式中进行详细介绍，在此不再赘述。

2.2.3 土壤腐蚀

油气管线大多埋设在各种类型的土壤中，因此，了解土壤的腐蚀规律，寻找有效的防腐途径具有很重要的实际意义。

2.2.3.1 土壤腐蚀的成因

(1) 土壤是由固态、液态、气态三相物质所组成的混合物，由土壤颗粒组成的固体骨架中充满着空气、水和不同的盐类。土壤中有水分和能进行离子导电的盐类存在，使土壤具有电解质溶液的特征，因而金属在土壤中会发生电化学腐蚀。

(2) 由于工业和民用用电有意或无意地排入或漏泄至大地，土壤中有杂散电流通过地下金属构筑物，因而发生电解作用，电解电池的阳极是遭受腐蚀的部位。

(3) 土壤中细菌作用而引起的腐蚀称为细菌腐蚀(或称微生物腐蚀)。

2.2.3.2 土壤性质对腐蚀过程的影响

土壤中含有多种矿物盐，其可溶盐的含量与成分是形成电解质溶液的主要因素。可溶盐的含量一般都在2%以内，个别情况下超过5% ~6%。土壤中分布最广的矿物盐是镁、钾、钠和钙的硫酸盐、氯化物盐、碳酸盐和碳酸氢盐。氯离子和硫酸根离子的含量越大(高于1%时)，土壤腐蚀性就越强，因为含氯离子和硫酸根离子的铁盐大都是可溶盐。

土壤结构不同将直接影响土壤的含水量和透气性等物理性质，进而影响金属构筑物的腐蚀过程。粗颗粒土壤(如沙土)由于空隙大，水的渗透能力强，土壤中不易沉积水分；而小颗粒土壤(如黏土)则渗透能力差。与一般电化学腐蚀规律一样，随着土壤含水量的增加，电解质溶液增多，腐蚀原电池回路电阻减小，腐蚀速度增大。但含水量增加到一定程度后，土壤中的可溶盐已全部溶解，随着含水量的增加，不再有新的盐分溶解，因而腐蚀速度也就变化不大了。

土壤中含氧量的多少对腐蚀过程的影响也很大。由于土壤性质的差异，其含氧量差别很大。不同结构的土壤交接时，土壤含氧量、湿度及氧透气性的差异，为形成宏观氧浓差电池准备了条件。

一般来说，土壤的含氧量、含水量越大，土壤电阻率越小，土壤的腐蚀性也越强。但土壤的上述物理化学性质对金属腐蚀程度的影响是综合作用的。国外对此采用综合的评价方法，即在上述理化性质进行单项测定的基础上，对每个指标给出一个评价指数，然后再根据所有指标的评价指数的代数和来判断土壤的腐蚀性。

2.2.3.3　土壤腐蚀的特点

(1) 由于土壤性质及其结构的不均匀性，不仅在小块土壤内可形成腐蚀原电池，而且因不同土壤交接在埋地管道上形成的长线电流，其宏观腐蚀原电池可达数十千米。

(2) 除酸性土壤外，大多数土壤中裸钢腐蚀的主要形式是氧浓差电池。

(3) 在土壤中的腐蚀速度比在一般水溶液中慢。特别是土壤电阻率的影响较大，有时成为腐蚀速度的主要控制因素。

2.2.3.4　土壤中的细菌腐蚀

通常，在土壤腐蚀中氧是阴极过程的去极化剂，含氧量的增加会使得金属腐蚀速度加剧。但是在某些缺氧的土壤中仍发现了严重的腐蚀，这是因为有细菌参加了腐蚀过程。

细菌腐蚀主要可以分为两大类，一类是厌氧菌引起的腐蚀，硫酸盐还原菌是这类细菌腐蚀中最具代表性的一种。这种细菌易在 pH 值为 6 ~ 8、透气性差的土壤中和污染海域的海底污泥中繁殖。它之所以能够促进腐蚀，是因为在它们的生活中需要氧或某些还原物质将硫酸盐还原成硫化物(如下式)，而细菌本身正好利用这个反应释放能量来繁殖。

$$SO_4^{2-} + 8H^+ \longrightarrow S^{2-} + 4H_2O$$

埋地管道表面，往往由于腐蚀而在阴极产生氢(原子态氢)。如果管道周围有硫酸盐还原菌存在，恰好利用管道表面的氢把 SO_4^{2-} 还原，从而加速氢去极化，促进阴极反应。

在上述还原反应中生成的 S^{2-} 可与土壤中的 Fe^{2+} 反应，生成 FeS，从而促进阳极反应的进行。所以当有硫酸盐还原菌活动时，在铁表面的腐蚀产物是黑色的，并发出臭味。

还有一类由好氧菌引起的腐蚀。好氧菌的典型代表是硫杆菌和铁杆菌。当土壤中有硫代硫酸盐存在时，对生成好氧菌有利，好氧菌与硫代硫酸盐反应生成硫酸，从而腐蚀金属。

细菌的腐蚀过程是很复杂的，除了因上述细菌的存在而加速金属腐蚀外，还有一些细菌可以依靠管道防腐层——石油沥青中的石蜡作为它的养料，将石油沥青慢慢吃掉，从而造成管道防腐层的破坏，使其丧失防腐功能。

细菌参加阴极反应过程加速了金属的腐蚀。当土壤的 pH 值在 5 ~ 9、温度在 25 ~ 30℃时最有利于细菌的繁殖；pH 值在 6.2 ~ 7.6 的沼泽地带和洼地中，细菌活动最激烈；当 pH 值在 9 以上时，硫酸盐还原菌的活动受到抑制。

2.2.4　大气腐蚀

金属材料暴露在空气中，由于空气中的水和氧的化学和电化学作用而引起的腐蚀属于大气腐蚀，大气腐蚀是金属腐蚀中最普遍的一种。各种大气腐蚀若以吨位和损失价值来计算的话，比任何其他单独环境下的腐蚀都要严重。据估计，因大气腐蚀而引起的金属损失，约占总腐蚀损失量的一半以上。大气腐蚀的速度随地理位置、季节而异。

不同的大气环境，腐蚀程度有明显差别。含有硫化物、氯化物、煤烟、尘埃等杂质的环境中金属腐蚀会大大加重。如钢在海岸上的腐蚀速度要比在沙漠中的大400 ~500倍，离海岸越近，腐蚀也越严重。又如，一个十万千瓦的火力发电站，每昼夜由烟囱中排出的SO_2就有100吨之多，空气对钢、铜、镍、锌、铝等金属腐蚀的速度影响很大。特别是在高湿度情况下，SO_2会大大加速金属的腐蚀。

2.2.4.1 大气腐蚀类型

全世界在大气中使用的金属材料超过其生产总量的60%。参与大气腐蚀过程的介质主要是氧和水分，其次是二氧化碳。但是当今全球大气中的腐蚀性气体，例如二氧化碳、硫化物、氯气等却越来越成为大气腐蚀的主要杀手。

从腐蚀条件看，大气的主要成分是水和氧，而大气中水汽是决定大气腐蚀速率和历程的主要因素。

不同物质或同一物质的不同表面状态，对大气中水分的吸附能力是不同的。当空气中的相对湿度达到某一临界值时，水分在金属表面形成水膜，从而促进电化学腐蚀过程的发展，此时的相对湿度称为金属腐蚀的临界相对湿度。

根据金属表面的潮湿程度或大气的相对湿度，通常把大气腐蚀分为三类，即干的、潮的和湿的大气腐蚀。

1. 干的大气腐蚀

图2 -1中所示的Ⅰ区为干的大气腐蚀。干的大气腐蚀即金属表面基本上没有水膜存在时的大气腐蚀，这种腐蚀属于化学腐蚀中的常温氧化。在清洁而又干燥的室温大气中，大多数金属表面生成一层极薄的(1 ~4mm)氧化膜。在这一过程中，金属表面存在的水分是多分子层的吸附膜状态，并未形成连续的电解质液膜。这类腐蚀比较简单，腐蚀速度小，破坏性也小得多，主要是纯化学作用引起的。

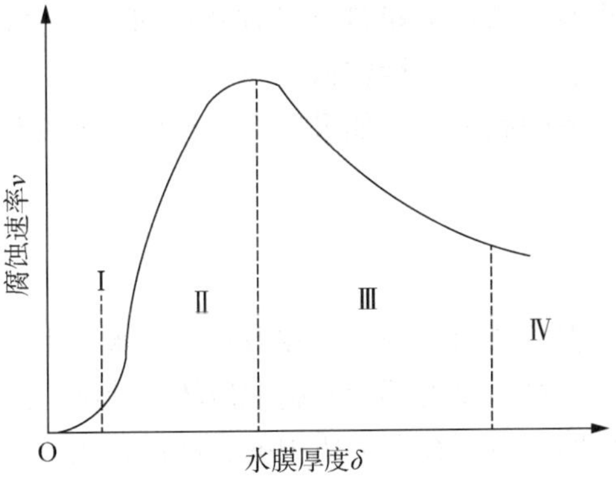

图2 -1　大气腐蚀速度与湿膜厚度的关系

Ⅰ—水膜厚度 $\delta = 1 \sim 10$nm 的区域；Ⅱ—$\delta = 10 \sim 1$ μm；Ⅲ—$\delta = 1$ μm ~ 1mm；Ⅳ—$\delta > 1$mm

2. 潮的大气腐蚀

图2 -1中的Ⅱ区为潮的大气腐蚀。潮的大气腐蚀是相对湿度在100%以下，金属在肉眼不可见的薄水膜下进行的一种腐蚀。这种水膜是由于毛细管作用、吸附作用或化学凝聚作

用而在金属表面形成的。这层液膜起着电解质的作用，因此会引起严重的电化学腐蚀。

3. 湿的大气腐蚀

图 2－1 中的Ⅲ、Ⅳ区为湿的大气腐蚀。这是水分在金属表面上凝聚成肉眼可见的液膜层时的大气腐蚀。当空气相对湿度接近 100% 或水分（雨、飞沫等）直接落在金属表面上时，就发生这种腐蚀。潮和湿的大气腐蚀都属于电化学腐蚀。由于表面液膜层厚度不同，它们的腐蚀速度也不相同。

2.2.4.2 大气腐蚀的原因

大气腐蚀的原因，是因为尽管相对湿度在 100% 以下、金属表面也会因毛细凝结现象有水分的凝结。在金属构件的缝隙间和金属表面附着的灰尘、煤灰等物体的缝隙中及表面氧化膜、锈层的切口等处，均可能发生毛细凝结。

当管道处于污染严重的工业大气环境或沿海含盐量较高的大气环境中时，其大气腐蚀速度会更快。

大气腐蚀基本上属于电化学腐蚀范围。它是一种液膜下的电化学腐蚀，和浸在电解质溶液内的腐蚀有所不同。由于金属表面上存在着一层饱和氧的电解质薄膜，使大气腐蚀以优先的氧去极化过程进行腐蚀。另一方面，在薄层电解液下很容易造成阳极钝化的适当条件，固体腐蚀产物也常呈层状沉积在金属表面，因而带来一定的保护性。

2.2.4.3 控制大气腐蚀的方法

控制大气腐蚀的方法很多，主要途径有三种：一是材料选择，可以根据金属制品及构件所处环境的条件及对防腐蚀的要求，选择合适的金属或非金属材料，合金化是提高金属材料耐大气腐蚀性能的重要技术途径。例如：在普通碳钢的基础上加入适量的 Cr、Ni、Cu 等元素，可显著改善其大气腐蚀性能。此外，优化热处理工艺，严格控制合金中有害杂质元素的含量也是改进耐蚀性的重要方法；二是在金属基体表面制备金属、非金属或其他种类的涂层、渗层、镀层，可以达到有效防腐蚀的作用。用于控制大气腐蚀的覆盖层有两类：

（1）长期性覆盖层。例如，渗镀、热喷涂、浸镀、电镀、离子注入等；钢铁磷化、发蓝；铜合金、锌、镉的钝化；铝、镁合金氧化或阳极极化。

（2）暂时性覆盖层。指在零部件或机件开始使用时可以除去（或用溶剂去除）的一些临时性防护层。如各种防锈油、脂、可剥性塑料等。

三是改变环境，减少环境的腐蚀性。如采用充氮封存、吸氧剂、干燥空气封存等。

2.3 电化学腐蚀

金属腐蚀是一种普遍存在的热力学倾向，在海水、淡水、土壤、潮湿大气和酸、碱、盐等工业介质中服役的金属结构物和设备都受到腐蚀破坏的威胁，这些环境介质都是电解质体系。大量研究结果和实践证明，金属在电解质中的腐蚀过程实质上是一个电化学过程。金属通过其与电解质界面处发生的电化学反应而产生的腐蚀称为电化学腐蚀。自然界和工业中的材料腐蚀在本质上绝大多数为电化学腐蚀。电化学腐蚀反应具有一般电化学反应的规律和特征，这就是腐蚀电化学的基础。阴极保护和阳极保护都是基于腐蚀电化学原理而发展起来的控制腐蚀的技术方法。

电化学腐蚀反应的特征如下：

（1）金属与电解质之间存在着一个带电的界面层结构（双电层），影响这个界面层结构的因素都能显著地影响腐蚀过程的进行。

(2) 金属失去电子(氧化反应)和氧化剂获得电子(还原反应)这两个过程一般不在同一位置点发生，金属及其与电解质界面的局部区域有电流流过。

(3) 二次反应产物可以在远离局部阳极和局部阴极的第三地生成。

一般说来，电化学腐蚀现象是相当复杂的。电解质的化学性质、环境因素(温度、压力、流速等)、腐蚀产物的物理化学性质以及金属的特性、金属的微观和宏观的不均匀性等因素都将会对腐蚀过程产生错综复杂的影响。

2.3.1 腐蚀原电池

2.3.1.1 腐蚀原电池

金属的电化学腐蚀实质上是金属通过一对共轭的氧化－还原反应而被氧化的过程，使金属表面的原子转变为离子态而进入环境介质。其工作原理酷似一个将化学能转变为电能的原电池，其氧化反应和还原反应是同时而分别在不同位置独立进行的。丹尼尔电池(Daniell Cell)就是一种著名的典型原电池。当锌片和铜片相接触且置于稀硫酸溶液中时，可以清楚地看到铜片上有大量气泡涌出，而锌片则被腐蚀溶解了。此时，锌片与铜片就构成了一个腐蚀原电池，也称为腐蚀电池，如图 2－2(a)所示，图中的锌片与铜片是通过外导线相连接的。图 2－2(b)为典型的丹尼尔电池原理图。

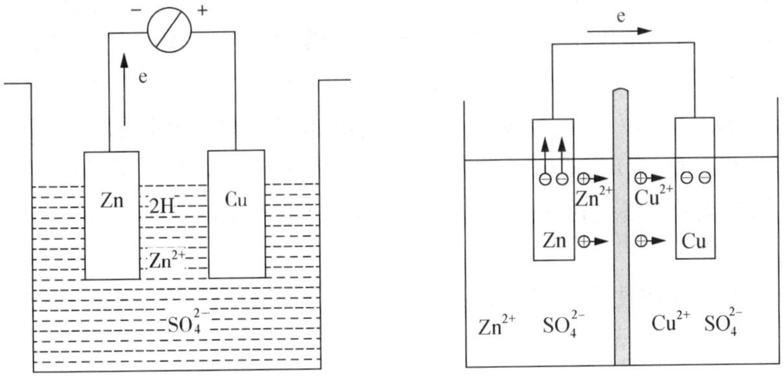

(a)腐蚀原电池　　(b)丹尼尔电池原理图

图 2－2　锌与铜在稀硫酸溶液中的原电池构型

图 2－2(a)中的电流表指针转动表明，此原电池中有电流流过。电流的方向是由铜沿导线流向锌，电子则是从锌沿导线流向铜。此原电池中产生的电流是由于两个极板(锌与铜)的电位不同，它们的电位差是原电池反应及产生电池电流的原动力。在锌－铜原电池中，锌的电位比铜低，锌为负极，铜为正极。在作为负极的锌板表面上将发生放出电子的氧化反应：$Zn \longrightarrow Zn^{2+} + 2e$；在作为正极的铜板表面上将发生溶液中的氧化剂(这里是 H^+)获得电子的还原反应：$2H^+ + 2e \longrightarrow H_2$；

在腐蚀电化学中规定，原电池中发生氧化反应(放出电子的反应)的电极称为阳极，而发生还原反应(获得电子的反应)的电极称为阴极。在原电池中，低电位的负极是阳极，高电位的正极是阴极，这与电解电池的情况正好相反。此外，溶液中获得电子发生还原反应的物质也称为去极化剂。

2.3.1.2 腐蚀原电池的类型

实践中一般存在如下两种类型腐蚀电池：

（1）宏观电池在金属表面存在相对固定、分离且可识别的阳极区和阴极区，它们的位置在腐蚀过程中基本不变或变化很少、很慢。如果呈小阳极/大阴极的比例关系，则腐蚀后的金属表面将出现局部腐蚀或不均匀腐蚀的形貌。造成阳极区和阴极区长期相对固定和分离的原因，一是金属本身存在着固定的表面不均匀性或异金属接触，二是环境介质（如溶液、土壤等）的不均匀性。例如，由于环境介质中存在氧浓度差异所引发的氧浓差电池就是导致金属宏观电池腐蚀和局部腐蚀的一种非常重要的腐蚀电池。

（2）微电池在金属表面存在无数的、不可识别的微小阳极区和阴极区，它们的空间距离极小。从它们的电位高低关系看，在时间上和空间上是相对变幻不定的，因此更加无法识别。区分阳极区和阴极区，从而使金属表面各处的腐蚀深度大致相同，呈现出相对均匀的全面腐蚀。

2.3.1.3 腐蚀原电池的工作历程

无论宏观电池还是微电池，作为腐蚀原电池它们都构成了一个完整的电流回路。在回路中的电流轨迹就意味着电流将在原电池的电子导体（金属）和离子导体（电解质溶液）之间进行转换，而这种转换只有通过界面处的电化学反应（有自由电子参加的化学反应）才可能进行。在电池两电极的电位差作用下，原电池的阳极/电解质溶液的界面处将发生氧化反应，金属表面原子转变为离子进入溶液，同时释放出的电子留在金属内。带正电荷的金属离子在电场和浓度场的作用下从阳极向阴极方向或本体溶液中迁移。电解质溶液是一种离子导体，从而在溶液中实现了离子导电。阳极表面产生的多余电子在电场作用下沿导线（或金属本身）流向阴极/电解质界面，由此实现了金属体内的电子导电。在阴极/电解质溶液界面处发生了氧化剂（如 H^+、O_2等）获得电子的还原反应，消耗了从阳极流至阴极的、由氧化反应释放出的电子。这样就在阳极/电解质溶液界面和阴极/电解质溶液界面处分别实现了电子导电和离子导电之间的转换。

由于腐蚀电池的作用使1mol金属转变成离子态而形成腐蚀产物时，其吉布斯（Gibbs）自由能的变化可用式（2-1）表示：

$$\Delta G = -nF(E_{e,c} - E_{e,a}) \tag{2-1}$$

式中 $E_{e,c}$和$E_{e,a}$——分别为阴极反应和阳极反应的平衡电位；

n——阳极反应中每个金属原子失去的电子数；

F——法拉第常数。

由于阳极溶解的腐蚀反应和所有化学反应一样，必须在$\Delta G<0$时才能自发地进行，因此形成腐蚀原电池的必要条件是$E_{e,c}-E_{e,a}>0$

对于金属/电解质溶液体系，如果不存在能满足式（2-1）的阳极反应和阴极反应的组合，则不管金属表面或环境介质中是否存在不均匀性，都不可能形成腐蚀原电池。

2.3.2 电极电位

2.3.2.1 电极电位的形成

电子导体（金属等）与离子导体（电解质）相互接触，并有电荷在两相之间转移而发生电化学反应的体系称为电极。在电极和电解质溶液界面上发生的电化学反应称为电极反应。电极反应的结果导致电极和溶液的界面处建立起双电层，双电层两侧即电子导体相与离子导体相之间的电位差就是所谓的电极电位。

金属浸入电解质溶液中后，金属表面的金属离子由于自身的晶格畸变能较高和溶液中极性水分子的作用将发生水化。如果金属离子的水化能高于金属表面晶格的键能，一些表面金属离子将脱离金属晶格进入溶液，形成水化离子。金属表面晶格的电子由于被水分子电子壳层中的同性电荷排斥，不能水化转入溶液，金属表面就必然有相当数量的过剩电子积累。由于金属表面负电荷的吸引和溶液中正电荷的排斥，进入溶液的水化金属离子不能向溶液深处扩散，而只能驻留在金属表面附近，这就阻碍了表面其他金属离子继续溶解，溶液中的部分水化金属离子也可能再沉积到金属表面。当溶解与沉积速度相等时，就可在该处形成一种动态平衡的电荷分布。该动态平衡过程可表示为式(2-2)：

$$M^{n+} \cdot ne + ne^- \rightleftharpoons M^{n+} \cdot nH_2O + ne^- \qquad (2-2)$$

通常把金属/电解质溶液界面处形成的这种界面电偶层称为双电层。由于双电层的形成，界面处(即双电层两侧)便产生了电位差。许多负电性强的金属，如锌、镉、镁、铁等在酸、碱、盐的溶液中都会形成这种类型的双电层。而且金属愈活泼，这种趋势愈大。

上述为金属表面荷负电而界面的相邻溶液层荷正电的离子双电层的形成过程，见图2-3(a)。如果金属表面晶格键能高于离子的水化能时，则金属表面可能从溶液中吸附一部分正离子，相邻液层相应荷负电，从而形成另一种双电层，见图2-3(b)。由于金属界面吸附了某种离子、极性分子或原子可能形成吸附双电层。水溶液中的 Cl^- 离子很容易吸附在金属表面上，其相邻液层由于静电作用又吸附了等量正电荷(正离子或定向排列的极性分子)，这是一种类型的吸附双电层，见图2-3(c)。如图2-3(d)、(e)、(f)所示分别为极性分子吸附而定向排列在金属表面上以及氧原子或氢原子吸附于金属表面上所建立的双电层构型示意图。通过外电源向金属/电解质溶液界面两侧充电，可造成或改变界面剩余电荷的分布，从而形成新的双电层或改变双电层，即形成新的电位差，建立新的电极电位。

一般认为，双电层构型犹如一个带漏电电阻的平板电容器。它由紧贴金属表面的相对稳定的紧密层和受热运动干扰的呈扩散分布状态的分散层组成，见图2-3(c)。

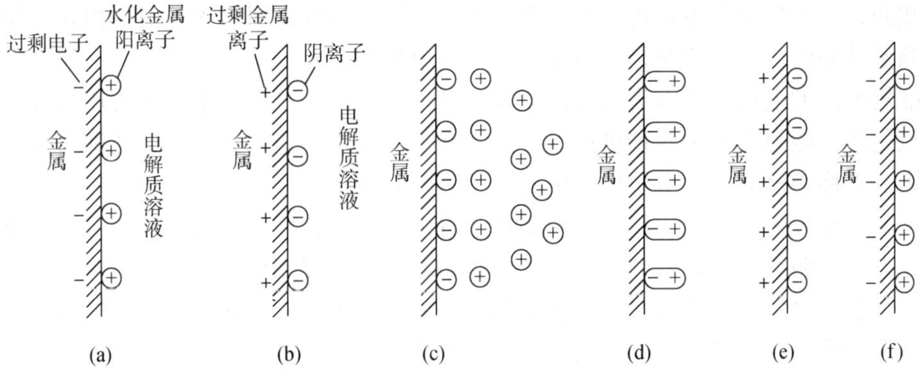

图2-3　离子双电层[(a)、(b)]和吸附双电层[(c)~(f)]的结构示意图

2.3.2.2　平衡电位与非平衡电位

当金属电极浸入含有该金属离子的盐溶液中，且金属表面只有一对氧化还原电极反应时，随着金属离子在两相间迁移，反应将达到一种动态平衡，当电极反应达到平衡时，电荷从金属相向溶液相迁移速度和从溶液相向金属相迁移速度相等。单位面积金属上的交换电流称为交换电流密度。

在此电极过程中，不仅电荷迁移是平衡的，两个方向上的迁移也是平衡的。此时获得一个稳定的双电层，也即产生了一个不随时间而变的电极电位值，称为金属的平衡电极电位（平衡电位）。考虑到电极过程的物质交换和电荷交换都是可逆的，也称为可逆电极电位（可逆电位），相应的电极也称为可逆电极。

金属电极电位的大小是由双电层上金属表面的电荷密度决定的。它首先取决于金属的种类和性质，也与溶剂本性、电解质溶液中的金属离子活度和温度等因素密切相关。

特别应指出的是，在实际的金属腐蚀问题中，电极上往往同时存在两种或两种以上不同物质参与的电化学反应，这时电极上不可能出现物质交换和电荷交换均达到平衡的情况。这种情况下的电极电位称为非平衡电极电位（非平衡电位）或不可逆电极电位（不可逆电位）。非平衡电位可以是稳定的，也可以是不稳定的，相间电荷迁移的平衡是形成稳定电位的必要条件。因此，在实际的腐蚀研究和防腐蚀技术中仍可能测得稳定的非平衡电位，这对于实践工作很有意义。

无论是平衡电位还是非平衡电位，至今还无法测得它们的绝对值，因为人们无法测得双电层两侧的电位差。但是，电池电动势是可以精确测定的。目前的办法是，人为规定标准氢电极的电极电位为零，然后将待测电极与标准氢电极组成原电池，此原电池的电动势就是待测电极的电位值。

按照国际统一规定，所谓标准氢电极就是氢离子活度 $a_{H^+}=1$、于25℃在气相中的氢分压为一个标准大气压（101325Pa）条件下的氢电极。关于电极电位的符号规定为：任一给定电极与标准氢电极组成原电池时，若该电极上实际进行的是还原反应，则电极电位为正值；若是氧化反应，则电极电位为负值。在测量待测电极的电极电位时，与待测电极组成测量原电池的另一个用于参考比较的电极称为参比电极，也称为半电池。参比电极应是一种可逆的电极体系，在规定的条件下具有稳定的和可重现的可逆电极电位。一支稳定可靠的参比电极是实际电位测量最基本的必要条件之一。氢电极是最基本的参比电极，但制作和使用麻烦，成本很高。因此在实际测量电位时，经常采用另一些制作和使用方便、稳定可靠且价廉的参比电极，如甘汞电极、氯化银电极、硫酸铜电极等。它们相对于标准氢电极的电极电位是稳定、已知的，一般情况下不必再把电位测量数据换算成氢标准电极电位值。但在记录、报告试验和测量结果时，必须说明是相对于何种参比电极的。

标准氢电极的电极电位人为地规定为零，其他电极的标准电极电位通常用氢标准电位表示。按氧化还原能力大小把各种可逆电极的标准平衡电极电位排列成表，此即所谓的标准电极电位表，也称为电动序。电位的正负反映了该电极体系与标准氢电极相比较的氧化还原能力。对于金属电极来说，电位越负，说明这个电极金属的还原能力越强，而对应的金属离子的氧化能力则越弱。反之亦然。因此，若将标准电极电位表中任意两个电极（半电池）组成原电池，其电极电位高低就可以表征孰为阳极，孰为阴极。可从倾向性上判断哪种金属可能被加速腐蚀，哪种金属可能受到阴极性保护。此外，标准电极电位表还可用来判断一定条件下金属的活泼性、氧化还原反应的方向、溶液中各种金属离子阴极析出的先后次序等。

但是，标准电极电位表在实际条件下应用时存在着重大局限性。其一，在某些情况下，由于金属盐的溶解度限制，金属离子的活度不可能等于1；其二，离子活度随介质而变，以至于实际的金属/介质体系一般不能处于严格意义上的平衡态，更不可能是标准态；其三，对合金材料目前尚无标准电极电位可言。

因此，在实际应用中往往采用电偶序，这是一种按照金属和合金在指定介质中所实测的稳定电位而排列的电位序列表。有的金属在电偶序中可能占有两个位置，分别由金属的活化态和钝化态所决定。电偶序是一种非平衡的稳定电极电位表，它随介质而变。根据电偶序可预示金属或合金在该种介质中的活泼性和腐蚀反应的倾向，可以预测异种金属在该介质中接触时发生电偶腐蚀的可能性、电偶电池中金属的极性和反应方向。当然，电偶腐蚀的程度和速度不仅取决于两种相接触的金属在电偶序中的位置，而且还取决于金属的极化性质和它们的相对面积比等许多因素。

2.3.3 极化和去极化

2.3.3.1 阳极极化与阴极极化

对于腐蚀原电池，由两极的初始电极电位及电极的总电阻，按欧姆定律计算出电流，再换算成腐蚀速度，往往要比实际情况大数十倍。显然，这是因为两极接通后由于电极电位偏移，使电位差明显减小的缘故。人们将腐蚀电池有电流通过后引起电极电位偏移的现象称为极化作用。

例如，将钢片和锌片混入3%的NaCl溶液中构成原电池，用导线将电流表接入电路中。可以发现：在接通电路的瞬间，电流表所指示的电流很大(约33mA)，然后电流逐渐减小，最后达到一个稳定值(约0.84mA)。锌电极电位逐渐变正(由其初始电位-1.053V变为-1.047V)，铜电极电位逐渐变负(由其初始电位-0.184V变为-1.025V)，结果使阴极、阳极之间的电位差减小，原电池的电流强度减小。

由此可以看出，极化作用大大阻滞了腐蚀原电池的工作，使腐蚀电流降低，从而减缓了电化学腐蚀速度。如果没有极化作用，电化学腐蚀速度将会增加几十倍或几百倍。

腐蚀原电池在电路接通以后，电流流过电极时电位偏离初始电位的现象称为极化。阳极电位往正方向偏移，称为阳极极化；阴极电位往负方向偏移，称为阴极极化。极化值表示在相应的电流密度下的电位E_i对其平行电位及平衡体系或稳定电位$E_{i}=0$(非平衡体系)之差。

$$\Delta E = E_i - E_e \text{或} \quad \Delta E = E_i - E_{i=0}$$

研究表明，极化现象的实质是电极反应过程发生了某些障碍。根据受障碍的反应步骤不同，可将电极极化的原因分为三种情况：电化学极化(活化极化)、浓度极化、电阻极化。无论阳极还是阴极极化都是这三种情况中的一种或共同引起的。

2.3.3.2 产生阳极极化的原因

(1) 在腐蚀电池中，阳极过程是金属失去电子而溶解成为水化离子的过程，如果金属离子进入溶液的速度比电子跑到阳极的速度慢，就会破坏双电层的平衡，阳极表面就会积累正电荷，所以，原来电极电位较负的阳极电位就会向正的方向移动。这一过程是由于电极上电化学反应速度缓慢引起的，称为电化学极化或活化极化。

(2) 阳极表面溶解下来的金属离子聚集在阳极的附近，不易扩散到阴极附近。由于正离子浓度的增加，阳极的电位必然往正的方向移动。这一过程是由于物质传送太慢引起的极化，称为浓度极化。

(3) 金属表面生成的保护膜会阻滞阳极过程的溶解，结果使阳极的电位向正的方向移动。这一过程是由于电池系统的电阻增加而引起的，称为电阻极化。

综上所述，可知导致阳极极化的原因有三种。但对于具体腐蚀体系，这三种原因不一定同时出现，或者虽然同时出现但程度有所不同。

2.3.3.3 产生阴极极化的原因

(1) 腐蚀电池的阴极过程是得到电子的过程，如果从阳极传递过来的电子不能及时与阴极附近能接受电子的物质结合，就会使得阴极上有负电荷积累，结果使阴极电位向负的方向移动(电化学极化)。

(2) 由于阴极附近反应物或反应生成物扩散较慢而引起。如氧或氢离子(反应物)到达阴极不够迅速，或阴极的反应产物 OH^- 离子、H_2 等扩散速度缓慢阻止了阴极过程的进行，而使阴极电位向负的方向移动(浓度极化)。

2.3.3.4 去极化作用

消除或减弱引起电极极化的因素，促使电极反应过程加速进行，习惯上称为去极化作用。

例如上述浓度极化的情况下搅拌溶液，以加速反应物或生成物的运移；加入某种溶剂从阳极表面除去氧化膜，以加速金属溶解。显然，去极化作用会导致金属腐蚀速度的增加。

能消除或减弱极化作用的物质称为去极化剂。最常见的去极化剂是 H^+ 和 O_2。金属腐蚀过程中 H^+ 和 O_2 参与阴极反应，得到电子而生成 H_2 和 OH^-。阴极反应分别为：$2H^+ + 2e \longrightarrow H_2$ 及 $O_2 + 4e + 2H_2O \longrightarrow 4OH^-$。

一般 H^+ 和 O_2 浓度的增加会使腐蚀速度上升，起到去极化作用。由 H^+ 和 O_2 参加的腐蚀过程常被称为氢去极化腐蚀或氧去极化腐蚀。

2.3.3.5 极化曲线

电极电位与极化电流或极化电流密度的关系曲线称为极化曲线。

图 2-4 所示为典型的极化曲线。

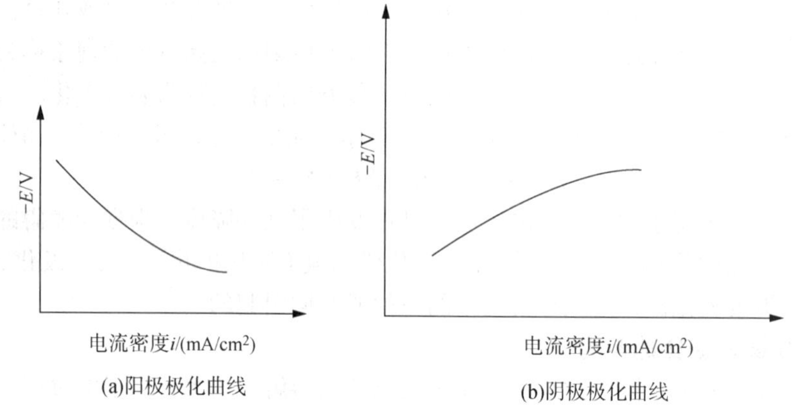

图 2-4　极化曲线示意图

从极化曲线的形状可以看出电极极化的程度，从而判断电极反应过程的难易。曲线越平缓，电极极化程度越小；曲线越陡，电极计划程度越大。

2.3.4 电位-pH 图

2.3.4.1 电位-pH 图的意义

由于大多数金属腐蚀过程的本质是电化学的氧化还原反应，所以它不仅与溶液中离子的浓度有关，而且还与溶液中的 pH 值有关。因此，电极电位与溶液的浓度和酸度存在着一定的函数关系。所谓电位-pH 图就是反映金属在某种腐蚀体系中的电极电位和溶液 pH 值变化的关系曲线。该图是以金属的氧化还原电位作纵坐标，用溶液的 pH 值作横坐标绘制的。借助电位-pH 图，可以从理论上初步预测金属的腐蚀倾向和选择控制腐蚀的途径。

2.3.4.2 铁的电位－pH图

图2－5中为Fe－H_2O的电位－pH图。图中铁的电位－pH图有三个区域：腐蚀区、稳定区和钝态区。

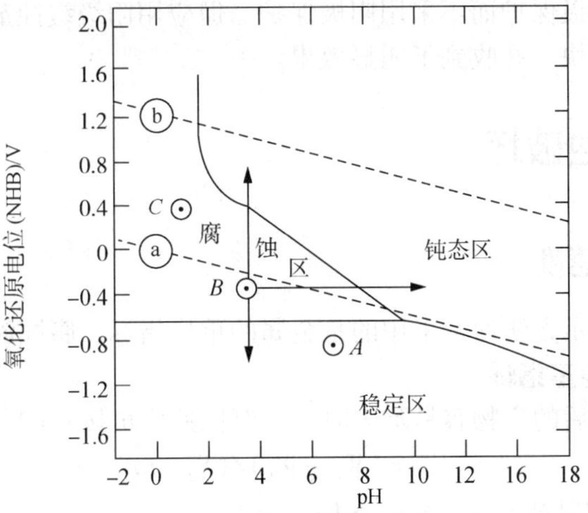

图2－5　Fe－H_2O的电位－pH图

1. 腐蚀区

在该区内稳定状态的是可溶性的Fe^{2+}、Fe、$FeO_4{}^{2-}$和$FeO_2{}^-$等离子，对金属而言处于不稳定状态，可能发生腐蚀。

2. 稳定区

在该区域内金属处于热力学稳定状态，故金属不发生腐蚀。

3. 钝化区

在该区内由于具有保护性氧化膜处于热力学稳定状态，故金属腐蚀不明显。

2.3.4.3 防止铁腐蚀的方法

如果要想防止铁的腐蚀，将铁从腐蚀区移出，从电位－pH图中得知，可采用下述三种方法来实现。

1. 阴极保护

通入外电流使处于腐蚀区的铁的电极电位向负方向极化，进入稳定区，从而制止腐蚀，这就是通常采用的“阴极保护”。

2. 阳极保护

通入外电流使处于腐蚀区的铁的电极电位向正方向极化，促使金属钝化，并进入钝化区，从而制止腐蚀，这就是“阳极保护”

3. 调整溶液值控制腐蚀

调整溶液的pH值至9～13之间，这时若铁的电极电位低则落在稳定区，电极电位高则落在钝化区，从而使金属的腐蚀得到控制。

在图2－5中还有两条互相平行的虚线：虚线ⓐ表示H^+和H_2($P_{H_2}=1atm$)的平衡关系。虚线ⓑ表示O_2($P_{O_2}=1atm$)和H_2O之间的平衡。可以看出，当电位低于ⓐ线时水被还原而分解出H_2；电位高于ⓑ线时，水可被氧化而分解出O_2来。在ⓐ、ⓑ两线之间水不可能被分解出H_2和O_2，所以该区域代表了在一个大气压下水的热力学稳定区。

外加电流阳极保护的应用相当有限。它主要适用于强氧化性介质，并且在这个系统中金属趋向钝化。而电解质不含有(或很少含有)使金属在阳极极化时活化的离子。作为电解质的土壤和海水则不能满足这些要求(一般土壤和海水中都含有活化离子 Cl^-)。所以地下或水下碳钢金属，多采用阴极保护而不采用阳极保护。但应用阳级缓蚀剂来控制管路内壁腐蚀的方法，近些年来发展很快，并收到了明显效果。

2.4 管道的腐蚀破坏

2.4.1 金属的腐蚀速度

金属的腐蚀速度表示方法通常采用的是金属的重量指标、腐蚀深度指标和电流指标。

2.4.1.1 腐蚀速度的重量指标

金属受到均匀腐蚀后的产物容易除去时，其腐蚀速度可按式(2－3)计算：

$$V^- = (W_0 - W_1)/(S_0 \cdot t) \tag{2-3}$$

式中 V^-——失重时的腐蚀速度，$g/m^2 \cdot h$；

W_0——金属的初始质量，g；

W_1——除去腐蚀产物后金属的质量，g；

S_0——金属的表面积，m^2；

t——腐蚀的时间，h。

金属受到均匀腐蚀后的产物不易除去，或除掉腐蚀产物时会损失金属本身，其腐蚀速度可按式(2－4)计算：

$$V^+ = (W_2 - W_0)/(S_0 \cdot t) \tag{2-4}$$

式中 V^+——增重时的腐蚀速度，$g/m^2 \cdot h$；

W_2——带有腐蚀产物的金属质量，g。

2.4.1.2 腐蚀速度的深度指标

该指标是把金属的厚度因腐蚀减少的量，以线量单位表示，并换算成单位时间的数值。在衡量密度不同的各种金属的腐蚀程度时，此种指标极为方便。可按式(2－5)将腐蚀的失重指标换算成腐蚀的深度指标。

$$\begin{aligned} V^L &= (V^- \times 24 \times 365/10000\rho) \times 10 \\ &= V^- \times 8.76/\rho \end{aligned} \tag{2-5}$$

式中 V^L——腐蚀的深度指标，mm/a；

ρ——金属的密度，g/cm^3；

V^-——失重时的腐蚀速度，$g/m^2 \cdot h$。

腐蚀的质量指标和深度指标对于电化学腐蚀和化学腐蚀都可以采用。

根据金属年腐蚀深度的不同，金属的耐腐蚀性可分为十级标准和三级标准。

2.4.1.3 腐蚀速度的电流指标

腐蚀速度的电流指标，是以金属电化学腐蚀过程的阳极电流密度的大小来衡量金属的电化学腐蚀速度的程度。即电流指标和质量指标之间的关系可由式(2－6)表达：

$$V^- = 3600A/Fn \times i_{\kappa} \tag{2-6}$$

式中 V^-——失重时的腐蚀速度，$g/m^2 \cdot h$；

A——金属的克原子量，g；

F——法拉第常数，96500 库仑；

n——金属溶解为离子的价数；

i_κ——金属的自腐蚀电流密度，A/m^2。

采用以上三个指标表示金属腐蚀速度，都仅能表示出均匀腐蚀的情况，即平均腐蚀速度。对于局部腐蚀，如孔蚀、晶间腐蚀及选择性腐蚀，则不能采用以上指标进行评定。

2.4.2 腐蚀失效的形式与原因

金属腐蚀按其破坏的形态不同可分为两大类：全面腐蚀和局部腐蚀。在自然界的腐蚀环境中，很可能几种腐蚀形态同时存在，但局部腐蚀的危害要比均匀腐蚀的危害大得多。几种常见的局部腐蚀如图 2-6 所示。

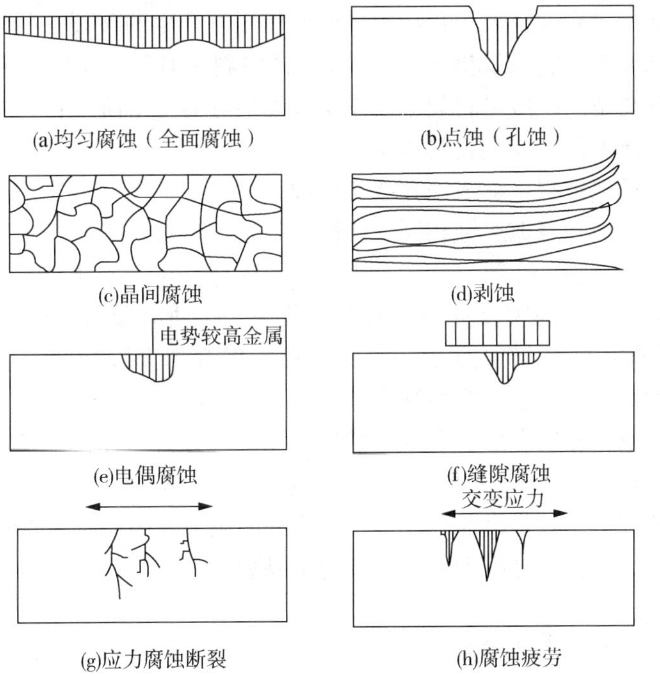

图 2-6　腐蚀形态示意图

2.4.2.1 孔蚀

孔蚀是一种腐蚀高度集中在局部小孔并向深处发展的腐蚀形态。蚀孔有大有小，多数情况下比较小，一般蚀孔的直径等于或小于它的深度，也有些情况为碟形浅孔。小而深的孔可能使金属板穿透，引起物料流失、火灾、爆炸等事故，它是破坏性和隐患性最大的腐蚀形态之一。

孔蚀通常发生于表面有钝化膜或有保护膜的金属，如不锈钢、钛、铝合金等。暴露在钝化膜或保护膜的局部破坏点的金属成为阳极，其电流高度集中，破口周围广大面积的膜成为阴极，因此腐蚀迅速向内发展，形成孔蚀。孔蚀形成不久，孔内的氧很快耗尽，因此只有阳极反应在孔内进行，很快就积累了带正电的金属离子。为了保持电中性，带负电的 Cl^- 从外部溶液扩散到孔内，在孔内形成高浓度的氯化物，如 $FeCl_2$、$FeCl_3$ 等，这些金属氯化物在位孔内发生水解，其反应式为：$M + Cl^- + H_2O = MOH\downarrow + H^+ + Cl^-$。

水解反应所产生的 H^+ 和 Cl^- 都会进一步加速金属的溶解，形成自催化加速的反应。邻近孔蚀的表面由于发生阴极还原反应而不腐蚀，即获得了阴极保护。

蚀孔形成以后，是否继续深入发展直至穿孔，其影响因素比较复杂，目前还不能做到精确预测。一般地说，如孔少，腐蚀电流就比较集中，深入发展的可能性就越大；如孔多，腐蚀电流就相对分散，蚀孔就较浅，危险性也就越小。

2.4.2.2 缝隙腐蚀

这类腐蚀发生在存有腐蚀介质的缝隙内，因此称为缝隙腐蚀。它的破坏形态为沟缝状，严重的可穿透金属板。它是孔蚀的一种特殊形态。它的发生和发展机理与孔蚀类似，缝隙内是缺氧区成为阳极，其后也产生自催化加速作用。缝隙腐蚀与孔蚀一样，在含有氯离子的溶液中最易发生。而且在发生腐蚀之前，有一个较长的孕育期，一旦发生就迅速进展。

2.4.2.3 应力腐蚀破裂

金属和合金在特定腐蚀介质与拉应力的同时作用下产生的破裂，称为应力腐蚀破裂。这是一种危险的腐蚀形态，它只发生于一些特定的“材料－环境”体系。应力腐蚀破裂的机理目前还没有完全搞清楚。一般可将裂缝的发生和发展分为三个阶段：

第一阶段：金属表面生成钝化膜或保护膜；

第二阶段：膜局部破裂，形成蚀孔或裂缝源；

前两个阶段与孔蚀和缝隙腐蚀相同，腐蚀都是在一个对流不通畅、闭塞的微小区域内进行，统称为闭塞电池腐蚀。在第三阶段，由于金属内部存在一条狭窄的活性通路，在拉应力的作用下，活性通路前端的膜反复地、间歇地破裂，腐蚀沿着与拉应力垂直方向的通路前进。在闭塞区(裂缝尖端)会产生氢，一部分氢可能扩散到尖端金属内部，引起脆化，在拉应力作用下产生脆性断裂。裂缝在腐蚀和脆断的反复作用下迅速前进。

根据三阶段理论，介质在应力腐蚀中的作用显然可分为三种：一是促进全面钝化；二是破坏局部纯化：三是进入缝内(主要是阴离子)促进腐蚀或放氢。

裂缝形态有两种：一种是沿晶界发展，称为晶间破裂；另一种是穿过晶粒，称为穿晶破裂。也有混合型，如主缝为晶间型，支缝则为穿晶型。

2.4.2.4 腐蚀疲劳

腐蚀疲劳是在交变应力和腐蚀介质的共同作用下引起的材料或构件的破坏。当铁基合金所承受的交变应力低于一定数值时，可经过无限周期而不产生疲劳破坏，这个临界应力值称为疲劳极限。对于其他含金，疲劳极限为在一定数量周期下不破裂的最大交变应力，但在腐蚀环境中，该疲劳极限值大大下降，因而在不高的交变应力下就会发生腐蚀疲劳。

腐蚀疲劳的外形特征是：有许多深的蚀孔，裂缝通过蚀孔可以有若干条，方向和应力垂直，是典型的穿晶型(在低频率周期应力下，也有晶间型)腐蚀，没有分支裂缝，缝边呈现锯齿形。振动部件如泵轴和杆、螺旋桨轴、油气井管、吊索以及由于温度变化产生周期热应力的换热管和锅炉管等，都容易产生腐蚀疲劳。

2.4.2.5 磨损腐蚀

流体对金属表面同时产生磨损和腐蚀的破坏形态称为磨损腐蚀。一般是在高速流体的冲击下，金属表面的保护膜被破坏，破口处的金属被加速腐蚀。磨损腐蚀的外表特征是：局部性的沟槽、波纹、圆孔和山谷形，通常显示方向性。较软的、容易遭受机械磨损的金属，如铜和铅，更容易遭受腐蚀。

高流速和湍流状态的流体，如果其中含有空气泡和固体离子，可使金属的磨损腐蚀十分严重。凡是暴露在运动的流体中的设备，如管、三通、阀、鼓风机、离心机、叶轮、换热器、排风筒等，都可能产生磨损腐蚀。

2.4.2.6 电偶腐蚀或双金属腐蚀

当两种不同的金属浸泡在腐蚀性或导电性的溶液中时，两种金属之间通常存在着电位差。如果这些金属相互接触(或用导线连通)，该电位差使电子在它们之间流动。与不接触时比较，耐蚀性较差的金属在接触后腐蚀速度通常增加，而较耐蚀的金属腐蚀速度则下降。耐蚀性较差的金属成为腐蚀电池的阳极，耐蚀性较高的金属成为腐蚀电池的阴极。在这类偶接形式中，阴极或阴极性金属的腐蚀往往很小或完全不腐蚀。该腐蚀形态因为涉及不同的金属，所以称为电偶腐蚀或双金属腐蚀。

2.4.3 管道防腐蚀的意义

腐蚀是引起管道系统可靠性和使用寿命的关键因素。腐蚀破坏引起突发的恶性事故，往往造成巨大的经济损失和严重的社会后果。油气勘探开发的油井管(油管、套管、钻杆等)和油气集输管线(长距离输油管、出油管、油田油气集输管，注水注气、注二氧化碳、注聚合物管等)，其失效形式主要表现为腐蚀失效，主要腐蚀介质有 H_2S、CO_2、O_2、硫酸盐还原菌(SRB)等。

例如，在1977年完成的美国阿拉斯加一条长约1287km、管径1219.2mm的原油输送管道，一半埋地一半裸露，每天输送原油约200万桶，造价80亿美元。由于对腐蚀研究不充分和施工时采取防腐措施不当，12年后发生腐蚀穿孔达826处之多，仅修复费用一项就耗资15亿美元。

1975年挪威艾柯基斯克油田阿尔法平台 API X52 高温立管由于原油中含有1.5% ~3% CO_2 及6% ~8%的 Cl^-，同时由于海洋飞溅区的腐蚀，投产仅2个月，立管就被腐蚀得薄如纸张，导致了严重的爆炸、燃烧和伤亡事故。

1988年英国的帕尔波阿尔法平台油管因 CO_2 腐蚀疲劳造成断裂引发突然爆炸燃烧，死亡166人，使英国北海油田原油产量减少12%。

中国大部分油田进入高含水开发期，有的新油管下井一年即发生腐蚀穿孔，3年后就得全部更换。注水井套管的使用寿命一般在6年左右，油井套管使用寿命一般在8年左右。

四川酸性气田特别是磨溪气田，天然气中含有 H_2S、CO_2、Cl^-、硫酸盐还原菌(SRB)的地层水，对油套管集输管线的腐蚀十分严重，特别是井下油管，最短在2年左右发生腐蚀断裂，造成内部堵塞，压力下降，产量下降。

胜利油田进入高含水开发期，采出污水中含有溶解氧、硫酸盐还原菌、H_2S、CO_2、Cl^-，对钢管管材腐蚀相当严重，平均腐蚀速度为1 ~7mm/a，应力作用下的点蚀速度为14mm/a。胜利油田现有地面管线20000km，每年至少更换400km，损失达6000万元。

因此，对管道采用防腐蚀工程技术具有很重要的意义。普遍的、正确的选用适当的防腐蚀工程技术和方法可以防止或显著减缓腐蚀破坏，最大限度地减轻可能由腐蚀造成的经济损失和社会危害。据估计，只要充分利用现有的防腐蚀工程技术，就可使腐蚀损失降低15% ~30%。

2.5 控制金属腐蚀的基本方法

2.5.1 腐蚀控制方法

对于一个具体的腐蚀体系。究竟采用哪种防腐蚀措施，应根据腐蚀原因、环境条件、各种措施的防腐蚀效果、施工难易以及经济性等综合考虑，不能一概而论。防腐蚀的控制方法主要有以下五类。

2.5.1.1 正确选用耐腐蚀材料

针对特定的工程性结构物、工艺用途和由工况条件所决定的腐蚀性环境介质，选用适宜的耐蚀材料是防止或减轻腐蚀的简便有效的重要措施。为此，首先应弄清楚设备材料服役的环境介质和工况条件，了解介质的成分、浓度、杂质种类及其含量、流速、温度及温度差异、导电性和 pH 值、设备的工作压力及材料的受力状态、可能生成的腐蚀产物性质，以及在这种环境介质中可能产生的腐蚀类型，产品的特殊要求等。选材时应考虑设备的用途、工艺过程及其结构设计特点等。

选材时既要充分考虑材料的耐蚀性，又要考虑材料的力学性能、物理性能和加工性能。但应注意，任何材料都不是万能的，所谓耐蚀也是相对的，应兼顾可靠性与经济性。选材时应全面地考虑金属材料、非金属材料和内衬材料的差异及其在特定工况条件和工艺介质中的适用性和经济性。

2.5.1.2 腐蚀环境的处理和控制

腐蚀是材料与环境介质相互作用造成的破坏与变质，因此控制（改变）环境就能有效地控制腐蚀。目前，环境处理（也称改变环境）已是广泛采用的重要防腐蚀技术之一。所谓环境处理就是应用物理的或化学的方法降低环境介质的腐蚀性以控制腐蚀。常用的方法如下。

（1）去除介质中的腐蚀性组分，如脱除空气中的水分（仓库存储、防腐包装等）、去除水中的氧（锅炉供水）、脱除原油中的盐分等。

（2）调节介质的 pH 值如控制水溶液、土壤的 pH 值，调整至低腐蚀性的范围。如锅炉给水中加氨处理，通过中和水中的 CO_2 提高 pH 值而减缓腐蚀。

（3）改变环境介质的条件和状态环境的温度和压力、介质的成分、浓度和流速等，均可对材料的腐蚀速率产生显著影响。

（4）缓蚀剂保护。在腐蚀环境中通过加入少量化学物质就能阻止或显著减缓金属腐蚀的方法称为缓蚀剂保护，加入的化学物质就是缓蚀剂。采用缓蚀剂保护，由于设备简单、使用方便、投资少、收效快而得到广泛应用。

缓蚀剂的保护效果与腐蚀介质的性质、温度、流动状态、金属材料的种类和性质以及缓蚀剂本身的种类和剂量等有着密切关系。即缓蚀剂保护具有严格的选择性，对某种金属－介质体系具有良好保护作用的缓蚀剂，对另一种金属－介质体系就不一定适用，即使是环境条件有一些变化也会影响到其保护效果。一般而言，缓蚀剂在循环系统中应用的效果和经济性较好。采用缓蚀剂还应考虑对生产工艺过程和产品质量有无影响，应综合考虑应用效果和经济性。

2.5.1.3 电化学保护

电化学保护就是利用金属电化学腐蚀过程的极化特性控制腐蚀的方法。具体地说，就是对金属设备或构件施加一定的保护电流，使金属的腐蚀速度降至很低的防腐蚀技术。电化学保护技术有两种，即阴极保护技术和阳极保护技术。

将被保护金属在指定的环境介质中进行外加阴极极化以减小或防止金属腐蚀的方法称为阴极保护法。可以通过外加电源施加极化电流或连接电位更负的牺牲阳极两种途径实施阴极保护。阴极保护适用于几乎所有金属材料。

将被保护设备在指定的环境介质中进行外加电流阳极极化至一定电位，使金属建立起钝态和生成稳定钝化膜并能维持这种钝态，从而显著降低金属腐蚀速度，这就是阳极保护法。阳极保护只适用于具有活化/钝化转变行为的金属－介质体系。

2.5.1.4 表面涂覆层保护

表面涂覆层保护就是应用物理的、化学的（包括电化学的）和机械的方法，在金属材料表面涂覆一层比较耐腐蚀的材料，以达到减缓腐蚀、保护基体金属的目的，又称涂镀层保护或表面保护。这种控制腐蚀的方法，因其施工简便、消耗材料少、保护效果好以及价格相对较低而获得了广泛应用。这类方法主要包括涂镀层保护、表面处理和内衬。涂镀层保护按其材料不同又可分为有机涂层、无机涂层和金属性镀层。

控制腐蚀的表面涂覆层技术可通过三种途径起到保护作用：

（1）机械性保护。就是将金属材料与腐蚀介质机械地隔离开，阻止微电池的腐蚀作用。

（2）化学性保护。就是提高金属表面的化学稳定性（即耐蚀性），有的涂层还有促进钝化与缓蚀的作用。

（3）阴极性保护。就是涂层中含有其电位比基体金属更负的材料，这类涂层在腐蚀介质中具有牺牲阳极式的阴极保护作用。

为了保障表面涂覆层的耐蚀性，要求其均匀完整、致密无孔，与基体金属粘接牢固，并具有一定的强度和韧性。

2.5.1.5 合理的防腐蚀设计

控制腐蚀应从结构物的项目设计开始就予以重视和必要的考虑，这是从大量实践总结出来的一条重要经验。防腐蚀设计的内容包括防蚀结构设计、防蚀强度设计、防蚀方法选择、合理选材和提出制造、加工、安装中的防蚀要求等。

防蚀强度设计应按均匀腐蚀和局部腐蚀两类情况分别考虑。在均匀腐蚀的条件下只需考虑由于腐蚀造成的壁厚减薄对强度的影响。因此，为了保证强度和可靠使用，项目设计时必须考虑腐蚀裕量：腐蚀裕量＝年腐蚀率×预期寿命（年）。设备的壁厚应等于机械强度计算的厚度加腐蚀裕量，对关键部位还应乘以足够的安全系数。但是，在局部腐蚀为主的情况下，强度设计没有统一的计算公式，一般可通过选材、控制环境、改进结构设计和安装以及将在服役过程中启用的监测装置等来解决。

合理的结构设计对于控制设备腐蚀是十分重要的。在实践中已总结出防蚀结构设计的若干适用原则，在设计时可供参考。例如，结构应尽量简单，便于装拆与检修；避免应力集中；避免与金属接触；消除和减少缝隙，尽量采用焊接结构；消除死角以便于排流；温度分布均匀，防止局部过热；管道系统应避免滞流、湍流和冲击，保证流速均匀和顺畅等。总之，在结构设计中应尽可能采用合理可靠、经济有效、能避免和减轻腐蚀的结构形状和系统。

2.5.2 腐蚀控制方法的选择

腐蚀破坏的形式很多，在不同情况下引起金属腐蚀的原因也不尽相同，而且影响因素非常复杂。因此，根据不同情况采用的防腐蚀工程技术也是多种多样的，内容丰富，涉及范围广泛。每一种防腐蚀措施都有其应用条件和适用范围，对某一种体系有效的措施，不一定适用于另一种体系，有时甚至可能有害。一般情况下，同时采用两种或多种防腐蚀措施进行联合保护，其防腐蚀效果远比采用单一措施为佳。

2.5.2.1 全面腐蚀的控制措施

控制全面腐蚀的措施主要有以下几种：

（1）工程设计时考虑合理的腐蚀裕量。

（2）合理选材。如在桥梁、输电铁塔和铁道车辆上采用耐候钢。

（3）涂覆保护层。这是金属腐蚀防护使用最广泛、最普遍的方法之一，如在金属表面上刷涂料，或者喷涂金属材料如铝、锌等。

（4）加入缓蚀剂。如在循环水系统中加入磷系缓蚀剂，在油田采出液中加人防止 CO 腐蚀的缓蚀剂。

（5）阴极保护。埋地管线和海洋环境中的钢结构、桥梁、船舶上普遍采用此方法。

2.5.2.2 电偶腐蚀的控制措施

控制电偶腐蚀的措施主要有以下几种：

（1）设计时，在选材方面尽量避免有异种材料或合金相互接触，若不可避免，尽量选用电偶序相近的材料。

（2）设计时选用容易更换的阳极部件，或将它加大、加厚以延长使用寿命。

（3）避免大阴极、小阳极面积比的组合。

（4）施工中可考虑在异种材料连接处或接触面采取绝缘措施。

（5）采用适当的非金属涂层或金属涂层进行保护。

（6）采用电化学方法保护。

（7）在封闭系统或条件允许的条件下，向介质中加入缓蚀剂。

2.5.2.3 点蚀的控制措施

控制点蚀的措施主要有以下几种：

（1）选择耐蚀合金。

（2）改善介质条件。例如，降低溶液中的 Cl^- 含量，减少氧化剂（如除氧和 Fe^{3+}、Cu^{2+}），降低温度，提高 pH 值，使用缓蚀剂，增加介质的流速等均可减少点蚀的发生。

（3）采用电化学保护。用阳极法抑制点蚀，把金属的极化电位控制在临界孔蚀电位以下，使电位低于 E_b，最好低于 E_p，使不锈钢处于稳定钝化区，这称为钝化型阴极保护，应用时要特别注意严格控制电位。

（4）应用缓蚀剂。对于循环体系，可加入缓蚀剂如磷酸盐、铬酸盐等，以增加钝化膜的稳定性或有利于受损的钝化膜得以再钝化。

（5）对材料表面进行钝化处理，提高其钝化稳定性。

2.5.2.4 缝隙腐蚀的控制措施

控制缝隙腐蚀的措施主要有以下几种：

（1）合理设计和施工，尽量避免缝隙和死角的存在。少用铆接和螺栓连接，宜用焊接。

（2）正确选材，采用高铝、铬、镍不锈钢；垫圈不宜采用吸湿性的石棉等材料，而应用聚四氟乙烯等材料。

（3）采用电化学保护。采用阴极保护，并不一定能完全解决缝隙腐蚀的问题，因为其关键是是否有足够的电流到达缝内，产生必要的保护电位。

（4）采用缓蚀剂。例如，磷酸盐、铬酸盐、亚硝酸盐的混合物对钢、黄铜、锌的结构是有效的。

2.5.2.5 晶间腐蚀的控制措施

控制晶间腐蚀的措施主要有以下几种：

（1）降低含碳量。低碳不锈钢，甚至是超低碳不锈钢，可有效减少碳化物析出造成的晶间腐蚀。

（2）合金化。加入与碳亲和力大的合金元素，如 Ti、Nb 等，析出 TiC 或 NbC，避免贫 Cr 区的形成。

（3）适当热处理。含碳量为 0.06% ~ 0.08% 的奥氏体不锈钢，要在 1050 ~ 1100℃ 进行固溶处理。含钛、铌的钢要进行稳定化处理。

（4）适当的冷加工。在敏化前进行 30% ~ 50% 的冷形变，可以改变碳化物的形核位置，促使沉淀相在晶内滑移带上析出，减少在晶界的析出。

（5）调整钢的成分，形成双相不锈钢。由于相界的能量更低，碳化物优先在相界析出，从而减少了在晶界的沉淀。

2.5.2.6 应力腐蚀疲劳的控制措施

控制应力腐蚀疲劳的措施主要有以下几种：

（1）合理选材。根据材料的具体使用环境，尽量避免使用对应力腐蚀开裂敏感的材料。

（2）消除应力。改进结构设计，减小应力和避免腐蚀介质的积存。在部件的加工、制造和装配过程中尽量避免产生较大的残余应力。可通过热处理、表面喷丸等方法消除残余应力。

（3）使用涂层。使用有机涂层可将材料表面与环境分开，使用对环境不敏感的金属作为敏感材料的镀层，都可减少材料应力腐蚀开裂的敏感性。

（4）改善介质环境。控制或降低有害的成分；在腐蚀介质中加入缓蚀剂，通过改变电位、促进成膜、阻止氢或有害物质的吸附等，影响电化学反应动力学而起到缓蚀作用，改变环境的敏感性质。

（5）电化学保护。应力腐蚀开裂发生在活化 - 钝化和钝化 - 过钝化两个敏感电位区间，可以通过控制电位进行阴极保护或阳极保护防止应力腐蚀开裂的发生。

2.5.2.7 腐蚀疲劳的控制措施

控制腐蚀疲劳的措施主要有以下几种：

（1）合理选材。一般来说，抗点蚀高的材料，其抗腐蚀疲劳性能也较高。对材料进行抗疲劳腐蚀处理，提高材料表面光洁度，可显著改善材料的腐蚀疲劳性能。可通过气渗、喷丸和高频淬火等表面硬化处理，在材料表面形成压应力层。

（2）改进设计。适当降低构件承受交变应力的水平或进行热处理以消除或减小拉应力。

（3）改变环境。减轻腐蚀环境的腐蚀性，包括去除环境中的腐蚀剂成分和添加缓蚀剂。

（4）阴极保护。在腐蚀疲劳过程中，施加一定的阴极电位，腐蚀疲劳极限可以达到空气中的疲劳极限，腐蚀疲劳裂纹扩展速度也显著降低。通常，对于钢材，在中性腐蚀溶液中，加速裂纹扩展的主要原因与裂纹尖端阳极溶解同时发生的阴极析氢反应有关。由于阴极析氢可在裂纹尖端造成很高的氢浓度，氢从裂纹尖端表面向裂尖金属的阳极溶解，从而降低氢在裂纹尖端的集中浓度，减轻了氢脆对裂纹扩展过程中的作用。但是在酸性腐蚀介质以及有氢脆的环境中，不宜使用阴极保护。

2.5.2.8 磨损腐蚀的控制措施

控制磨损腐蚀的措施主要有以下几种：

（1）高速过流表面压力突然下降。

（2）选择更为耐蚀的材料和适当的表面处理，特别是在金属表面涂覆高聚物或弹性体，对减轻空泡溃灭的机械破坏有明显效果。

（3）去除溶解在流体中的气体，可减轻空泡的形成。

（4）阴极保护有时可有效减轻空泡腐蚀，但原因不是由于腐蚀速度的降低，而是由于阴极反应在表面析出氢气泡的衬垫作用。

（5）正确的操作也可以避免产生严重的空泡腐蚀。如在管路被堵塞而使流体流线不正常时，以及入口处由于空泡形成的低压会促进泵内流体内气泡的形成时，应使泵停止工作。

第3章　电工基础和检测仪器

3.1　电工学基本知识

3.1.1　直流电路

3.1.1.1　电路及其基本物理量

1. 电路的概念

在电工概念中，电流经过的路径称为电路，是由电源、负载、导线、开关等元器件组成。直流电通过的电路为“直流电路”，交流电通过的电路为“交流电路”。

根据电路是否形成闭合回路和形成闭合回路的方式，将电路划分为三种状态：通路、开路和短路。

（1）开路。也叫断路，电路中某一处中断，没有导体连接，电流无法通过，导致电路中电流消失，一般对电路无损害。

（2）短路。电源未经过任何负载而直接由导线接通成闭合回路，易造成电路损坏、电源瞬间损坏，如温度过高烧坏导线、电源等。

（3）通路。能构成电流的流通，能形成闭合回路的电路（电流能从电源正极流出，再从负极流进），称为通路。通路是在电路中处处连通的电路。

2. 电路的基本物理量

（1）电流。电流是在外电场的作用下，单位时间内通过某一导体截面的电量，用字母 I 表示。

正电荷移动的方向规定为电流正方向。电流分为交流和直流两大类，方向不随时间变化的电流，称为直流；方向随时间变化的电流，称为交流。

（2）电压。电压是衡量电场力做功能力的物理量。从数值上看，A、B 两点之间的电压是电场力把单位正电荷从 A 点移动到 B 点时所做的功。电压的单位为伏特，简称伏，用字母 V 表示。规定电场力移动正电荷的方向为电压的方向。

（3）电位。在电路中选定任一点作为参考点，通常把参考点的电位定为零。电场中某点的电位等于电场力将单位正电荷自该点移动到参考点所做的功。

比较电压和电位的概念可以看出，电场中某点的电位就是该点到参考点之间的电压，电位是电压的一个特殊形式。A、B 两点的电压等于 A 点和 B 点的电位差。

对于电位来说，参考点是至关重要的。在同一电路中，当选定不同的参考点，同一点的电位数值是不同的。原则上说，参考点可以任意选定。在电工领域，通常选电路里的接地点为参考点；在电子电路里，常取设备外壳为参考点。

（4）电动势。在电源的内部电路中，其他形式的能量将单位正电荷从电源负极移动到电源的正极所做的功，称为电源的电动势，用字母 E 表示。

电动势的方向规定为在电源的内部由负极指向正极，是从低电位指向高电位。电动势只存在于电源的内部电路中，而电压是针对外部电路而言的，两者的方向不同。

（5）电功。电流通过负载将电能转换为其他形式的能（热、光、机械能等），称为电流做功，简称电功，也称电能。电功的单位是焦耳，简称焦，用字母 J 表示。

（6）电功率。电功率 P 表示单位时间内电流所做的功，单位为瓦特，用字母 W 表示。

$$P = \frac{W}{t} \tag{3-1}$$

3.1.1.2 欧姆定律

在同一电路中，导体中的电流跟导体两端的电压成正比，跟导体的电阻值成反比，这就是欧姆定律，用公式表达为：

$$I = \frac{U}{R} \tag{3-2}$$

3.1.1.3 电阻的串并联

1. 电阻的串联

将两个或两个以上的电阻按顺序连成一串，使电流只有一条通路的连接方式称为电阻的串联。电阻的串联有以下几个特点：

（1）串联电路中各处的电流相等。

（2）串联电路两端的总电压等于各电阻两端的电压之和。

（3）串联电路的等效电阻等于各串联电阻阻值之和。

（4）串联电路各电阻上的电压分配与各电阻的阻值成正比。

（5）串联电路的总功率等于各串联电阻所消耗的功率之和。

（6）串联电路中各个电阻所消耗的功率与阻值成正比。

2. 电阻的并联

将两个或两个以上的电阻一端连在一起，另外一端也连在一起，使每一个电阻两端都承受相同的电压作用，这种连接方式称为电阻的并联。电阻的并联有以下特点：

（1）电路中各并联电阻两端的电压相等。

（2）并联电路中的总电流等于各支路电流之和。

（3）并联电路的总电阻的倒数，等于各并联电阻的倒数之和。

（4）任一个支路的电流大小与该支路的电阻成反比。

3.1.2 正弦交流电

3.1.2.1 交流电的概念

大小和方向随时间作周期性变化的电路称为交流电路，较常见的是正弦交流电。

3.1.2.2 正弦交流电的三要素

电动势、电压和电流的大小和方向随时间作正弦规律变化的电路称为正弦交流电路，它是交流电路的基本形式。

以电流为列，其波形如图 3－1 所示。

正弦量（以电流 i 为例）的一般解析表达式为：

$$i = I_{\mathrm{m}} \sin(\omega t + \varphi_{\mathrm{i}}) \tag{3-3}$$

式中 i——正弦交流电的瞬时值（用小写字母表示），称为振幅；

I_{m}——电流的最大值（用大写字母表示），也称幅值；

ω——角频率；

φ_i——初相位，反映交变电流初始时刻位置情况。

电流波形如图 3－2 所示。

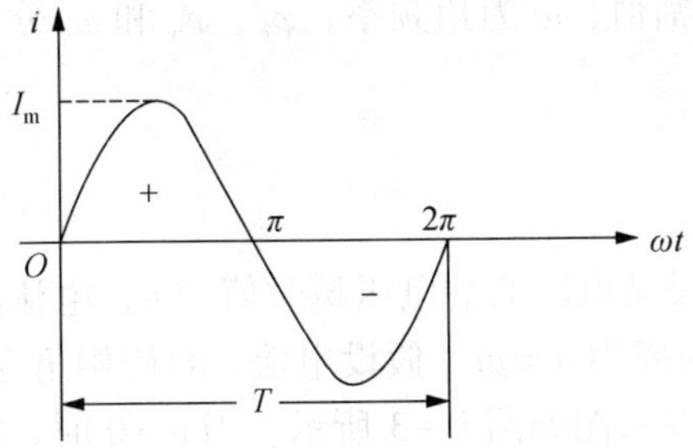

图 3－1　交流波形图

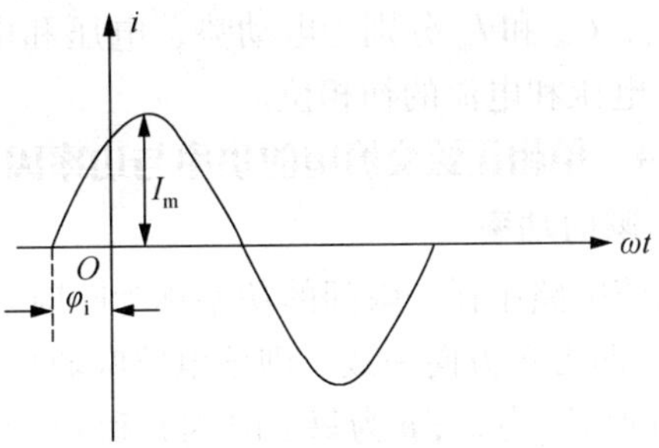

图 3－2　正弦交流波形图

1. 幅值

在式(3－3)中，I_m 为电流的最大值，也称幅值，表示

正弦交变电流幅度的最大值。正弦量的最大值用带下标 m 的大写英文字母表示，如 I_m、U_m、E_m 分别表示正弦电流、正弦电压、正弦电动势的最大值。

2. 角频率

交流量循环变化一周的时间称为周期，用 T 表示。周期的单位是秒(s)。1 秒内含有的周期数称为频率，用 f 表示。频率的单位是赫兹(Hz)，简称赫。由定义可知，频率与周期的关系互为倒数，即：

$$f=\frac{1}{T} \tag{3-4}$$

式(3－3)中的 ω 在数值上等于单位时间内正弦函数幅角的增长值，称为角频率，它的单位为弧度每秒(rad/s)。由于在一个周期 T 内幅角增长 2π 弧度，故：

$$\omega = \frac{2\pi}{T} = 2\pi f \tag{3-5}$$

频率、周期、角频率三个量都是说明正弦交流电变化快慢的物理量。三个量中只要知道其中一个量，其他两个量即可求出。例如，我国以及其他大多数国家的工业和生活用电频率为 50Hz(称为工频)，其周期为 $T=\frac{1}{f}=\frac{1}{50}=0.02\text{s}$，角频率 $\omega=2\pi f=100\pi\text{rad/s}$。部分国家，如美国、日本等工频为 60Hz。

3. 相位角与初相位

正弦交流电表达式(3－3)中，$(\omega t+\varphi_i)$是正弦交流电随时间变化的(电)角度，称为该正弦交流电的相位角，简称相位，单位是弧度(rad)。为了方便，在 $t=0$ 时的相位称为初相位。式(3－3)中的 φ_i 就是该正弦交流电的初相位，其值与计时起点有关，初相位的取值范围是 $-180° < \varphi_i < 180°$。

要完整准确地描述一个不断随时间 t 交变的正弦量需要有三个要素：幅值、角频率、初相位，称为正弦量的三要素。对于一个正弦电流 i，如果已知正弦量的三要素 I_m、ω、φ_i 则该正弦量与时间 t 的关系就确定了。

3.1.2.3　单相正弦交流电的表达式

由正弦交流电的三要素可知，单相交流电路中的电压、电流和电动势的瞬时表达式为：

$$e = E_m \sin(\omega t + \varphi_e) \tag{3-6}$$

$$u = U_m \sin(\omega t + \varphi_u) \tag{3-7}$$

$$i = I_m \sin(\omega t + \varphi_i) \tag{3-8}$$

E_m、U_m 和 I_m 分别为电动势、电压和电流的幅值，ω 为角频率，φ_e、φ_u 和 φ_i 分别为电动势、电压和电流的初相位。

3.1.2.4 单相正弦交流电的功率与功率因素

1. 瞬时功率

交流电路中任一瞬间的功率称为瞬时功率。设某电路的端电压瞬时值为 u，电流瞬时值为 i，且两者正方向一致，则该电路吸收的瞬时功率为 $p = ui$。假设电流 i 的初相角为零，u 超前 i 的角度为 φ，p 为每个时刻 u 和 i 的乘积，波形图如图 3－3 所示。当 $p>0$ 时，该部分电路从外部电路汲取能量；当 $p<0$ 时，该部分电路向外部电路输出能量。

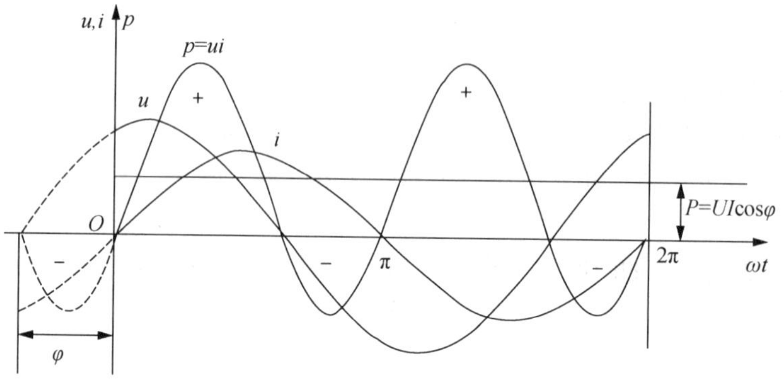

图 3－3　电压、电流和瞬时功率波形图

电压、电流的表达式分别为：$u = \sqrt{2}U\sin\omega t$ 和 $i = \sqrt{2}I\sin(\omega t + \varphi)$，因此，功率的表达式为：

$$p = ui = 2UI\sin(\omega t + \varphi)\sin\omega t = UI\cos\varphi - UI\cos(2\omega t - \varphi) \tag{3-9}$$

从式(3－9)可知，瞬时功率包含两个部分：一部分为 $UI\cos\varphi$，是不随时间变化的固定分量；另一部分为 $UI\cos(2\omega t - \varphi)$，是以 2 倍于电源频率随时间作正弦变化的分量。

2. 有功功率

交流电路的瞬时功率在一个周期内的平均值，称为平均功率，又称有功功率，用 P 表示，单位为瓦。

$$P = UI\cos\varphi \tag{3-10}$$

从式(3－10)可知：当 U、I 一定时，有功功率决定于 $\cos\varphi$ 的大小。$\cos\varphi$ 称为电路(或系统)的功率因素，用 λ 表示，即：

$$\lambda = \cos\varphi \tag{3-11}$$

式(3－11)中，φ 称为功率因素角，是供电电压 U 和电流 I 的相位差，也是负载的阻抗角。

工厂里由于大量使用异步电动机和变压器，所以工业负载多数为电感性的，导致阻抗角加大，从而引起功率因数较低。提高功率因数常用的办法是投入电容器进行无功补偿。

3.1.2.5 对称三相正弦交流电的功率与功率因素

三相交流电路是三个单相交流电路的组合，因此不论三相负载采用何种连接方式或三相负载是否对称，三相交流电路的有功功率 P 为：

$$P = P_U + P_V + P_W \tag{3-12}$$

式(3－12)中，P_U、P_V 和 P_W 分别为每相的有功功率，即：

$$P_U = U_U I_U \cos\varphi_U \tag{3-13}$$

$$P_V = U_V I_V \cos\varphi_V \tag{3-14}$$

$$P_W = U_W I_W \cos\varphi_W \tag{3-15}$$

若三相负载对称时，$U_U = U_V = U_W = U_P$；$I_U = I_V = I_W = I_P$；$\varphi_U = \varphi_V = \varphi_W = \varphi$，则各相的有功功率相等，因此：

$$P = 3U_P I_P \cos\varphi \tag{3-16}$$

有时候，相电压和相电流不容易测量，例如，三相电动机接成三角形时，要测量它的相电流就必须将绕组端部拆开。因此通常通过线电压和线电流计算三相电路的功率。

当负载为星形联接时，$U_P = \dfrac{U_L}{\sqrt{3}}$，$I_P = I_L$。则：

$$P = 3U_P I_P \cos\varphi = 3 \times \frac{U_L}{\sqrt{3}} I_L \cos\varphi = \sqrt{3} U_L I_L \cos\varphi$$

当负载为三角形联接时，$U_P = U_L$，$I_P = \dfrac{I_L}{\sqrt{3}}$。则 $P = 3U_P I_P \cos\varphi = 3 \times U_L \dfrac{I_L}{\sqrt{3}} \cos\varphi = \sqrt{3} U_L I_L \cos\varphi$

所以，三相对称负载不论是星形联接还是三角形联接，其有功功率表达式可以统一写成：

$$P = \sqrt{3} U_L I_L \cos\varphi \tag{3-17}$$

3.1.3 电磁与电磁感应

3.1.3.1 磁的基本知识

在磁铁或电流(运动电荷)周围的空间里存在着磁场，磁场会对任何置于其中的其他磁体或电流施加作用力。也就是说运动着的电荷(即电流)周围的空间存在磁场，并且这个磁场又会对处于其中的运动电荷(电流)产生力的作用。

在磁场中的任一点，小磁针静止时北极所指的方向，就是该点的磁场方向。

3.1.3.2 磁场的基本物理量

1. 磁感应强度

在磁场中垂直于磁场方向的通电直导线受到的磁场力 ΔF 与通过的电流 I 和导线的长度 Δl 的乘积的比值，叫做通电导线所在处的磁感应强度，用 B 表示。即：

$$B = \frac{\Delta F}{I\Delta l} \tag{3-18}$$

式中　ΔF——通电导体受到的磁场力，N；

I——导体中的电流强度，A；

Δl——导体在磁场中的有效长度，m；

B——磁感应强度，T。

磁感应强度是矢量。磁场中某处磁感应强度的方向就是该处磁场的方向。

2. 磁通量

穿过磁场中某一面积的磁感应线的条数，称为穿过这个面积的磁通量。磁通量简称磁通，用 Φ 表示，单位是韦伯(Wb)。

显然，磁通量的大小与磁场的强弱程度、面积的大小以及该面跟磁场方向的夹角有关，如图3－4所示。穿过磁场中面积为 S 的磁通量为：

$$\Phi = BS\cos\theta \tag{3-19}$$

式中 B——磁感应强度，T；

S——面积，m^2；

θ——面积 S 与垂直磁场的面积 S' 之间的夹角。

当面积 S 与磁场方向垂直时(即 $\theta=0$)，磁通量为：

$$\Phi = BS \tag{3-20}$$

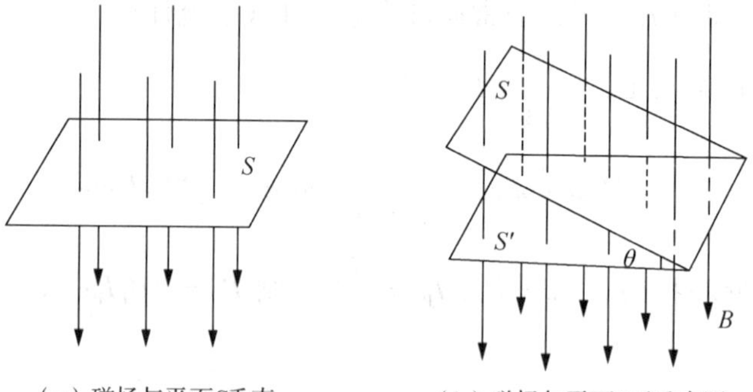

图3－4　磁通量示意图

3. 磁导率

磁感应强度不仅取决于电流的大小及导体的几何形状，而且与导体周围的物质(磁介质)有关。例如一个长直螺旋管，在其他条件不变的情况下，当内部充满均匀磁介质时，比管内为真空时测出的磁感应强度大许多倍。这是因为这两种情况下磁导率不同造成的。因此用磁导率可以很方便、准确地衡量物质的导磁能力，并以此将材料分为磁性和非磁性材料。磁导率用 μ 表示，单位为亨/米(H/m)。

不同的介质其磁导率不同。由实验测得真空中的磁导率为一常数，用 μ_0 表示，即：

$$\mu_0 = 4\pi \times 10^{-7}\,\mathrm{H/m} \tag{3-21}$$

为了比较各种物质的导磁性能，将任一种物质的磁导率与真空中的磁导率的比值称为该物质的相对磁导率，用 μ_r 表示，即：

$$\mu = \mu_0\mu_r \tag{3-22}$$

不同材料的相对磁导率的差异很大，按相对磁导率的数值不同，可将磁介质分为三类：

(1) $\mu_r>1$，且与1相差不大的磁介质称为顺磁性物质，如铅、镁等，在这类物质中产生的磁场比真空中强一点。

(2) $\mu_r<1$，且与1相差不大的磁介质称为逆磁性物质(或抗磁质)，如氢、铜、银等，在这类物质中产生的磁场比真空中弱。

(3) $\mu_r \gg 1$ 的磁介质称为铁磁性物质，如铁、镍、钴及其合金。这种物质中产生的磁场要比真空产生的磁场强千倍甚至万倍以上。通常把铁磁性物质称为强磁性物质，强磁性物质在电工技术方面应用广泛。

4. 磁场强度

从前面分析可知，磁感应强度的大小与介质的性质有关，这就使得分析计算磁场问题变得非常复杂。引入磁场强度的概念可以将这类问题简化。研究结果表明，磁场中某点磁场强度(H)的大小，等于该点的磁感应强度(B)与介质磁导率(μ)的比值，其方向与该点磁感应强度的方向一致，即：

$$H = \frac{B}{\mu} \tag{3-23}$$

磁场强度也是反映磁场强弱的一个物理量，表示磁场中与介质磁导率无关的量，是一个矢量。即不管磁场处在什么介质情况下，磁场强度是不变的。而磁感应强度随介质的不同而差异很大。磁场强度的单位为安/米(A/m)。

3.1.3.3 电磁感应

如图 3－5 所示，在磁铁插入或拔出线圈的过程中(穿过线圈的磁通发生变化)，在导体切割磁力线时，检流计的指针发生了偏转，这说明有电动势和电流产生。利用磁场产生电流的现象称为电磁感应，产生的电流称为感应电流，产生的电动势称为感应电动势。

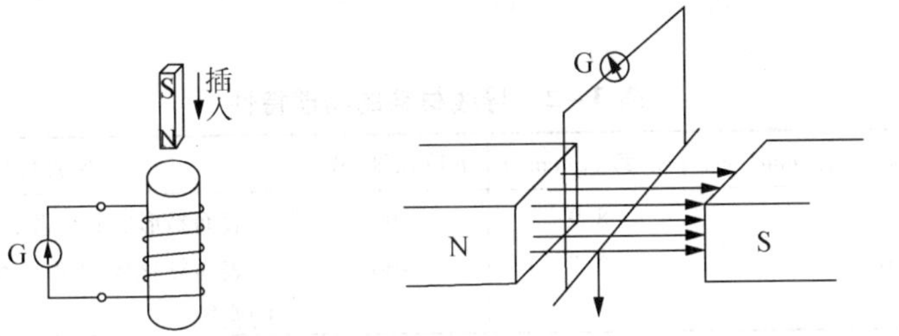

图 3－5　电磁感应原理示意图

穿过线圈的磁通量发生变化或导线切割磁力线，这些是产生感应电动势的条件。电路中有感应电动势，不一定会有感应电流。产生感应电流的情况有：

(1) 当闭合电路的一部分导体在磁场里做切割磁力线的运动时，电路中产生感应电流。

(2) 当磁体相对于静止的闭合电路进行运动时，电路中产生感应电流。

(3) 当磁体和闭合电路都保持静止，而使穿过闭合电路的磁通量发生改变时，电路中产生感应电流。

电磁感应现象中，感应电动势的大小与穿过某一回路的磁通的变化率成正比，这个规律就是法拉第电磁感应定律。

感应电流产生的磁场总是阻碍引起感应电流的磁场的变化，这就是楞次定律。

电流周围存在磁场，感应电流周围同样存在磁场。感应电流产生的磁场总是阻碍引起感应电流的磁场的变化，也就是说，当引起感应电流的磁场减弱时，感应电流产生的磁场方向与引起感应电流的磁场方向相同；当引起感应电流的磁场增强时，感应电流产生的磁场方向与引起感应电流的磁场方向相反。

3.1.3.4 电磁感应对输油管道的危害

高压输电线路正常运行时，因电磁感应作用，在其干扰范围内的埋地金属管道上会产生感应电压，其感应电压有效值可达到几十伏，甚至上百伏。在过高的交流干扰电压长期作用下，埋地金属管道防腐层会发生剥离。对有阴极保护的管道，将影响其保护程度，严重时会使阴极保护设备不能正常工作甚至损坏。对埋设有牺牲阳极保护的管道，过高的交流电压会使得镁阳极性能下降，甚至极性逆转，从而加速管道的腐蚀。

根据《66kV 及以下架空电力线路设计规范》的要求，35～66kV、3～10kV 和 3kV 以下架空线路与管道的垂直距离分别不低于 4m、3m 和 1.5m，架空线路与管道的水平距离不小于架空线路的最高杆塔高度。

管道与交流接地体的距离，应满足表 3 – 1 的要求。

表 3 – 1　管道与交流接地体的距离要求

电压等级/kV	10	35	110	220
临时接地点/m	0.5	1.0	3.0	5.0
铁塔或电杆接地/m	1.0	2.5	5.0	10.0
电站或变电所接地体/m	2.5	2.5	15.0	30.0

3.1.4　导线与电缆

3.1.4.1　导线

导线是用于传导电流的介质，常用材料有铜和铝两种。这些材料的物理特性如表 3 – 2 所示。

表 3 – 2　导线材料的物理特性

材料	20℃时的电阻率/($\Omega \cdot mm^2/m$)	密度/(g/cm^3)	抗拉强度/MPa	腐蚀性能及其他
铜	0.0182	8.9	390	表面易形成氧化膜，抗腐蚀能力强
铝	0.029	2.7	160	表面氧化膜可防继续氧化，但易受酸碱盐的腐蚀

铜的导电性能好(电阻率为 0.0182$\Omega \cdot mm^2/m$)，机械强度也相当高(抗拉强度约为 390MPa)，但铜的质量重，价格昂贵。铜是用来制造电缆、母线的良好材料，输油管道一般选用铜芯电缆。

铝的导电率虽然比铜稍低，导电性能较差(电阻率为 0.029$\Omega \cdot mm^2/m$)，但也是一种导电性能较好的材料。铝的导热性能好、耐腐蚀性较强、质量轻(在相同电阻值下，约为铜质量的 50%)，而且铝矿资源丰富、产量高、价格低廉。铝的主要缺点是机械强度较低(抗拉强度约 160MPa)。由于铝材料的价格低廉、耐腐蚀性好等特点，架空外供电线路一般采用钢芯铝绞线(钢芯是为了提高其抗拉强度)。

3.1.4.2　电缆

电缆是一种特殊的导线，在多根(或单根)绞绕的绝缘导电芯线外面，都包有绝缘层和保护层。保护层又分内护层和外护层。内护层用以直接保护绝缘层，而外护层用以保护内护层免受机械损伤和腐蚀。外护层通常为钢丝或钢带构成的钢铠，外覆麻被、沥青或塑料护套。电缆线芯分铜芯和铝芯两种。

电力电缆种类很多，根据电压、用途、绝缘材料、线芯数和结构特点等有以下分类：

(1) 按电压可分为高压电缆和低压电缆。

(2) 按使用环境可分为河底、矿井、船用、空气中、高海拔、潮热区电缆等。

(3) 按线芯数可分为单芯、双芯、四芯、五芯电缆等。

(4) 按结构特征可分为统包型、分相型、钢管型、扁平型、自容型电缆等。

(5) 按绝缘材料可分为油浸纸绝缘、塑料绝缘和橡胶绝缘电缆以及近期发展起来的交联聚乙烯电缆等。考虑到对电缆的可靠性要求较高，输油管道一般采用交联聚乙烯电缆。

油浸纸绝缘电力电缆的结构和交联聚乙烯电力电缆的结构分别如图 3 – 6(a)、(b)所示。

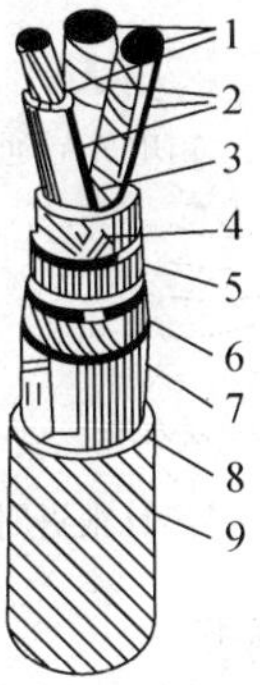

图3－6(a)　油浸纸绝缘电力电缆结构示意图

1—缆芯(钢芯或铅芯)；2—油浸纸绝缘层；3—麻筋(填料)
4—油浸纸(统包绝缘)；5—铝包(或铅包)；6—纸带(内护层)；
7—麻包(内护层)；8—钢铠层(外护层)；9—麻被层(外护层)

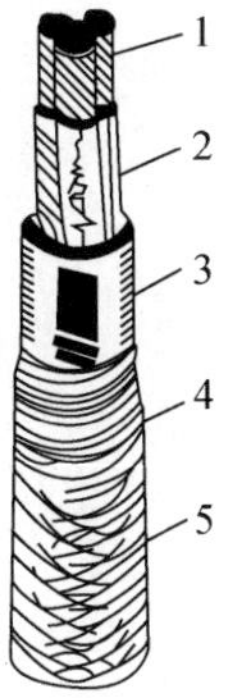

图3－6(b)　交联聚乙烯电力电缆结构示意图

1—缆芯(钢芯或铜芯)；
2—交联聚乙烯绝缘层；
3—聚氯乙烯外套(外护层)

3.1.4.3　电缆接头

电缆的接头包括中间接头和终端头两类。

将两段电缆连接起来，使之成为一条完整的线路，就需要利用电缆中间接头。电缆的始端和终端要与其他导体或电气设备连接，需要利用电缆终端头。

电缆中间接头和终端头的设计和制作应满足以下要求：

(1) 具有不低于电缆本身的绝缘强度；

(2) 导体连接良好；

(3) 密封可靠；

(4) 有足够的机械强度；

(5) 工艺简单。

目前，对油浸纸绝缘电力电缆的中间接头多采用套铅套管的方法，外面用钢筋混凝土盒加以保护；对交联聚乙烯电缆则采用绕包式或热缩式方法，外面用塑料连接盒加以保护。

按照使用环境的不同，电缆终端头可分为户外和户内两种。户外终端头由于对密封有特殊要求，因此结构比较复杂。交联聚乙烯电缆则采用绕包式、热缩式或冷缩式终端头。

运行经验说明，电缆接头是电缆线路中的薄弱环节，电缆线路的大部分故障都发生在电缆接头处。由于电缆接头本身的缺陷或者安装质量问题，容易造成短路故障，引起电缆接头爆炸，破坏了电缆线路的正常运行。因此电缆接头的安装质量十分重要，密封要好，其耐压强度不应低于电缆本身的耐压强度，要有足够的机械强度，且体积尽可能小，结构简单，安装方便。在防爆区域内，尽量避免使用电缆中间接头。

3.1.5　防雷与接地

3.1.5.1　电气防雷

(1) 避雷针与避雷线的结构。避雷针和避雷线是防直击雷的有效措施。它能将雷电吸引到自身并能将其安全地导入大地，从而保护附近的电气设备免受雷击。

当雷电先导通道发展到离地面一定高度时，避雷针才可以影响先导的发展方向，如图3－7所示。

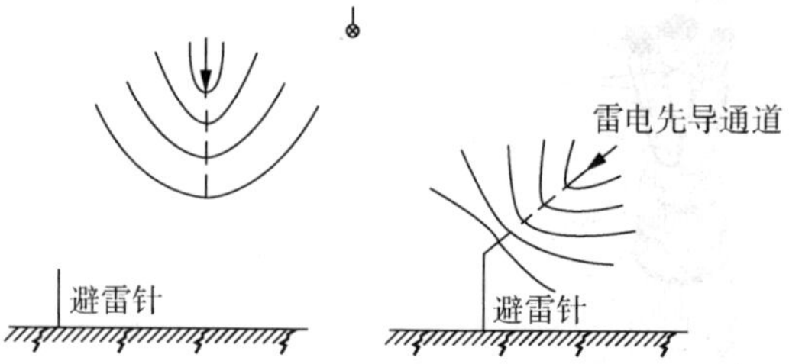

图 3－7　避雷针引雷示意图

此时最大电场强度方向将在雷电先导通道连接到避雷针(线)顶部的连线上，使雷电先导沿着电场强度最大的方向击向避雷针(线)。经验表明，雷电定向高度大约在 300～600m 的范围内，由于绝大多数雷云都在离地面 300m 以上，所以避雷针(线)的保护范围不受雷击高度变化的影响。

一个完整的避雷针由接闪器、引下线及接地体三部分组成。接闪器是专门用来接受雷云放电的金属物体。选择不同的接闪器，可组成不同的防雷设备：接闪器是金属杆的，称为避雷针；接闪器是金属线的，称为避雷针或架空地线；接闪器是金属带的、金属网的则称为避雷带、避雷网。

接闪器是避雷针的最重要部分，一般采用直径为 10～20mm、长为 1～2m 的圆钢，或采用直径不小于 $25mm^2$ 的镀锌金属管。避雷线采用截面不小于 $35mm^2$ 的镀锌钢绞线。

引下线是接闪器与接地体之间的连接线，将由接闪器引来的雷电流安全地通过其自身并由接地体导入大地，所以应保证雷电流通过时不致熔化。引下线一般采用直径为 8mm 的圆钢或截面不小于 $25mm^2$ 的镀锌钢绞线。如果避雷针的本体是采用钢管或铁塔形式，则可以利用其本体做引下线，还可以利用非预应力钢筋混凝土的钢筋作引下线。

接地体是避雷针的地下部分，其作用是将雷电流顺利地导入大地。接地体常用长 2. 5m、多根 50mm×50mm×5mm 的角钢或多根直径为 50mm 的镀锌钢管埋入地下，并用镀锌扁钢连接起来。接地体的效果和作用可用冲击接地电阻的大小表达，其值越小越好。冲击接地电阻 R_{sh} 与工频接地电阻 R_e 的关系为：$R_{sh}=a_{sh}R_{sh}$，其中 a_{sh} 为冲击系数。冲击系数 a_{sh} 值一般小于 1，只有水平敷设的接地体且较长时才大于 1。各种防雷设备的冲击接地电阻值均有规定，如独立避雷针或避雷线的冲击接地电阻应不大于 10Ω，仪表设备接地电阻应不大于 4Ω，计算机通信设备接地电阻应不大于 1Ω。

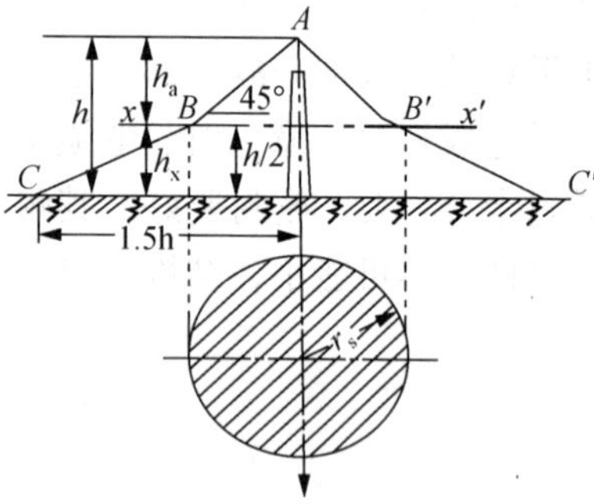

图 3－8　避雷针保护范围示意图

（2）避雷针与避雷线的保护范围。保护范围是指被保护物在此空间内不致遭受雷击的立体区域。保护范围的大小与避雷针(线)的高度有关。

单支避雷针的保护范围是以避雷针为轴的折线构成的上、下两个圆锥形空间。图 3－8 所示为高度为 h 的避雷针的保护范围。

3. 1. 5. 2　接地

在工厂供电系统中，为了保证电气设备的正常工作或防止人身触电，而将电气设备的某部分与大地做良好的电气连接，这就是接地。工厂供电系统和电气设备的接地按其作用的不同可分为工作接地和保护接地两大类。此外，还有为进一步保证保护接地的重复接地。

1. 接地装置的构成

接地装置由接地体和接地线两部分构成。其中与土壤直接接触的金属物体，称为接地体或接地极。而由若干接地体在大地中相互连接而构成的总体，称为接地网。

连接于接地体和设备接地部分之间的金属导线，称为接地线。接地线通常采用 25mm × 4mm 或 40mm × 4mm 的扁钢或直径为 16mm 的圆钢。接地线又分为接地干线和接地支线。

接地体通常采用直径为 50mm、长为 2 ~ 2.5m 的钢管或截面 50mm × 50mm × 5mm、长 2.5m 的角钢，端部削尖，埋入地中。接地体按其布置方式又可分为外引式和环路式两种。

2. 工作接地

为了保证电气设备的可靠运行，在电气回路中某一点必须进行的接地，称为工作接地。如避雷器、避雷针及变压器中性的接地都属于工作接地，如图 3 -9 所示。

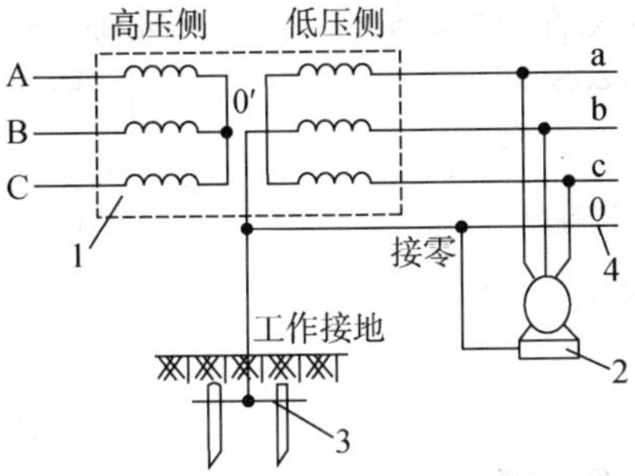

图 3 -9　工作接地示意图

1—变压器；2—电动机；3—接地装置；4—中性线；0′—中性点

3. 保护接地

将电气设备上与带电部分绝缘的金属外壳与接地体相连接，这种防止因绝缘损坏而使工作人员发生触电的危险的接地措施，称为保护接地，代号为 PE。如变压器、电动机和家用电器的外壳接地等都属于保护接地，如图 3 -10 所示。

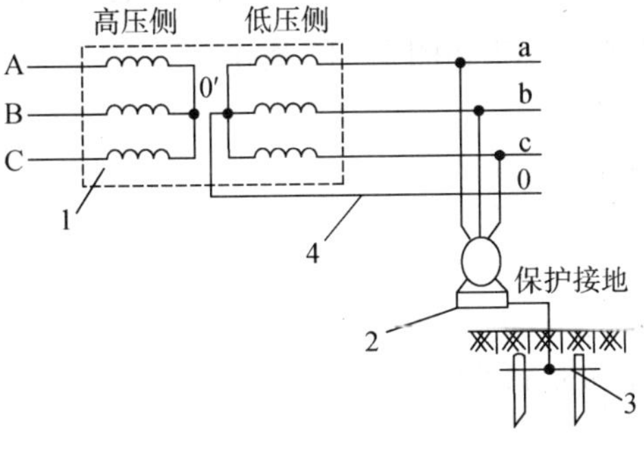

图 3 -10　保护接地示意图

1—变压器；2—电动机；3—接地装置；4—中性线；0′—中性点

保护接地的类型有两种：一种是设备的金属外壳经各自的 PE 线分别直接接地，即 IT 系统的接地，多适用于工厂高压系统或中性点不接地的低压三相三线制系统；另一种是设备的金属外壳经公共的 PE 线或 PEN 线接地，即所谓的“保护接零”，它多用于中性点接地的低压三相四线制系统，又可分为 TN 系统和 TT 系统两种。

3.2 电子技术基本知识

3.2.1 半导体元件及其特性

3.2.1.1 半导体二极管

多数现代电子器件是由性能介于导体和绝缘体之间的半导体材料制造而成的。常用的半导体材料有硅(Si)、锗(Ge)、砷化镓(GaAs)等，其中硅是目前最常用的一种半导体材料。

半导体二极管按其结构的不同分为点接触型和面接触型两类，如图 3－11 所示。

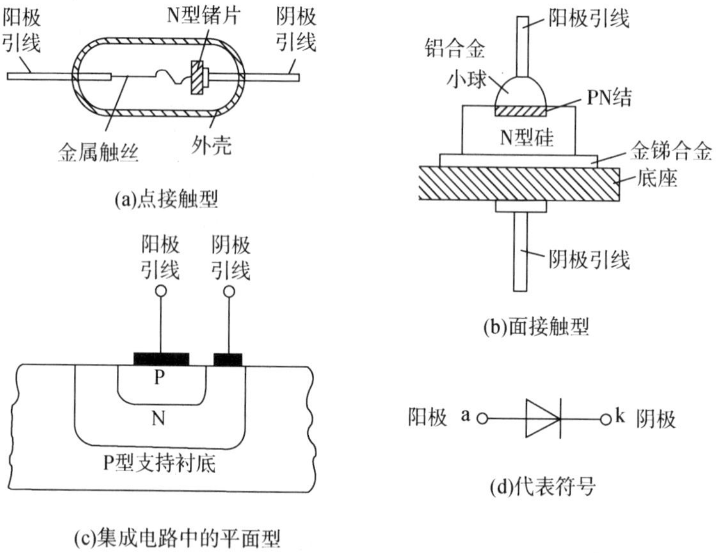

图 3－11　半导体二极管的结构及表示符号

二极管的 $U-I$ 特性如图 3－12 和图 3－13 所示：

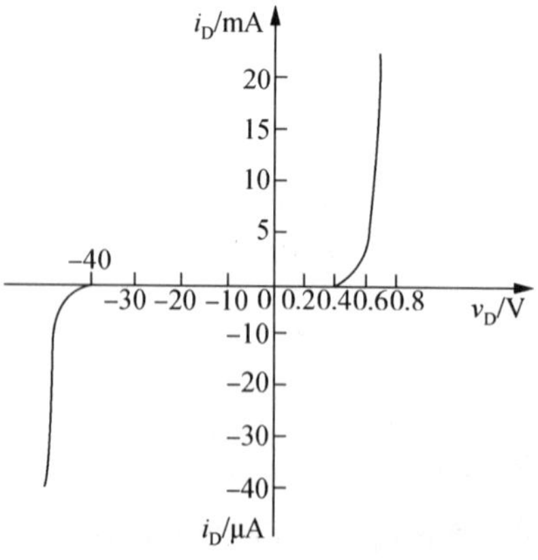

图 3－12　硅二极管的 $U-I$ 特性

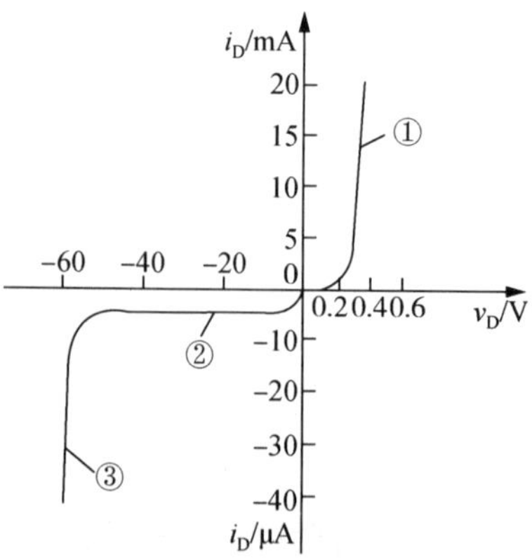

图 3－13　锗二极管的 $U-I$ 特性

从图 3－12 和图 3－13 的 $U-I$ 特性可知，半导体二极管有以下几个方面的特性：

1. 正向导通性

当施加在二极管的正向电压较小时，外电场不足以克服PN结的内电场，因而这时的正向电流很小，几乎为零，二极管呈现出一个大电阻，有如一个门坎。硅管的门坎电压为0.5V，锗管的门坎电压为0.1V，当正向电压大于门坎电压时，二极管电流迅速增长。

2. 反向截止特性

半导体二极管上施加反向电压时，在反向电压作用下，形成很小的反向饱和电流，相当于截止状态。

3. 反向击穿特性

当反向电压增加到一定大小时，反向电流剧增，二极管的单向导电性被破坏，甚至因过热而烧毁，这就是二极管的反向击穿。

3.2.1.2 半导体三极管

半导体三极管(BJT)，又称晶体管，是通过一定的工艺，将两个PN结结合在一起的器件。根据结构的不同，半导体三极管一般可分成两种类型：NPN型和PNP型。NPN型的结构和符号如图3－14所示。

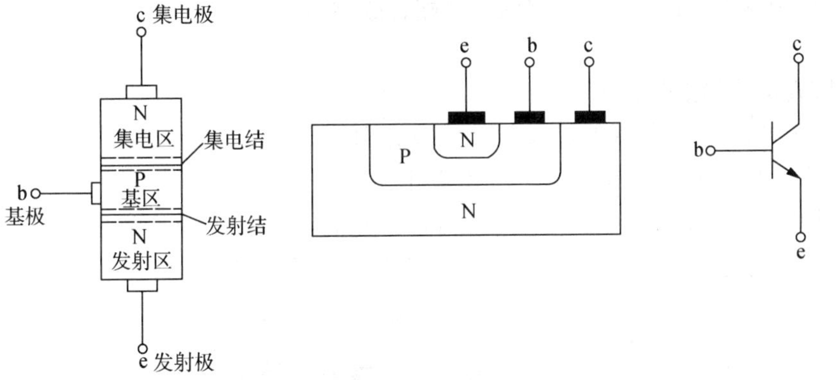

(a)结构示意图　　(b)管芯结构剖面图　　(c)表示符号

图3－14　NPN型BJT

在半导体三极管中有两个PN结，发射区与基区交界处的PN结称为发射极，集电区与基区交界处的PN结称为集电极，两个PN结通过很薄的基区联系着。

当发射极加正向电压(正向偏置)、集电极加反向电压(反向偏置)时，集电极流过的电流是发射极电流的一部分，常用系数α表示，即：

$$i_C = \alpha i_E \tag{3-24}$$

根据基尔霍夫电流定律，$i_E = i_C + i_B$，因此有：

$$\frac{i_C}{i_B} = \frac{\alpha i_E}{(1-\alpha) i_E} = \frac{\alpha}{1-\alpha} = \beta \tag{3-25}$$

这就是半导体二极管的放大倍数。

3.2.2 放大电路

在日常生活中，放大电路的用途十分广泛，它能够利用半导体三极管的电流控制作用把微弱的电信号增强到所需的数值，例如常见的扩音器就是放大电路的一个应用。

3.2.2.1 放大电路的组成

共射极放大电路的组成如图 3－15 所示。

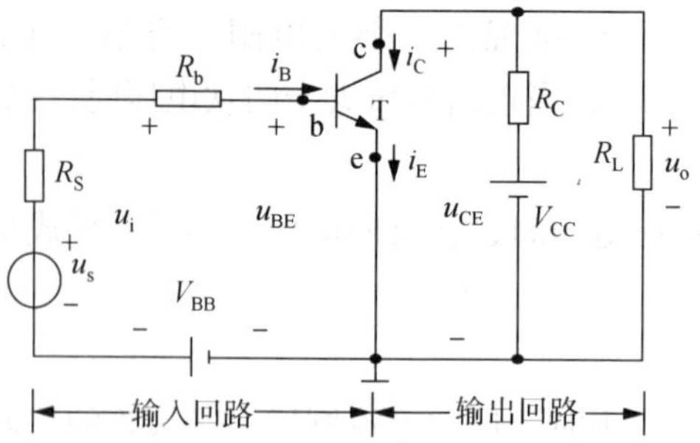

图 3－15 共射极放大电路

由信号源 u_s 来的交流输入信号在电阻 R_b 上衰减一部分之后，加到晶体管 T 的基极－发射极之间，这是电路的输入部分，称为输入回路。

交流输出信号电压 u_0 由晶体管的集电极－发射极之间输出到外接负载电阻 R_L 上，这是电路的输出部分，称为输出回路。

发射极成为输入回路和输出回路的公共端，故称为共发射极放大电路，简称为共射极放大电路。

3.2.2.2 放大电路的工作原理

如图 3－15 所示，待放大的输入电压 u_s 变化时，引起半导体三极管基极电流 i_B 的相应变化，i_B 的变化使集电极电流 i_C 随之发生变化，i_C 的变化量在集电极电阻 R_C 上产生压降。输出电压(集电极电压) $u_o = V_{cc} - i_C R_C$，当 i_C 的瞬时值增加时，u_o 就减少，所以 u_o 的变化与 i_C 的变化相反，如果电路参数选择适当，u_o 的幅度将比输入 u_s 大得多，从而达到放大的目的。

3.2.3 整流与滤波

3.2.3.1 单相半波整流电路

整流电路是广泛应用的电能转换电路，它的作用是将交流电变换成直流电，为直流用电设备供电。输油管道常用的整流设备有：为电气设备提供控制电源的直流屏、为自控系统提供控制电源的 UPS 装置(先将交流电整流为直流电，再逆变为交流电)等。

如图 3－16 所示为半波阻性负载可控整流电路，它由晶闸管 VT、负载电阻 R_d及单相整流变压器 TR 组成。TR 用来变换电压，u_2 为二次侧正弦电压瞬时值；u_d、i_d 分别为整流输出电压和负载电流的瞬时值；u_T、i_T 分别为晶闸管两端电压和流过晶闸管电流的瞬时值；i_1、i_2 分别为流过整流变压器一次绕组和二次绕组电流的瞬时值。u_1、u_2 分别为一、二次侧电压有效值。

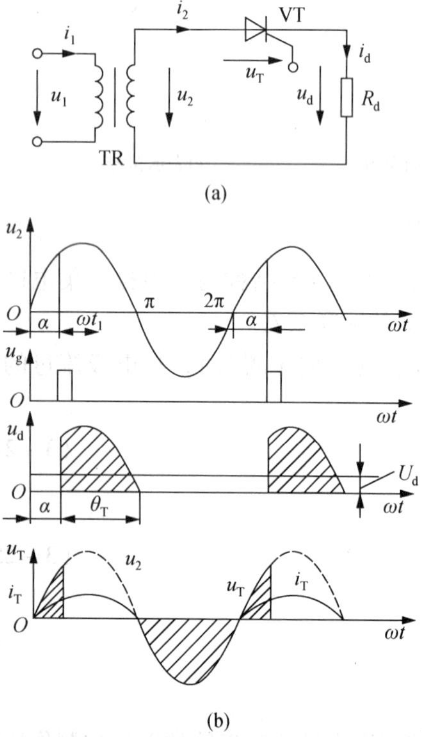

图 3－16 半波整流原理图

交流电压 u_2 通过 R_d 施加到晶闸管的阳极和阴极两端，在 $0 \sim \pi$ 区间，晶闸管虽然承受正向电压，但因触发电路尚未向晶闸管门极送出触发脉冲，所以晶闸管仍保持阻断状态，无直流电压输出。

在 ωt_1 时刻，触发电路向门极送出触发脉冲 u_g，晶闸管被触发导通。若不计晶闸管压降影响，则负载电阻 R_d 两端的电压波形 u_d 就是变压器二次电压 u_2 的波形，流过负载的电流 i_d 波形与 u_d 相似。由于二次绕组、晶闸管以及负载电阻是串联的，故 i_d 波形也就是流过晶间管的电流 i_T 及流过整流变压器二次电流 i_2 的波形。

在 $\omega t = \pi$ 时，u_2 下降到零，晶闸管因阳极电流也下降到零而被关断，电路无输出。在 u_2 的负半周即 $\pi \sim 2\pi$ 区间，由于晶闸管承受反向电压而处于反向阻断状态，负载两端电压 u_d 为零。u_2 的下一个周期情况与上所述过程相同，循环往复。

在单相半波可控整流电路中，从晶闸管开始承受正向电压，到触发脉冲出现之间的电角度称为控制角(亦称移相角)，用 α 表示。晶闸管在一个周期内导通的电角度称为导通角，用 θ 表示。

在单相半波可控整流电阻性负载电路中，移相角 α 的控制范围为 $0 \sim \pi$，对应的导通角 θ 的变化范围是 $\pi \sim 0$，两者关系为 $\alpha + \theta = \pi$。从图波形可知，改变移相角 α，输出整流电压 u_d 波形和输出直流电压平均值 U_d 大小也随之改变，α 减小，U_d 就增大；反之 U_d 就减小。输出电压 U_d 和输入电压 U_2 的关系为：

$$U_d = 0.45U_2 \frac{1 + \cos\alpha}{2} \tag{3-26}$$

3.2.3.2 单相全波整流电路

单相全波可控整流电路也是一种实用的单相可控整流电路，又称单相双半波可控整流电路。其带电阻负载时的电路如图 3－17 所示。

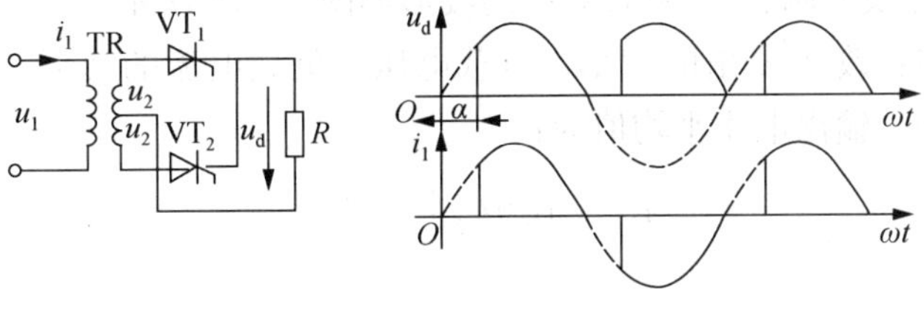

图 3－17 单相全波整流电路

单相全波可控整流电路中，整流变压器 TR 带中心抽头，在 u_2 正半周，$\mathrm{VT_1}$ 工作，变压器二次绕组上半部分流过电流。u_2 负个周，$\mathrm{VT_2}$ 工作，变压器二次绕组下半部分流过反方向的电流。图 3－17 给出了 u_d 和变压器一次侧的电流 i_1 的波形。输出电压 u_d 的平均值为：

$$U_d = 0.9U_2 \frac{1 + \cos\alpha}{2} \tag{3-27}$$

3.2.3.3 单相桥式整流电路

单相半波可控整流电路，虽具有线路简单、投资小及调试方便等优点，但因电源电压仅半周工作，其具有整流输出直流电压脉动大、设备利用率不高等缺点，仅适用于对整流指标要求低、容量小的可控整流装置。为了使交流电源电压 u_2 的另一半周期也能向负载输出同方向的直流电压，常采用单相桥式整流电路。这样，既减少了输出电压波形的脉动，又能提高输出直流电压的平均值。

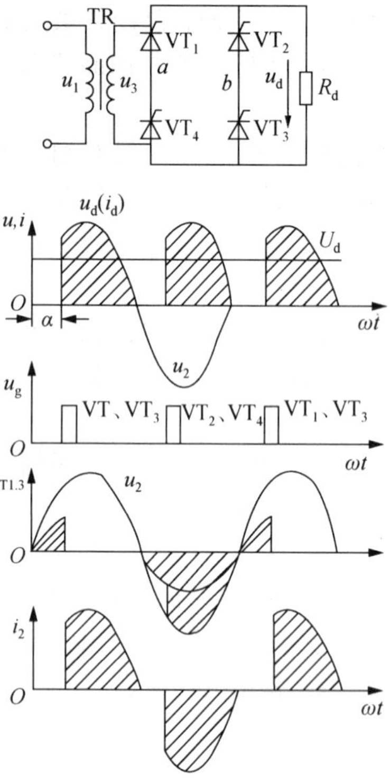

图 3－18　单相桥式整流原理

图 3－18 为单相桥式全控整流电路。电路由 4 个晶闸管 VT_1、VT_3 和 VT_2、VT_4 组成的两对桥臂、电源变压器 TR 及负载电阻组成。变压器二次电压接在桥臂的中点 a、b 端。

当变压器二次电压 u_2 为正半周时，a 端电位高于 b 端电位，两个晶闸管 VT_1、VT_3 同时承受正向电压．当 $\omega t=\alpha$ 时，给 VT_1、VT_3 同时加触发脉冲，两个晶闸管立即被触发导通，电源电压 u_2 将通过 VT_1、VT_3 加在负载电阻上，负载电流从电源 a 端经 VT_1、电阻 R_d、VT_3 回到电源的 b 端。在 u_2 正半周期，VT_2、VT_4 均承受反向电压而处于阻断状态。由于晶闸管导通时管压降为零，负载 R_d 两端所得整流电压与电源电压 u_2 正半周的波形相同。当电源电压 u_2 降到零时，电流也降为零，VT_1 和 VT_3 关断。

在 u_2 的负半周，b 端电位高于 a 端电位，VT_2、VT_4 承受正向电压，当 $\omega t=\pi+\alpha$ 时，同时给 VT_2、VT_4 加触发脉冲使其导通，电流从 b 端经 VT_2、负载电阻 R_d 和 VT_4 回到电源 a 端，在负载 R_d 两端获得与 u_2 正半周相同波形的整流电压和电流，这期间 VT_1 和 VT_2 均承受反向电压而处于阻断状态。当 u_2 过零重新变正时，VT_2、VT_4 关断，u_d、i_d 又降为零。此后 VT_1、VT_3 又承受正向电压，并在相应时刻 $\omega t=2\pi+\alpha$ 被触发导通。如此循环工作，输出整流电压 u_d、电流 i_d 及晶闸管两端电压 u_T 的波形如图 3－18 所示。

从以上分析可知：改变 α 角的大小，负载电压、负载电流的波形及整流输出直流电压平均值均相应的改变。输出电压平均值为：

$$U_d = 0.9U_2\frac{1+\cos\alpha}{2} \tag{3-28}$$

3.2.3.4　滤波电路

常用的滤波电路有无源滤波和有源滤波两大类。

若滤波电路元件仅由无源元件(电阻、电容、电感)组成，则称为无源滤波电路。无源滤波的主要形式有电容滤波、电感滤波和复式滤波。若滤波电路不仅由无源元件，还由有源元件(双极型管、单极型管、集成运放)组成，则称为有源滤波电路。有源滤波的主要形式是有源 RC 滤波，也称作电子滤波器。

无源滤波电路的结构简单，易于设计，但它的放大倍数及其截止频率都随负载而变化，因而不适用于信号处理要求高的场合。无源滤波电路通常用在功率电路中，比如直流电源整流后的滤波，或者大电流负载时采用 LC(电感、电容)电路滤波。

有源滤波电路的负载不影响滤波特性，因此常用于信号处理要求高的场合。有源滤波电路一般由 RC 网络和集成运放组成，因而必须在合适的直流电源供电的情况下才能使用，同时还可以进行放大。但电路的组成和设计也较复杂。有源滤波电路不适用于高电压大电流的场合，只适用于信号处理。

3.3 管道检测常用设备

3.3.1 万用表

1. 万用表的结构

万用表由表头、测量电路及转换开关等三个主要部分组成。

(1) 表头。它是一只高灵敏度的磁电式直流电流表，万用表的主要性能指标基本上取决于表头的性能。表头的灵敏度是指表头指针满刻度偏转时流过表头的直流电流值，该值越小，表头的灵敏度愈高。测电压时的内阻越大，其性能就越好。表头上有四条刻度线，它们的功能如下：第一条(从上到下)标有 R 或 Ω，指示的是电阻值，转换开关在欧姆挡时，即读此条刻度线。第二条标有∽和 VA，指示的是交、直流电压和直流电流值，当转换开关在交、直流电压或直流电流挡，量程在除交流 10V 以外的其他位置时，即读此条刻度线。第三条标有 10V，指示的是 10V 的交流电压值，当转换开关在交、直流电压挡，量程在交流 10V 时，即读此条刻度线。第四条标有 dB，指示的是音频电平。

(2) 测量线路。测量线路是用来把各种被测量转换到适合表头测量的微小直流电流的电路，它由电阻、半导体元件及电池组成。

它能将各种不同的被测量(如电流、电压、电阻等)、不同的量程，经过一系列的处理(如整流、分流、分压等)统一变成一定量限的微小直流电流送入表头进行测量。

(3) 转换开关。其作用是用来选择各种不同的测量线路，以满足不同种类和不同量程的测量要求。转换开关一般有两个，分别标有不同的挡位和量程。

2. 符号含义

(1) ∽：表示交直流。

(2) V—2.5KV 4000Ω/V：表示对于交流电压及 2.5kV 的直流电压挡，其灵敏度为 4000Ω/V。

(3) A—V—Ω：表示可测量电流、电压及电阻。

(4) 45—65—1000Hz：表示使用频率范围为 1000Hz 以下，标准工频范围为 45 ~ 65Hz。

(5) 2000Ω/V DC：表示直流挡的灵敏度为 2000Ω/V。

3. 万用表的使用

(1) 熟悉表盘上各符号的意义及各个旋钮和选择开关的主要作用。

(2) 进行机械调零。

(3) 根据被测量的种类及大小，选择转换开关的挡位及量程，找出对应的刻度线。

(4) 选择表笔插孔的位置。

(5) 测量电压。测量电压(或电流)时要选择好量程，如果用小量程去测量大电压，则会有烧表的危险；如果用大量程去测量小电压，那么指针偏转太小，无法读数。量程的选择应尽量使指针偏转到满刻度的 2/3 左右。如果事先不清楚被测电压的大小时，应先选择最高量程挡，然后逐渐减小到合适的量程。

① 交流电压的测量。将万用表的一个转换开关置于交、直流电压挡，另一个转换开关置于交流电压的合适量程上，万用表两表笔和被测电路或负载并联即可。

② 直流电压的测量。将万用表的一个转换开关置于交、直流电压挡，另一个转换开关置于直流电压的合适量程上，且“+”表笔(红表笔)接到高电位处，“-”表笔(黑表笔)接到低电位处，即让电流从“+”表笔流入，从“-”表笔流出。若表笔接反，表头指针会反方向偏转，容易撞弯指针。

(6) 测电流。测量直流电流时，将万用表的一个转换开关置于直流电流挡，另一个转换开关置于50uA到500mA的合适量程上，电流的量程选择和读数方法与电压一样。测量时必须先断开电路，然后按照电流从“+”到“-”的方向，将万用表串联到被测电路中，即电流从红表笔流入，从黑表笔流出。如果误将万用表与负载并联，则因表头的内阻很小，会造成短路烧毁仪表。其读数方法如下：

$$实际值=指示值\times 量程/满偏$$

(7) 测电阻。用万用表测量电阻时，应按下列方法操作：

① 选择合适的倍率挡。万用表欧姆挡的刻度线是不均匀的，所以倍率挡的选择应使指针停留在刻度线较稀的部分为宜，且指针越接近刻度尺的中间，读数越准确。一般情况下，应使指针指在刻度尺的1/3~2/3间。

② 欧姆调零。测量电阻之前，应将2个表笔短接，同时调节“欧姆(电气)调零旋钮”，使指针刚好指在欧姆刻度线右边的零位。如果指针不能调到零位，说明电池电压不足或仪表内部有问题。并且每换一次倍率挡，都要再次进行欧姆调零，以保证测量准确。

③ 读数。表头的读数乘以倍率，就是所测电阻的电阻值。

(8) 注意事项：

① 在测电流、电压时，不能带电换量程。

② 选择量程时，要先选大的，后选小的，尽量使被测值接近于量程。

③ 测电阻时，不能带电测量。因为测量电阻时，万用表由内部电池供电，如果带电测量则相当于接入一个额外的电源，可能损坏表头。

④ 用毕，应使转换开关在交流电压最大挡位或空挡上。

4. 数字万用表

目前，数字式测量仪表已成为主流，有取代模拟式仪表的趋势。与模拟式仪表相比，数字式仪表灵敏度高，准确度高，显示清晰，过载能力强，便于携带，使用更简单。下面简单介绍其使用方法和注意事项。

(1) 使用方法：

① 使用前，应认真阅读有关的使用说明书，熟悉电源开关、量程开关、插孔、特殊插口的作用。

② 将电源开关置于ON位置。

③ 交直流电压的测量。根据需要将量程开关拨至DCV(直流)或ACV(交流)的合适量程，红表笔插入V/Ω孔，黑表笔插入COM孔，并将表笔与被测线路并联，读数即显示。

④ 交直流电流的测量。将量程开关拨至DCA(直流)或ACA(交流)的合适量程，红表笔插入mA孔(<200mA时)或10A孔(>200mA时)，黑表笔插入COM孔，并将万用表串联在被测电路中即可。测量直流量时，数字万用表能自动显示极性。

⑤ 电阻的测量。将量程开关拨到电阻的合适量程，红表笔插入V/Ω孔，黑表笔插入COM孔。如果被测电阻值超出所选择量程的最大值，万用表将显示“1”，这时应选择更高的量程。测量电阻时，红表笔为正极，黑表笔为负极，这与指针式万用表正好相反。因此，测

量晶体管、电解电容器等有极性的元器件时，必须注意表笔的极性。

（2）使用注意事项：

① 如果无法预先估计被测电压或电流的大小，则应先拨至最高量程挡测量一次，再视情况逐渐把量程减小到合适位置。测量完毕，应将量程开关拨到最高电压挡，并关闭电源。

② 满量程时，仪表仅在最高位显示数字“1”，其他位均消失，这时应选择更高的量程。

③ 测量电压时，应将数字万用表与被测电路并联。测电流时应与被测电路串联，测直流量时不必考虑正、负极性。

④ 当误用交流电压挡去测量直流电压，或者误用直流电压挡去测量交流电压时，显示屏将显示“000”，或低位上的数字出现跳动。

⑤ 禁止在测量高电压（220V 以上）或大电流（0.5A 以上）时换量程，以防止产生电弧，烧毁开关触点。

⑥ 当显示“”、“BATT”或“LOW BAT”时，表示电池电压低于工作电压。

（3）指针万用表与数字万用表的比较。指针式与数字式万用表各有优缺点。指针万用表是一种平均值式仪表，它具有直观、形象的读数指示（一般读数值与指针摆动角度密切相关，所以很直观）。数字万用表是瞬时取样式仪表。它采用 0.3s 取一次样来显示测量结果，有时每次取样结果只是十分相近，并不完全相同，这对于读取结果就不如指针式方便。指针式万用表一般内部没有放大器，所以内阻较小，比如 MF－10 型，直流电压灵敏度为 100kΩ/V。MF－500 型的直流电压灵敏度为 20kΩ/V。数字式万用表由于内部采用了运放电路，内阻可以做得很大，往往在 1MΩ 或更大（即可以得到更高的灵敏度）。这使得对被测电路的影响可以更小，测量精度较高。指针式万用表由于内阻较小，且多采用分立元件构成分流分压电路，所以频率特性是不均匀的（相对数字式来说），而指针式万用表的频率特性相对好一点。指针式万用表内部结构简单，所以成本较低，功能较少，维护简单，过流过压能力较强。数字式万用表内部采用了多种振荡、放大、分频保护等电路，所以功能较多。比如可以测量温度、频率（在一个较低的范围）、电容、电感、做信号发生器等等。数字式万用表由于内部结构多用集成电路，所以过载能力较差（不过现在有些已能自动换档，自动保护等，但使用较复杂），损坏后一般也不易修复。数字式万用表输出电压较低（通常不超过 1V）。对于一些电压特性特殊的元件的测试不便（如可控硅、发光二极管等）。指针式万用表输出电压较高（有 10.5V、12V 等），电流也大（如 MF－500 ×1Ω 档最大有 100mA 左右），可以方便地测试可控硅、发光二极管等。

3.3.2 兆欧表

摇表又称兆欧表，是用来测量被测设备的绝缘电阻和高值电阻的仪表，它由一个手摇发电机、表头和三个接线柱（即 L：线路端、E：接地端、G：屏蔽端）组成。

1. 摇表的选用原则

（1）额定电压等级的选择。一般情况下，额定电压在 500V 以下的设备，应选用 500V 或 1000V 的摇表；额定电压在 500V 以上的设备，选用 1000V～2500V 的摇表。

（2）电阻量程范围的选择。摇表的表盘刻度线上有两个小黑点，小黑点之间的区域为准确测量区域。所以在选表时应使被测设备的绝缘电阻值在准确测量区域内。

2. 摇表的使用

（1）校表。测量前应将摇表进行一次开路和短路试验，检查摇表是否良好。将两连接线开路，摇动手柄，指针应指在“∞”处，再把两连接线短接一下，指针应指在“0”处，符合上述条件者即良好，否则不能使用。

（2）被测设备与线路断开，对于大电容设备还要进行放电。

（3）选用电压等级符合的摇表。

（4）测量绝缘电阻时，一般只用“L”和“E”端，但在测量电缆对地的绝缘电阻或被测设备的漏电流较严重时，就要使用“G”端，并将“G”端接屏蔽层或外壳。线路接好后，可按顺时针方向转动摇把，摇动的速度应由慢而快，当转速达到每分钟120转左右时(ZC－25型)，保持匀速转动，1min后读数，并且要边摇边读数，不能停下来读数。

（5）拆线放电。读数完毕，一边慢摇，一边拆线，然后将被测设备放电。放电方法是将测量时使用的地线从摇表上取下来与被测设备短接一下即可(不是摇表放电)。

3. 注意事项

（1）禁止在雷电时或高压设备附近测绝缘电阻，只能在设备不带电、也没有感应电的情况下测量。

（2）摇测过程中，被测设备上不能有人工作。

（3）摇表线不能绞在一起，要分开。

（4）摇表未停止转动之前或被测设备未放电之前，严禁用手触及。拆线时，也不要触及引线的金属部分。

（5）测量结束时，对于大电容设备要放电。

（6）要定期校验其准确度。

3.3.3 接地电阻测试仪

1. 接地电阻测量仪的原理及结构特点

接地电阻测量仪是根据电位计的工作原理设计的，在检流计电路中接入电容器，故在测试时不受土壤的电解极化影响，发电机频率一般为1110～115Hz，并采用相应整流可以消除试点的杂散电流干扰。当仪表发电机的摇把以每分钟120转以上的速度转动时，检流计电路中产生110～115Hz的交流电流，电流从发电机经过电流互感器的一次绕组，经过接地极进入大地，电流从大地另一个接地极回到发电机，由发电互感器的二次绕组产生的感应电流接到继电器上，当检流计指针偏转时，调节电位器，使其达到平衡，在接地极之间的电位差与电位器两端之间的电位差是相等的。因此，读取测量盘的读数并与倍率相乘，所得结果即为接地电阻。

结构特点：接地电阻测量仪具有体积小、质量轻、携带方便、操作简单的特点，常用的有四柱型和三柱型两种。四柱型表不仅能测量接地电阻，而且能测量土壤电阻率。三柱型只能测量接地电阻。

量程：0～10/100/1000Ω及0～1/10/100Ω两种。

准确度：指示值为额定值的30%以上时，误差值为指示值的±5%；指示值为额定值的30%以下时，误差值为额定值的±1.5%

2. 接地电阻测量仪的常见故障及维修方法

（1）手摇发电机故障。手摇发电机不工作是接地电阻测量仪的常见故障。起故障表现形式为：无论怎样快速摇动手柄，仪表上的指示针都没有反应。要准确判断发电机是否工作，可采用手触法确定。将仪表接地极的两端子接上两根3~5m长的导线，然后单手握住导线的两个接头(两极接头不能相触)，另一只手摇动手柄，如果手上有麻的感觉，说明发电机能正常工作，否则发电机没工作，有故障。发电机的一般故障是炭刷接触不良，维修时，可打开仪器，找到炭刷清理。

(2)电流互感器故障。电流互感器是接地电阻测量仪的一个重要组成部分。如果长期将仪器在潮湿的地方存放，就可能造成电流互感器的腐蚀损坏。电流互感器由原绕组线圈和次绕组线圈组成，检查时可采用测量绕组线电阻的方法进行，如果查出绕线有断开的现象，说明电流互感器损坏。电流互感器一般不宜自行维修，应及时送回厂家维修。

(3)滑线电阻故障。滑线电阻是一般电子仪器中常见的元件，它的故障一般出现在机械部分，一般表现为接触不良。滑线电阻故障时，在表头上，要么没有摆动，要么搬动很不稳定。遇到此种情况，应打开维修，看是否有接触不良情况，处理不了时，应送回厂家进行维修。

3.3.4 直流电位差计

1. 直流电位差计的原理和使用

补偿法是电磁测量的一种基本方法。电位差计就是利用补偿原理来精确测量电动势或电位差的一种精密仪器。其突出优点是在测量电学量时，它不从被测量电路中吸取任何能量，也不影响被测电路的状态和参数，所以在计量工作和高精度测量中被广泛利用。电位差计又叫电位计，它有多种类型，而箱式电位差计是测量电位差的专用仪器，它使用方便、测量准确、稳定性好，在科学实验和工业生产中经常用到。

电位差计是电磁学测量中用来直接精密测量电动势或电位差的主要仪器之一。它用途很广泛，不但可以用来精确测量电动势、电压，与标准电阻配合还可以精确测量电流、电阻和功率等，还可以用来校准精密电表和直流电桥等直读式仪表，有些电器仪表厂则用它来确定产品的准确度和定标，而且在非电参量(如温度、压力、位移和速度等)的电测法中也占有极其重要的地位。它不仅被用于直流电路，也用于交流电路。因此在工业测量自动控制系统的电路中得到普遍的应用。

(1)补偿原理。在直流电路中，电源电动势在数值上等于电源开路时两电极的端电压。因此，在测量时要求没有电流通过电源，测得电源的端电压，即为电源的电动势。但是，如果直接用伏特表去测量电源的端电压，由于伏特表总要有电流通过，而电源具有内阻，因而不能得到准确的电动势数值，所测得的电位差值总是小于电位差真值。为了准确地测量电位差，必须使分流到测量支路上的电流等于零，直流电位差计就是为了满足这个要求而设计的。

补偿原理就是利用一个电压或电动势去抵消另一个电压或电动势，其原理可用图3-19来说明。两个电源E_n和E_x正极对正极、负极对负极，其中E_n为可调标准电源电动势，E_x为待测电源电动势，中间串联一个检流计G接成闭合回路。如果要测电源E_x的电动势，可通过调节电源E_n，使检流计读数为0，电路中没有电流，此时表明$E_x=E_n$，E_x两端的电位差和E_n两端的电位差相互补偿，这时电路处于补偿状态。若已知补偿状态下E_n的大小，就可确定E_x，这种利用补偿原理测电位差的方法称为补偿法，该电路称为补偿电路。由上可知，为了测量E_x，关键在于如何

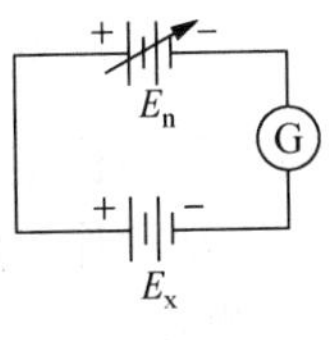

图3-19 补偿原理

获得可调节的标准电源，并要求这电源：

① 便于调节；

② 稳定性好，能够迅速读出其准确的数值。

（2）电位差计原理。根据补偿法测量电位差的实验装置称为电位差计，其测量原理可分别用图3－20和图3－21来说明。图3－20为电位差计定标原理图，其中ABCD为辅助工作回路，由电源E、限流电阻R、11m长粗细均匀电阻丝AB串联成一闭合回路；MN为补偿电路，由待测电源E_n和检流计G组成。电阻箱R用来调节回路工作电流I的大小，通过调节I可以调整每单位长度电阻丝上电位差V_0的大小，M、N为电阻丝AB上的两个活动触点，可以在电阻丝上移动，以便从AB上取适当的电位差来与测量支路上的电位差补偿，它相当于补偿电路图3－19中的E_n，提供了一个可变电源。当回路接通时，根据欧姆定律可知，电阻丝AB上任意两点间的电压与两点间的距离成正比。因此，可以改变MN的间距，使检流计G读数为0，此时MN两点间的电压就等于待测电动势E_x。要测量电动势（电位差）E_x，必须分两步进行：

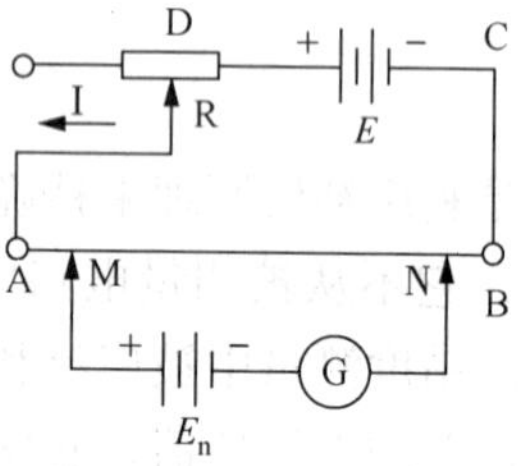

图3－20　电位差计定标原理图

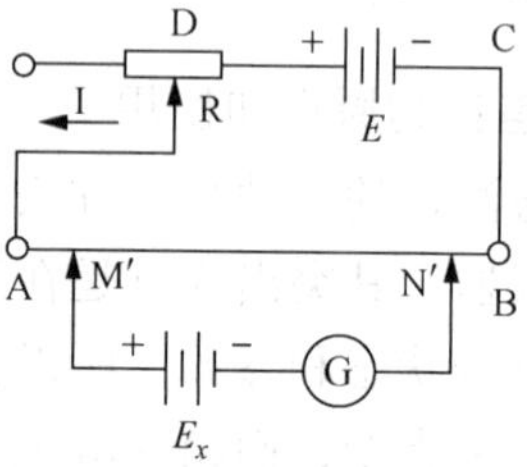

图3－21　电位差计测量原理图

① 定标：利用标准电源E_n高精确度的特点，使得工作回路中的电流I能准确地达到某一标定值I_0，这一调整过程叫电位差计的定标。

按图3－20连线，移动滑动触头M、N，将M、N之间的长度固定在L_{mn}上，调节工作电路中的电阻R，使补偿回路中的定标回路达到平衡，即流过检流计G的电流为零，此时：

$$E_n = V_{mn} = I_0 R_{mn} = I_0 \frac{\rho}{S} L_{mn} \tag{3-29}$$

在工作过程中，ABCD中工作电流保持不变，因电阻R_{AB}是均匀电阻丝，令：

$$V_0 = \frac{\rho}{S} I_0 \tag{3-30}$$

$$E_s = V_0 L_{mn} \tag{3-31}$$

很明显V_0是电阻丝R_{AB}上单位长度的电压降，称为工作电流标准化系数，单位是V/m。在实际操作中，只要确定V_0，也就完成了定标过程。

由式（3－30）可知，当V_0保持不变时（即ABCD中工作电流保持不变），可以用电阻丝MN两点间的长度L_{mn}（力学量）来反映待测电动势E_x（电学量）的大小。为此，必须确定V_0的数值。为使读数方便起见，取V_0为0.1或0.2，……1.0V/m等数值。由于$V_0 = \frac{\rho}{S} I_0$，而且电阻丝阻值稳定，所以只有调节ABCD中工作电流I_0的大小，才能得到所需的V_0值，这一过程通常称作“工作电流标准化”。

② 测量E_x。测量待测电动势E_x的过程与工作电流标准化的过程正好相反。

当上面定标结束后，按图3－21连线，调节M′、N′之间长度$L_{m'n'}$，使M′、N′两点间电

位差 $V_{m'n'}$ 等于待测电动势 E_x，达到补偿，此时流过检流计 G 的电流为零。即

$$E_x = V_{m'n'} = I_0 \frac{\rho}{S} L_{m'n'} \tag{3-32}$$

结合式(3－20)得：

$$E_x = V_0 L_{m'n'} \tag{3-33}$$

下面用例子说明定标和测量过程，标准电源 $E_n = 1.0186V$，取 $V_0 = 0.10000V/m$。

定标：为了保证 R_{AB} 单位长度上的电压降 $V_0 = 0.10000V/m$，则要使电位差计平衡的电阻丝长度 $I_{mn} = \frac{E_n}{V_0} = 10.1860m$，调节限流电阻 R 使 $V_{mn} = E_n$，即检流计 G 的电流为 0，此时 R_{AB} 上的单位长度电压降就是 0.10000V/m 了。

测量：经过定标的电位差计就可用来测量待测电位差，调节 $L_{m'n'}$，使 $V_{m'n'}$ 和 E_x 达到补偿，即

若 $L_{m'n'} = 14.864m$，$E_x = 0.10000 \times 14.864 = 1.4864(V)$

2. 电位差计的优缺点

(1) 用电位差计测量电位差具有下述优点：

① 准确度高，仅依赖于标准电阻、检流计、标准电源，因为精密电阻丝 R_{AB} 很均匀准确，标准电源的电动势准确稳定，检流计很灵敏，而且是数字式，读数方便，故可作为标准仪器来校验电表。

② 测量范围宽广，灵敏度高，可测量小电压或电压的微小变化。

③ "内阻"高，不影响待测电路。它避免了伏特计测量电位差时总要从被测电路上分流的缺点。由于采用电位补偿原理，测量时不影响待测电路的原来状态。用伏特表测量电压时总要从被测电路上分出一部分电流，从而改变了待测电路的原来状态，伏特表内阻越低，这种影响就越大。而用电位差计测量时，补偿回路中电流为零(当然不是绝对的，检流计灵敏度越高，越接近于零)，对待测电路的影响可以忽略不计。

(2) 缺点。电位差计在测量过程中，其工作条件易发生变化(如辅助回路电源 E 不稳定、可变电阻 R 变化等)，所以测量时为保证工作电流标准化，每次测量都必须经过定标和测量两个基本步骤，且每次达到补偿都要进行细致的调节，所以操作繁琐、费时。

3.3.5 测厚仪

1. 一般测量方法

(1) 在一点处用探头进行两次测厚，在两次测量中探头的分割面要互为 90°，取较小值为被测工件厚度值。

(2) 30mm 多点测量法：当测量值不稳定时，以一个测定点为中心，在直径约为 30mm 的圆内进行多次测量，取最小值为被测工件厚度值。

2. 精确测量法

在规定的测量点周围增加测量数目，厚度变化用等厚线表示。

3. 连续测量法

用单点测量法沿指定路线连续测量，间隔不大于 5mm。

4. 网格测量法

在指定区域划上网格，按点测厚记录。此方法在高压设备、不锈钢衬里腐蚀监测中广泛

使用。

5. 影响超声波测厚仪示值的因素

（1）工件表面粗糙度过大，造成探头与接触面耦合效果差，反射回波低，甚至无法接收到回波信号。对于表面锈蚀、耦合效果极差的在役设备、管道等可通过砂、磨、挫等方法对表面进行处理，降低粗糙度，同时也可以将氧化物及油漆层去掉，露出金属光泽，使探头与被检物通过耦合剂能达到很好的耦合效果。

（2）工件曲率半径太小，尤其是小径管测厚时，因常用探头表面为平面，与曲面接触为点接触或线接触，声强透射率低（耦合不好）。可选用小管径专用探头（6mm），能较精确地测量管道等曲面材料。

（3）检测面与底面不平行，声波遇到底面产生散射，探头无法接受到底波信号。

（4）铸件、奥氏体钢因组织不均匀或晶粒粗大，超声波在其中穿过时产生严重的散射衰减，被散射的超声波沿着复杂的路径传播，有可能使回波湮没，造成不显示。可选用频率较低的粗晶专用探头（2.5MHz）。

（5）探头接触面有一定磨损。常用测厚探头表面为丙烯树脂，长期使用会使其表面粗糙度增加，导致灵敏度下降，从而造成显示不正确。可选用 500#砂纸打磨，使其平滑并保证平行度。如仍不稳定，则考虑更换探头。

（6）被测物背面有大量腐蚀坑。由于被测物另一面有锈斑、腐蚀凹坑，造成声波衰减，导致读数无规则变化，在极端情况下甚至无读数。

（7）被测物体（如管道）内有沉积物，当沉积物与工件声阻抗相差不大时，测厚仪显示值为壁厚加沉积物厚度。

（8）当材料内部存在缺陷（如夹杂、夹层等）时，显示值约为公称厚度的 70%，此时可用超声波探伤仪进一步进行缺陷检测。

（9）温度的影响。一般固体材料中的声速随其温度升高而降低，有试验数据表明，热态材料每增加 100°C，声速下降 1%。对于高温在役设备常碰到这种情况。应选用高温专用探头（300～600°C），切勿使用普通探头。

（10）层叠材料、复合（非均质）材料。要测量未经耦合的层叠材料是不可能的，因超声波无法穿透未经耦合的空间，而且不能在复合（非均质）材料中匀速传播。对于由多层材料包扎制成的设备（像尿素高压设备），测厚时要特别注意，测厚仪的示值仅表示与探头接触的那层材料厚度。

（11）耦合剂的影响。耦合剂是用来排除探头和被测物体之间的空气，使超声波能有效地穿入工件达到检测目的。如果选择种类或使用方法不当，将造成误差或耦合标志闪烁，无法测量。应根据使用情况选择合适的种类，当使用在光滑材料表面时，可以使用低黏度的耦合剂；当使用在粗糙表面、垂直表面及顶表面时，应使用黏度高的耦合剂。高温工件应选用高温耦合剂。其次，耦合剂应适量使用，涂抹均匀，一般应将耦合剂涂在被测材料的表面，但当测量温度较高时，耦合剂应涂在探头上。

（12）声速选择错误。测量工件前，根据材料种类预置其声速或根据标准块反测出声速。当用一种材料校正仪器后（常用试块为钢）又去测量另一种材料时，将产生错误的结果。要求在测量前一定要正确识别材料，选择合适声速。

（13）应力的影响。在役设备、管道大部分有应力存在，固体材料的应力状况对声速有一定的影响，当应力方向与传播方向一致时，若应力为压应力，则应力作用使工件弹性增加，声速加快；反之，若应力为拉应力，则声速减慢。当应力与波的传播方向不一致时，波动过程中质点振动轨迹受应力干扰，波的传播方向产生偏离。根据资料表明，一般应力增加，声速缓慢增加。

（14）金属表面氧化物或油漆覆盖层的影响。金属表面产生的致密氧化物或油漆防腐层，虽与基体材料结合紧密，无明显界面，但声速在两种物质中的传播速度是不同的，从而造成误差，且随覆盖物厚度不同，误差大小也不同。

6. 原理

超声波测厚仪是通过“脉冲回收”原理，瞬间、高频率地反射声波来测量管道壁厚，这种技术源于声纳，已广泛应用于无损探伤领域。

这种仪器由一个压电式探头发出震动和声波，这种震动和声波是电脉冲发出的。这种声波的频率极快，已超出人耳听到的极限，每秒钟达100万~200万次。这种高频声波在空气中的传播不佳，要通过滴状的耦合剂（如凡士林、甘油或水）来实现与被测管道之间的传递。

声波通过耦合剂传递到管道上，然后从反面反射回来。同一探头能接收反射波，并转换成电脉冲，测量仪器迅速地测出脉冲来回的时间，仪器能自动测出声波在钢管中的传播速度，使用下列公式计算出管道壁厚：

$$X = V(t - t_0)/2 \qquad (3-34)$$

式中 x——管道壁厚；

V——声波在管道中的传播速度；

t——脉冲的传播时间；

t_0——探头准确的零时刻，是初设的固定值。

3.3.6 电火花检漏仪

针孔检查原理：金属表面绝缘防腐层针孔、漏铁及漏电微孔处的电阻值和气隙密度都很小，当有高压经过时形成气隙击穿而产生火花放电，给报警电路和计数电路各产生一个脉冲信号，报警器发出声光报警，计数器记录一次，根据这一原理达到防腐层检测目的并对防腐层缺陷进行计数。

3.3.7 地下管线探测仪

1. 探测管线的位置

（1）探测方法。工频法、甚低频法、直接法、夹钳法、电磁感应法、开挖验证法、示踪电磁法、磁场强度法、浅层地震法、红外辐射法等。

（2）信号源的施加。直连法、感应法、信号夹钳等方法施加信号源。此外还要注意发射位置的选择、发射地点的选择、发射功率的选择、发射接收频率的选择等。

（3）信号接收方式的选择。峰值法（极大值法）、谷值法（极小值法）。

（4）管道平面位置的确定。环形搜索法、网格搜索法、平行搜索法、S形搜索法。

（5）管道走向的确定。两点一线法、探头转向法、一步一扫法、多点连线法。

（6）探测中可能遇到的特殊情况：平行管道探测、交叉管道探测、三通管道探测、立体管网探测、深埋管道探测等。

2. 管道埋深测量

（1）探测位置的选择及影响埋深的因素。

（2）管道深度的确定。45°探测法、70%探测法、数值直读法、任意角度倾斜法。

（3）埋深误差来源及修正。选点误差、干扰误差、测量误差。

3. 钢质管道外防腐层检测

（1）防腐层漏点检测的方法。管中电流法、皮尔逊检测法（人体电容法）、直流电位梯度法、密间隔电位测量法、管地电位法。

（2）接收信号方法。电流方向法、人体电容法、接地探针法、A字架法、铁鞋法、磁场信号法。

（3）破损点的精确定位。移动参比法、平行管道移动法、垂直管道移动法、直读法等。

（4）破损点位置的确定。绝对距离法、相对距离法、GPS定位法、喷漆法、木桩定位法、彩旗法等。

（5）破损点的开挖验证。直接观察法、高压电火花检测法、湿抹布法、涂层测厚法。

4. 探测信号的影响因素

（1）发射场源的影响因素。发射场源的连接位置、选择功率、阻抗匹配选择，关系到盲区大小、管位的偏移、检测距离的远近等。

① 发射源位置的影响。发射接线点浸泡在水中，发射信号就会就近构成回路，电磁波不向远传输，使远处破损点的漏电电流不能辐射到地表，从而错过防腐层漏点。

② 发射功率对检测效果的影响：发射功率选择，初始阶段应控制在5～10W之间，随着测试距离的延伸，逐步调高发射功率，这样既可以节省电池电量，又可以延长测量距离。

③ 阻抗匹配的影响。阻抗匹配的选择，接地回路电阻应控制在5～100Ω之间，通过除锈、给接地极浇水、增减接地极的数量以及深度等方式调节阻抗匹配。如果回路电阻过高，管线中不能形成足够大的电流，在地表就接收不到足够强度的电磁信号和电位场信号，也就难以分析、判断管道状况。如果回路电阻太低，大量电池能量就近构成回路，就会出现向上调节功率，功率反而下降的反常现象。

④ 接地点的影响。接地点位置选择关系到盲区的范围大小，应尽可能选择双侧接地，并与管线走向成90°垂直分布，且接地点位置越远越好，与管线中间尽量无其他管线或金属构筑物。

⑤ 频率的影响。高频信号在管线上衰减快，传输距离近；低频信号在管线上传输距离远，衰减慢；具有多频率选择的仪器，可以根据不同管线外防腐层状况，选择不同的频率，结合测试长度、管径、土壤状况等参数分析就可大体估算出其绝缘电阻，从而推算出防腐层等级。

（2）管道位置的影响。一般要求在管道的正上方来检测；偏离管道正上方越远，信号就会越小。经验表明，每偏离管道中心1m的距离，电位相差400mV左右的信号强度。管道埋设的测量影响与测平面位置一样，管道越深信号越小，管道越浅信号越强。

（3）测试距离的影响：越靠近发射机信号越强，远离发射机信号变弱，因此随着测试距离的延长，需逐步提高发射机的输出功率，提高到接收机的灵敏度，以补偿沿线信号的衰耗值。

（4）管道直径的影响。大管径管道与土壤的接触面积大，信号衰耗大，小口径管道与土壤接触面积小，衰耗慢。在其他因素不变的情况下，20W功率的信号源，双向发射，大口径管道测试距离约5km，小口径管道测试距离约10km，信号在电缆线上能传送上百千米。

(5) 管道外防腐层绝缘性能的影响。埋地管道外防腐层绝缘电阻是由防腐层破损的数量、大小以及材料的绝缘性能、老化程度等因素决定的，它是防腐层好坏的重要标志。防腐层质量越好检测距离越远，相反发射信号泄入土壤中越多，检测距离越近。

(6) 防腐层漏点位置的影响。漏点位于管道顶部，泄漏信号直接传导到地表，信号较强；而漏点位于管道的底部，信号经由管道两侧传到地表时被分流，信号强度很弱；位于管道两边的漏点，信号强度位于顶部与底部两者之间。

(7) 漏铁面积的大小：管道上漏铁面积的大小，直接反映在地表电位辐射范围上。在管道的牺牲阳极埋设处，防腐层泄漏辐射范围可以达到 10 米以上，而小漏点的辐射范围只有 2～3m，中等漏点辐射范围介于两者之间。

(8) 土壤介电常数的影响：沿海或低洼潮湿地带土壤的导电性好，小漏点也可能信号还强，信号电流沿着管道传输衰减快，检测距离较近；而干旱沙漠地带土壤导电性差，小信号也可能是较大的漏点，检测的距离较远。

(9) 信号极距的影响。当用 A 字架拾取信号时，两极是固定的，不会造成影响；当用人体电容法拾取信号时，两人距离用一根检漏线相连，距离可以变化；对于漏点辐射半径大于检漏线长度时，两侧距离的长短与信号的强度成线性关系。

(10) 泄漏介质的影响。输送介质的导电性对检测信号也有很大的影响。当输油管道泄漏以后，泄漏处的漏电位变得特别大，干旱时期更加明显。干燥净化的天然气，泄漏后会使漏电电位变小。而倒油分子安装在管道上的卡子则表现为突然发生的大漏电信号，通过与未漏油检测数据的对比，就可以知道管线上是否存在上述问题。

5. 地下管线探测的原理

电磁法是探查地下管线的主要方法，是以地下管线与周围介质的导电性及导磁性差异为主要物理基础，根据电磁感应原理观测和研究电磁场空间与时间分布规律，从而达到探查地下金属管道的目的。

(1) 工作原理。各种金属管道或电缆与其周围的介质在导电率、导磁率、介电常数有较明显的差异，这为用电磁法探测地下管线前提。由电磁学知识可知，无限长载流导体在其周围空间存在磁场，而且这磁场在一定空间范围内可被探测到，因此如果能使地下管线载有电流，并且把它理想化为一条无限长载流导线，便可以间接测到地下管线的空间状态。在探查中，通过发射装置对金属管道或电缆加入一次交变场源，对其激发而产生感应电流，在其周围产生二次磁场，通过接收装置在地面测定二次磁场及其空间分布，然后根据这种磁场的分布特征来判断地下管线所在的位置。

(2) 管线探测仪的基本原理。由电磁法探查地下管线的工作原理可知，只要探测到地下管线在地面产生的电磁异常，就可以知道地下有管线存在。目前地下管线探测仪有很多种，虽然其结构设计、性能、外形等各有不同，但原理相同，均是以电磁场理论为依据，电磁感应定律为理论基础设计而成。根据电磁感应原理，在一个交变电磁场周围空间存在交变磁场，在交变磁场内如果有一导体穿过，就会在导体内部产生感应电动势；如果导体能够形成回路，导体内便有电流产生，其电流的大小取决于管线的导电性及发射机与管线的距离，其次还取决于周围介质的阻抗和管线仪的工作频率等。他们都是由发射机与接收机组成。

① 发射机。一般由发射线圈及一套电路组成。其作用是向管线加各种频率的信号电流。电流施加可采用感应、直接、夹钳等方式。其中感应法应用较广泛。见图 3－22。

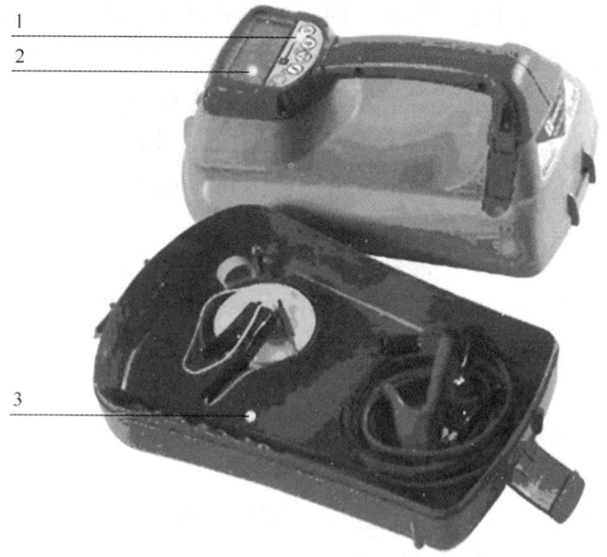

图 3－22　RD8000 的发射机

1—防水键盘；2—LCD 液晶显示屏；3—可拆卸附件盒

② 接收机。接收机是由接收线圈及一套相应的电子线路和信号指示器组成。其作用是在管线上方探测发射机施加在管线上特定频率的电流信号－电磁异常。接收机内置感应线圈，接收管道的磁场信号，线圈产生感应电流，从而计算管道的走向和路径。一般有三种接收模式：峰值模式(最大值)、谷值模式(最小值)、宽峰模式；另外现在更先进的仪器一般都带有峰值箭头模式以及罗盘导向。见图 3－23。

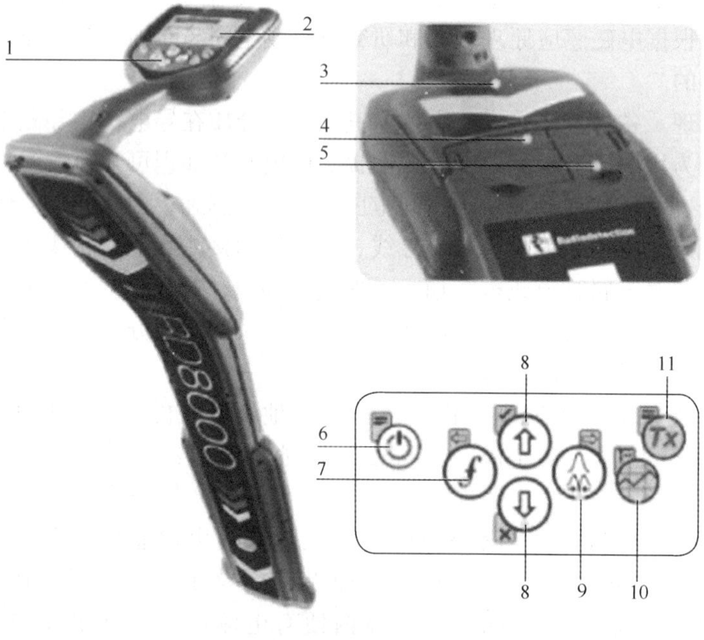

图 3－23　RD8000 的接收机

1—防水键盘；2—LCD 液晶显示屏；3—电池盒；4—附件插槽；5—耳机插孔；6—电源开关键或打开接收机菜单；7—频率键或菜单导航键；8—调节信号；9—天线键或打开子菜单；10—图标键；11—接收来自接收机的命令键

6. 仪器使用注意事项

（1）管线埋深探测正确与否，很大程度上取决于平面定位是否准确。在管线分支附件以及旁侧有其他管线时，磁场会叠加，在该处所测得到的数据是每条管线叠加的结果。相对单根管线，磁场发生畸变，因此探深处应选在单根管线直线段的中间，直线段的长度应大于管线埋深的5倍以上。

（2）检测防腐层漏点时，被测管线上覆土应该和管线有较好的接触，新敷设的管线应在覆土后一段时间等土密实后再进行检漏，否则效果不佳。

（3）应用音频检漏仪检漏时，宜采用横向法，即探管员在管道正上方行走，检测员离开管线行走，使检测仪的检测线与管道方向保持垂直，检测仪显示的数值及音响最大时，探管员所处的位置就是漏点位置。

（4）应用音频检漏仪检漏时，检测仪的两根检测线必须与人体有良好的接触或夹在金属带的手表上。

（5）发射机接地线最好不要跨越其他管线或放在另一根管线的顶部，在这种情况下，发射信号会耦合到其他管线，可能引起误判。

（6）探管仪接收机在工作时，有时会在无管线处探测到有管线的假象，假象一般具有如下特征：

① 假象处所测得的信号强度与管线的实际位置不符；

② 峰值法和谷值法所测管线位置不重合；

③ 改变发射机发射信号注入点或接地点，假象会消失。

（7）深度测量是对管线中心而言，管线顶部的深度需减去管线的半径。对较粗的管线平面定位和埋深，要进行修正。

（8）发射机周围有一定区域是盲区，此范围内接收机将会受到来自发射机和管线两方面的信号，如果要在此范围内探测，可延长发射线，将发射机移到稍远的地方。

（9）如果峰值和谷值标定位置可以重合，认为定位是准确的；如果标记不重合则定位不准，标记显示的错误在管线的同一侧，管线的真正位置接近峰值。

（10）探测管线位置时，随时注意周围可能干扰定位精度的因素，相邻管线从目标管线上把信号引走，可能使探测人员错误地确定管线的位置和埋深，在探测过程中，不断地扫寻管线的两边，以检查是否存在其他管线，或以S形的路线前进。

3.3.8 PCM管道防腐层检测仪

1. PCM管道防腐层检测仪主要功能

（1）管道路由定位；

（2）管道外防腐层缺陷定位；

（3）对管道外防腐层保护状况评估；

（4）对管道阴极保护效果评估；

（5）对新铺设管道防腐层施工质量验收。

2. PCM管道防腐层检测仪的特点

（1）发射机馈送一种接近直流的信号电流给管道；

（2）接收机对沿着管道传送的特殊信号电流进行探测，并显示出信号电流的强度和方向；

(3) 即使在管道与其他仪是结构相接触，或有干扰、管道拥挤的情况下，都能准确、容易地对管道进行定位，并绘制管线图；

(4) 能给出管道上电流的分布和电流的方向，该电流实际上就是管道上的 CP(阴保)电流；

(5) 精确地评估管道的防腐层状况。

3. PCM 管道防腐层检测仪的工作原理

发射机向管道施加一近似直流的电流，在非常低的频率上(4Hz)管线电流衰减近似支线。PCM 接收机装有一磁力仪，它能测量甚低频磁场。先进的信息处理技术提供了近直流信号电流和方向，可绘制随距离而衰减的电流波形。

4. PCM 管道防腐层检测仪的组成

由发射机、接收机、A 字架、接地极、延长线、专用分析软件等组成。见图 3-24。

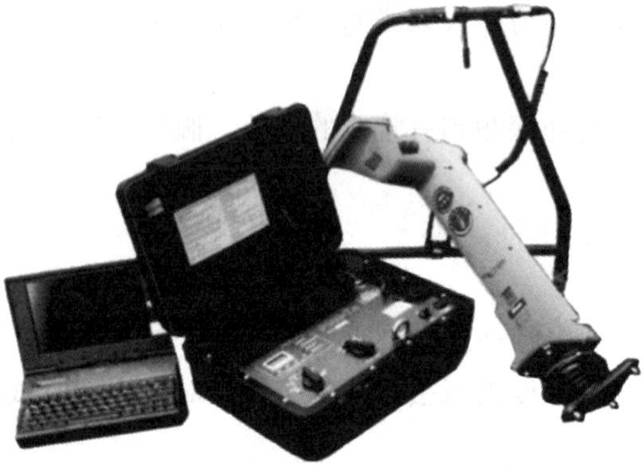

图 3-24　防腐层检测仪的主要组成

① 发射机。PCM 系统的专用大功率发射机能使信号的检测距离长达 30 千米。连接点大大减少，从而缩短管道检测时间。发射机有三种工作模式，这三种工作模式能有效地测绘出管道系统的干线和支线。PCM 发射机连接非常简单，发射机上显示电流和功率读数帮助操作人员针对特殊的管道情况选择最佳设置。

② 接收机。手提式接收机能定位管道密集区域的目标管道。操作者可测出由系统发射机施加的近直流的信号电流的大小和方向，接收机进行必要的计算并即时显示结果。PCM 能准确定位管线与金属结构的触碰点和护层故障区段，从而准确地检测阴极保护系统。

③ A 字架。配合 PCM 接收机使用，能准确定点定位防腐层破损和绝缘故障。A 字架需要和地面有很好的电接触，最好是潮湿的导电地面。PCM 接收机显示指向故障点方向，CD 方向箭头很容易定位故障点。PCM 还显示 A 字架之间的微伏 db 读数。对不同故障进行对比，从而确定哪个故障最严重。这一数值可以被存储到数据记录器中。

3.3.9　SCM 杂散电流检测仪

1. SCM 杂散电流检测仪功能

SCM 可以沿着管道检测任何杂散电流的大小和方向。SCM 测绘图展示出管道上的杂散电流进入点和放电点。有了这些信息，就可以在管道上一个或几个适当的地方消除干扰。当采取了消除干扰的措施之后，SCM 可以用来检测消除干扰的设计是否成功。SCM 还可以用来测绘管道上的外加的阴极保护电流。具有定位管道上的电流进入点、定位管道上的放电点、确定消除干扰是否成功、对于具有多个工作电流源的管道系统检测来自单个电流源的电流在管道上的分布、检测来自一个或多个电流源的阴极保护电流在管道上的分布、使用真实的阴极保护(CP)电流进行管道系统的衰减调查、进行管道对地电位测量等功能。

2. SCM 杂散电流检测仪性能特点

（1）识别静态、动态杂散电流。

（2）无需与管道连接，在地面实现连续检测。

（3）监测杂散电流大小和强度。

（4）定位杂散电流流入和流出点。

（5）对变化的杂散电流进行动态分析。

（6）绘制杂散电流特性曲线。

（7）精确定位由于杂散电流造成的破损点。

（8）对复杂管线精确定位。

3. SCM 杂散电流检测仪工作原理概述

它是一种电力磁力仪。利用高磁导率的坡莫合金作为灵敏元件，在弱磁场中就能达到磁饱和。灵敏元件的磁芯为闭合磁路，在其两边绕以匝数相同、绕向相反的激励绕组，其外绕以信号绕组。对激励绕组给以交变电压，使灵敏元件达到近于饱和，若无外磁场存在，则两边磁芯产生的磁通波形对称而反向，这时信号绕组将没有感应电压输出。当沿着元件轴向存在外磁场，则两边磁芯在正、负半周内饱和程度不一样，产生的磁通量不能互相抵消，将有感应电压脉冲输出，其幅度与外磁场大小成正比，据此即可测定外磁场的大小。

4. SCM 杂散电流检测仪组成

由 SCM 智能感应器、SP 智能探针、SI 智能信号发送器、SCM 智能感应器控制软件、数据分析软件、笔记本电脑组成。见图 3 - 25。

图 3 - 25　SCM 杂散电流检测仪的主要组成

（1）SCM 智能感应器。当完成了对目标管线的定位之后，将 SCM 智能感应器放置在管道的上方，使用随机提供的连接导线把智能感应器连接到笔记本电脑。打开 SCM 智能感应器设置软件，并在软件运行时启动智能感应器电源，智能感应器然后就可以检测管道上的电流。SCM 智能感应器通过双向的通讯连接实时地将信息发送到笔记本电脑。笔记本电脑应用软件显示一个粗体的箭头指示电流的方向与智能感应器上的红色箭头的方向相同还是相反，同时还显示出电流的大小。通过测量电流的大小和方向，接下来的智能感应器测量用来确定管道上是否有杂散电流，以及杂散电流进入点或放电点的位置。尽管静态干扰电流通常都是实时检测的，信息还是可以记录下来用于事后的分析。

（2）智能探针。在下面的环境下使用智能探针代替 SCM 智能感应器是非常有用的：在闹市区过滤不需要的交通干扰，消除邻近平行管线电磁干扰的影响。

（3）SI 智能信号发送器。要确定来自一个特定的外部阳极床及其结构的静态杂散电流干扰，必须将一个智能信号发送器串联在 CP 电源或用于该结构的 CP 电源上。智能信号发送器用一个独特的输出电流信号对外部的 CP 电流进行调制，使 SCM 智能感应器可以识别来自 CP 电源的杂散电流。智能信号发生器有四种不同的断续器设置可以选择，每种设置具有独特的信号。最多可以同时使用四个智能信号发送器以确定来自多个外部 CP 电源的杂散电流的大小和方向。把智能信号发生器连接在目标管道电流源，也可以提供操作人员自己的电流源的重要信息。

（4）SCM 智能感应器控制软件。具有三个主要功能：一是设置 SCM 智能感应器；二是浏览 SCM 智能感应器提供的信号信息；三是浏览 SCM 智能感应器获得的探测数据。

（5）数据分析软件。通过数据分析软件浏览和分析 SCM 智能感应器创建的数据记录文件。数据存储在插在 SCM 智能感应器上的 SmartMedia 存储卡中。数据记录完后，从 SCM 智能感应器中取出存储卡，并将其插入电脑。数据记录文件被下载，并分析数据记录的结果。在同一个屏幕上可以同时分析来自多个存储卡的数据记录文件，这是分析动态杂散电流干扰的检测结果必须的能力。

第4章　安全及环境保护知识

4.1　防火防爆知识

4.1.1　汽柴油的危害特性

4.1.1.1　汽油的物化性质及危险危害特性

汽油的泄漏扩散往往与火灾爆炸事故是相互关联的，一旦汽油从管道中泄漏出来，造成油品的扩散，遇到明火将形成边流动边燃烧的流淌火灾，或形成稳定的油池火灾，并且油品挥发出的油蒸气与空气的混合物可能发生蒸气云燃烧或爆炸；另一方面，输油管道等设施因火焰烘烤或热辐射的作用，使其内油品迅速升温、压力增大，进而导致设备破裂甚至爆炸。设备一旦发生破裂，大量的油品将迅速泄漏喷射，继而汽化，遇到明火或高温，发生连锁的燃烧或爆炸现象。

(1) 燃烧性。就汽油而言，其闪点在 -58 ~ 10℃之间，在一年四季的任何环境温度下，汽油都能挥发出大量的油蒸气，且只需要 0.2 ~ 0.25mJ 的点火能量就可以引燃，极易燃烧。汽油的燃烧线速度为 0.5 ~ 2m/s。如果一个直径 4.5m 的汽油池起火后，2 ~ 3s 油面就会被火焰覆盖，汽油每分钟会烧掉厚度 1.4 ~ 4.5cm。

(2) 蒸发性。蒸发性是汽油在储运过程中最重要的危险特性之一，在环境温度下，1kg 汽油蒸发后可以形成 $0.4m^3$ 的油蒸气，在 20℃时，油气的饱和蒸气压高达 $3.8 \times 10^4 Pa$。一般用饱和蒸气压来表示油品蒸发性的大小。由于汽油蒸发性较大，还会在输油管道中形成气阻、气蚀，对输油安全造成不利影响。

(3) 爆炸性。爆炸性是物质发生非常迅速的物理或化学变化的一种形式。通常用爆炸极限来表示油品爆炸的危险性。油蒸气与空气混合，其浓度达到一定的混合比例范围时，遇到一定能量的点火源即发生爆炸。爆炸最低的混合比，称为爆炸下限；爆炸最高的混合比，称为爆炸上限。汽油的爆炸浓度极限为 1.4% ~ 7.6%，即汽油的油蒸气在空气中所占比例达到 1.4% ~ 7.6% 时，这种混合气遇到大于或等于 0.2mJ 以上的点火能量时，就会发生爆炸。

(4) 流动性。汽油的黏度与水相近，是一种流动性很好的液体物质，在储运过程中设备设施在管理上和安全措施方面稍有疏忽，就会发生跑、冒、滴、漏等非正常损耗，失控的油品四处流动扩散，随之产生的油蒸气也会四处扩散，从而引发火灾、爆炸等事故。

(5) 带电性。油气在运输、收发等作业中，油分子之间、油品与输油管壁之间、罐壁与空气之间等相互摩擦，产生静电。由于油品的不良导电性，使静电荷在容器或管道口表面聚集起来，其电位可达几千伏甚至几万伏，以致在某一段距离间击穿空气而形成静电放电，这时若遇到油蒸气，就会发生爆炸或燃烧。

(6) 有毒性。汽油及其油蒸气都具有毒性，特别是含硫汽油(即加铅汽油)毒性更大。油品中的有害物质是通过人的呼吸道、消化道及皮肤进入体内，使人体器官受到损害而产生急性或慢性中毒，从而造成对人体的危害。危害程度由油蒸气浓度、作用时间长短决定。浓度大、时间长，中毒则重，反之则轻。因此在汽油介质管输泄漏事故抢维修作业中要采取防毒措施。

4.1.1.2 柴油的物化性质及危险危害特性

柴油沸点范围有180～370℃和350～410℃两类。对石油即其加工产品，习惯上对沸点或沸点范围低的称为轻柴油，相反称为重柴油。故上述前者称为轻柴油，后者称为重柴油。商品柴油按凝点分级，如－10号、－20号、0号等，表示其使用温度范围。

对柴油质量要求是燃烧性能好、流动性好。同原子数的烃类中，烷烃易氧化，自燃点低，而芳香烃难氧化，自燃点高。所以，含烷烃多的柴油是抗爆震性好的燃料。一般使用十六烷值来表示柴油的抗爆能力，十六烷值越高越好。但含烷烃多的柴油虽然十六烷值高，其凝点也高，流动性变差。

柴油的危害性如下：

（1）燃烧爆炸危险性。蒸气与空气混合物可燃限0.5%～5.0%，预热、火花、明火易燃，可储积静电，引起电火花。

（2）毒性。对皮肤和黏膜有刺激作用，也可有轻度麻醉作用。柴油是高沸点物质，吸入蒸气而致毒害的机会较少。皮肤接触后可发生接触性皮炎，表现为红斑、水疱、丘疹。

4.1.2 灭火的基本方法

可燃物质发生燃烧和燃烧传播必须同时具备几个条件，缺一不可。灭火是为了破坏已产生的燃烧条件，抑制燃烧反应过程的继续。根据燃烧原理和灭火实践，灭火的基本方法有窒息法、冷却法、隔离法和负催化抑制灭火法等四种。这些灭火方法都各有特点，它们的效能相辅相成，在实际灭火中，应根据火灾的特点，采取相应的措施。一般是两种或三种方法相结合进行。冷却法是最常用的方法。

4.1.2.1 窒息灭火法

窒息灭火法就是阻止空气流入燃烧区，或用不燃物质冲淡空气使燃烧物质断绝氧气的助燃而熄灭。减少空气中氧气含量的灭火方法，适用于扑救封闭房间的生产装置设备内发生的火灾。这些部位发生火灾的初期，空气充足，燃烧发展比较迅速。随着燃烧时间的延长，由于封闭在这些部位内部的空气(氧气)越来越少，烟雾及其他燃烧的产物逐渐充满空间，因此，燃烧的不完全性加强，燃烧强度降低。当空气中氧的含量低于9%～18%时，燃烧将停止。

在火场上运用窒息的方法扑灭火灾时，可采用石棉被、浸湿的棉被、帆布等不燃或难燃材料，覆盖燃烧物或封闭空间；用水蒸气、泡沫充入燃烧空间；利用设备原有的部件，封闭燃烧区域。采用窒息法扑灭火灾，只有燃烧部位较小、容易封闭，并在燃烧区域内没有氧化剂存在的条件下，才能采用此种方法。在采用窒息方法灭火时，必须在确认火已熄灭后，方可打开进行检查。严防因过早打开封闭的孔洞而使新鲜空气流入燃烧区，引起复燃。

4.1.2.2 冷却灭火法

冷却灭火法就是将灭火剂直接喷洒在燃烧物质的物体上，将可燃物质的温度降低到燃点以下，终止燃烧，是扑灭火灾的常用方法。在火场上，除用冷却法扑灭火灾外，在必要的情况下，可用冷却剂冷却燃烧的容器，以减少容器遭受火焰辐射，防止结构变形或火灾蔓延扩大。

4.1.2.3 隔离法灭火

隔离法灭火就是将燃烧物质与附近的可燃物质隔离或疏散开，使燃烧终止。这种方法适用于扑救各种固体、液体、气体火灾。采用隔离灭火法的具体措施有：将火焰附近的可燃、易燃、易爆和助燃物质，从燃烧区内转移到安全地点；关闭阀门，阻止气体、液体流入燃烧区；排除生产装置、设备容器内的可燃气体或液体；设法阻止拦截流散的易燃、可燃液体或扩散的可燃气体；拆除与火源相毗连的易燃构筑物，形成防止火势蔓延的空间地带；以及用水流封闭等方法扑救稳定性火灾。

4.1.2.4 负催化抑制灭火法

负催化抑制灭火法是使灭火剂参加到燃烧的反应过程中，使燃烧过程产生的游离基消失，而形成稳定分子或低活性的游离基，使燃烧反应终止。干粉灭火剂和“1211”灭火剂都属于参与燃烧过程中断燃烧连锁反应的灭火剂。故使用这类灭火剂时，必须将灭火剂准确地喷射在燃烧区内，使灭火剂参与燃烧反应，否则，将起不到抑制燃烧反应的作用，达不到灭火的目的。负催化抑制灭火法的灭火速度快，但也易复燃，因燃烧区内的可燃物温度短时间降低幅度不大，一旦新鲜空气得到补充，活性基团增多，不采用其他灭火剂覆盖冷却极易引起复燃。

4.1.3 常用的消防器材和设备

最常用的消防器材是灭火器，灭火器是把灭火剂储存在特制容器内的小型灭火设备。灭火器机动性强，操作简便，可以移动，主要用于扑救初期火灾和小面积火灾。油库、加油站常用干粉、二氧化碳、泡沫灭火器三种类型。

1. 干粉灭火剂及干粉灭火器

（1）干粉灭火剂。又称粉末灭火剂，它是一种干燥的、易于流动的微细固体粉末，一般借助于专用灭火器或灭火设备中的气体压力，将干粉从容器中喷出，以粉雾的形式灭火。干粉灭火剂是由灭火基料、少量的防潮剂和流动促进剂组成的微细固体颗粒。由于这类灭火剂具有灭火效力大、灭火速度快、无毒、无腐蚀、不导电、久储不变质等优点，是油库加油站主要的灭火剂。

干粉灭火剂按其使用范围分为：BC类(普通)，扑救可燃液体、可燃气体及带电设备的火灾；ABC(多用)类，扑救可燃固体，可燃液体、可燃气体及带电设备的火灾；D类，扑救轻金属火灾。在加油站一般配置BC类(普通)干粉灭火剂。

（2）干粉灭火器的结构。干粉灭火器一般是以高压二氧化碳气体为喷射动力，将装在器内的粉末呈雾状压出。主要有MF型手提式、MFT推车式和MFB背负式三种。按盛装高压气体的动力瓶位置的不同，分为外装式和内装式两种结构。动力瓶安在干粉桶身外的，称为外装式；动力瓶安装在干粉桶内的，称为内装式。

（3）干粉灭火器的使用。使用手提式灭火器时，应手提灭火器的提把，迅速赶到着火点。在室外使用时，应占据上风方向。使用前需将其上下颠倒几次，使桶内干粉松动，拔下保险销，一手握住喷嘴，对准火源，一手用力压下压把，干粉便由喷嘴喷射出来。使用干粉灭火器扑火时要对准火焰根部，左右扫射，由近及远快速推进，直至火焰全部扑灭。使用干粉灭火器时要注意：一是干粉灭火器灭火过程中应保持直立状态，不得横卧或颠倒使用；二是注意干粉灭火器灭火后要防止复燃。

2. 二氧化碳灭火剂及灭火器

二氧化碳是一种广泛使用的灭火剂，它是无色无味、不燃烧、不助燃、不导电、无腐蚀性的惰性气体。

（1）二氧化碳灭火器的结构。二氧化碳灭火器主要是手提式，有 MT 型手轮式和 MTZ 型鸭嘴式两种。二氧化碳灭火器由筒身、筒盖、虹吸管和喷头组成。

（2）二氧化碳灭火器的使用。使用 MT 型灭火器时，先去掉铅封，翘起喷筒对准火源，转动手轮，打开阀门，瓶内高压气体即自行喷出；使用 MTZ 型灭火器应先拔去保险插销，一手持喷筒，另一只手紧压压把，气体即喷出。由于二氧化碳灭火器的射程近，喷射时间短，因此，在喷射时要迅速果断，接近火源，从近处喷起，快速向前扫射推进。使用时要注意机身的垂直，不可倾倒使用，以防液体喷出。灭火时要手握喷管木柄，切勿用手接触喷筒，以防冻伤。灭火时应站在上风位置，顺风喷射，在空气不流通的场所，要特别注意安全。

二氧化碳灭火器适宜扑救 600V 以下带电设备、仪器仪表、易燃气体和燃烧面积不大的易燃液体火灾。

3. 泡沫灭火剂及灭火器

能够与水混溶，并可通过化学反应或机械方法产生灭火泡沫的药剂，称为泡沫灭火剂。按照泡沫生成机理，泡沫灭火剂可分为化学泡沫灭火剂和空气机械泡沫灭火器两大类。

（1）化学泡沫灭火剂的结构。目前国内泡沫灭火器主要有 MP 型手提式、MPT 型推车式等。MP 型手提式又叫倾倒式，把筒身颠倒，泡沫便能喷射出来。主要由筒身、瓶胆、筒盖、提环等组成。MPT 型推车式灭火器是将筒身固定在带胶轮的车架上，便于移动。

（2）化学泡沫灭火剂的使用。泡沫灭火器用于火场灭火时，将两种溶液相混合后，即产生泡沫。对于 MP 型灭火器，只要将筒身颠倒，两种溶液即混合，产生的泡沫由喷嘴喷出；MPZ 型应先将瓶盖把手向上搬起后旋松手轮，然后颠倒筒身。

泡沫灭火器在使用时应注意以下几点：

① 手提式因无法控制开关，在提往火场途中，筒身不能倾斜或震荡，更不能扛在肩上，否则会使内外药液混合而喷出。

② 灭火时，人宜站在上风位置，尽量接近火源，喷射时应从边缘开始，由点到面，逐渐覆盖整个燃烧面。

③ 灭火器药液必须一次用完，切忌中途堵住喷嘴，否则易发生爆炸事故。

4.2 环境污染及防护知识

4.2.1 成品油泄漏扩散规律

4.2.1.1 油品泄漏量

泄漏量的影响因素众多，比如管道泄漏口（或者裂纹）的大小、油品密度、输油管线输送压力、泄漏段附近的阀门类型、油气管道经过地区的地形状况、泄漏持续的时间等。但是泄漏量大小的直接影响因素主要有以下三个方面。

（1）管道泄漏口的大小。要评估泄漏尺寸的大小，考虑的两个因素是失效机理和管材属性。从失效机理方面考虑，由于腐蚀引发的泄漏往往形成针孔泄漏，而不是产生较大的裂口，而由外力撞击管道而引发的泄漏常常产生较大的裂口；从管材属性方面考虑，材料的应力水平、材料属性如塑性等均可能影响泄漏尺寸的大小。由于影响因素随时都有可能改变，泄漏尺寸也会随之产生变化。但是，泄漏尺寸在一定程度上始终取决于最初的失效机理。最坏的情况就是假设泄漏处的整个管道都断裂。

（2）反应时间。反应时间是指从发生泄漏到管道停止输送作业的时间。油气泄漏从开始到终止，一般要经历三个过程：发现泄漏；关停输送泵，关闭切断阀；堵塞漏油，处理管内剩余油气。泄漏持续时间等于上述三个过程的时间之和。影响反应时间的因素有检测能力的强弱、关闭阀门的速度和阀门的类型等。对于具体的管道，要根据其具体的检测水平、管理水平、通讯水平等来确定。最坏的情况下，所计算的漏油量就是在反应时间内，泵的满负荷抽油量。

单向阀和电动阀能够在很短的时间内阻止油品的泄漏，而手动截断阀通常安放在比较容易接近和比较容易操作的位置。美国 Longhorn 公司将泄漏油品能到达的区域分为几个等级，油品扩散到二级区域的反应时间为 2h，扩散到三级区域的反应时间为 1 ~2h。反应时间有长于 2h 的，也有低于 2h 的，但从发现泄漏到赶赴现场关掉截止阀的平均反应时间为 2h。

在一些特殊的环境保护区和孤立的泵站处设立干线阀门，以便减小发生泄漏后的油品泄漏量。关闭阀门后的最大泄漏量为两个阀门间管道中含有的油品的总体积。

（3）泄漏速度的大小。泄漏速度是指泄漏口油品向外流动的速度。发生泄漏事故时，油品在内部压力的推动下向管外泄漏，所以管内的压力会影响泄漏速度的大小，泄漏速度与泄漏点管道内外的压力差的平方根成正比。另外，泄漏点的地形地貌、油品的黏度大小也会影响泄漏速度的大小。油品黏度增大，泄漏量下降。

如果高压管线发生泄漏，在泄漏开始时液体就会蒸发或者飞溅到空气中，无论是输送原油还是成品油的管道都会如此。即使原油的某些组分在一定的环境条件下不会蒸发，也会由于管内的压力高而飞溅。液体飞溅的剧烈程度由泄漏点的压力、泄漏孔的尺寸、环境温度和流体的黏度等决定。泄漏油蒸气的量越多，扩散的易燃影响区就越大，潜在的着火风险也越大。

4.2.1.2 成品油泄漏规律

1. 成品油在土壤中的渗漏规律

油品泄漏到地面后，将会在土壤的空隙中流动，其流动规律可以利用渗漏流体力学的理论来描述。在渗流理论中把允许大量水通过的岩层称为含水层，反之，不允许水通过的岩层称为隔水层。有的岩层如黏土，虽然含水，但不允许水通过，所以通常将黏土也当成隔水层。根据渗透理论，可以将油品在土壤中的扩散看做油品在多孔介质中的流动，并把多孔介质中的流体当成连续流体研究，下面分析其流动规律。

渗漏量的大小与土壤的性质、地下水位埋深和地下水动力条件有关。开始渗漏时，渗漏的强度很大，随着时间的延长，渗漏强度逐渐减弱，最后趋于稳定。成品油泄漏到地面后，形成油池或在地面扩散，油品的渗漏通常要经历以下几个阶段。

（1）非稳定自由渗漏阶段。渗漏油品从油池底部土层逐步湿润直至地下水面为止。随着油品浸润土范围的增大，渗漏量将逐渐减小，这一阶段油品的渗漏称为非稳定自由渗漏阶段。

（2）稳定自由渗漏阶段。地下水面与油池底部并无直接的水力联系，油品渗漏量并不因地下水表面漂浮的油品面的上升而变化，此阶段渗漏量将保持稳定，这种情况发生在地下水面距离油池底部较远时。

（3）顶拖渗漏阶段。当油品不断地积聚在地下水表面时，油面将逐步上升而到达油池底部。

由以上分析可知，无论在非稳定自由泄漏阶段还是顶托渗漏阶段，油品渗漏量都会随着时间的推移而逐渐减少。在对事故后果进行评价时，我们取更为严重的情况，即渗漏量不随时间而减少；同时为了简化问题，在此仅考虑稳定自由渗漏的情况。

2. 水体中泄漏油品的分布规律

进入水体环境中的油品主要过程有溶解、蒸发、光化学氧化、颗粒物的吸附、表层水体混合乳化和微生物降解等。这些过程受到环境条件温度、盐度、溶解氧含量、风、波浪、悬浮物含量、油的化学组成、光照、微生物种群及氧化还原环境等影响。

油品进入水体环境存在形式：一是漂浮在水面的油膜；二是溶解状态；三是乳化状态；四是凝聚态残余物。油膜是油品进入水体的初始状态，然后一边蒸发一边扩散和溶解，溶解状态和乳化状态的油分散在水体中，剩下凝聚态残余油，根据其密度大小可以漂浮在水体中或沉到水底。水体溢油扩散一方面污染了水体，另一方面溢油扩散后油膜变薄有利于光氧化和生物降解。

4.2.2 外泄成品油的回收处理

目前，国内外对水域油品的回收处理技术的研究很多，归纳起来，溢油处理技术可分为物理处理、化学处理和生物处理三种方法。

（1）物理处理法。在清除水面溢油时，采用物理方法和机械装置是最有效的，常采用拦油栅阻止油的扩散，防止污染水域面积扩大，并使水面的浮油层加厚，以利于油的回收。除了固体拦油栅，还有用气体或化学药剂来阻止油扩散的气体拦油栅和液体拦油栅。另外，也采用吸油材料处理水上溢油。

（2）化学处理法。在油膜较薄，难以用机械方法回收油，或可能发生火灾等危急情况下，可以通过向水中喷洒化学药剂的方法来进行化学消油。消油剂一般在机械回收无效或无法进行机械回收时，且使用消油剂能减少对环境危害的情况下才可使用；当存在火灾或爆炸危险、生命财产受到重大威胁时，消油剂的用量才不受限制。

（3）生物处理法。用物理方法消油，很难去除水域表面的油膜和水中的溶解油，采用化学法实际上是向水中投加人工合成的化学物质，很有可能会造成二次污染。水域微生物具有数量大、种类多、特异性和适应性强、分布广、代谢时间短、表面积大的特点，用细菌来清除水域表面的油膜和海水中溶解的石油烃，具有物理、化学方法不可比拟的优点。

4.2.2.1 水域溢油回收处理

水域溢油的回收处理按其性质可分为物理回收法、化学法和生物生理法。

1. 物理回收方法

（1）围油栏。当发生溢油事故时，可用围油栏将这些油包围，缩小面积，防止其扩散。优质的围油栏必须易于展开和收回，易洗、耐磨，具有一定的强度以抵挡风流等性质。围油栏的材料一般有耐油的氯丁橡胶等。近几年，围油栏向快速、轻便、操作方便方向发展。

（2）机械式撇油器(收油机)。这些年来已经有几十种适用于水面处理的机械式撇油器相继研制诞生，而且许多产品已经在国内国际市场上得到广泛应用。但对于在开放海域的应急应用，只有少数几种类型应用较为广泛。

根据撇油器的物理学原理不同和采用不同的结构形式，可设计多种多样的撇油器，其技术性能和特点也大不相同。通常将撇油器按照收油的原理进行分类，主要包括以下几种。

① 黏附式撇油器。该撇油器的工作原理是利用对油具有黏附性质的材料（如聚丙烯、FVC 和铝便是很好的吸附物质）让浮油黏附在一个运动的表面上，然后被运动部件带出水面，通过刮擦或挤压转移至储油槽或输油泵中。这种形式的撇油器可以是旋转的盘片、鼓或刷子，也可以是吸油带、拖绳或硬毛刷。

② 抽吸式撇油器。这类撇油器的工作原理是运用真空油槽车或小型真空设备，通过吸管连接一个撇油头，吸油的同时吸入空气，吸管口及管内空气高速流动，高速空气从水面上将油带走，然后转移到回收槽。由于吸管内的摩擦损耗，真空抽吸只是对轻质油有效，对于重质油品几乎是无效的。

③ 堰式撇油器。堰式撇油器的工作原理就是通过特别设计的带折堰的堰缘使油溢入撇油器中，而水则被拦截在撇油器外。堰缘可以根据油水界面的变化而在水的作用下在垂直方向上调整，溢油通过堰缘不断进入收油器的腔体中，大多数堰式撇油器是通过自动调节堰缘来完成的，它可以随泵的流量或高或低。

④ 其他的撇油器。有些撇油利用过滤、机械截留以及吸附的原理工作，例如油拖网等，随着油水的流动，油水一起进入网袋中，由于油的黏滞性被截留下来，水则通过网眼流出。油水分离器就是将油和水分离开来的仪器，原理主要是根据水和成品油的密度差，利用重力沉降原理去除杂质和水分的分离器。内部还有扩散锥、滤网等分离元件。

2. 化学回收方法

（1）燃烧法。用火点燃溢油，减少其污染，也称就地燃烧法。其优点是需要后勤支持少、高效、迅速；缺点是可能会对生态平衡造成不良影响，并且浪费能源。在美国，就地燃烧法多次应用于湿地、浅湖、内河以及其他处理适用的场合中，其结果证明在含水率、油层厚度等合适的情况下就地燃烧是一种潜在的、有效的处理溢油的方式。

（2）吸附法。利用吸油材料吸附海面溢油，是一种简单有效的治理溢油的方法，使用安全、材料简单易得且价格低廉。但这种方法吸油量较小，适用于浅海和海岸边等海况相对平静的场所。目前，国内外的吸油材料主要有聚乙烯、聚氨酯泡沫、聚苯乙烯纤维等人工合成的材料以及锯末、麦秆等天然吸油材料。

（3）化学试剂法。

① 消油剂。对于厚度≤3mm 的薄油层，通过喷洒消油剂，改变油水界面的表面张力，使溢油分散，油膜消失。自从第一次使用消油剂至今已有 30 多年的历史，其发展经历了三代。第一代是毒性很大的阴离子表面活性剂；第二代是非离子的表面活性剂，由醚型变为酯型，毒性变小；第三代是浓缩型的消油剂，有效成分为乳化剂、润湿剂和氧化剂等，其活性大、效率高。消油剂的优点是见效快，在恶劣的天气下，可以在短时间内处理大面积的溢油。其缺点是使用消油剂浪费较大，可能产生二次污染；使用条件受到限制，在低于 5℃ 的水中几乎不能用；且只对中低黏度的油有效。

② 凝油剂。是通过增大油水界面张力将溢油包起来。目前仍处在试验阶段，价格很贵，难以在实际中得到应用。

③ 集油剂。是将扩散的油聚集起来但不使其胶凝。集油剂可以比作化学围栏，适用于海湾等地。

3. 生物处理法

生物处理法是通过微生物利用油类作为新陈代谢的营养物质将其降解，从而达到去除溢油污染和修复环境的目的。

4.2.2.2 土壤中泄漏油品的回收处理

1. 装备选择

丘陵、山地等区域发生泄漏时，由于地形复杂，运输困难，装备设备时要满足以下要求：一是性能优良、功能齐全；二是高效灵活、简便实用；三是装备体积小、质量轻、机动性好，便于车辆装载和人力搬运；四是输送装置机动灵活，适应山地等复杂地形的行进。

2. 回收方法

（1）构筑储油池。利用自然地势或根据油品在土壤的扩散规律，在低洼处人工挖掘储油池，尽量防止油品流入水域。储油池用塑料或其他材料铺垫，防止油品深入土壤，扩大污染。

（2）引流。在构筑储油池利用自然的沟渠引流时，挖沟引流，尽量使油品集中在储油池中。构筑物可以是土制、吸附剂、沙袋等。

（3）回收。利用抽油泵、真空式收油机、软管、滚动式或固定式储罐等回收设备进行油品回收。油品抽干后，在油池底部铺垫吸附材料来吸附剩余油品。对局部低洼处的油品，根据油量采取小型油泵、手摇泵、真空收油机、吸油毡等吸附材料进行回收。

（4）数据记录。在回收过程中，及时收集现场有关地表油流的范围、土壤渗透性、渗透深度等数据，为后续土壤治理提供可靠数据。

4.2.3 成品油污染的环境修复

4.2.3.1 土壤污染及环境修复

（1）输油管道穿孔、维修过程中的成品油泄漏往往会大面积污染农田。

（2）管道水工保护设施施工对土壤的污染及其危害：

① 污染水排放对土壤的污染。管道工程施工中常常产生大量次生污水排至周围环境，渗入周边土壤，最终以土地为载体来消化这些生产污水，从而危害土壤。

由于工程施工中要大量使用各种原料，因而将会产生一些有害的化学物质，尤其是一些重金属，通过各种途径排出并渗入土壤中。这些污染物质在土壤中不能为微生物所分解，而是在土壤中积累，并会通过食物链传递给人体，从而严重危害人体健康。

② 施工垃圾对土壤的污染。在管道施工过程中，经常残留大量的沙子、砖石、水泥和涂料等施工垃圾。如果管理、清除、排放不善，不按规定倾倒处理，也会对土壤造成污染，使其丧失耕作功能。

③ 植被破坏与水土流失对土地的危害。管道所处的环境往往多种多样，有些会有大量宝贵的植被被破坏，还可能造成水土流失，其危害极大。

④ 生活垃圾对土壤的污染。生活垃圾的成分非常复杂，如果直接排放到土壤中，在污染空气的同时也污染土壤。有些病菌经过雨水渗入地下，会污染水源，危及人类的生命安全。

（3）防护方法：

① 认真做好管道保护工作，杜绝油品流失。若油品流入周围土壤，应立即采取回收、

恢复等措施。

② 严格控制施工过程中的“三废”排放，实行有组织、有安排地合理排放，并应采取必要的净化防治措施，做到达标排放。

③ 保护好施工场所即周边的植被，并采取有效措施防止水土流失。施工场所周边的植被能不损坏的尽量不损坏，特别是一些珍贵的树木和花草，若避免不了的尽量采取移栽的方式处理。在坡地施工时，必要的地方都要搞好护坡、挡土墙或保护坎等构筑物，防止土层垮塌。这些措施既能保护植被，又能防止水土流失。

④ 施工完毕后，必须做好土地的善后处理工作，尽可能地恢复土地的有效功能。最有效的方法之一是施加抑制剂，如适量使用石灰等。另外，也可以采用局部换土、深翻等方法改良土壤，使之恢复耕种功能。

⑤ 加强对职工的全员环境保护教育，提高保护环境的意识，人人自觉行动，从我做起，把保护土地和自然环境放在重要位置。

（4）修复。土壤石油污染处理方法中生物修复被认为是最有生命力的修复方法。因为生物修复是经济、有效和无二次污染的处理技术，在石油污染土壤的处理中得到了广泛的应用。生物修复是指利用生物的生命代谢活动减少存在于环境中有毒、有害物质的浓度或使其完全无毒化，从而使污染了的环境能够部分或完全恢复到原状态的过程。

4.2.3.2 水污染及环境修复

当管道中的成品油泄漏到地下水或河水中时，要迅速做好回收工作，同时喷射消油剂、铺设消油毡、布设围油栏等，防止油品进一步扩散，减少次生灾害发生。

水域溢油事件发生后，除采取常规的机械和化学方法回收处理外，微生物降解仍是去除成品油污染的主要途径，在生物降解基础上研发的生物修复技术，可提高油品降解速度，最终把泄漏的油品污染物转化为无毒性的终产物。利用微生物对水域油品污染进行治理一般有两种方法：一是加入具有高效降解能力的菌株；二是改变环境条件以强化微生物的代谢能力。在大多数情况下，泄漏油品的生物修复工作可以在现场进行，而对于污染的沉积物，一般可在生物反应器中进行整理。

4.3 安全用电知识

4.3.1 常见的触电方式

电流的能量直接作用于人体或转换成其他形式的能量作用于人体造成的伤害，称为触电。触电事故是最常见的电气事故，对人体及生命构成极大威胁。

电流通过人体内部直接造成对内部组织的伤害，称为电击。大部分触电死亡事故都是电击造成的。电击对人体的伤害呈现下列特点：

（1）电击是全身性伤害；

（2）主要伤害部位在心、肺、中枢神经等重要内部器官；

（3）电击伤害一般不在人体表面留下明显的伤痕；

（4）数十毫安的工频电流可使人造成致命的伤害。

由于电流的热效应、化学效应以及机械效应等造成对人体表面的局部伤害，称为电伤。电伤的直接原因是电流转换为其他形式的能量作用于人体造成的。

4.3.2 预防触电的主要措施

触电事故是可以预防的，主要措施有：

（1）加油站电气设备的选用和安装必须符合《油车加油加气站设计与施工规范》的要求，电气设备的外壳必须按有关安全规范进行防护性接地或接零。

（2）电气操作属于特种操作，操作人员必须经专门培训考试合格，持证上岗。

（3）工作岗位及工作区域内的电气设备不得随便乱动；移动某些非固定安装的电气设备，如电风扇、照明灯等，必须切断电源；如果电气设备出现故障，应请电工或专门人员维修，不得擅自修理，更不得带故障运行。

（4）经常使用的配电箱、配电板、闸刀开关、按钮开关、插头、插座以及导线等，必须保持完好，不得有破损或带电部分裸露出来；在操作闸刀开关、磁力开关时，必须先将盖盖好。

（5）在打扫卫生、擦拭电气设备时，严禁用水冲洗或用湿抹布擦拭，以防发生短路或触电事故。

（6）在雷雨天，不可走进高压电杆、铁塔、避雷针的接地导线20m以内，以免发生跨步电压触电；在雷雨发生的空旷环境中应关闭手机，以防招致雷击。

（7）在发生电气火灾时，应立即切断电源，用黄沙、二氧化碳或四氯化碳等灭火器材灭火；切不可用水或泡沫灭火器灭火，因为它有导电的危险，以防招致触电。

（8）在高强电闪的雷雨天气时，加油站应立即关闭电源，停止营业。

4.3.3 触电的急救常识

触电急救的关键是动作迅速，救护得法。具体方法如下：

使触电者迅速脱离电源。电流通过人体的持续时间越长越危险，因此当人触电以后，应采取一切措施，使触电者迅速脱离电源。对于常见的低压系统的触电事故，可采用如下措施：

① 若触电地点附近有电源开关或插销，应立即拉开开关或拔掉插销，断开电源；若附近没有电源开关，应采取安全措施切断电线，或用绝缘物断开电源。严禁不采取任何安全措施而直接用手去拉触电者。

② 若电线落在触电者身上或被压在身下，可用绝缘工具挑开电线，但千万不能把电线拨到他人身上。

③ 现场急救。当触电者脱离电源后，应立即实行现场施救，遵循先救后搬、连续救治的原则。

4.4 独立和野外作业安全知识

外线管理员和专职的巡线员每天都在管道上方巡查，而管道大部分处在野外，要翻山越岭，因此在野外作业时应注意防雨、防雷、防暑、防冻、防洪、防风、防虫、防蛇、防大型野兽，避免受到伤害。

4.4.1 野外作业的注意事项

4.4.1.1 预防胃病

（1）注意饮食卫生。不喝生水，瓜果、蔬菜要洗净再吃，剩饭菜一定要加热消毒后再吃，不吃腐烂变质的食品。

（2）不吸烟、少喝酒，不喝烈性酒，可以喝少量的葡萄酒或啤酒。

（3）避免暴饮暴食。吃饭不宜过饱，特别是爱吃的食品不可贪多，进食细嚼慢咽。

（4）少吃有刺激性和粗纤维的食物，如辣椒、芥末、韭菜、蒜苗等食物要控制食量，不可多吃。

（5）注意保温，特别是腹部不要受凉、受风。在野外就餐时，要选择避风、清洁卫生的地方。

4.4.1.2 野外作业人员要合理饮水

夏季气温高，野外巡线人员大量出汗可造成严重缺水和缺盐，必须补充足够的水分和盐分。补充水分和盐分的最好办法是供给含盐饮料。一般每人每天饮水3～5L，盐20g左右，如三餐膳食供给10～12g的盐，则饮料只需补充8～10g，这些盐可用0.2%的盐开水补充。

饮料的供应量，可根据气温、辐射强度和劳动强度的不同分别供应。一般轻体力劳动每人每日不宜少于2～3L，中等或重体力劳动每人每日不宜少于3～5L，饮水应以少量多次为宜，防止暴饮。

4.4.1.3 野外作业要防蛇咬伤

毒蛇咬伤多见于夏秋雨季，特别是野外作业人员在夜间或山林草丛中行走时，下肢及脚部易受到伤害。防止蛇咬伤的办法如下：

（1）夜间在山林、草丛中行路或活动时，必须带手电筒，并用棍棒敲击地面，以使蛇受惊逃走。

（2）最好穿高腰厚袜，戴凉帽，穿较厚的衣裤。

（3）到溪边活动时，需先注意周围有无毒蛇隐藏。

（4）建临时营地时，周围挖沟，沟内洒草木灰。

（5）准备蛇药。一旦被毒蛇咬伤后，立即按说明服药，同时将药片用温开水溶化后涂于伤口周围。

4.4.1.4 避免雷击

野外活动中存在遭受雷击的危险性。但是通过采取科学有效的措施可以显著地降低这种危险性：

（1）预知打雷和雷击。先看到乱积云变大，不久即变成雷云，赶紧到安全地方躲一躲。收音机中有刺耳的杂音、忽下大粒雨滴也是打雷的预兆。

（2）跑向低地。

（3）远离高树或密叶树林。

（4）远离铁塔，去除身上的金属物，装入塑料袋中。

（5）如在水域活动，要赶紧上岸。

（6）不要聚集在一起，应分散开。

（7）小屋内、汽车内、岩背阴处或凹处也是很好的躲避之处，但注意不要靠墙。

4.4.1.5 防止落石的伤害

由高处掉落的一块小石头有时也会严重伤人，甚至致人死亡。因此在山间行走时，一定要注意是否有落石标志，要仔细观察，分辨浮石，一般讲在多石头的地方，浮石的颜色比周围石头新；通过易发生落石区域时，应戴好安全帽或用厚衣服蒙住头，快速通过；尽量提早发现落石，及时避让，避免意外伤害；行走中不小心踏落石头时，要立刻喊出声，通知下面的同伴。

4.4.1.6 正确应对迷路的措施

在山野，尤其是在深山密林中行走时，稍不留神就会发生迷路，这时要保持沉着冷静，然后采取适当的措施。

（1）回到认识的地方。平时在行进的休息间歇要多注意周围的风景和标志，一旦迷失方向，最好回到自己认识的地方，用罗盘和地图确定所处的位置及目的地方位，重新开始行走。折返时不要直走下坡路，因为下坡路视野小，方向不易确认。

（2）做好山路标志。在山野行进时要注意曾经走过的人留下的用塑料带、树枝或石头作的记号。走在前面开路的人，遇到特殊状况时，要做标志通知后面的人。

（3）如果迷路时天色已晚或从山崖落下受伤，动弹不得，无法按照预定时间到达目的地，这时应做深呼吸，保持镇静，不要冒然离开，在原地露宿，减少体力消耗，同时想办法发出求救信号静待救援。

4.4.1.7 防止发生溺水

在江河湖海中遇到复杂水情而无法驾驭时，千万不要慌张着急，想办法让自己浮在水面上，保持浮姿，任水冲流，并注意水波流向，再一点一点由水平方向往岸边移动。在拯救溺水者时，首先考虑用竹竿、树枝、绳索拖拉，或者用大木头、塑料桶等能很好地浮于水面的物体作为浮具实施间接救护，实在无法解决问题了才入水施行直接救护。如果被救上岸的溺水者神志不清，就要采取急救措施，施行心肺复苏术（CPR）。

4.4.2 野外作业的急救措施

在野外巡线及作业中，常会遇到一些意外受伤和突发疾病，掌握一些常用的伤病急救方法是必不可少的。

1. 感到身体不适时

身体不舒服，感到头昏脑胀时，应放松心情，躺卧下来，解开束缚身体的衣物或包袱。告诉同行者自己的症状是发冷还是发热、何处发痛？然后再考虑处理办法。如果脸色发红、呼吸急促、不出汗，这很可能是中暑，应将不适者抬到树荫下休息，并将头部垫高，身体平卧，保持安静，注意降温，同时可服用淡盐开水等。有呕吐症状时，要取俯卧姿势，右手放在下巴下作枕头，放松身体，呕吐后应漱口，并安静休息，如症状加重，则赶快送医院。腹痛的原因很多，依部位判断，左下腹部发痛，可能是食物中毒，或者身体受凉，注意保暖腹部，放松静躺休息即可痊愈；右下腹部发痛，有阑尾炎的危险，可先服用止痛剂，并迅速送医院治疗；胃部发痛、发烧、恶心时，可服用肠胃药治疗。

2. 被昆虫叮咬或蜇伤

一般情况下，被蚊子、跳蚤、臭虫等叮咬，野蜂、毛毛虫等蜇伤，蜈蚣、蚂蟥等咬伤，涂上风油精、万金油或口水、肥皂，即能起到消炎、止痒作用；被野蜂蜇伤后，会产生剧痛、眼花恶心等症状，如果发现蜂尾部的毒腺及螫针还留在伤口上，应该用小镊子或小钳子拔除，不要用手掐；遭到蚂蟥叮咬时，不要使劲往外拉，以免拉断而将蚂蟥的吸盘留在伤口内，引起伤口发炎、溃烂。正确的处理方法是，用手掌在旁边拍击，蚂蟥受到惊吓会自动调下来，或用烟头烫；人的皮肤受到毛毛虫身上毒毛的侵害，会感到辣、痒、痛，并伴有红肿症状。这时应小心地将毛毛虫从身上清除，再用胶布粘在皮肤上，揭下时可以将毒毛去除；由于毒蝎子、毒蜈蚣等的毒性比较大，遭到袭击后应采用对付蛇伤的方法处理。

3. 防止被蛇咬伤

（1）如何判断是否被毒蛇咬伤。从外表看，无毒蛇的头部呈椭圆形，尾部细长，体表花纹多不明显，如火赤练蛇、乌风蛇等，毒蛇的头部呈三角形，一般头大颈细，尾短而突然变细，表皮花纹比较鲜艳，如五步蛇、蝮蛇、竹叶青、眼镜蛇、金环蛇、银环蛇等(但眼镜蛇、银环蛇的头部不呈三角形)；从伤口看，由于毒蛇都有毒牙，伤口上会留有两颗毒牙的大牙印，而无毒蛇留下的伤口是一排整齐的牙印；从时间看，如果咬伤后15min内出现红肿并疼痛，则有可能是中毒了。

（2）被毒蛇咬伤后的急救。咬伤后不要剧烈奔跑，以减慢人体对蛇毒的吸收和蛇毒在人体内的传播速度，减轻全身反应；记住伤口的形态，详细告知急救的医务人员，如果把蛇打死，则带上死蛇，以便医务人员及时、正确地给以治疗；被毒蛇咬伤后，应立即用柔软的绳或带结扎在伤口上方，以阻断静脉血和淋巴液的回流，减少毒液吸收，防止毒素扩散；应急排毒，立即用冷茶、冷开水或泉水冲洗伤口。如果伤口里的毒液不能畅通外流，可用吸吮排毒法，无工具时可直接用嘴吸吮，但必须注意安全，边吸边吐，每次都用清水漱口。内服、外敷药物，具体用什么蛇药，应根据当时当地能立即采到为原则，灵活运用。

（3）避免被蛇咬，在山野中行走时，不要随便将手插入树洞或岩石空隙等蛇在白天的休息之处，手中持一小棍或树枝，行走时“打草惊蛇”也是一个行之有效的避免被蛇咬的方法。

4. 损伤出血的急救法

在野外，有时因意外而造成身体某部位损伤出血，小的出血无需特殊处理可以自行愈合，而严重出血常会危及生命，须采用紧急的止血措施。如果是一点伤口，用手指或清洁布块直接压在伤口上面即可止血，血渗透布块应反复替换，直到出血减弱，这时才用消毒纱布盖好，绷带固定。如果是切伤或砍伤，血流不止，这是动脉出血，危险性很大，必须用止血带止血，但注意止血带扎紧后应有间隔地松开再扎紧，以免被捆扎处以下的肢体血液循环完全中断而引起肢体坏死。另外还可用清洁的纱布或止血棉等止血剂填塞在伤口内，再用加压绷带固定。

5. 骨折及扭伤

野外中，脚滑倒或身体失去平衡而摔倒很容易发生骨折、脱臼或扭伤。发生骨折或扭伤时，首先应保持安静休息，不要勉强走动，使伤口恶化。接着可用河水、冰、雪等冷却患部，千万不要按摩。然后用木板或代替物夹住患部，用绷带加压固定。抬高患部，超过心脏。最后送往医院，搬运时应小心谨慎，一般可采用两人做手椅、单人背负、两人搀扶、担架搬运的方法。对于脊椎受伤的患者，一定要放在平坦而坚固的担架上固定后送往医院，身体不能弯曲，否则可能会造成脊髓损伤而导致瘫痪。

4.5 管道应急管理知识

4.5.1 成品油管道抢修的HSE管理

抢维修施工的风险评价

首先从危害识别和风险评估入手，确定抢维修施工的危害及风险所在。

1. 评价范围

应从抢维修单位接到抢维修任务进行准备开始，直到抢维修结束、抢维修队伍全部撤回为止，对抢维修的全过程、全方位、全天候及全员进行全面分析和评价。

2. 评价内容

(1) 设施的不安全状态。包括可能导致事故发生和危害扩大的施工缺陷、工艺缺陷、设备缺陷、保护措施和安全装置的缺陷等。

(2) 人的不安全行为。包括不采取安全措施、误操作、不按规定的操作方法和某些不安全行为等。

(3) 可能对环境造成影响的方面。包括可能造成职业病、中毒的劳动环境和条件，如施工不慎，造成油品大量泄漏等。

(4) 管理缺陷。包括安全监督、检查不力，事故防范、应急管理准备不足、作业人员安排不当、防护用品缺少、施工过程和操作方法错误等。

3. 评价准则

评价的准则是判断危害和影响的依据，可以对各项危害和影响进行判断。评价准则必须有如下考虑：国家、地方及企业内部的法律和规章制度的符合状况；企业和单位的形象受损程度；停工时间的多少；财务损失的程度；人员伤亡程度；污染影响的程度；危害、影响或者偏差发生的频率；安全检查的执行情况；操作规程的制定情况；员工的胜任程度；防范、控制措施的完善和落实情况；资源、能源的合理利用；本企业对大风险的可接受程度。

4. 评价方法

根据不同的评价范围或内容，采用不同的评价方法和表格，能很好地判断抢维修施工中的各种危害和影响。

(1) 环境因素及识别评价表。适用于抢维修施工各作业活动对环境产生影响的评价，如拆除盗油设施不慎，造成油品大量泄漏对周围环境造成影响。

(2) 工作危害分析(JHA)。适用于抢维修施工人员的岗位及作业活动危害和风险评价，如焊工作业会有哪些危害等。

(3) 安全检查表分析(SCL)。适用于对抢维修设备的安全状况进行分析、评价，如电焊机把线绝缘胶层老化有何危险等。

(4) 危险与操作性分析(HSZOP)。适用于容易出现偏差的操作或作业活动进行危害和风险分析评价，如对焊接电流过大、烧穿管线的分析等。

(5) 失效模式和影响分析(FMEA)。适用于对经常产生故障的单个设备的失效方式、风险程度进行分析、评价，如较大量的泄漏油品回收，对抽油泵抽不出油等故障产生的原因及危害进行的分析等。

4.5.2 事故应急预案及演练

4.5.2.1 成品油管道应急预案的编制

1. 应急救援预案制定的程序

（1）调查研究。调查研究是制定应急预案的第一步。在制定预案前，需要对预案所涉及的区域进行全面的调查。调查内容包括：成品油管道的工艺特点及设备设施情况；管输介质的种类、数量、基本物理化学性质及毒性、火灾爆炸等危险性质；管道所经地区的气象、地理、环境和人口分布的特点；社会公用设施及救援能力与资源现状等。

（2）危险源评估。在制定预案前，应组织专业人员对成品油管道事故危险源进行科学评估，以确定危险目标，探讨救援对策，为制定预案提供科学依据。

（3）分析总结。对调查的各种资料，组织专人进行分类汇总，做好调查分析和总结，为制定预案做好资料准备。

（4）编制预案。根据救援目标的种类和危险程度，结合事故所在地的救援能力，编制相应的应急救援预案。

（5）科学评估。为保证应急预案的科学性、合理性以及与实际情况相符合，事故应急预案必须经过评审，包括组织内部评审和专家评审。

（6）应急预案的实施及修订。应急预案经批准发布后，要进行预案的培训，落实和检查各有关部门的职责、程序和资源准备，组织预案的演练。

2. 应急预案的组成

事故应急救援预案由外部预案和内部预案构成，对同一事故，管线所经地区的政府部门根据当地安全状况编制外部预案，包括该地区内涉及易燃、易爆和危险化学品生产的企业。成品油管道运行单位负责制定内部预案。

外部预案和内部预案既要互相独立又要协调一致，两者之间必须具有良好接口，如联络、信号、报警和协调等，并保证地方政府、安全生产监督、消防、公共安全、化学救援、卫生救护等协调一致控制突发事故。

由管道运行单位负责制定的内部预案更强调事故救援的针对性及专业性，应包括以下内容：

（1）输油管道的基本情况；

（2）管道事故的基本预测，包括起因和后果分析；

（3）应急救援的组成和职责；

（4）报警与通讯；

（5）现场抢险；

（6）条件保障；

（7）培训和演练；

（8）预案的评估和修改。

3. 应急预案的格式

根据成品油管道的应急预案编制指导原则，预案的格式为：总则、管道概况、事故分类及应急预案分级、应急组织机构及职责、应急反应程序、事故应急处理措施、主要用户的油品保障措施、事故信息的收集及报告、资源保障、通讯保障、外部援救保障、事故信息发布、应急预案关闭、生产恢复、预案后评估和更新、培训和演练、分类预案、附表等项内容。

需要根据管道具体条件及特点，编写适用于本管道使用的事故应急预案。在管道应急预案的附表中，有说明管道情况的图表、资料、通讯录等，主要包括：

（1）事故救援抢险机构的联系电话；

（2）管道沿线地方政府及公安部门通讯录；

（3）管道走向图；

（4）现场平面布置图；

（5）重点地点的详细地理图；

（6）管道纵断面图等。

4.5.2.2 应急预案的培训与演练

事故应急演练一般可分为室内演练和现场演练两种。室内演练又称为组织指挥演练，它是偏重于研究性质的，主要由领导和指挥、通讯等各部门以及救援专业队伍组织的指挥系统。按一定的目的和要求，以室内组织指挥的形式将各级力量组织起来，实施应急救援任务和对危害到的居民实施有效的指导。室内演练的规模根据任务要求可以是综合性的，也可以是单一项目的演练。现场演练，即事故假象实地演练，根据其任务要求和规模又可分为单项演练、部分演练和综合演练三种。一般包括如下内容：

（1）各演练科目时间顺序，并合乎逻辑。

（2）各演练单位相互支援、配合及协调程度。

（3）管输系统运行情况。

（4）管输事故应急情景，应急抢险。

（5）急救与医疗。

（6）管输现场环境处理及污染情况调查。

（7）事故区清点人数及人员控制。

（8）防护指导，包括专业人员的个人防护。

（9）通讯及报警讯号联络。

（10）交通控制及交通道口的管理。

（11）治安工作、政治宣传工作。

（12）居民及无关人员的撤离及有关疏散工作的演练。

（13）事故后的善后处理工作。

（14）当地的气象情况及地形地貌情况及事故危害程度的影响。

（15）向上级报告情况及向友邻单位通报情况。

（16）各专业队讲评要点，演练资料汇总、总结。

4.5.3 抢修过程

4.5.3.1 险情接报

接到险情报告或调控中心下达的抢维修指令后，抢维修应急救援预案启动。现场抢维修指挥小组成立，全面负责抢维修现场指挥工作。

4.5.3.2 人员、设备及工具准备

抢维修中心各岗位人员立即就位，并根据险情指令准备好各种抢维修设备及工器具、测

试仪器，带好防火服、防毒面具等劳动保护用品，在最短时间内抵达事故现场。

4.5.3.3 险情初探

到达事发现场后，所有车辆必须停在距事发地点100米以外，关闭手机，现场用防爆对讲机联系，不准带打火机等火种。首先派两名抢修工穿好防火服、戴好防毒面具到泄漏地点勘查管道损坏的部位、损坏的程度，立即向现场总指挥报告，以便采取切实可行的堵漏方案。了解现场险情后，现场总指挥立即向调控中心汇报，并根据调控中心的指令安排抢修工作。

4.5.3.4 警戒线拉设

同时派两人用可燃气体浓度检测仪检测现场油气浓度，拉设防火、防爆抢险作业警戒线。警戒线可燃气体浓度不得超过爆炸极限下限的25%（汽油的爆炸极限下限为1.0%，轻柴油的爆炸极限下限为0.6%）。在警戒区内严禁无关人员和车辆入内。电焊机、发电机等设备必须放置于警戒线之外，必要时疏散附近的居民，实行人员和交通管制。

4.5.3.5 现场堵漏

根据现场泄漏状况，如果泄漏压力过大，先用沙袋或其他临时措施控制油品在高压下的喷出，并清理出泄漏点，待压力下降到一定程度时，根据管道破损的形状采用木锲或其他封堵进行临时堵漏。待管内压力接近常压时再进行补焊。泄漏点封堵完成后，现场总指挥立即向调控中心汇报。

4.5.3.6 围堰和构筑蓄油池

为防止泄漏的油品蔓延，可构筑土埂围堰，这样既可防止油品大面积污染，同时也便于油品回收，更能够防止漏油后火灾事故的发生。在江河、湖泊、山林等特殊环境，还应采用围油栏等措施，防止油品污染水源和江河湖海。更要防止在山林地域引发森林火灾。在泄漏点附近低洼处人工修一个蓄油池，将已泄漏的油品引至蓄油池。在修蓄油池的过程中要考虑到油品易燃易爆的特性，注意修筑位置，不要对周围环境及居民构成威胁，同时要求在池内铺设防渗漏的塑料薄膜，尽可能减少对环境的污染，也有利于油品回收。将泄漏油品引至蓄油池，用防爆油泵或自吸泵吸入油罐车拉至指定的地点。

4.5.3.7 作业坑开挖

将泄漏处用防爆工具人工开挖出作业坑口，作业坑口的大小，要根据漏点的位置和现场制定的堵漏方案来确定。一般的管道两侧各1m，管道下边不小于50cm，长度一般不小于2m。一边要有斜坡。开挖的过程中注意安全，确保通风良好，避免施工人员因油气太浓而窒息。作业坑开挖时必须设立抢修人员逃生阶梯或逃生通道，抢修人员在进入较深的作业坑时必须系好安全带和逃生绳。当作业现场地下水位较高时，必须在坑内较低处设立集水井，并由专人在抢修过程中进行人工排水。开挖至管体下部时要注意对光缆的保护。

4.5.3.8 设临时通风设施

在组焊前用防爆风机驱赶周围扩散油气，确保施工人员人身安全，并用油气浓度测量仪器测量施工点的油气浓度，满足动火条件后方可进行动火作业。动火区汽油的浓度不得高于0.25%，轻柴油的油气浓度不得高于0.15%。

4.5.3.9 补漏焊接

专职安全人员随时检测作业区油气浓度，达到动火条件后立即向总指挥汇报，总指挥根据情况下达施焊命令，焊工方可进行补焊。先将作业坑内泄漏的油品清理干净，同时在作业坑内回填一层沙土，上铺一层毛毡或黑胶皮进行隔离，同时准备好消防车、灭火器等安全设施，消防人员进入战斗状态。用沙轮机去除漏点周围的防腐层及油污等，根据现场破损的形状和程度选择合适的补漏方法。在补焊的过程中，安全员随时监测作业区的油气浓度，补漏焊接完成后，现场总指挥立即向调控中心汇报。

4.5.3.10 输油管道换管

因输油管道的腐蚀、损坏较大，或因其他原因需要更换某一管时，在封闭管段后，要通过排油孔尽可能抽尽管内残留油品。管道内的油气要用惰性气体（通常采用氮气）进行置换。输油管道的切割要采用冷切割（机械切割）。完成切割后，做好管内清洗和检测，并要在油管的两端头距管口500mm处垒筑阻油墙和隔气墙。阻油墙可用黄干油和滑石粉按1:2调和。阻油墙在输油管内上端的厚度应小于400～500mm。阻油墙和隔气墙要捣实。裸露的管道在强阳光照射下，阻油墙应不被高温熔塌。当确定在组焊时仍无法排掉管道内的余压和残油时，可考虑在动火的管道外沿增设引流孔。组焊的全过程要遵守输油管道动火的相关规程，确保施工质量和人身安全。完成后向调控中心汇报。

4.5.3.11 焊缝的质量检测

焊接完成后，操作焊工要首先完成焊缝外观自检，检测单位要按照相关规定和相关标准做好无损检测的评定。

4.5.3.12 防腐检测

焊缝质检达到合格后，清洁管道，然后用双组分液态环氧或热收缩带将焊接处防腐，也可用规定的材料进行管道防腐，在防腐材料凝固后进行电火花检漏合格。

4.5.3.13 施工现场清理、退场

施工现场要进行HSE管理，退场前清理干净污染的泥土，管沟回填并恢复地貌。认真检查施工现场，无异常后设备机具人员出场。现场总指挥向调控中心汇报全部抢维修工作完成。

4.5.4 防打孔盗油知识

近年来，随着中国石油兰成渝成品油管线、西气东输长距离输气管线、中国石化西南管道、珠三角管道、甬沪宁输油管线等输油管线的建设，我国油气管道进入黄金发展时期。然而同时，盗窃原油、成品油行为也是防不胜防。据统计，每年在我国长输管道上发现的打孔盗油案件超过1000起，每发现一次打孔盗油事件，直接经济损失往往是成千上万元。更为严重的是，打孔盗油事件给石油管道的安全运输带来了极大的危害。

1. 打孔盗油的形式

（1）闪电式打孔盗油。这是盗油分子近年来常用的一种盗油方法，在节假日期间更为频繁。一般在输油管道浅埋段和靠近交通方便的地方，安装阀门盗油，这种方式成本低、见效快，逃离现场迅速，一般8～10min就完成一次。

（2）隐藏引管式打孔盗油。这是盗油分子近年来采取的一种盗油新方法。浅埋式引管打孔盗油。大多用铝塑管或胶塑管从管道上打孔安装阀门接管子，最长的有2000m以上。

（3）隐蔽地道式打孔盗油。这是盗油分子近年来创新的一种盗油新方法：地道式打孔盗油。这种形式难度大，危险性高，盗油分子一般选择距离村庄附近的输油管段，从自家或租赁民房挖地道，利用高压管盗油。所挖地道一般深4m以上，最长的管段有200m以上，最短的40～50m。所盗取的成品油装在自家挖的油池子或特制的大油包，一个油包大约装油品20t左右。为防止周围邻居或附近的住户发现，盗油分子喷洒香精以降低原油气味。隐蔽式

虽然比闪电式、隐藏引管式盗油难度大、成本高，但因其隐蔽性较好，不易被发现，因此盗油的次数、数量都能大大增加。

（4）伪装式打孔盗油。这是一种大胆而又直接的盗油方式。当输油管道地处比较偏僻的地方或距离村庄较远时，盗油分子化装成输油职工和公安人员，以抢修输油管道为名，选好地点，快速打孔盗油，这种犯罪方式经常在夜间不定时间发生，与闪电式发生的时间不同。

2. 打孔盗油屡禁不止的原因

（1）利益驱动。成品油价格的居高不下，使埋地的输油管道如同一座“金矿”，也使不法分子和沿线村民看到了发财的道路。前些年靠近油区的“油耗子”发了财更加驱使着一支支黑手伸向输油管道。油品不断丢失给企业、国家造成了巨大损失。据统计，因为打孔盗油给石油石化行业每年造成至少40亿的损失。

（2）执法不严、打击不力。管道打孔盗油的日渐猖獗，引起了国家和政府的高度重视，出台了相关保护油区和石油管道的文件和法规。但由于种种原因，又加上地方保护思想的存在，使盗油分子得不到应有的惩罚，致使其行为更加变本加厉。

（3）销赃渠道畅通。由于成品油拿来就可以直接用，不需再次经过小炼油厂炼制，因此更隐蔽，更不易被发现。

3. 防治打孔盗油的措施

（1）完善立法，建立反打孔盗油长效机制。管道作为输送石油能源的重要工具，它的发展日新月异。虽然已经出台了《中华人民共和国石油天然气管道保护法》，但还远不能满足防治打孔盗油的形式和要求。近年来，输油企业在反打孔盗油方面不断进行总结和探索，并结合当地实际情况，开展了企警联合保护管道的行动，取得了良好效果，还要进一步将其做为一项长效机制保留、完善、坚持下去。

（2）加大科技投入。近年来，已经在输油管道上安装了声学检测防盗系统和智能防盗防腐技术两种反盗油防范预警机制。实行了微机化监控，各输油站还配备了管道检漏仪器。应该进一步加大科技投入以应对不断出现和变换的打孔盗油方式。

（3）提高举报奖励金额。加大宣传和完善奖励机制，充分调动广大群众的积极性。

（4）注重两季的管道检漏和强化巡线。夏季多雨土地比较松软，特别是麦收秋种季节，随着农民翻地耕耘给盗油分子创造了在管道上安装阀门盗油的最好时机。另一季节是秋收后，因为农闲时期土地庄稼不用管理也不经常到田间地头查看庄稼长势，不仅为盗油分子提供了条件，也为管道埋下了隐患，这个时期也是打孔盗油高峰期，是为入冬后盗油打基础。严把这两个季节关，不给盗油分子安装阀门的机会，可以减少打孔盗油的发生。

（5）培养一批专业化的巡线员。已有不少输油站在这个方面做了一些有益的探索，培养出一批能为输油站服务的眼线或耳目十分重要。要进一步提高农民巡线员待遇，完善奖励机制，结合实际探索和创新方式方法，以减少和抑制打孔盗油的发生次数。

4.6 地质灾害基础知识

长输管道分布广阔，经常不可避免地穿越地形地质条件复杂的地区，这些地区会发生各类地质灾害，威胁管道的安全运营，包括地震、滑坡、崩塌落石、泥石流、水毁、地面塌陷、黄土湿陷、采空区等。受地理环境、气候和人类活动等因素影响，管道途经的地质灾害种类繁多，危害程度也各不相同。地质灾害引发土壤运动和地表变形，从而导致埋地管道产生弯曲、移位、扭曲、局部变形等破坏行为。

4.6.1 地质灾害的分类

在自然或人为因素的作用下形成或诱发的，对管道安全和运行环境造成破坏和损失的地质作用称为管道地质灾害。管道地质灾害可以分为岩土类灾害、水利类灾害和地质构造类灾害。

（1）岩石类灾害。是由于侵蚀、人工活动、地震、冻融等因素引起的岩土体移动，包括滑坡、崩塌、泥石流、地面塌陷(包括采空区塌陷和岩溶塌陷)、特殊类岩土(黄土时陷、膨胀土膨胀、冻土冻融、盐渍土融陷、风蚀沙埋等)灾害。这种灾害发生频率高、危害大，特别是滑坡、崩塌、采空区塌陷等灾害，常造成管道长距离失效，是管道地质灾害的主要类型。

（2）水力类灾害。由水力因素引发的，包括坡面水毁、河沟道水毁、梯田地水毁等。河沟道水毁又可细分为河床局部冲刷、河床下切、堤岸垮塌、堤岸侵蚀、河流改道 5 种灾害。水力灾害发生频率高，但规模小，危害相对岩土类灾害和构造类灾害要小，常导致管道埋深不足、露管等现象，不利于管道防护，是最常见的管道地质灾害。

（3）地质构造类灾害。主要是由地壳构造运动等内应力因素引发的，主要指断层错动、地震(地震引起的砂土液化、地面移动错位、海啸等)、火山爆发等。这类灾害发生频率很低，但其影响区域大，能够直接破坏管道，并引发岩土类地质灾害或水力类地质灾害。

目前，管道上常见的、危害较大的灾害类型主要是岩土类灾害和水力类灾害，包括滑坡、崩塌、泥石流、采空区塌陷、黄土湿陷、风蚀砂埋、冻土、盐渍土等。

4.6.2 常见地质灾害的类型及观测

滑坡崩塌点在特定的环境条件下发生。据调查研究，滑坡、崩塌发生的环境条件有如下几个方面。

4.6.2.1 常见地质灾害的类型

1. 定义

（1）滑坡定义。滑坡是指斜坡上的部分岩、土体沿着下覆的软弱面(一个或多个)整体向下滑动的现象。从滑坡的定义看出，滑坡体、滑动面、整体滑移是滑坡现象的三大基本要素。当然据滑坡的形态和微地貌特征，滑坡还有其他要素，如：滑坡体、滑动面、剪出口、滑坡床、滑坡后壁、滑坡洼地、滑坡台地、滑坡台坎、滑坡前部(滑坡鼓丘、滑坡舌)滑坡顶点、滑坡垫面、滑坡侧壁。

（2）崩塌的定义。崩塌的定义有广义和狭义之分，狭义的崩塌是指陡峻斜坡上的部分岩、土体在长期重力作用下向坡下弯曲，最终发生断裂、倾倒的块体运动现象；广义的崩塌概念还包括坠落(落石、掉块)类型。坠落是指陡峻斜坡上“凸”出坡面呈悬崖的岩、土块体在长期重力作用下弯曲而折断的块体运动方式。由此看出二者的形式、发生机理和运动特征基本相同，都是以滚动、跳跃、撞击运动为主，偶有滚－滑相互转换的现象。母体、破裂面(壁)、崩塌体和锥形堆积体为崩塌的基本要素。

2. 滑坡与崩塌的区别

（1）破裂面不同。滑坡的破裂面为滑移面，面上光滑，多有指向运动方向的擦痕；而崩塌的破裂面为拉裂面，呈锯齿状的断面“凸凹”不同，很粗糙，不平整，大多无擦痕。

(2) 运动特征不同。滑坡是滑体沿下伏滑动面作滑移运动，运动块体间大多作平行滑动，呈有碰撞现象，但仅仅是表现在后块将能量传递到前块的碰撞，块体间无大量翻滚、跳跃现象；而崩塌块体则是以滚动、跳跃、翻滚、撞击运动为主。

(3) 发生机理不同。滑坡是危险斜坡在重力作用下，层缘开裂滑面、在剪应力作用下滑动；而崩塌则是危险斜坡在全力作用下，后缘拉裂张裂面、在拉张应力作用下块体断裂、倾倒运动。

4.6.2.2 地质灾害的观测

1. 滑坡地表巡视观测

对滑坡体进行巡查，检查是否有裂缝产生；观察地物变形情况；滑坡体上的水塘、水田、水渠是否有漏水；地下水变化情况等。

2. 滑坡地表简易观测

(1) 滑坡后缘(斜坡开裂)主裂缝观测在斜坡变形的主裂缝两侧，布置若干成对的观测桩点，间距10~20m，短期观测用木桩，长期观测用水泥桩，桩中心钉上铁钉作量测参照用。若裂缝两侧是完整的岩层，可在岩层上用尖刀刻“十”字作量测参照用，定期用钢尺量测每对桩间的距离。观测的时间间隔，最初1个月间隔7天观测1次，目的是确定开裂变形属缓慢变形阶段还是加速变形阶段。若还处在缓慢变形阶段，则观测时间间隔可加长到1月1次；若开裂变形进入加速变形阶段，则观测的时间间隔可立即缩短到7天、5天或3天、1天，并随时向主管部门报告。

(2) 滑坡(变形斜坡)纵向多裂缝变形观测——排桩法。该方法是从滑坡后缘的稳定岩体开始，沿滑坡轴向等距离设一系列排桩。排桩布设一般都埋设在滑坡变形最明显的轴线上。如滑坡的宽度大，可并列地布多排观测桩。排桩的起始点(0点)埋设在滑坡后缘以外的稳定岩体上，将它作为测量的起始点，然后依次沿轴向埋设1号桩、2号桩。各桩的间距10m左右。桩的多少视滑坡后缘拉裂缝分布的宽度而定。

3. 滑坡(斜坡)整体变形观测

上面的观测方法只能测定斜坡某个部分的变形，而对整个斜坡的变形则无法作出判断。

(1) 方格网直接量测法。沿可能滑坡的主滑方向选择3条以上纵向观测线，观测线两端置于滑坡外围稳固的岩土体上，一端作为仪器安置点(需设护桩)，另一端作为照准点(宜设两点)；垂直滑坡主滑方向(接近垂直也可以)布置3条以上横向观测线，两端点也置于滑动体外围稳定的岩土体上，一端为仪器安置点(需设护桩)，另一端为照准点(宜设两点)。布设观测桩点时用两台普通经纬仪，分别置于纵横观测线上的仪器安置点上，在纵横观测线的交点位置布设观测桩，并编桩号。仪器安置点和照准点的桩，用水泥砂浆做成，力求坚固不变形并标注明显的中心。变形体上的观测桩一般用坚固的木桩，用铁钉钉在桩头中心，作量测照准用，桩长不短于0.5m。

(2) 三角交汇观测法。在可能滑动体外围稳定岩土上设置3个三角点，在可能滑动体上设置观测桩，数量不限，用高级经纬仪进行三角交汇测角、测距的方法，确定观测点变形后的位置和垂直位移，由变形的位置算出变形量。

因此法观测精度受多种因素影响，不如方格网直接法测量精度高。并需高精度测量仪器，位移计算也较复杂，所以不再详细介绍。

4.6.3 地质灾害对成品油管道的影响

输油管道分布大江南北，通过地区错综复杂，有很多的不良地段和易发生滑坡崩塌及泥石流的地质灾害点。

4.6.3.1 管道垂直等高线敷设

若把管道建在滑坡体上，管道延伸方向与滑坡主滑方向近于平行，此时滑坡的滑动对管道产生的作用见图4-1。

回填土中有石块，尖利的石块在滑动作用下将管道的防腐层破坏，使管道的阴极保护不能达到对管道有效的保护作用。若管道已做截水挡土墙，此时的管道截水挡土墙及四周的土紧固着管道，形成一个复合形状结构，所提供的力与滑坡下滑力方向相反，起到阻滑的作用，若滑坡的下滑力为 F，管道所形成的复合体的阻滑力为 P 则会发生如图4-2所示的两种情况：

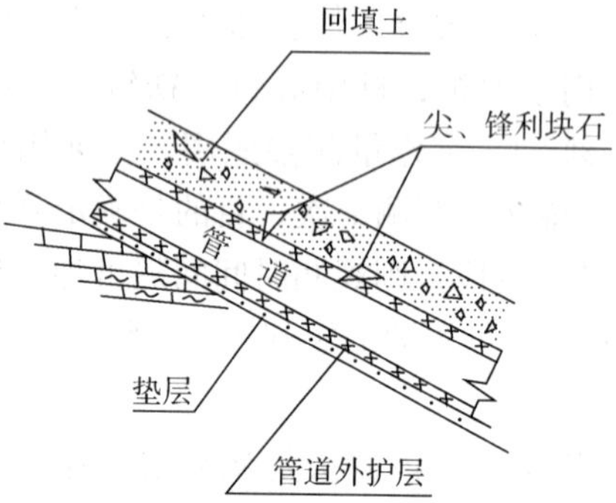

图4-1 尖、锋利块石刺伤管道示意图

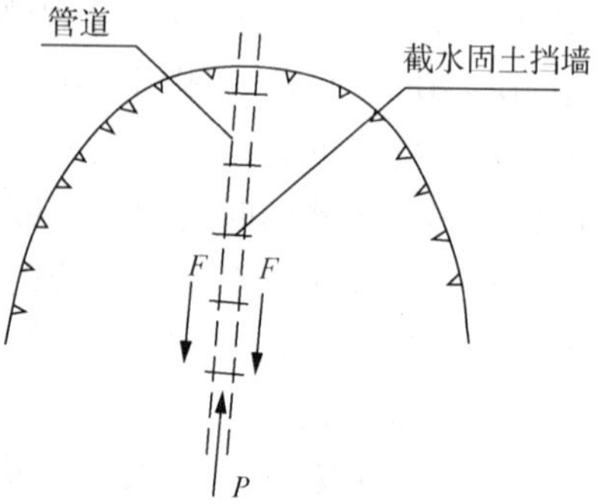

图4-2 管道复合柱体阻滑示意图

（1）$F \leqslant P$ 时，则滑坡不会滑动，管道处于稳定状态。

（2）$F > P$ 时，则产生滑坡，此时管道有被拉断、损伤的危险。若管道的抗拉力强度很大，则管道的复合柱体不会被拉坏，两侧的滑体分别滑动、分解成两个块体滑动，此时管道也相对稳定。

若管道未做截水挡土墙，管道在相对较大的滑坡里像一根细小且刚度很大的条柱，由于它很细小，与四周土壤所产生的摩阻力很小，阻止不了滑坡的滑动。由于滑坡的向下滑动，必将管道的防腐层全部拉坏，尤其滑坡块体有很多大小不等、尖利的石块，对管道的损坏更为严重，使管道的耐压性能大大降低，无法保证安全输油，必须更换该损伤的管段。

4.6.3.2 管道平行(含斜交)等高线敷设

管道在山区段沿平行(斜交)等高线敷设。其主要灾害类型是小型滑坡、崩塌。发生部位有管道内侧开挖边坡和管道外侧弃土堆积边坡。对管道的作用和影响有以下几种方式。

（1）滑坡面剪出口在管道以下，管道随滑坡一直滑动，滑坡的大部分甚至全部推力全部作用在管道上，对输油管道将产生毁灭性的危害，使管道弯曲甚至剪断。如图4-3(a)所示。

（2）滑动面剪出口在管道附近，管道将承受滑坡的巨大推力而弯曲，甚至推断、损毁，如图4-3(b)所示。

(3) 滑动面剪出口在管道上部，滑坡的滑动对管道的影响较小，见图 4－3(c)。如果大量的滑块堆积在管道的上方，将会增加管道的荷载，加快管道的疲劳。管道在回填时管底部分的密实度不够，大量的滑块堆积会导致管道部分下沉塌腰，这时管道的焊口将受到大的拉力，甚至开裂，如图 4－4 所示。

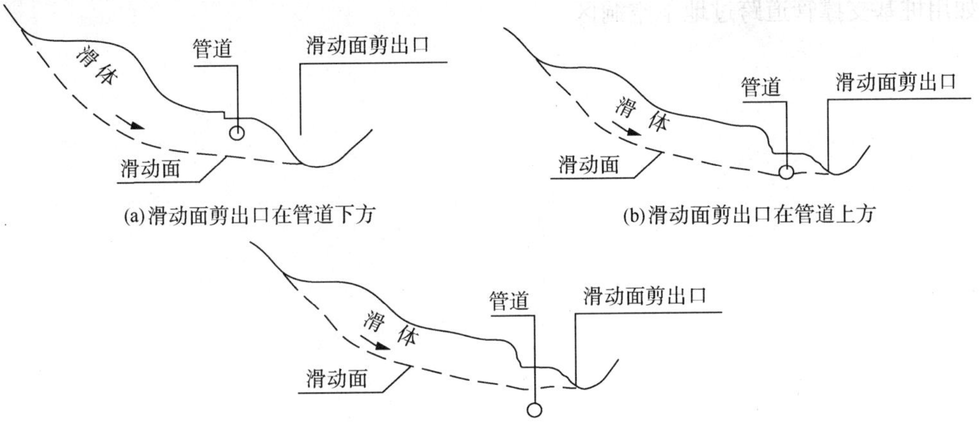

(a)滑动面剪出口在管道下方
(b)滑动面剪出口在管道上方
(c)滑动面剪出口在管道上方

图 4－3　滑动面剪出口与管道关系

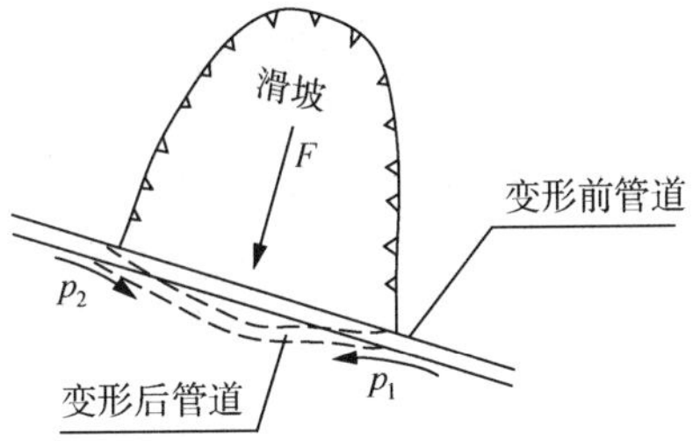

图 4－4　在滑坡推力作用下管道变形示意图

虽然滑动面在管道的上部对管道的影响很小，但必须及时地将堆积在管道上方的滑块清除，确保管道的安全。

4.6.3.3　山洪、泥石流对管道的作用

一条完整的泥石流沟，从沟源到沟口注入主流，可分为清水区、形成区、流通区和堆积区等 4 段。有的沟道清水区和形成区会在一起，难以分开，统称泥石流形成区。泥石流沟的形成区极不稳定，经常有滑坡、崩塌发生，绝不允许敷设管道。泥石流沟流通区，沟床狭窄，两岸坡陡，河床变化大，时而冲，时而淤，不允许敷设管道。管道在选线时必须避开的地段，确定无法避开的也要选择在泥石流沟的堆积区敷设管道，但必须采取一定的保护措施。

4.6.3.4　岩溶塌陷对管道的作用

岩溶是易溶岩，如含碳酸盐类的灰岩等在地下水的溶蚀作用下形成的特殊地貌景观，大多荫避在地下，若管道敷设前未详细地勘，就可能将管道敷设在岩溶区内。凡有灰岩分布的区域，都有岩溶的可能。地表看到溶洞、落水洞、漏斗、溶蚀洼地、溶蚀槽谷，都是岩溶区的地表特征。若有这些特征出现，就应对该区进行详细地质勘察，查明地下岩溶部分的分布状况，尽量避免将管道置于地下空洞的顶上。

岩溶对管道的作用和影响，就是地表塌陷使管道失去支撑而下沉破坏。岩溶地表塌陷范围大小不等，非常复杂，塌陷直径小的几米、几十米，大的数百米。若干个小的塌陷串联成一个大的溶蚀洼地、溶蚀槽谷。防治的办法首先是绕避岩溶塌陷区，若无法绕避时，应做详细地勘，避免将管道置于地下空洞上。若管道已敷设完，可应用工程措施对管道实行特殊保护，如用桩基支撑管道跨过地下空洞区。

第 2 篇
管道防腐层

第 5 章　管道外防腐层

5.1　涂料基础知识

5.1.1　涂料的组成

5.1.1.1　涂料的物质组成

涂料是由主要成膜物质、次要成膜物质(颜填料)及辅助成膜物质(溶剂和助剂)组成的复杂的多相分散体系，经适当的涂装工艺转变成具有一定力学性能的涂层，发挥保护、装饰和功能作用。

1. 主要成膜物质

主要成膜物质，也叫涂料基料或漆料，是形成涂料的基础物质。它使涂料牢固附着于被涂物表面，形成连续的固体涂膜；使颜、填料被其包裹、润湿和分散。成膜物质对涂料和涂膜的性质起决定作用，涂料的分类主要以形成涂膜的成膜物质进行划分。我国目前已有定型涂料产品(不包括辅助材料)899 个，按照国家标准 GB/T 2705—92 对我国涂料产品的分类，按照主要成膜物质分为十七大类。

2. 次要成膜物质

次要成膜物质主要是指涂料中的颜料，它赋予涂层色彩，添加涂层的机械强度，使其具有耐介质、耐光、耐候、耐热等性能，可分为着色颜料、体质颜料(填料)和功能性颜料等。着色颜料主要有钛白粉、炭黑、氧化铁黑等无机颜料和有机黄色、红色、蓝色、绿色等颜料，其作用是赋予涂料各种色彩。体质颜料也叫填料，主要有滑石粉、高岭土、云母粉、石英砂等，主要起填充、补强作用，同时可以降低涂料成本。功能性涂料可赋予涂层特种功能，如防腐、防锈颜料，防海洋生物附着的防污颜料，导电颜料，热敏颜料等。

3. 辅助成膜物质

涂料的辅助成膜物质主要是指溶剂、稀释剂及其他助剂。溶剂和稀释剂的作用是将涂料的主要成膜物质，即树脂溶解成适合配方要求的溶液，在涂料制备过程中调节产品的黏度和控制成膜速度及流变特性。溶剂的溶解力、挥发性、黏度、表面活性等性能对涂料性能起着十分重要的作用。

助剂种类繁多，在涂料生产过程中调节涂料性能的助剂有分散剂、乳化剂、消泡剂、增稠剂、防流挂剂等；保证涂料储存运输过程性能稳定的助剂有防沉淀剂、防结皮剂、防霉剂、防浮色剂等；调整涂料施工涂装和成膜性能的助剂有流平剂、消光剂、固化剂、催干剂等。

5.1.1.2　涂料的结构组成

在实际应用中，一种涂料往往不能很好地起到保护金属的作用，或不能同时满足防腐、耐候、美观等使用要求。因此，大多在金属表面涂覆几种涂料，组成一个整体的系统涂层，共同发挥功效。这一涂层体系包括底漆、中间层、面漆，每层按需要分别涂刷一至数次。

1. 底漆

底漆直接与金属接触，是整个保护涂层系统的重要基础，主要具有以下特征：与金属表面要有良好的附着力，因此成膜物分子结构中往往含有极性基团；黏度应较低，以便对基材表面有良好的润湿性；溶剂挥发不可太快，以便有充分时间对焊缝、锈痕等部位渗入；能阻止锈蚀的生成和发展，因此往往含有防锈颜料、抗渗填料；因为金属腐蚀时在阴极呈碱性，所以底涂的基料应具有耐碱性。一般底涂填料含量较多，除防锈、抗渗功能外，还起到减少涂膜内应力（固化收缩力、热应力）的作用，以及使漆膜表面粗糙，增加与中间漆或面漆的结合力。一般底涂厚度不宜过高，因太厚会引起收缩应力，使附着力下降。

2. 中间漆

中间漆的主要作用是增厚，提高屏蔽作用、缓冲冲击力、平整涂层表面的作用。最重要的一点是中间漆要与底、面漆结合良好，才能起到承上启下的作用。其与底、面漆的结合，主要是靠中间漆所含溶剂将底漆溶胀，两层界面间的物质相互扩散、高分子链相互缠结以及极性基团间相互产生吸引力。

在整个涂层体系中，底漆或面漆有时不宜太厚。在重防蚀涂料系统中，为提高整个涂层的屏蔽性能，厚度要求较高，所以将中间漆涂料制成触变型固体厚膜涂料，用无气喷涂，一次可获厚膜。对于一些类似汽车漆的防腐、装饰性土装体系，中间漆可以提供平整表面，保持美观。中间漆往往还具有较好的弹性，能缓冲碎石冲击车辆而涂层不裂。

3. 面漆

面漆与环境相接触，因此要具有耐环境化学腐蚀性、装饰美观性、标志性、抗紫外线、耐候性等。往往面漆的成膜物含量较高，含有紫外线吸收剂，或铝粉、云母氧化铁等阻隔阳光的颜料，以延长涂膜的寿命。有一些耐化学品涂料（如过氯乙烯漆），往往最后一道面漆是不含颜料的清漆，以获得致密的屏蔽膜。

防腐蚀涂层体系一般采用“多层异类”结构，即根据各种树脂的性能特点，选其作为底、中、面漆，而不在乎成膜物质是否属于同一类型。例如，过氯乙烯漆有良好的耐化学介质稳定性，涂层的断裂强度值很高，但同时具有极低的金属附着力，而醇酸漆的附着力指标非常高，断裂强度和耐蚀性却远低于过氯乙烯漆，若采用醇酸底漆、过氯乙烯面漆的“多层异类”配套，则涂层兼具附着力和耐蚀性均好的特点。又如，环氧漆对金属附着力好而耐候性差，丙烯酸/聚氨酯漆的耐候性极佳，但价格昂贵，二者底面配套，可作为装饰性、耐候性极佳的户外钢结构保护涂层，而且涂层成本有所降低。

5.1.2 常见的涂料种类

在十七类涂料产品中，每一个品种都有它特殊的性能和用途，施工方法也多种多样，针对不同的使用环境，根据各类涂料的性能特点，合理选择适当的涂料极为重要。表 5－1 所列为常见的一些涂料的性能、用途、优缺点等，根据这些涂料的性能，针对各种底材涂装后的使用条件，应选用可达到防护性能要求的涂料品种。

表 5-1　常用涂料的优缺点及用途

类型	涂料特征	优　点	缺　点	主要用途
油脂涂料	以植物油(桐油、亚麻油、梓油、豆油和蓖麻油等)和动物油(如鱼油等)为成膜物的涂料主产品，主要有清油、厚漆、油性调和漆和油性防锈漆四大类，二十多个品种。需加催干剂，空气干燥	具有一定的耐候性，可内用与外用，单组分，施工方便，涂刷性能好，渗透性强，价格低廉	干燥缓慢，涂膜软，不能打磨抛光，不耐酸碱溶剂和水，浸水膨胀	属低级涂料，可对质量要求不高的建筑物、木材、砖石、钢铁等表面的单独涂饰或作打底涂料
天然树脂涂料	以植物油和天然树脂(主要是松香衍生物、虫胶、大漆等)经熬炼后制得的漆料，再加入溶剂、催干剂和颜填料配制成的涂料产品。有清漆、磁漆、底漆的腻子等四大类，六十多个品种。可自干或低温烘干	某些(如大漆)具有特殊的耐久性、保光性、耐磨性、耐腐蚀性。干燥快，短油树脂坚硬易打磨，长油树脂柔韧性好。单组分，施工方便，价格低廉	短油树脂耐候性差，长油树脂不能打磨抛光，耐久性差。大漆施工操作复杂，毒性大。除大漆外，其他品种耐腐蚀性能不佳	广泛用于低档木器家具、一般建筑、金属制品的涂装
酚醛树脂涂料	以酚醛树脂为主要成膜物质的涂料，常分为：醇溶性、油溶性、松香改性、丁醇改性、水溶性酚醛树脂等五大类，一百多个品种。可自干或烘干	干燥性好，耐磨，涂膜坚硬光亮，耐水、耐化学腐蚀性好，有一定的绝缘能力，单组分，施工方便	涂膜硬脆，颜色易泛黄变深，故很少制白漆，耐候性差	广泛用于木器家具、建筑、机械、电机、船舶和化工防腐蚀等
沥青涂料	以各种沥青为主要成膜物质的涂料，常分为：纯沥青、沥青树脂、沥青油脂涂料等三大类，五十多个品种。可自干或烘干。天然沥青、石油沥青，属脂肪烃类，耐候性能较好；煤焦沥青属芳香类，耐腐蚀性能较好	抗水、耐潮、耐化学药品性好，耐酸碱，有良好的电绝缘性，成本低。煤焦沥青可与环氧树脂拼用制成耐水等防腐性能优异的环氧防腐涂料	受温度影响大，冬天硬脆、夏天软黏，对强溶剂不稳定，储存稳定性差。颜色深，有毒，只能制成深色漆	广泛用于自行车、缝纫机等金属制品和需耐水防潮的木器、建筑、钢铁表面
醇酸树脂涂料	涂料用各种醇酸树脂是由各种多元醇、多元酸和油类(干性油、半干性油、不干性油)浓缩反应制得。可按不同酸、醇、油类型进行分类。按用途和形态分为：通用、外用、底漆和防锈漆、快干、绝缘、皱纹、水溶性醇酸树脂涂料七大类，一百多个品种。可自干和低温烘干	涂膜丰满光亮，耐候性优良，施工方便，可采取多种施工方式，附着力较好。价格较为低廉。可与多种类型的树脂拼用，制成性能优异的防腐涂料。如氯化橡胶醇酸涂料	涂膜较软，不宜打磨，耐碱性、耐水性欠佳，储存稳定性不佳，易出现结皮等现象。干燥时间长，实干时间久。防腐性能一般，在严酷腐蚀环境中，易起泡、脱落、变色	广泛用于汽车、玩具、机器部件、金属工业产品以及内外建筑和家具用品作面漆。底漆、面漆、清漆配套齐全
丙烯酸树脂涂料	此类涂料树脂多是丙烯酸单体与苯乙烯共聚树脂聚合制成。可分为热塑型和热固型丙烯酸涂料及丙烯酸树脂乳胶料三大类。可作单组分涂料，溶剂挥发；也可与其他树脂固化和烘干	涂膜色浅，耐碱性、耐候性、耐热性、耐腐蚀性好，附着力好，极好的装饰性。与聚氨酯等制成双组分涂料，耐候性能优异	单组分涂料耐溶剂性差，固体分低，耐湿热性能不佳，成本高。双组分涂料价格贵，对底材处理要求高	航空、汽车、机械、仪表、家用电器等内外表面的涂装。特别用作面漆时，用途广泛

续表

类型	涂料特征	优　　点	缺　　点	主要用途
环氧树脂涂料	此类涂料是以聚酯为主要成膜物质，包括双酚A型、F型、环氧酯等类型。双酚A型环氧涂料最为常用，与聚酰胺等固化剂固化成膜，也有烘烤类型，可与多种树脂拼用	附着力强，力学性能好，抗化学药品性优良，耐碱、耐油，具有较好的热稳定性和电绝缘性。可制成高固体分涂料	耐候性差，室外曝晒易粉化，保光性差，涂膜外观较差。双组分包装，使用不方便	以其优异的防腐性能，广泛用于工业制品、车辆、飞机、船舶、电器仪表、石化设备和各种油罐和管线的内防腐
聚氨酯涂料	此类涂料是指分子中含有多氨基甲酸酯键的涂料。具有单组分聚氨酯油、单组分湿固化、单组分封闭型、双组分催化型、双组分羟基固化型等种类，近六十个品种，可自干或烘干	耐磨、装饰性好，附着力强，耐化学药品性好，某些品种可在潮湿条件下固化，绝缘性好，制成的面漆耐候性能优异	生产、储存、施工等条件苛刻，有时层间附着力不佳，芳香族产品户外使用易泛黄，价格贵，底材处理要求高	用于各种化工防腐蚀、海上设备、飞机、车辆、仪表等涂装。广泛用于外防腐面漆的涂装
元素有机涂料	此类涂料是以各种元素有机化合物为主要成膜物质的涂料。主要指有机硅树脂涂料，已有近四十个品种。需高温烘烤成膜	很好的耐高温、抗氧化、绝缘和耐化学药品的性能，耐候性强，耐潮	固化温度高、时间长，耐汽油差，个别品种涂膜较脆，附着力较差，价格贵	制造耐高温涂料，耐候涂料
橡胶涂料	此类涂料是以天然橡胶衍生物或合成橡胶为主要成膜物质的涂料。主要类别有：氯化橡胶、氯丁橡胶、聚硫橡胶、氯磺化聚乙烯橡胶、丁基橡胶、丁腈橡胶涂料等品种。其中有单组分溶剂挥发型涂料，也有双组分固化型涂料	氯化橡胶涂料，施工方便、干燥快、耐酸碱腐蚀，韧性、耐磨性、耐老化性、耐水性能好。聚硫橡胶，耐溶剂和耐油性能极佳。氯磺化聚乙烯，耐各种氧化剂、涂膜柔软。品种不同，性能优点各异	氯化橡胶等单组分溶剂挥发型涂料，固体含量低、光泽不佳，清漆不耐曝晒，易变色，耐溶剂性差，不耐油。双组分涂料，储存稳定性差，制造工艺复杂，有的需要炼胶	用于船舶、水闸和耐化学药品涂料。如氯磺化聚乙烯涂料，用于篷布、内燃机发火线圈和水泥、织物、塑料等的涂装。丁基橡胶可做化学切割的不锈钢的防腐蚀涂层。丁腈橡胶用于涂覆食品包装纸防水、防油等
其他类涂料（如无机富锌类）	这是指上述十六类成膜物质以外的其他成膜物形成的涂料。主要品种有：无机富锌涂料、聚酰亚胺涂料、无机硅酸盐涂料、环烷酸铜防虫涂料等。有些可自干，有些需要烘干	无机富锌涂料。涂膜坚固耐磨、耐久性好，耐水、耐油、耐溶剂，耐高温、耐候性能好。无机硅酸盐涂料，耐高温、防火性能好。环烷酸铜防虫涂料，防止木材生霉和海生物附着	价格贵，多组分包装，使用不便，施工要求高。形成膜厚较薄，需多次涂装，柔韧性差，不能在寒冷及潮湿的条件下施工。属特种涂料，对底材要求高	无机富锌涂料，广泛用于各种钢结构防腐，特别是作钢材的底漆等 环烷酸铜防虫涂料，适用于木船、织物及木板涂装。无机硅酸盐涂料用作防火、耐高温涂层

5.1.3 涂料和涂层质量检测

涂料是涂装施工的基础原材料，其技术性能和质量是获得合格涂层的前提条件。因此必须在涂装前按设计规定的要求，对涂料性能包括产品的性能和涂膜的性能进行验收检查。

一般说来，涂料的性能指标应包括产品性能指标和施工性能指标。产品的性能指标一般为通用指标，包括颜色、外观、黏度、密度、固体含量、干燥时间等。还应明确有涂料产品的施工性能指标，包括涂料的遮盖力、流平性、流挂性、使用量、施工的技术要求。安全卫生要求，包括环境的温度、湿度要求、表面的预处理要求、涂装的间隔时间、涂膜厚度等。涂料产品的厂家还应提供该涂料的涂膜所应达到的机械性能和物理性能指标，包括附着力、柔韧性、抗冲击性、硬度、耐化学性、耐水汽渗透性等。

涂料的上述性能指标在每种涂料产品的说明书中都应有规定和说明，而其检测方法，我国均已建立了相应的国家标准或行业标准。进行每一项涂装工程之前，对涂料产品是否符合涂料厂家的说明及涂料工艺的技术要求，还必须进行检验和验收。对工程规模较大的，不是一个批号的产品，也应对与施工有关的性能进行测试，才能保证最终的防腐层质量。

5.1.3.1 涂料的通用性能指标和检测方法

1. 细度

涂料细度也称为研磨细度，是决定涂膜的内在品质(如光泽、外观、防蚀性、耐久性和储存稳定性)的一项指标，单位用 μm 表示。涂料的细度越细，涂膜就越平整光滑，涂料的分散度也就越好。在涂料的底漆、中间漆和面漆中，以面漆的细度为最细，中间漆次之，底漆最粗。对以云母氧化铁为中间漆的涂料略有例外，中间漆的细度要粗于底漆，这是为了加强涂膜之间的附着力。

测定涂料的细度是将涂料铺展为厚度不同的薄膜，观察在何种厚度下能显现出颜料粒子的方法，所测得的数值为涂料中最大固体颗粒的大小尺寸。可使用刮板细度计进行测量，刮板细度计由一磨光的平板和刮刀组成，平板上有一道或两道平行于平板的长边沟槽，沟槽的深度从一端起始逐步递减，并注有刻度。其测量的结果与细度计的规格有关。检测方法：GB/T 1742—88，GB/T 6753.1—86。一般涂料的细度等级见表 5-2。

表 5-2　涂料细度等级表

涂料品种	等级		
	一等	二等	三等
	细度/μm		
磁漆	<20	20~30	>30
底漆	<50	50~60	>60

2. 黏度

所谓黏度，是部分液体在该液体的另一部分上运动所受的阻力量度。黏度是表示流体流变特征的指标，也称为内摩擦系数，是流体内部阻碍其相对流动的一种特性。黏度是除粉末涂料外的所有涂料的一项重要工艺参数指标和技术指标。涂料的黏度值可以决定涂料可采用的涂装工艺方法，也可以通过改变涂料的黏度来控制涂膜的厚度，或改善涂膜的外观。

液体涂料的黏度有很多种测定方法，可分别适用于不同的涂料品种。例如我国通用的涂-1黏度计、涂-4黏度计(即 GB/T 1723—79)法和 ISO 流量杯等，都是流量杯法或者也可以说采用了流出法的原理，它是通过测定液体涂料在一定容积量的容器内流出时所需要的时间来表示涂料的黏度。

3. 固体含量(不挥发物含量)

固体含量是指涂料组分中经过施工涂膜干燥后成为涂膜的部分，它以涂料在一定的温度下加热焙烘后剩余质量与试样的初始质量之比值(百分数)来表示。涂料成膜后，挥发掉的是涂料中的溶剂、稀释剂以及部分助剂，剩余的部分则都是涂料中不挥发的成分，如树枝、颜料、填料等。因此，固体含量也称为不挥发物含量。涂料的固体含量越高，其涂装时一次成膜的厚度就会越厚。也就是为了得到相同的干膜厚度，固体含量越高的涂料，消耗的涂料量就比固体含量低的涂料消耗量少。因此，在进行涂料品种选择时，选择固体含量高的涂料往往更经济一些。

涂料的固体含量通常采用烘箱法来测取。烘箱法又可分为培养皿法和表面皿法，各国的检测标准略有不同，但基本原理都相同。采用的都是将涂料在一定的温度下加热烘焙，待涂料干燥后将剩余的物质与试样原始质量相比较的方法。

4. 涂料流平性

流平性是涂膜外观变为光滑表面的能力，是涂料施工性的一项重要指标，因此被单独立项。它考察的是涂料在施工后，其涂膜不规则、不平整的表面自动流展成规则、平整、光滑表面的能力。流平性的测定采用刷涂和喷涂两种方法，以刷涂后的涂膜刷纹消失、流平成为平滑表面的时间来评定，单位以 min 计，检测方法见 GB/T 1750—88《涂料流平性测定法》。流平性良好的涂膜在 10min 内就可以达到光滑的表面。喷涂法则观察在喷涂后的涂膜表面达到均匀、光滑、无皱状态的时间。

5. 色漆流挂性

流挂性是考察刷涂在垂直表面上的涂膜受到重力作用，在湿润膜状态下其涂膜表面向下流淌，形成上薄下厚的涂膜状态的现象。涂膜的流挂性不合格，很难得到平整均匀的涂膜，既影响外观更影响到涂膜的保护性效果。国家标准 GB/T 9264—88《色漆流挂性的测定》规定了涂料该项性能的检测方法。

6. 干燥时间

液体涂料涂覆于被涂物表面从液态转变成固态涂膜，即经过物理或化学过程干燥成膜的时间。涂装行业习惯上将干燥的过程分为表干、实干和完全干燥三个阶段。对于涂装施工而言，涂膜的干燥时间越短，就越容易保证涂膜的干燥质量，尤其是在野外或户外的涂装施工，也就是该种涂料的可施工性能较佳。

由于涂膜的干燥过程和涂膜的干燥时间与施工环境和施工工艺时间有关，而且大多数是一种缓慢和连续的过程，可以采用自动干燥时间测定器。表干，也称为指触干燥，即用手指轻触涂膜不粘手；实干，即手指用力推涂膜，涂膜不移动，测定方法称为指触法，GB/T 1728—88《涂膜、腻子膜干燥时间的测定法》。

7. 涂料遮盖力

涂料遮盖力指把色漆均匀涂覆在被涂物表面，使其底色不再呈现的最小涂布量，以 g/m^2 为单位。优良的涂料应具有良好的遮盖力，遮盖力高的涂料产品，在相同的涂装施工条件下可以涂装较多的被涂物的表面。涂料遮盖力的大小一般情况下取决于涂料中颜料的遮盖力和颜料颗粒大小、晶体形状等，因而影响到涂料产品对光的反射作用。检测方法为 GB/T 1726—79《涂料遮盖力测定法》。

8. 涂料使用量测定方法

使用量是指涂料在正常的施工条件下，单位面积上达到规定的干膜厚度所需要的涂料量，以 g/m^2 表示，测定方法为 GB/T 1758—88《涂料使用量测定法》。测定的方法有刷涂和喷涂法，喷涂法测得的数据不包括施工中飞溅和损失的那部分涂料，因此，涂料使用量并非是实际涂装时的涂料消耗量。涂装施工时的实际消耗量应该在使用量的基础上，加上涂装的损耗。

5.1.3.2 涂膜的力学性能指标和检测方法

1. 漆膜厚度

施工时，漆膜厚度的控制一般采用控制湿膜厚度、控制干膜厚度两种方法，GB 1764—79(88)《涂膜厚度测定法》对此进行了规定。

(1) 湿膜厚度的测定。湿膜的测量必须在漆膜制备后立即进行，以免由于挥发性溶剂的蒸发而使漆膜发生收缩现象。目前常用的湿膜厚度计有3种：轮规、梳规、Pfund湿膜计。从实际应用来看，以轮规较为理想，既能在实验室使用，也能在现场进行测定，使用简便，读数准确。

(2) 干膜厚度的测定。依工作原理基本上分为两大类，磁性法和机械法。

①磁性法根据被测底材不同，又可分为磁性测厚仪和非磁性测厚仪。磁性测厚仪主要是利用电磁场磁阻的原理来测量钢铁底板上涂层的厚度；非磁性测厚仪则利用涡流测厚原理来测量诸如铝板、铜板等不导磁底板上涂层的厚度。

②机械法是使用杠杆千分尺或千分表测定涂膜厚度的方法，使用较久，优点是使用时不受底材性质的限制和漆膜中导电或导磁颜料的影响，仪器本身精度可读到±2μm。但只能对较小面积的样板进行测试，为了消除误差，必须多次测量，手续繁琐，不如磁性法测厚仪简便。

2. 硬度

硬度是表示漆膜机械强度的重要性能之一，干燥后的涂膜应具有一定的坚硬性，才能承受物理性的外来损伤而起到保护被涂物面的作用。硬度的物理意义可理解为漆膜表面对作用其上的另一个硬度较大的物体所表现的阻力。这个阻力可以通过一定质量的负荷作用在较小的接触面积上，测定漆膜抵抗变形(包括由于碰撞，压陷或者擦划等而造成的变形)能力，用以判断涂膜受碰撞和摩擦等外力作用下的抗损坏程度。涂膜的硬度测定方法很多，目前常用的有3类方法，即摆杆阻尼硬度法、划痕硬度法和压痕硬度法。这3种方法表达涂膜的不同类型的阻力，各代表不同的应力-应变关系。

3. 抗冲击性能

抗冲击性能也称冲击强度。涂膜的冲击强度是指抵抗外来冲击的能力，是涂于底材上的涂膜在经受高速率的重力作用下发生快速变形而不出现开裂或从金属底材上脱落的能力，它表现了被试验漆膜的延伸率、静态硬度和对底材的附着力。

抗冲击强度的测定是以一定质量的重锤落在涂膜样板上，使涂膜经受伸长变形而不引起破坏的最大高度，用重锤质量与高度的乘积表示涂膜的耐冲击性，通常用N·cm(kgf·cm)表示，采用冲击试验器进行。我国国家标准GB/T 1732—79(88)《漆膜耐冲击测定法》规定重锤质量为1000g±1g，冲头进入凹槽的深度为2mm±0.1mm，滑筒刻度等于50cm±0.1cm，分度为1cm。

4. 柔韧性

当涂于底材上的漆膜受到外力作用弯曲时，所表现的延展性(弹性、塑性的表现)和附着力等综合性能称为柔韧性，也称弯曲性。柔韧性的测定主要通过涂膜与底材共同受力弯曲，检查其破裂伸长情况，其中也包括了涂膜与底材的界面作用。目前涂层柔韧性的测定主要有3种仪器：轴棒测定器GB/T 1731—79《漆膜柔韧性测定法》，圆柱轴弯曲试验仪

GB/T 6742—86《漆膜弯曲试验(圆柱轴)》，锥形挠曲测验仪 GB/T 1118—89《漆膜弯曲试验(锥形轴)》。其中轴棒测定器最为常用。

国家标准 GB/T 1731—79《漆膜柔韧性测定法》规定了使用轴棒测定器的测试方法。轴棒测定器是由粗细不同的 6 个钢制的轴棒所组成，每个轴棒长度均为 35mm，曲率半径分别为 0.5、1、1.5、2、2.5、5 和 7.5mm。测试时是将涂漆的马口铁板在一定直径的轴棒上弯曲，弯曲动作必须在 2 ~ 3s 内完成，然后用 4 倍放大镜观察涂膜，无裂纹即为通过，以其弯曲后不引起漆膜破坏的最小轴棒的直径(mm)来表示。漆膜在不同直径的轴棒上弯曲时，轴棒直径与漆膜的相对伸长率的关系如表 5 - 3 所示。

表 5 - 3　轴棒直径与漆膜的相对伸长率的关系

轴棒直径/mm	1	2	3	4	5	10	15
漆膜内表面的伸长率/%	20.00	11.1	7.69	5.88	4.76	2.44	1.64
漆膜外表面的伸长率/%	23.20	12.9	8.92	6.82	5.52	2.83	1.90

注：马口铁板厚度为 0.25mm，漆膜厚度为 0.02mm。

5. 附着力

漆膜附着力是指漆膜与被涂物件表面结合在一起的坚固程度。附着力是涂料物理机械性能的重要指标之一，通过此项目的检查，可以检验涂料组成，特别是树脂的使用是否合理。漆膜的附着力除了取决于所选用的涂料外，还与底材的表面预处理、施工方式以及涂膜的保养有十分重要的关系。

(1) 十字划格法。用单刀或多刀的手工切割刀具和机械切割仪器划格，划格结果形成的图形如图 5 - 1 所示。一般涂膜的附着力均较好，单纯使用划格法不能区分出优劣，必须使用胶带法相配合，胶带一般是 25mm 宽的半透明胶带，背材为聚酯薄膜或乙酸纤维，将胶带贴在整个划格上，然后以最小角度撕下，结果可根据漆膜表面被脱落面积的比例来求得，试验结果按国家标准 GB/T 9286—88《色漆和清漆漆膜的划格试验》分级，大于 4 级的严重脱落为 5 级。

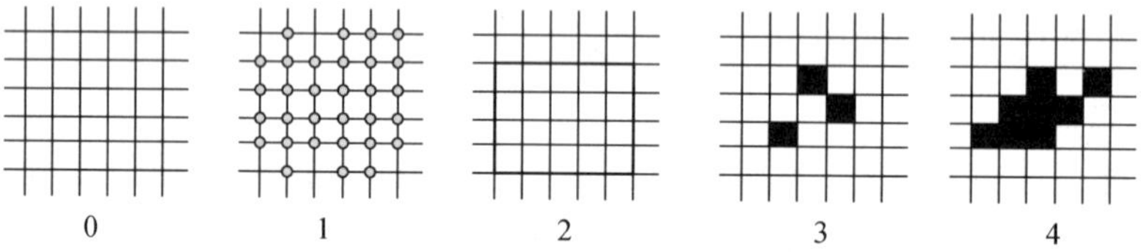

图 5 - 1　划格法测定涂膜附着力

(2) 划圈法。按国家标准 GB/T 1720—79(88) 中规定采用附着力测定仪测定。耐磨针尖在漆膜上划出一定长度、依次重叠的圆滚线图形，使漆膜分为面积大小不同的 7 个部位，见图 5 - 2。凡第一部位内漆膜完好者，则附着力最好，为 1 级；第二部位完好者，则为 2 级；依次类推，7 级的附着力最差。

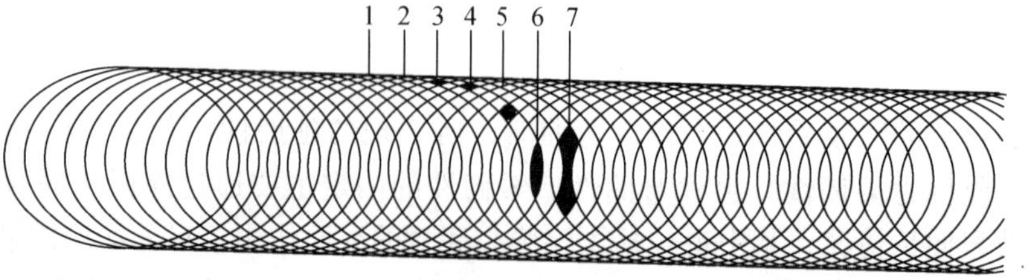

图 5 - 2　划圈法附着力的分级

（3）拉开法。拉开法为剥落试验法，这种方法比综合测定法前进了一步，它主要是测定漆膜从底板上脱落所需之力，或在垂直方向把漆膜从底板上拉开一定的面积所需之力，可定量表示涂膜附着力的大小。拉开法所测定的附着力是指在规定的速率下，在试样的胶结面上施加垂直、均匀的拉力，以测定涂层间或涂层与底材间的附着破坏时所需的力，以 MPa 表示。此方法不仅可检验涂层与底材的粘接程度，也可检测涂层之间的层间附着力，并考察涂料的配套性是否合理，全面评价涂层的整体附着效果。

5.1.3.3 涂膜防腐蚀保护性能及测试

涂膜的耐腐蚀保护性主要由涂料的结构组成决定，但施工配套、施工条件和质量也对涂膜的这方面性能产生影响。在防腐蚀工程设计和涂料研制以及相关理论研究时，要根据使用要求选用适当的方法对其耐化学和耐腐蚀性进行检测，尽量模仿实用条件和可能遇到的情况。但由于实验条件与实际的差别，性能的检测结果通常是在规定条件下得到的数据，更多的是比较定性的结论，与千变万化的实际应用情况很难达到完全吻合。检测方法正在不断丰富和改进，以求适应要求。

涂膜防腐蚀性能的检测通常包括三个方面：①对接触化学介质而引起破坏的抵抗性能检测，如耐水性、耐盐水性、耐石油制品性、耐化学品性等。②对大气环境中物质破坏的抵抗性能检测，如耐盐雾性、耐潮湿性、耐污染性、耐化工气体性、耐霉菌性等。③对防止介质引起底材发生腐蚀的能力的检测，通常以湿热试验、盐雾试验、水气透过性试验、电化学方法来表示其能力。

涂膜防腐蚀性能的检测多采用浸渍试验，浸渍试验一般都用样板进行，但对某些化学品腐蚀性溶液浸渍试验，除样板外也用钢棒，将其下端磨圆无棱角，涂上规定的漆膜，充分干透后浸入规定温度和浓度的腐蚀介质。以测试涂层耐水、耐盐水、耐溶剂、耐酸、耐碱等腐蚀介质的浸泡试验。一般是将试样的一部分浸入介质，一部分留在液面上，液面的漆膜要耐蒸气的侵蚀，液下部分的漆膜要耐介质的浸渍，尤其是在空气与液体的交界部位，液面的氧气浓度高，试样金属成为阴极而呈碱性，其下面部位的金属样板的氧气浓度低而形成阳极。所以在浸泡试验中，试样漆膜在液面部位最易受碱性破坏而出现腐蚀。

5.1.4 常见的涂层缺陷

涂料涂装施工时，常常由于这样或那样的原因，使涂膜或防腐层出现缺陷。涂膜缺陷的存在既影响防腐层的防护效果，又会造成被防护体系的腐蚀失效。因此，及时对涂膜的缺陷处进行必要的分析、修复和完善，就可以避免事态的进一步发展，使涂膜得到应有的维护。表 5 -4 是溶剂型防腐蚀涂料在涂装中常见的涂膜缺陷及维护、改进措施。

表 5 -4 防腐蚀涂料常见缺陷及维护改进措施

缺陷形态	主要原因	补救方法
缩孔	有污物污染了底材，或压缩空气中含有油污造成个别部位不附着	改善表面预处理，将压缩空气过滤
流挂	涂料太稀，防腐层太厚，涂料中重质颜料太多。颜料研磨不均匀，润湿不良，对表面附着力差	更换溶剂，改善施工，添加增稠剂等
咬底	溶剂太强，配套不当	改换涂装中配套涂料或涂一道中间漆

续表

缺陷形态	主要原因	补救方法
慢干和返黏	涂料不当，质量太差，防腐层太厚，施工环境湿度太大，底材材质及表面含有油污；被涂物(如化工厂房及旧设备等)表面吸附有酸、碱	改换涂料或加助剂，改善施工环境，对被涂物进行表面清洗，控制防腐层厚度等
起泡	施工不当，如涂膜太厚，施工现场温度、湿度太高，底层有潮气或挥发性液体存在	完善表面处理和施工，选择耐腐蚀性能好的品种，添加消泡剂
龟裂	由于温度变化，使内应力变化，产生收缩；底漆未干，涂膜太厚干得不透，即涂面层漆最易产生龟裂，严重者甚至脱落；底面漆不配套	改换涂料品种，提高配套性，完善施工，并在合适条件下使用，避免外部作用
脱落	龟裂而失去黏附力，与物面或底漆脱落，起因于表面处理不好，底漆选择不当(如太硬、太光亮)，涂膜太厚，层间干得不透即遇水汽等	精细处理被涂表面，选好底漆、作好配套。在化工烟雾和灰尘飞扬的环境中应选用快干涂料，缩短涂漆时间
生锈	旧设备表面处理时，除锈不净，以致在涂膜下的锈蚀蔓延。初时，涂膜呈黄色，而后涂膜破裂，出现点蚀、孔蚀和膜下腐蚀	完善表面处理，同时在表面处理完毕后立即涂上底漆(如带锈底漆)，选择耐腐蚀性好的涂料品种配套

5.2 防腐层材料选择

5.2.1 防腐层材料的选择

5.2.1.1 防腐蚀涂料必须具备的特性

(1) 耐腐蚀性能要好。所谓涂料的耐腐蚀性是指其固化涂层对它所接触的腐蚀介质(如水、酸、碱、盐、各种化学药品、废液、空气、水分、化工气体等)在物理性质和化学性质方面都是稳定的，即不被腐蚀介质溶胀、溶解，也不被腐蚀介质所破坏、分解，不和腐蚀介质发生有害的化学反应。

(2) 透气性和渗水性要小。钢铁的大气腐蚀需要有水分和氧的作用，否则其腐蚀速度可以忽略不计。涂漆钢铁的腐蚀，从本质上讲，是由于水和氧以相当大的速度穿透涂膜到达金属界面上造成的。显而易见，一种优异的耐腐蚀涂膜的透气性和渗水性应尽可能地小。为此必须选择透气性小的成膜物质和屏蔽作用大的涂料，并增加涂装道数，使涂层达到一定的厚度。

(3) 要求良好的附着力和一定的机械强度。涂膜能否牢固地附着在金属基体上，是其能否发挥防腐蚀作用的关键因素之一。除此之外，固化涂膜还应具有一定的物理机械强度，以承受在工作条件下的应力。

5.2.1.2 涂料品种的选择原则

(1) 根据被涂物的材质进行选择。

(2) 根据涂饰的目的，即不同的使用用途选择涂料。

(3) 根据施工条件选择。

(4) 根据涂料的配套性选择。

(5) 根据经济效益来选择。

5.2.2 防腐层材料适用条件

不同品种的涂料产品，具有不同的机械物理性能以及不同的防护装饰功能。表5－5列出了各类涂料的详细性能比较，针对涂层的使用条件，根据涂料的使用性能进行适当选择，可达到防腐层保护的效果。

表5－5 各类涂料使用性能等级比较

涂料类别	物理性能								耐蚀性能									
	附着力	柔韧性	耐冲击性	硬度	耐磨性	光泽	耐电位	最高使用温度/℃	室外耐候性	耐水	耐盐雾	耐酒精溶剂	耐汽油	耐烃类溶剂	耐脂类、酮类溶剂	耐碱	耐无机酸	耐有机酸
油脂涂料	3	1	1	5	5	4	3	80	2	4	2	4	3	4	5	5	4	3
天然树脂涂料	3	3	3	1	5	2	4	93	4	4	4	4	3	4	5	4	4	4
酚醛树脂涂料	1	3	2	1	1	3	1	170	3	1	2	1	2	1	4	5	3	4
沥青涂料	2	2	2	3	1	2	3	93	4	1	1	5	4	5	5	3	3	1
醇酸树脂涂料	1	1	1	3	3	2	3	93	2	3	3	4	3	3	5	5	4	5
氨基树脂涂料	2	2	1	1	2	1	2	120	1	3	2	3	1	1	4	3	3	5
硝基纤维素涂料	2	2	1	2	4	2	3	70	3	3	3	3	3	4	5	5	2	5
纤维素涂料	3	2	3	3	1	2	3	80	2	3	2	3	3	4	5	5	4	5
过氯乙烯涂料	3	2	3	3	4	3	3	65	1	2	2	1	2	4	5	1	2	5
乙烯涂料	2	2	2	3	2	3	1	65	2	2	2	4	1	3	5	1	1	1
丙烯酸涂料	2	1	2	2	4	1	2	180	1	2	2	5	3	4	5	3	3	5
聚酯涂料	4	2	2	2	3	1	3	93	1	3	2	3	2	1	5	5	1	5
环氧树脂涂料	1	2	1	2	2	4	2	170	5	1	2	1	1	1	2	1	3	2
聚氨酯涂料	1	2	1	1	1	2	1	150	4	1	2	1	1	1	4	2	3	1
元素有机涂料	1	3	1	3	4	4	1	280	1	2	2	4	4	2	3	3	5	1
氯化橡胶涂料	1	2	1	3	3	2	1	93	1	1	1	1	1	2	3	1	5	1

注：1. 此表仅作为大类涂料参考，不代表具体每一品种、品牌性能。

2. 数字代号：1—优良；2—良好；3—中等；4—较差；5—很差。

3. 无机酸不包括硝酸、磷酸及全部氧化性酸。

4. 有机酸不包括乙酸。

5.2.3 涂料配套使用的原则

涂料的配套使用就是按照施工要求，选择最合适的涂装材料和涂装系统，保证实施最佳涂料保护效果。所谓涂料的配套性就是涂装底材和涂料以及各层涂料品种之间的适应性。需注意以下四个方面的内容。

1. 涂料和底材（被涂物）之间的配套

不同的被涂物基材，必须选择不同的涂料品种，具体选择方案可参照有关底漆选择的内容。

2. 各涂层之间涂料品种的配套性

也就是底漆、腻子、中间层、面漆之间的配套性，主要指底漆与面漆的配套。一要考虑层间附着力及底面漆应有很好的结合力；二要考虑面漆不能咬起底漆，这与漆料中所含溶剂的强弱有关。溶剂由弱至强可排列为：脂肪烃→芳香烃→醇→酯→酮→酮醚。因此，涂料也可按其所含溶剂由弱至强排列为：醇酸、酚醛树脂涂料→沥青涂料→氯化橡胶涂料→乙烯、丙烯酸树脂涂料→环氧树脂涂料→聚氨酯涂料。

涂料品种的配套性还应注意：

（1）同类溶剂的涂料可以互相配套；

（2）下硬上软，底漆用强溶剂涂料，如环氧、聚氨酯类高性能涂料；面漆用弱溶剂涂料，如氯化橡胶、沥青、醇酸、酚醛等低性能涂料。这种配套不会产生咬底现象，反之则配套不良。

（3）按所用溶剂的强弱从里到外由强弱排列配套。由强溶剂组成的涂料可以容忍由弱溶剂组成的涂料在其表面涂装，但是底漆、面漆所用溶剂的强弱反差不能太大，否则会产生底、面漆之间结合不牢或层间脱离现象。

（4）按干燥方式配套，双组分固化型涂料和氧化型涂料作底漆，氧化型涂料和挥发型涂料作面漆。

在设计配套涂料系统时，可参照表5－6进行。

表5－6　涂料配套表

底漆＼面漆	油改性涂料	酚醛树脂涂料	氯化橡胶涂料	乙烯树脂涂料	丙烯酸树脂涂料	烯丙基醚涂料	沥青涂料	环氧沥青涂料	环氧树脂涂料	漆酚涂料	有机硅树脂涂料	无机涂料	合成树脂乳液
油改性涂料	☆	○	△	△	△	○	×	×	×	×	×	×	△
酚醛树脂涂料	○	☆	△	△	△	○	△	×	×	×	×	×	×
氯化橡胶涂料	○	○	☆	☆	☆	○	△	△	△	×	×	×	×
乙烯树脂涂料	○	○	○	☆	☆	○	△	△	△	×	×	×	×
丙烯酸树脂涂料	○	○	○	☆	☆	○	△	△	△	×	×	×	×
烯丙基醚涂料	○	△	△	△	△	☆	×	×	×	×	×	×	△
沥青涂料	×	△	△	△	△	×	☆	△	△	△	×	×	×
环氧沥青涂料	△	○	○	○	○	△	○	☆	☆	△	△	×	△
环氧树脂涂料	△	○	☆	☆	☆	○	○	☆	☆	○	○	×	○
漆酚涂料	×	×	△	△	△	×	×	△	○	☆	△	×	△
有机硅树脂涂料	△	△	×	×	×	×	×	△	○	△	☆	×	☆
无机涂料	×	×	○	○	○	△	×	☆	☆	○	○	☆	△
合成树脂乳液	△	△	×	×	×	△	△	△	△	×	×	×	☆

注：☆ 优良；○ 良好；△ 可以，但要注意；× 不可以。

3. 涂料与施工方法之间的配套

例如：水性电泳涂料只能采用电泳涂装方法，粉末涂料只能采用流化床或静电粉末涂装方法。具体内容可见第7章和第8章的相关内容。此外，在决定涂装方法的时候，还必须考虑涂膜的干燥固化成膜方式。

4. 涂料与辅助材料之间的配套

涂料的辅助材料虽然不是成膜物质，但对于涂料施工、固化成膜过程和涂层性能都有很大影响，是组成涂料的主要组成部分，可改善涂料的施工性能和涂膜的使用性能，防止涂膜弊病的产生。每类涂料品种均有特定的稀释剂、催干剂、分散剂等，配套设计里要考虑辅助材料的品种和用量。

第6章 防腐层施工技术

6.1 金属表面处理技术

6.1.1 金属表面处理的重要性

表面处理是指在涂装前，除去基底表面附着物或生成的异物，以提高基底表面与涂层的附着力或赋予表面以一定的耐蚀性能的过程，也叫前处理。也可以说，表面处理是为了获得规定的表面清洁度和表面粗糙度，在涂装前对被涂装的金属或非金属结构物表面所进行的机械的和(或)化学的预处理工艺工程。因此，检测表面处理的质量水平也是通过表面清洁度和表面粗糙度两项指标来进行评价。

之所以要进行表面处理，以钢质结构物的表面涂装为例，在任何一种钢质结构物的表面，总会由于储存、运输、加工等各种原因，使其表面附着一些污物、水分、锈斑、氧化皮等，这些杂质不去除，就必然影响到保护性涂层与被涂物表面分子间的粘接性能。同时，残存在涂膜与钢材表面的氧化皮、锈蚀产物和污物还会对涂层的保护功能起破坏作用，形成涂层下的腐蚀现象，造成被涂物表面的涂膜与基底的过早剥离，使涂层的防腐功能失效。

6.1.2 金属表面处理的方法

表面处理包括以下内容：表面清洗，即去除被涂装物表面的油污、油脂、水分、氧化皮、锈斑、旧涂层等污物；表面特殊处理，即金属结构物表面的化学或电化学转化。表面清洗或清理是任何一种涂装，包括防腐蚀涂装都必须要做的。然而表面的特殊处理，或称为被涂物的表面转化(化学转化或电化学转化)，并不是每一种涂装工程都需要的。

按处理的方法分类，可将表面处理分为机械处理方法、化学处理方法和电化学处理方法。

6.1.3 金属表面处理的等级和标准

6.1.3.1 除锈前钢材的表面锈蚀等级

我国国标 GB 8923—88《涂装前钢材表面锈蚀等级和除锈等级》中，对除锈前钢材的表面锈蚀等级划分为四个等级，并分别以 A、B、C、D 表示，具体定义和叙述如下：

(1) 全面覆盖着氧化皮而几乎没有铁锈的钢材表面；

(2) 已发生锈蚀，并且部分氧化皮已经剥落的钢材表面；

(3) 氧化皮已因锈蚀而剥落，或者可以刮除，并且有少量点蚀的钢材表面；

(4) 氧化皮已因锈蚀而全面剥离，并且已普遍发生点蚀的钢材表面。

6.1.3.2 除锈后的钢材表面清洁度的除锈等级规定

我国国标 GB 8923—88《涂装前钢材表面锈蚀等级和除锈等级》对除锈后钢结构的表面清洁度标准按除锈方法的不同种类作如下的等级划分，见表 6－1。

表 6-1 国标 GB8923—88 规定的除锈等级和质量要求

除锈方式	质量等级	质量要求
喷射或抛射除锈	Sa 1 级： 轻度的喷射或抛射除锈	应无可见的油脂和污垢，没有附着不牢的氧化皮、铁锈和油漆涂层等附着物
	Sa 2 级： 彻底的喷射或抛射除锈	无可见的油脂和污垢，氧化皮、铁锈和油漆涂层已基本清除，残留物应是牢固附着的
	Sa 2½级： 非常彻底的喷射或抛射除锈	无可见的油脂和污垢、氧化皮、铁锈和油漆涂层附着物，任何残留的痕迹应仅是点状或条纹状的轻微色斑
	Sa 3 级： 使钢材表观洁净的喷射或抛射除锈	无可见的油脂和污垢、氧化皮、铁锈和油漆涂层附着物，显示均匀的金属色泽
手工和动力工具除锈	St 2 级： 彻底的手工和动力工具除锈	无可见的油脂和污垢，没有附着不牢的氧化皮、铁锈和油漆涂层等附着物
	St 3 级 非常彻底的手工和动力工具除锈	无可见的油脂和污垢，没有附着不牢的氧化皮、铁锈和油漆涂层等附着物，除锈应比 St2 级更为彻底，底材应具有金属光泽

6.1.3.3 常用防腐蚀涂料的表面预处理等级要求

工程中在钢结构表面经常使用的有机防腐蚀涂料的表面预处理要求如表 6-2 所示。

表 6-2 常用防腐蚀涂料所要求的表面预处理等级

防腐蚀涂料类型	防腐蚀涂料底漆	表面预处理等级要求
橡胶类 乙烯类 聚氨酯类 环氧类 富锌类 漆酚或生漆类 有机硅类 沥青类	氯磺化聚乙烯底漆、氯化橡胶底漆 磷化底漆 + 过氯乙烯底漆、聚氯乙烯底漆 聚氨酯底漆、聚氨酯改性涂料底漆 环氧底漆及各种改性环氧涂料底漆 富锌底漆、各种改性富锌涂料底漆 现场配置的底漆 有机硅涂料底漆 耐酸沥青底漆	Sa2.5
油基防锈类 醇酸酚醛类 沥青涂料	红丹、铁红等防锈漆 醇酸、酚醛树脂底漆 油基类防锈涂料	Sa1 或 Sa2
金属喷镀 热固化酚醛树脂漆		Sa3

6.2 涂层施工技术

6.2.1 涂料的配置

6.2.1.1 涂料的混合配比

双组分甚至是三组分涂料要按规定比例混合。现在的涂料生产商在包装时已配好了一桶对一桶的现成比例。国际上通常用的包装，都是以体积为单位进行配比的，比如基料: 固化剂 =4: 1，这大大方便了施工。注意使用时间不要超过规定，以免胶料报废。

6.2.1.2 涂料的搅拌

涂料中有些颜料密度大、易沉淀，如富锌底漆、防污漆和厚浆型高固体含量涂料等。面漆中的颜色容易浮色，这些现象均需使用机械搅拌使涂料均匀如一。木棍类搅拌效果很差，对于现代高固体含量涂料来说，严禁使用棍棒进行手工搅拌。

双组分涂料较规范的搅拌程序如下：

（1）漆料搅拌均匀；

（2）边倒入固化剂边搅拌；

（3）持续搅拌直到混合均匀；

（4）然后（必要时）加入稀释剂搅匀。

6.2.1.3 混合使用时间

混合使用时间，即双组分产品混合后的可使用期限。溶剂型双组分产品的混合使用时间与涂料温度有密切的关系。一般地说，温度增加10℃，混合使用时间减半，温度减少10℃，则混合使用时间加倍。加入稀释剂对混合使用时间延长的作用并不明显。水性环氧涂料的混合使用时间与溶剂类环氧涂料不同，温度降低时，混合使用时间也会相应减少，比如在20℃时为1h，而15℃时减少为30min。在使用水性环氧涂料时，一定要注意这一点。水性环氧涂料在超过混合时间后，其黏度看上去不会有很大变化，但是这时的涂料已经不能再用。常用涂料的混合使用时间见表6－3。

表6－3 常用涂料的混合使用时间

涂料类别	混合使用时间(23℃)/h	涂料类别	混合使用时间(23℃)/h
纯环氧	8	无机富锌底漆	8～12
无溶剂环氧	0.5	酚醛环氧涂料	3
改性环氧	2	聚氨酯涂料	2～4
水性环氧	2～3		

不同厂商的涂料混合使用时间会有所不同，施工时一定要仔细看产品说明书，以免超过其规定的使用时间涂料胶凝而造成浪费。

6.2.1.4 熟化时间

熟化时间，又称为诱导期，主要指双组分环氧树脂涂料。纯环氧涂料多用聚酰胺作为固化剂，聚酰胺树脂的黏度较大，与环氧树脂混溶性不是太好。因此采用聚酰胺固化剂的环氧涂料，需要在两组分充分搅拌混合后，放置15～30min进行熟化。脂肪族胺固化剂与环氧树脂的混溶性好，但是胺容易挥发，与大气中潮气和空气的二氧化碳合成氨基酸酯盐，使涂层严重发白。在低温高湿下这种情况更为严重，并对后道涂层的附着力产生严重影响。为了克服这一缺点，需要在基料与固化剂混合后，进行15min的熟化，使胺先与部分环氧树脂反应，以防止和降低分子胺的挥发性。

6.2.1.5 涂料的稀释

现代的涂料通常开罐就可用，无需稀释，必须避免习惯性的稀释行为。稀释剂更多的是用来清洗工具的。由于环境温度、涂装方法或其他特定需要必须使用稀释剂时，注意厂商说明，并确认使用了正确的稀释剂。错误的稀释剂将导致涂料品质恶化，涂层质量出现问题。过度地稀释会导致涂料固体含量降低，达不到规定膜厚，减缓干燥固化时间，引起流挂等问题。

通常需要对涂料进行稀释的情况有：

（1）冬季在温度低时，可加入适量稀释剂以降低涂料黏度；

（2）手工或空气喷涂需加入稀释剂，易于施工；

（3）特意降低膜厚，可以加入适量稀释剂。

6.2.1.6 涂装间隔

涂装间隔即覆涂下道涂层前的间隔时间。涂装间隔与温度、漆膜厚度、涂层数及将来暴露情况有关。某些涂料的附着力所受重涂间隔的影响比其他种类涂料大，比如环氧漆表面坚硬而光洁，如果最大重涂间隔已超过规定的限度(在23℃，通常为7天)，漆膜表面要拉毛粗化以保证覆涂涂料的附着力。有些涂料品种的附着力不受重涂间隔过长的影响，如氯化橡胶和丙烯酸等溶剂挥发型涂料。

6.2.2 涂装方法

涂料的涂装方法是指采用一定的设备和工艺过程将涂料均匀地涂布在被涂物表面，以形成防腐蚀涂层的施工过程。常用的涂布方法有刷涂、刮涂、浸涂、淋涂、空气喷涂和高压无气喷涂等。其中高压无气喷涂是工业涂装中溶剂性涂料最为常用的涂装方法。

6.2.2.1 刷涂

刷涂是使用最早、最简单和最传统的手工涂装方法，操作方便、灵活，可涂装任何形状的物件。除干性快、流平性较差的涂料外，可适用于多种涂料，例如油性涂料、合成树脂涂料、水性涂料等，如油基漆、天然树脂、沥青、酚醛、醇酸等涂料。刷涂用于小面积结构物的涂装显得十分经济和方便。对于喷涂无法实施或厚度不好达标的场合，也可以采用刷涂。

刷涂可使涂料渗透金属表面的细孔，加强涂膜对金属的附着力。缺点是劳动强度大、工作效率低、涂布外观欠佳。尤其是刷涂快干型涂料时，应采取一次性完成涂刷作业的方式，刷涂工艺的技巧要求更加严格。也就是在一般性手工刷涂作业中所要求的涂布、抹平、修整的三个刷涂步骤，转变成一个过程来完成。因此，一些干性过快、流平性差的涂料要慎用刷涂工艺。

刷涂工艺讲究手握漆刷的方式、力度、漆刷沾漆量的均匀性以及漆刷的运行方向和模式。一般来说，刷涂可分为涂布、抹平、修整三个步骤。刷涂涂膜常见的缺陷是流挂、刷痕、气泡、针孔、厚度不均。产生流挂的原因有可能是漆刷上的带漆量过多的缘故，也可能是漆刷的选择不妥。产生刷痕的原因有可能是涂料的黏度过高、流平性差或稀释剂挥发过快造成。产生气泡的原因则可能是被涂物表面的预处理不合格，存有油污、水分等污物。涂层表面产生针孔大多是由于涂料中的溶剂挥发所致。而涂膜的厚度不均匀则是由于涂料的黏度过高，造成涂料的流平性较差，或者是刷涂技巧欠缺所造成。操作者的熟练程度和刷涂技术水准将成为刷涂涂膜的质量关键。

6.2.2.2 刮涂

刮涂也是一种常用的涂装方法，主要在刮腻子工艺中使用。刮刀可以是木制的、钢制的、牛角的、橡胶的等。常用于刮腻子或铸造成型的被涂物。目前，由于溶剂型涂料具有的溶剂挥发的特性，遭到各国环保政策的局限，一些高固体含量或无溶剂防腐蚀涂料相继问世，也使得刮涂技术常用于黏度较高、高固体含量的液态涂料涂装。

刮涂作业的涂膜常见缺陷是开裂、脱落、翻卷等，其涂膜的厚度也很难均匀。刮涂涂膜开裂是由于一次涂刮的厚度超过涂料允许的厚度。脱落的原因则有多种，或者是底漆未干燥，或者是与底漆不配套、表面有污染，或者是涂料的配比存在一定的问题等。总之，应根据涂料的施工规范要求、涂覆表面的状况做具体的分析。

6.2.2.3 浸涂

浸涂也是一种传统的涂装方法。该方法将被涂物浸没在盛有涂料的槽液中，随即取出，让多余的涂料滴落回槽液中，或采用机械方法将多余的涂料甩落。该法适用于结构复杂的器材或工件的涂装，设备简单，机械化程度较高。但不适用于挥发性大的涂料。该类涂料浸涂时溶剂损失较大，容易造成空气污染。浸涂的缺点是涂膜的厚度不易均匀，易产生流挂。

烘烤型涂料适合于浸涂作业，例如：单组分的环氧树脂涂料、醇酸树脂涂料、沥青涂料和一些自干型涂料等。因为该类涂料的溶剂挥发较慢，在涂料使用期内的性能比较稳定，而且适合于规模化生产。双组分涂料如双组分环氧树脂涂料、双组分聚氨酯类涂料和快干型涂料都不适合于浸涂的作业方式。这是因为双组分涂料存在混合后使用期间的限制，快干型涂料也受到使用期短的局限。

6.2.2.4 喷涂

利用压缩空气及喷枪使涂料雾化的涂装施工方法称为喷涂法。其优点是采用喷涂法施工得到的涂层涂膜厚度均匀、表观平整、生产效率高。缺点是材料的损耗远大于刷涂和淋涂等方法，且使用溶剂型涂料时会造成环境污染。喷涂法适用于各种涂料和各种被涂物，是使用最为广泛的涂装工艺方法。

喷涂法可分为空气喷涂、无空气喷涂两种方法。

1. 空气喷涂

(1) 空气喷涂的原理。空气喷涂也称为高压空气喷涂，该涂装方法是利用压缩空气从喷枪喷嘴中喷出时产生的负压，将涂料从涂料罐中吸出，并迅速进入高速的压缩空气流，使涂料液－气相急剧扩散，被分散为雾状微粒射向被涂物，雾状微粒均匀涂布在被涂物表面而形成连续涂膜的涂装工艺。空气喷涂法要求被喷涂的涂料黏度较低，常在涂料中加入稀释剂。

(2) 空气喷涂的主要设备与喷枪的种类：空气喷涂的最主要工艺设备有喷枪、空压机、油水分离器、储气罐和涂料供给设备。喷枪由喷头、调节机构、枪体三部分组成，是空气喷涂最主要的设备。其中喷头器是决定涂料雾化的关键部件。调节机构是用来调节涂料和空气喷出量的部件。枪体除支撑枪头和调节机构外，还装有扳机来控制喷枪的压缩空气和涂料的喷出。枪体上还配有防止涂料及空气泄漏的密封件。

喷枪雾化涂料的方法按压缩空气的供给方式可分为外混式和内混式两种，它们都是借助于压缩空气的膨胀和扩散作用来使涂料雾化，使用较广泛的是外混式。

2. 高压无气喷涂

(1) 高压无气喷涂的原理。高压无气喷涂通过压力泵不断地向密闭的管路内输送涂料，从而在密闭的空间内形成高压，然后释放连接于涂料管末端的喷枪扳机，在涂料喷出的瞬间使其以 100m/s 的速度与空气发生碰撞，同时迅速膨胀而雾化。

(2) 高压无气喷涂工艺的特点：

① 一次性涂膜厚度大，可喷涂各种高固体含量及厚浆涂料，获得的涂膜较厚；

② 喷涂效率高，是空气喷涂的 3 倍左右，可达到 400～1000m^2/h。特别适用于工业领域大型涂装工程如造船业、建筑业以及大型结构防腐涂装等领域的应用；

③ 涂料可加热后喷涂，降低了涂料的黏度，增加了涂膜的附着力；

④ 涂料的利用率高(不采用空气雾化，涂料飞散少)，减少了对环境的污染；

⑤ 可用于喷涂各种环氧、聚酯、聚氨酯、聚脲等双组分重防腐蚀涂料。

(3) 高压无气喷涂设备：主要有动力源、高压泵、蓄压过滤器、输漆管、涂料容器和喷枪。新型的高压无气喷涂设备还包括双组分无气喷涂设备、富锌涂料无气喷涂设备等。高压无气喷涂的动力源有三种：气动(以压缩空气为动力源)、电动和液动(油压源)。其高压泵也分为气动高压泵、油压高压泵和电动高压泵三种。

6.2.2.5 粉末涂料的涂装方法

1. 粉末涂料的涂装过程

粉末涂料的涂装近年来发展很快，不管采用什么方法，只要是能将粉末涂料均匀涂布于被涂物的表面，再经过加热溶融而使粉末涂料流平成膜的涂装工艺，都属于粉末涂装工艺。粉末涂料的涂装在施工方法上更类似于烘烤型的溶剂型涂料。其涂装的工艺过程主要包括以下三个过程：

（1）把粉末涂料采用静电喷涂、火焰喷涂或其他的方法，使其到达被涂物的表面；

（2）经过烘烤流平，或固化成膜；

（3）冷却后得到保护性涂膜或装饰性涂膜。

2. 粉末涂料的涂装方法

粉末涂装(或称喷涂)可以采用多种方法，其主要涂装方法列于表 6 – 4 中。

表 6 – 4 粉末涂料的主要涂装方法

涂装方法	粉末输送方式	粉末附着方式	喷涂原理说明
火焰喷涂法	压缩空气	熔融附着工件预热或不预热	高速行进的粉末涂料在火焰中通过，呈熔融状态，喷射到工件表面
空气喷涂法	压缩空气	熔融附着工件预热	粉末涂料喷涂在预热至粉末涂料熔融点以上的工件表面
流化床法		工件预热	用气流使粉末涂料在流化床内呈均匀悬浮沸腾状态，迅速将预热的工件移至流化床内，使悬浮的冷粉末粒子均匀粘附在工件表面，将工件移出烘烤成膜
静电喷涂法	压缩空气	静电引力工件预热	用静电喷枪将带有负电的粉末涂料喷涂到预热至粉末涂料熔融温度的工件表面，工件表面带有正电
静电流化床法		静电引力	用气流使粉末涂料呈沸腾状态并带有负电，流化床与工件形成高压电场，并产生电晕，粉末被吸引到带有正电的工件表面后再加热熔融固化
真空吸涂法	真空吸引	熔融附着	利用真空的吸引力，使粉末涂料吸附，熔融后成膜

6.2.3 涂装的环境要求

6.2.3.1 温度

周围环境的温度会影响涂装过程。溶剂挥发速率和更换速率也都会受环境温度的影响。温度太低时，涂料不能干燥和固化；而温度太高时，涂料则不能与表面很好地接触而流动，从而给涂膜的形成带来困难。在涂料生产商的产品说明书中通常会规定有效进行涂料施工的温度范围。

环境温度对涂装的影响十分大，尤其是在采用环氧系涂料时。环氧树脂涂料，包括焦油环氧涂料和改性环氧涂料，在 10℃以下时，固化缓慢，在 5℃以下时，固化几乎停止。所以环氧树脂涂料一般在 10℃以上施工较好。低温时，要采用低温固化型涂料或采取保温措施。

在阐述温度时，有三个温度概念需要在涂装时注意：①底材温度；②空气温度；③涂料温度。在涂料施工时，最要强调的是底材温度，因为涂料是涂在底材上的，涂料在干燥和固化时受到底材的影响最大。在阳光下，空气温度通常是低于底材温度的。底材温度过高或溶剂挥发过快，产生气泡、针孔和橘皮等现象。底材温度可以钢板温度计来测量，比较常用的有机械式钢板温度计，其他还有电子式的钢板温度计(可以直接读出温度)、红外线温度计等。

6.2.3.2 相对湿度

空气的湿度可通俗地理解为空气的潮湿程度，它有绝对湿度和相对湿度两种。

空气的湿度可以用空气中所含水蒸气的密度，即单位体积的空气中所含水蒸气的质量来表示。由于直接测量空气中水蒸气的密度比较困难，而水蒸气的压强随着水蒸气密度的增大而增大，所以通常用空气中水蒸气的压强来表示空气的湿度，这就是空气的绝对湿度。

相对湿度的含义：在一定的大气温度条件下，定量空气中所含的水蒸气的量与该温度时同量空气所能容纳的最大水蒸气的量之比值。相对湿度通常以百分比来表示。

在涂料涂装行业中，对相对湿度有着明确的限定，许多规范标准都规定不能超过85%。相对湿度低于85%时，钢材表面一般不会产生水汽凝露，涂装质量就可以得到保证。

6.2.3.3 露点

在一定的温度条件下，具有一定相对湿度的空气在逐渐冷却时，相对湿度就会不断地提高，当冷却到水蒸气饱和时(此时相对湿度达到100%)，水汽开始凝聚，此时的温度就是该空气的露点。水汽凝结成露的温度就叫露点温度。接近于露点温度的钢板表面空气的相对湿度是100%，这种情况下水汽是不会从表面挥发掉的，实际上，水汽在钢板表面凝结成露了。

在整个涂装过程中，露点是一个要重点考虑的因素。钢材表面喷砂作业时，露点会导致喷砂钢材表面返锈，涂层之间的潮气膜会引起涂料早期损坏。为了防止这种情况发生，已确定了露点/表面温度安全系数。最终的喷砂清理和涂料施工应在表面温度至少高于露点3℃(5 ℉)时进行。

6.3 石油沥青防腐层

6.3.1 石油沥青防腐层的特性

我国通常采用防腐沥青和10#建筑沥青作为石油沥青防腐层。防腐石油沥青适用于输送介质温度不超过80℃的地下钢管防腐，在各种应用条件下适用性最好；10#建筑沥青的适用温度在51℃以下。我国SY/T 0420—1997《埋地钢质管道石油沥青防腐层技术标准》的规定如下。

石油沥青防腐层所用材料包括沥青、玻璃布及聚乙烯工业膜。防腐石油沥青的技术指标见表6－5。10号建筑沥青的质量指标参见GB 494《建筑石油沥青》。玻璃布应采用中碱玻璃布，其技术指标见表6－6。聚乙烯工业膜的技术指标见表6－7。

表6－5 防腐石油沥青技术指标

项目	质量指标	试验方法	项目	质量指标	试验方法
针入度(25℃，100g)/10^{-1}mm	5～20	GB/T 4509—1998	溶解度(苯)/%	>99	GB/T 11148—2008
延度(25℃)/mm	≥1	GB/T 4508—2010	闪点(开口)/℃	≥260	GB/T 267—1988
软化点(环球法)/℃	≥125	GB/T 4507—1999	水分	痕迹	GB/T 260—77(1988)
			含蜡量/%	7≤	SY/T 0420 附录A

表 6-6 玻璃布技术指标

项目	含碱量/%	原纱号数×股数(公制支数/股数)		单纤维公称直径/μm		厚度/mm	密度①/(根/cm)		长度/m
		经纱	纬纱	经纱	纬纱		经纱	纬纱	
性能及规格	≤12	22×8(45.4/8)	22×2(45.4/2)	7.5	7.5	0.100±0.010	8±1 (9±1)	8±1 (9±1)	200~250 (带轴心 ϕ40mm×3mm
试验方法	JC 176—1980《玻璃纤维制品试验方法》								

① 施工气温小于25℃时，采用(8±1)×(8±1)的玻璃布；施工气温在25℃以上时，采用(9±1)×(9±1)的玻璃布。

表 6-7 聚乙烯工业膜技术指标

项　　目	质量指标	试验方法
拉伸强度(纵、横)/MPa	≥14.7	GB/T 1040—1992
断裂伸长率(纵、横)/%	≥200	GB/T 1040—1992
耐寒性/℃	≤-30	SY/T 0420 附录 B
耐热性/℃	≥70	SY/T 0420 附录 C
厚度/mm	0.20±0.03	千分尺(千分表)测量
长度/m	200~250(带轴心 ϕ40mm×3mm)	

6.3.2 石油沥青防腐层的制作

6.3.2.1 防腐层结构

石油沥青防腐层的等级和结构见表 6-8。表中所列底漆层是由沥青溶解在汽油中制得的底漆形成的。钢管焊缝位置的防腐层总厚度不宜小于表中规定值的65%。应当根据使用实际的要求选用防腐层等级。

表 6-8 石油沥青防腐层的等级和结构

防腐层等级		普通级	加强级	特强级
防腐层总厚度/mm		≥4	≥5.5	≥7
防腐层结构		三油三布	四油四布	五油五布
防腐层数/层	1	底漆一层	底漆一层	底漆一层
	2	石油沥青一层(厚≥1.5mm)	石油沥青一层(厚≥1.5mm)	石油沥青一层(厚≥1.5mm)
	3	玻璃布一层	玻璃布一层	玻璃布一层
	4	石油沥青一层(厚1.0~1.5mm)	石油沥青一层(厚1.0~1.5mm)	石油沥青一层(厚1.0~1.5mm)
	5	玻璃布一层	玻璃布一层	玻璃布一层
	6	石油沥青一层(厚1.0~1.5mm)	石油沥青一层(厚1.0~1.5mm)	石油沥青一层(厚1.0~1.5mm)
	7	聚乙烯工业膜	玻璃布一层	玻璃布一层
	8		石油沥青一层(厚1.0~1.5mm)	石油沥青一层(厚1.0~1.5mm)
	9		聚乙烯工业膜	玻璃布一层
	10			石油沥青一层(厚1.0~1.5mm)
	11			聚乙烯工业膜

6.3.2.2 涂装

石油沥青防腐层的车间生产流程如图 6－1 所示。

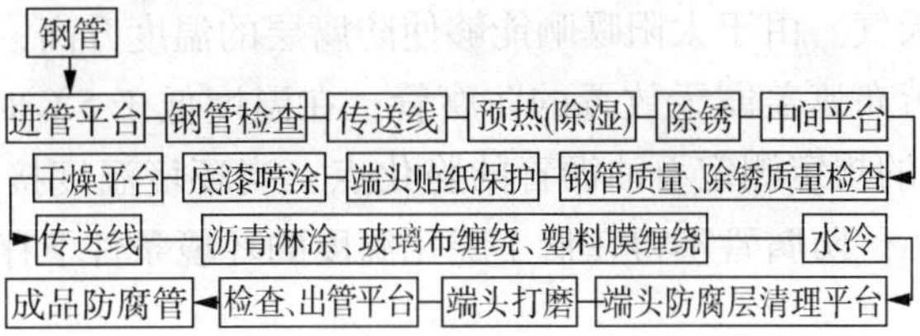

图 6－1　石油沥青外防腐管的制作工艺流程图

1. 表面处理

钢管表面处理质量应不低于 GB8923《涂料前钢材表面锈蚀等级和除锈等级》规定的 Sa2 级或 St3。除锈后，使用手砂轮进行必要的打磨，将各种飞溅物、飞边、毛刺等清除干净，焊缝表面应光滑、无焊瘤、无棱角。

在石油沥青防腐层大量应用时期，大量采用涂装设备在管线上骑行的现场涂装方式，防腐层沿管线连续，没有补口，表面处理基本上全部采用机械钢丝刷除锈，钢管表面存在轧制氧化皮，表面粗糙度也很低；后期采用抛丸除锈，除锈等级只需要达到 Sa2 级。

2. 涂底漆

保持处理后金属表面的状态，及时涂底漆，以免受到灰尘的沾污或产生浮锈。宜采用高压无空气喷涂机进行底漆的涂敷。底漆漆膜应均匀连续，无漏涂、流痕等缺陷；漆膜厚度为 100～200μm。常温下涂刷底漆后应在 12h 之内浇涂石油沥青。

3. 防腐层涂装

（1）石油沥青准备。石油沥青通常装在 220L 以下的金属容器内，宜破碎成粒径 100～200mm 的小块，严禁混入泥土、砂石、包装桶皮及纸屑等杂物，严禁不同型号的沥青掺和使用。将破碎后的沥青加入熔化釜中，盖严釜盖。采用直接加热或导热油间接加热方式缓慢加热熔化釜熔化沥青。沥青熔化后，开动搅拌，清除表面的漂浮物，熬制脱水。熬制温度宜控制在 230℃，经过 4～5h 的熬制，完全脱水。将熬制后的沥青经过过滤器，泵送到淋涂槽。

（2）石油沥青淋涂、玻璃布和塑料膜缠绕。将石油沥青均匀地淋涂到螺旋送进的钢管外壁上，要求涂敷均匀连续；随即螺旋缠绕玻璃布，按沥青一层、玻璃布一层，如此作业，直至沥青淋涂的层数和玻璃布缠绕层数达到防腐层结构规定，最后一层沥青淋涂后缠绕塑料膜。根据钢管的送进速度、防腐层结构与厚度来确定沥青的流量，保证流量恒定，流出稳定，沥青温度以 200～230℃为宜。要求玻璃布缠绕紧密、无褶皱，压边 20～30mm，接头搭接 100～150mm。玻璃布 95%以上应被石油沥青浸透，严禁出现大于 50mm×50mm 的空白。塑料膜缠绕力度适中，无皱褶、脱壳、破损，压边 20～30mm，接头搭接 100～150mm。

应当按规定按时监测熬制好的石油沥青的针入度、延度和软化点，避免这三项指标不合格，导致防腐层不合格。

（3）冷却处理。应注意冷却水的流量是否充足，防腐层通过冷却段后温度是否充分降低，是否具有稳定的形状，能够承受传动轮的辊压而不变形。

（4）成品防腐管堆放和搬运。防腐管应按照标准规定进行码放，地面上应放置软垫、沙袋和管托等，使防腐管离地面150mm，码放层数以防腐层不被压薄为宜。防腐管露天堆放时应避免曝晒和严寒天气。由于太阳曝晒能够使防腐层的温度升高，易造成防腐层软化、变形，在夏季时应使用苫布遮盖露天放置的防腐管；在温度低于5℃时，应按《石油沥青脆化点测定法》GB/T 4510 的规定测定石油沥青的脆化点，当环境温度接近脆化温度时，不得进行防腐管的吊装和搬运；防腐管不得在低于脆化温度的环境条件下存放，以防止防腐层产生裂纹或开裂。

（5）涂装环境条件限制。当环境温度低于 -15℃时，或者相对湿度大于85%时，在未采取可靠措施的情况下，不得进行钢管的防腐作业。

6.3.3 石油沥青防腐层的质量检测

石油沥青防腐管检验包括生产过程检验、成品检验和产品出厂检验，检验记录应予保存。

6.3.3.1 生产过程检验

应检验除湿、除锈、底漆涂敷、沥青淋涂、玻璃布及塑料膜缠绕、预留端清理和修整等整个生产过程。

（1）表面处理后应逐根进行钢管表面处理的质量检验，钢管表面处理质量应不低于 Sa2 级或 St3 级。

（2）底漆漆膜应均匀连续，无漏涂、流痕等缺陷，漆膜厚度约 100 ~ 200μm。

（3）对每锅熬制后的石油沥青的软化点、针入度、延度三项指标进行检测，检测应符合表6 -5 材料性能指标的要求。

（4）检查沥青涂敷和玻璃布缠绕是否合格。要求沥青涂布均匀；玻璃布缠绕紧密、无褶皱，压边 20 ~ 30mm，接头搭接 100 ~ 150mm，玻璃布 95% 以上被石油沥青浸透，严禁出现大于 50mm × 50mm 的空白；塑料膜缠绕力度适中，无皱褶、脱壳、破损，压边 20 ~ 30mm，接头搭接 100 ~ 150mm。

6.3.3.2 防腐成品检验

（1）外观检查。对防腐管逐根进行检查。防腐层表面应平整，无明显气泡、麻面、皱纹、凸痕等；塑料膜压边均匀、无皱褶。防腐层端面为整齐的斜面，预留段长度符合要求。外观有大面积严重缺陷的防腐管应判废。

（2）漏点检测。对防腐管逐根进行检查。以无漏点为合格。石油沥青防腐层的检漏电压为：

普通级防腐层检漏电压为：16kV；

加强级防腐层检漏电压为：18kV；

加强级防腐层检漏电压为：20kV。

（3）厚度检查。每班生产的防腐管中，按 10% 的比例抽检且不得少于 1 根。用无损厚度测量仪进行厚度检测，每根管子选 3 个截面，每个截面测上、下、左、右 4 点，最薄点的厚度不应小于表6 -8 中规定的厚度。若不合格，加倍抽查；若其中 1 根仍不合格，该班生产的防腐管全部为不合格。不合格的防腐管应另行堆放，不得出厂。

（4）黏结力检查。每班抽查 1% 的防腐管，且不少于 1 根管，1 根管上测一个点。如果检测结果不合格，再抽查两根管，其中1根仍不合格时，该班生产的防腐管全部为不合格。检测方法为：在防腐层上切出夹角为45°~60°、两条边长约40~50mm的切口，应完全切透防腐层。从切口尖角顶端撕开防腐层，防腐层应不易撕开，撕开后钢管表面100%地被沥青或底漆覆盖为合格。

（5）产品的出厂检验。产品的出厂检验只检查防腐管的外观、厚度和连续性（针孔检测），检查比例如下：

外观检查：100%；

防腐层厚度检查：每50根抽查一根，不足50根按50根计；

漏点检查：每20根抽查一根，不足20根按20根计。

6.4 环氧煤沥青防腐层

6.4.1 环氧煤沥青防腐层的特性

6.4.1.1 环氧煤沥青涂料

我国行业标准SY/T 0447—1996规定的环氧煤沥青防腐层采用溶剂型环氧煤沥青涂料，由于溶剂型涂料施工需要多道涂装，每次涂的厚度较小，以便于溶剂充分挥发和每道漆充分干燥，使得防腐层的施工周期过长。所以实际施工中，往往采用玻璃布防腐层结构一次涂敷成型的方法，以缩短防腐层施工周期，这样形成的防腐层质量很差。现在，无溶剂、厚膜型和快速固化产品已经出现，使得环氧煤沥青防腐层的涂装只需涂1~3道，淘汰了玻璃布的使用，提高并保证了防腐层的防腐性能。

环氧煤沥青涂料的技术指标见SY/T 0447—1996《埋地钢质管道环氧煤沥青防腐层技术标准》。环氧煤沥青防腐层加厚用玻璃布宜采用经纬密度为（10×10）根/cm^2、厚度为0.10~0.12mm、中碱或低碱（含碱量不超过12%），无捻、平纹、两边封边、带芯轴的玻璃布卷。

6.4.1.2 防腐层的等级及结构

防腐层的等级结构见表6-9。

表6-9 溶剂型环氧煤沥青防腐层的等级及结构

防腐层等级		防腐层结构	总厚度/mm
普通级		一层底漆+三层面漆	≥0.30
加强级	A	一层底漆+两层面漆+一层玻璃布+两层面漆	≥0.40
	B	一层底漆+一层面漆+一层浸渍面漆的玻璃布+一层面漆	
特加强级	A	一层底漆+两层面漆+一层玻璃布+一层面漆+一层玻璃布+两层面漆	≥0.60
	B	一层底漆+一层面漆+一层浸渍面漆的玻璃布+一层浸渍面漆的玻璃布+一层面漆	

6.4.2 环氧煤沥青防腐层的制作

液体环氧（煤沥青）外防腐管的制作工艺流程如图6-2所示，通常是单根管涂覆，不连续作业。其中除锈、底漆涂覆、面漆涂覆（以及玻璃布缠绕）和防腐层检查工序是质量监测的重要部位。

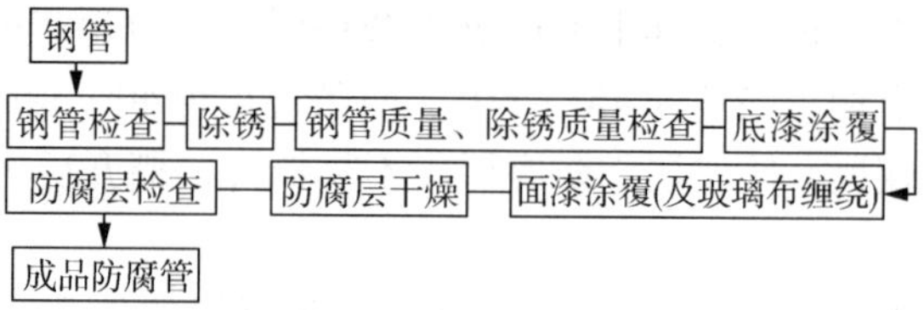

图6-2　液体环氧(煤沥青)外防腐管的制作工艺流程图

6.4.2.1　钢管表面处理

应采用喷(抛)丸除锈机或喷砂除锈机进行除锈。除锈后，用手砂进行必要的打磨，将各种飞溅物、飞边毛刺等清除干净，钢管表面处理质量应不低于Sa2级(经济级)，金属表面的锚纹以约40~60μm为宜；焊缝表面无毛刺、无焊瘤、无棱角。保持处理后金属表面的状态，及时涂底漆，以免再生锈。底漆涂敷时应保持钢管表面状况仍符合此要求。

6.4.2.2　防腐层涂敷

(1) 涂漆准备。新开桶的涂料要充分搅拌，将沉淀完全搅起来，然后按比例加入固化剂，搅拌混合均匀后，一般静置熟化15~30min，熟化时间随温度的升高或下降而缩短或延长。熟化后的漆料才能用于涂敷。

(2) 涂敷底漆。宜采用高压无气喷涂机进行，底漆应自然干燥达到表干，底漆漆膜应均匀连续，无漏涂、流痕等缺陷；底漆干膜厚度25μm以上。预留段不涂漆。

(3) 涂敷面漆。宜采用高压无气喷涂或刷涂进行，但要缠绕玻璃布时，则只宜采用刷涂涂敷面漆，以使面漆能够良好浸润玻璃布；如果采用机械缠绕，则宜采用浸满面漆的玻璃布来进行缠绕涂敷。

(4) 打腻子。如果防腐层为含玻璃布结构，且焊缝高出钢管表面2mm，应在底漆涂敷后，在焊道两侧刮腻子(腻子用面漆和滑石粉调制而成)，使焊道和钢管表面形成平滑过渡的曲面，然后再进行面漆涂装。

(5) 涂敷间隔时间。涂完底漆的钢管要进行充分干燥。在环境气温条件下一般需要干燥45min以上，使底漆中的溶剂充分挥发，达到表干。底漆表干后应尽快涂装面漆，避免底漆表面沾染灰尘。

对普通级防腐层，每道面漆应实干后涂敷下一道面漆。对加强级、特加强级防腐层，第一道面漆、倒数第二道面漆应在实干后再涂敷后一道面漆；其他面漆应连续涂敷，也可以用浸满面漆的玻璃布代替。应避免上一道漆固化后才涂敷下一道漆。

(6) 防腐层固化的检查。现场一般采用指触法进行防腐层的干燥程度检查。

表干：用手指轻触防腐层不粘手；

实干：用手指推捻防腐层不移动；

固化：用手指甲刻防腐层不留刻痕。

6.4.2.3　成品防腐管堆放

(1) 防腐层应固化之后，才能够用吊带吊装防腐管并进行运输。

(2) 防腐管露天堆放时应避免长期曝晒。由于太阳长期曝晒能够造成防腐层中环氧树脂和煤沥青分子中的芳香族苯环的破坏，致使防腐层表面粉化；环氧煤沥青防腐层中的煤焦油成分短时间内就可能从防腐层迁移出来，产生针孔。因此，需要时，露天放置应使用苫布遮盖防腐管。

（3）防腐管应按照标准规定，使用软质垫材和管托进行码放，码放层数按照表6－10的规定。

表6－10 环氧煤沥青防腐管码放层数

管径 *DN*/mm	<200	200～300	300～400	400～500	500～600	600～800	>800
最大码放层数	10	7	6	5	4	3	2

6.4.3 环氧煤沥青防腐层的质量检测

防腐管的检验包括生产过程检验、成品检验和产品出厂检验，检验记录应予保存。

6.4.3.1 涂装过程质量检验

应检查除锈、底漆涂覆、面漆涂覆和玻璃布缠绕等整个生产过程。

（1）环氧煤沥青防腐钢管表面处理质量达到Sa2级，锚纹深度以约40～50μm为宜；处理后的金属表面应洁净无尘。

（2）检查涂料的使用温度、配比。需要时，应检查两组分配好的涂料是否是在熟化后使用，在适用期内用完。

（3）漆膜应均匀、连续，无漏涂、流痕等缺陷，每道漆膜的厚度应符合涂装规程的规定。应检查多次涂覆的涂覆时间间隔、漆膜干燥程度是否符合规程规定。

（4）应检查玻璃布是否被面漆浸透，压边是否均匀。

（5）防腐层应饱满、平整光亮，无气泡、空鼓和缩孔。

6.4.3.2 成品防腐管质量检验

（1）外观检查。对防腐管逐根进行外观检查。防腐层表面应平整，呈光亮的涂膜。有玻璃布结构的防腐层其玻璃布缠绕应均匀、紧密、无皱褶，压边15～25mm，涂料完全浸润玻璃布。预留段长度符合要求。外观有大面积严重缺陷的防腐管应判废。

（2）针孔检查。对防腐管逐根进行检查，以无漏点为合格。普通级防腐层的检漏电压为2000V，加强级的检漏电压为2500V，特加强级的检漏电压为3000V，以无漏点为合格。按SY/T 0447—96的规定，对零星针孔允许修补，对有大面积针孔的防腐管应判废。

（3）厚度检查。每20根管子抽检1根(不足20根时也应抽检1根)，用无损厚度测量仪进行检测，在每根管子两端和中间任选3个截面，每个截面测上、下、左、右4点，最薄点的厚度不应小于表6－9的规定。不合格再抽查两根管，其中1根仍不合格时，该20根防腐管全部判为不合格。厚度不合格的防腐层可在固化前进行补涂，使防腐层厚度达到规定要求。

（4）黏结力检查。每20根管抽查1根，1根管上测一个点。如果检测结果不合格，再抽查2根管，其中1根仍不合格时，应逐根进行检查，确定不合格的防腐管的范围和数量，进行返工。

检测方法为：用锋利刀刃垂直划透防腐层，形成两道长约40mm，夹角为45°的交叉切口，用刀尖从切割线交叉点挑剥切口内的防腐层，符合下列条件之一认为防腐层粘结力合格。

① 实干后只能在刀尖作用处被局部挑起，其他部位的防腐层仍和钢管粘结良好，不出现成片挑起或层间剥离的情况；

② 固化后很难将防腐层挑起，挑起处的防腐层呈脆性点状断裂，不出现成片挑起或层间剥离的情况。

6.5 环氧粉末防腐层

6.5.1 环氧粉末防腐层的特性

我国SY/T0315—2005《钢质管道单层熔结环氧粉末外防腐层技术规范》规定防腐层的最高使用温度为100℃，但常规单层熔环氧的耐湿热性能有限。普通埋地管道防腐层的运行温度不宜超过65～80℃，特别加厚的防腐层的使用温度可以提高到95℃[1]，但抗冲击损伤的能力可能减弱。SY/T0315—2005对材料和防腐层性能的规定如下。

1. 环氧粉末涂料的技术条件

熔结环氧粉末防腐层的材料是环氧粉末涂料。每种牌(型)号的环氧粉末涂料的技术条件应符合表6-11的规定；同时，在实验室规定条件下制作的防腐层试件的性能检测结果应符合表6-12的规定。

表6-11 环氧粉末涂料的性能

项目		质量指标	试验方法
外观		色泽均匀、无结块	目测
固化时间/min		应满足买方要求	SY/T 0315 附录A
胶化时间/s		应满足买方要求	GB/T 6554
热特性		符合粉末生产厂给定指标	SY/T 0315 附录B
不挥发物含量/%		≥99.4	GB/T 6554
粒度分布/%	150μm筛上粉末	≤3.0	GB/T 6554
	250μm筛上粉末	≤0.2	
密度/(g/cm^3)		1.3～1.5	GB/T 4472
磁性物含量/%		≤0.002	JB/T 6570

注：230℃时，固化时间不宜超过1.5min；胶化时间宜为8～30s。

表6-12 实验室涂敷试件的防腐层质量指标

项目	质量指标	试验方法
外观	平整、色泽均匀，无气泡、开裂及缩孔，允许有轻微橘皮状花纹	目测
热特性	符合生产厂规定	SY/T 0315 附录B
28d耐阴极剥离/mm	≤8.5	SY/T 0315 附录C
24h或48h耐阴极剥离/mm	≤6.5	
粘结面孔隙率等级/级	1～4	SY/T 0315 附录D
断面孔隙率等级/级	1～4	
抗3°弯曲(订货规定的最低试验温度±3℃)	无裂纹	SY/T 0315 附录E
抗1.5J冲击(-30℃)	无漏点	SY/T 0315 附录F
24h附着力/级	1～3	SY/T 0315 附录G
弯曲后防腐层28d耐阴极剥离	无裂纹	SY/T 0315 附录H
电气强度/(MV/m)	≥30	GB/T 1408—1989
体积电阻率/Ω·m	$\geq 1\times10^{13}$	GB/T 1410.1
耐化学腐蚀	合格	SY/T 0315 附录I
耐磨性(落砂法)/(L/μm)	≥3	SY/T 0315 附录J

2. 防腐层等级及厚度

熔结环氧粉末防腐层等级及厚度见表 6－13。

表 6－13　熔结环氧粉末防腐层等级及厚度

序　号	防腐层等级	最小厚度/μm	参考厚度/μm
1	普通级	300	300～400
2	加强级	400	400～500

6.5.2　环氧粉末防腐层的制作

熔结环氧粉末外防腐管车间作业线工艺流程如图 6－3 所示，其中除锈、钢管加热、环氧粉末涂料喷涂和固化、出管前成品检查工序是质量监测的重要部位，而表面处理质量、环氧粉末的固化温度及时间是控制关键点。

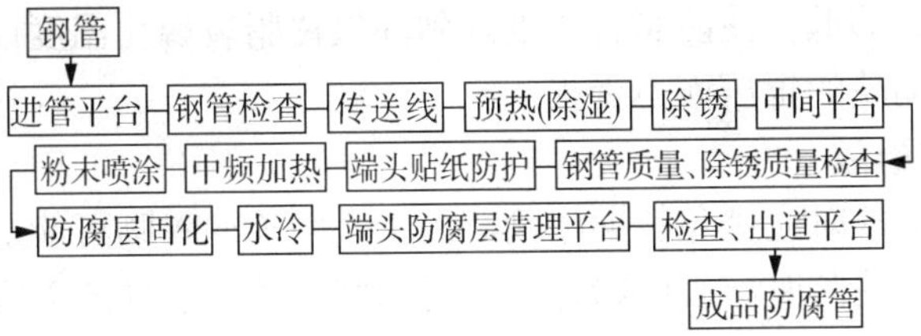

图 6－3　熔结环氧粉末外防腐钢管的制作工艺流程图

6.5.2.1　钢管表面处理

（1）如果存在少量油渍，应采用二甲苯或其他适当的溶剂将其擦拭干净；如果有大量油及油脂沾污，或者涂有石油沥青车间底漆，需要采用火焰进行燃烧处理，使油污或底漆完全燃烧或炭化。

（2）如钢管表面有盐分污染，在冲洗除盐后，可以采用磷化和铬酸盐处理，进一步提高表面状态，增强环氧粉末对钢管的粘接力。

（3）应采用抛丸除锈进行除锈。除锈后，用手砂轮进行必要的打磨，将各种飞溅物、飞边毛刺等清除干净，焊缝表面应光滑、无焊瘤、无棱角；钢管表面处理质量应不低于 Sa2.5 级。金属表面的锚纹深度应在 40～100μm 的范围之内；除净钢管内的锈渣、磨料以及钢管表面的灰尘。

应严格控制金属表面处理的质量并及时涂敷，防止原有沾污、二次沾污以及返锈对涂装的影响，并注意下列三点：

① 磨料的清洁：除保证彻底清除油渍，把钢管温度升高 40～60℃以有效清除湿气之外，还应注意钢管表面油渍和潮湿可能对磨料产生的污染，防止受污染磨料对表面处理带来质量问题。

② 除尘：除锈后，应将钢管外表面残留的锈粉微尘清除干净。也应将钢管内的粉尘等吸除干净。避免微尘对防腐层的粘结质量产生影响。

③ 二次除锈：应将钢管表面处理后 8h 内进行喷涂；如果湿度接近规定极限，应在 4h 内进行涂装。如果出现返锈、表面沾污时，或超过规定时间未涂装，必须重新进行钢管表面处理。

6.5.2.2 涂装过程

（1）加热（通常采用中频加热设备）钢管，使钢管温度达到环氧粉末涂料产品说明书要求的涂敷温度条件。

（2）喷涂环氧粉末涂料。当钢管温度加热到涂料涂敷所需要的温度时（最高不得超过275℃），喷涂环氧粉末涂料，并使涂料在钢管表面熔化、流平、胶化和固化。应确定并保持合理的钢管送进速度、供粉量，使防腐层固化时间达到产品说明书规定要求，防腐层厚度达到设计要求。

生产中应注意监测钢管的温度，钢管温度过高，涂料的流平不良，易产生针孔；温度过低，防腐层固化不完全，防腐层物理、化学性质达不到标准规定指标的要求。所以应严格控制钢管的送进速度，并结合厂家给出的防腐层固化时间与钢管壁厚、口径的关系参数，保证防腐层完全固化。

（3）冷却处理。应在防腐层充分固化后，用水将钢管迅速冷却。应当注意冷却水的流量是否充足、温度是否足够低，使防腐管温度降到环氧树脂玻璃化温度以下，防腐层具有足够的强度，能够经受传动轮的辊压而不受损。

6.5.2.3 成品防腐管堆放

（1）防腐管露天堆放时应避免长期曝晒。由于太阳长期曝晒可能造成环氧树脂中芳香族苯环的破坏，短期内致使防腐层表面粉化，长时间则使防腐层性能下降。成品防腐管露天堆放时间不宜超过6个月；超过6个月，应使用苫布等遮盖防腐管。

（2）防腐管应按照标准规定进行码放。防腐管底部应使用至少两道柔性支撑垫，支撑垫的宽度为200mm以上，其高度应高于自然地面100mm。防腐管码放层数按照表6－14的规定。

表6－14　熔结环氧粉末防腐管码放层数

管径 DN/mm	$DN<200$	$200\leqslant DN<300$	$300\leqslant DN<400$	$400\leqslant DN<500$	$500\leqslant DN<600$	$DN\geqslant 600$
最大码放层数	10	7	6	5	4	3

6.5.3 环氧粉末防腐层的质量检测

熔结环氧防腐管的检验包括生产过程检验、成品检验和型式检验，检验记录应予保护。

6.5.3.1 生产过程质量检验

检查除湿（除油）、除锈、钢管加热、粉末涂料喷涂、预留端清理和修整等整个生产过程，作好记录。

（1）钢管表面处理质量应不低于Sa2.5级，金属表面洁净、无微尘，锚纹深度约40～100μm。

（2）涂敷前钢管加热温度、钢管送进速度应符合工艺设定的数值。

（3）检查供粉及喷粉系统是否工作正常，环氧粉末涂料喷涂是否均匀，防腐层流平是否良好，固化是否充分，防腐层外观是否呈现轻度橘皮状花纹。

6.5.3.2 成品防腐管质量检验

（1）外观检查。对防腐管逐根进行检查。防腐层表面应平整，色泽均匀，无气泡、开裂及缩孔，允许有轻度橘皮状花纹。防腐层端面整齐，预留段长度符合规定要求。

外观有大面积严重缺陷的防腐管应判废。

（2）漏点检测。对防腐管逐根进行检查。检漏电压根据防腐层厚度确定，为5V/μm；检测面积为100%。以无漏点为合格。

根据标准规定，如果漏点数量为：钢管外径小于325mm，平均每米管长不超过1.0个；钢管外径在325mm以上，平均每米管长不超过0.7个，允许按标准规定方法进行修补。漏点数量超过上述规定的防腐管应判废。

（3）厚度检查。沿每根管子轴向随机取3个位置，测量每个位置沿圆周均布的任意4点，防腐层最薄点厚度应符合表6－15及订货的要求。

6.5.3.3 型式检验

每批连续生产的防腐管，应按每种管径、壁厚，每个工作班（最长12h）截取一长度约500mm的管段试件，按表6－15规定的项目进行检测。

表6－15 FBE防腐管型式检验项目及指标

试验项目	质量指标	试验方法
24h阴极剥离/mm	≤11.5	SY/T 0315 附录C
断面孔隙率/级	1～4	SY/T 0315 附录D
黏结面孔隙率/级	1～4	
24h附着力/级	1～3	SY/T 0315 附录G
抗2.5°弯曲（订货规定的最低试验温度±3℃）	无裂纹	SY/T 0315 附录E
抗1.5J冲击（－30℃）	无漏点	SY/T 0315 附录F

如试验结果不合格，应立即调整涂敷工艺参数，并在该不合格管段试件和前一合格管段试件之间的防腐管中追加两个试件重新测试，若两个试件的试验结果均合格，则该区段防腐管可以通过验收；若有一个试件的试验结果不合格，则应将前个试验管段到该不合格试验管段之间的防腐管全部视为不合格。

6.6 聚乙烯防腐层

6.6.1 聚乙烯防腐层的特性

常规聚乙烯防腐层即挤出聚乙烯防腐层，也称二层结构聚乙烯（2LPE）。2LPE具有极为优异的抗机械损伤能力，水汽渗透率极低，电绝缘性优异，并有良好的低温性能；防腐层的黏结力不是很好，温度升高会导致黏结性的丧失，和阴极保护的匹配性较差，防腐层可能在保护电流的作用下失去粘结性，并对电流产生屏蔽。

三层结构（3LPE）是底层为环氧防腐层、中间为粘结剂层、外层为聚烯烃的防腐层。3LPE常采用FBE作底层，聚乙烯－马来酸酐接枝共聚物作粘结剂层，面层为挤出聚乙烯。3LPE拥有2LPE防腐层的全部优点，克服了2LPE粘接力不足的缺点，有很好的防腐性能，但仍存在保护电流屏蔽的潜在风险。

6.6.1.1 材料技术条件

我国SY/T0413—2002《埋地钢质管道聚乙烯防腐层技术标准》的规定如下。

（1）环氧粉末涂料。环氧粉末涂料的质量应符合表6－16的规定。

（2）胶黏剂。PE防腐层使用的胶黏剂的性能应符合表6－17的规定。

（3）聚乙烯专用料。聚乙烯专用料的性能指标以及挤出片材的性能指标分别见表6－18、表6－19。

表6－16 环氧粉末涂料的性能指标

项目		性能指标	试验方法
环氧粉末涂料	粒度分布/%	150μm筛上粉末≤3.0 250μm筛上粉末≤0.2	GB/T 6554
	挥发分/%	≤0.6	GB/T 6554
	胶化时间(200℃)/s	≥12	GB/T 6554
	固化时间(200℃)/min	≤3	SY/T 0413附录C
FBE防腐层	附着力/级	≤2	SY/T 0413附录A
	阴极剥离(65℃，48h)/mm	≤8	SY/T 0413附录B

表6－17 胶粘剂的性能指标

项目	性能指标	试验方法
密度/(g/cm^3)	0.910～0.950	GB/T 4472
熔体流动速率(190℃，2.16kg)/(g/10min)	≥0.5	GB/T 3682
维卡软化点/℃	≥90	GB/T 1633
脆化温度/℃	≤－50	GB/T 5740

表6－18 聚乙烯专用料的性能指标

项目	性能指标	试验方法
密度/(g/cm^3)	≥0.94	GB/T 4472
熔体流动速率(190℃，2.16kg)/(g/10min)	≥0.12	GB/T 3682
炭黑含量/%	2.0～2.4	GB/T 13021
耐热老化(100℃，2400h；100℃，4800h)①/%	≤35	GB/T 3682

①耐热老化指标为试验前后的熔体流动速率偏差。常温型：试验条件为100℃，240h；高温型：试验条件为100℃，480h。

表6－19 聚乙烯专用料挤出片材的性能指标

项目		性能指标	试验方法
拉伸强度/MPa		≥20	GB/T 1040
断裂伸长率/%		≥600	GB/T 1040
维卡软化点/℃		≥110	GB/T 1633
脆化温度/℃		≤－65	GB/T 5470
电气强度/(MV/m)		≥25	GB/T 1408.1
体积电阻率/Ω·m		$\geq 1\times 10^{13}$	GB/T 1410
耐环境应力开裂(F50)/h		≥1000	GB/T 1842
耐化学介质腐蚀(7d)①/%	10% HCl	≥85	SY/T 0413附录D
	10% NaOH	≥85	
	10% NaCl	≥85	
耐紫外光老化(336h)①/%		≥80	SY/T 0413附录E

① 耐化学介质腐蚀和耐紫外光老化指标为试验后拉伸强度和断裂伸长率的保持率。

6.6.1.2 防腐层材料适用性试验

符合上述规定的材料，应在作业线上进行涂敷试验，检查涂敷得到的防腐层的性能，包括对割取的聚乙烯层的检查、防腐管上或切割试件上的防腐层的检查，结果应符合表6－20的要求。

表6－20 材料适用性试验和防腐层性能指标

项目			性能指标		试验方法
			二层	三层	
聚乙烯层	拉伸强度	轴向/MPa	≥20		GB/T 1040
		周向/MPa	≥20		
		偏差①/%	<15		—
	断裂伸长率/%		≥600		GB/T 1040
	耐环境应力开裂(F50)/h		≥1000		GB/T 1842
	压痕硬度/mm	23℃ ±2℃	≤0.2		SY/T 0413 附录 F
		50℃ ±2℃或70℃ ±2℃	≤0.3		
防腐层	剥离强度/(N/cm)	20℃ ±5℃	≥70	≥100	SY/T 0413 附录 G
		50℃ ±5℃	≥35	≥70	
	阴极剥离(65℃，48h)/mm			≤8	SY/T 0413 附录 B
	冲击强度/(J/mm)		≥8		SY/T 0413 附录 H
	抗弯曲(2.5°)		聚乙烯无开裂		SY/T 0413 附录 J

① 偏差为轴向和周向拉伸强度的差值与两者中较低者之比。

② 常温型：试验条件为50℃ ±2℃；高温型：试验条件为70℃ ±2℃。

6.6.1.3 防腐层的等级、结构及厚度

防腐层的等级、结构及厚度见表6－21。

表6－21 防腐层的等级、结构及厚度

钢管公称直径 DN/mm	防腐层最小厚度/mm		胶黏剂层/μm	FBE 层/μm
	普通级	加强级		
$DN \leqslant 100$	1.8	2.5	170～250	≥80
$100 < DN \leqslant 250$	2.0	2.7		
$250 < DN < 500$	2.2	2.9		
$500 \leqslant DN < 800$	2.5	3.2		
$DN \geqslant 800$	3.0	3.7		

注：钢管焊缝部位防腐层的厚度应不小于表中规定值的70%。

6.6.2 聚乙烯防腐层的制作

聚乙烯外防腐钢管的制作应在车间内专用机械化防腐作业线上进行，其工艺流程见图6－4所示，其中除锈、钢管加热、环氧涂料喷涂、胶黏剂的挤出包覆(或缠绕)、聚乙烯的挤出包覆(或缠绕)、出管前成品检查工序是质量监测的重要部位。

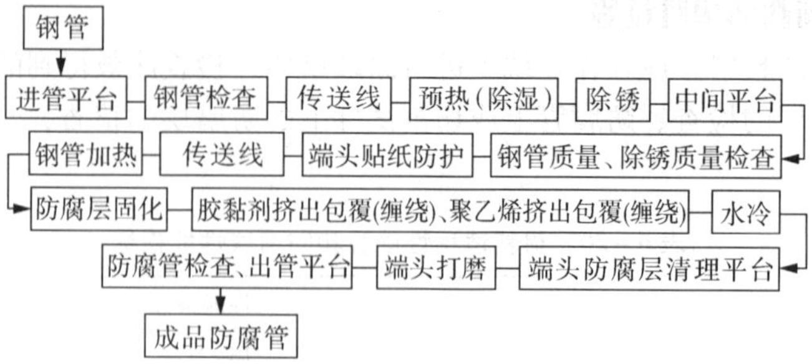

图6－4　聚乙烯外防腐钢管的制作工艺流程图

6.6.2.1　钢管表面处理

参见6.5.2.1环氧粉末涂装钢管表面处理的内容，严格控制钢管表面处理质量。

6.6.2.2　钢管加热

加热(通常采用中频加热设备)钢管，使钢管温度达到工艺所需的温度条件。如采用环氧粉末底层，钢管预热温度和温度保持时间应符合环氧粉末生产厂家规定的环氧粉末固化条件。

6.6.2.3　防腐层涂敷

按表6－21规定的防腐层结构进行涂装。严格控制环氧底层、胶黏剂层和聚乙烯层各层的厚度。

1. 环氧底层的涂敷

三层结构可以采用无溶剂环氧液体涂料或环氧粉末涂料作底层。

(1) 环氧液体涂料喷涂。宜采用高压无气喷涂机进行涂料的涂敷。漆膜应均匀连续，无漏涂、流痕等缺陷，漆膜厚度应不低于80μm。液体涂料固化完成前应进行胶粘剂的涂敷。

(2) 环氧粉末涂料喷涂。采用静电喷涂涂敷环氧粉末涂料。应保证钢管预热温度和粉末涂料的反应时间，使涂料在钢管表面熔化、流平、胶化和完全固化；防腐层应均匀连续，无漏涂，厚度应不低于80μm。如FBE涂装温度偏低，未完全固化，防腐层黏结检验不合格，并会出现防腐层早期黏结失效，应予以高度重视。

粉末层胶化过程中应进行胶黏剂的涂敷。

2. 胶黏剂、聚乙烯的涂覆

胶黏剂的涂覆应在底层环氧涂料固化前完成，随后进行聚乙烯的涂敷。

应根据胶黏剂、聚乙烯的软化点和流动速率调节挤出机各段加热温度和挤出温度；根据胶黏剂的设计厚度，设定和钢管送进速率相匹配的胶黏剂挤出排量，将胶黏剂挤出包覆或缠绕在钢管上。

根据聚乙烯层的设计厚度，设定和钢管送进速率相匹配的聚乙烯挤出排量，将聚乙烯挤出包覆或缠绕到胶黏剂层上。如采用侧向缠绕，应根据聚乙烯膜片的宽度，设定合理的钢管轴向送进与转动的速比，使聚乙烯膜片搭缠到钢管上时的宽度正好是螺距(钢管转动1周轴向行进的距离)的整数倍，达到厚度均匀。

生产中应注意监测挤出温度、挤出速率和钢管送进速率，使挤出的塑料塑化充分，聚乙烯层表面应平整光滑，无暗泡、麻点、皱褶和裂纹。此外，应注意压辊的弹性，压辊对聚乙烯层的辊压力度，排除PE层下的气泡，保证钢管焊缝两侧不出现空鼓，并避免焊缝部位的防腐层受到过度挤压而变薄。

3. 冷却处理

涂覆完成后，应在环氧粉末底层充分固化之后，用水将钢管迅速冷却。应当注意冷却水的流量是否充足、温度是否足够低，使防腐管温度降到60℃温度以下，PE层具有足够的强度，能够经受传动轮的辊压，PE层厚度不受影响。

6.6.2.4 **成品防腐管堆放**

（1）防腐管露天堆放时应避免长期曝晒。露天放置时间不宜超过12个月；如露天放置要超过12个月以上，应使用苫布等遮盖防腐管。

（2）按照标准规定，防腐管底部应使用至少两道柔性支撑垫，支撑垫的宽度为100mm以上，其高度应高于自然地面100mm。防腐管码放层数按照表6－22的规定。

表6－22 聚乙烯防腐管码放层数

管径 DN/mm	$DN<200$	$200\leqslant DN<300$	$300\leqslant DN<400$	$400\leqslant DN<600$	$600\leqslant DN<800$	$DN\geqslant 800$
最大码放层数	10	8	6	5	4	3

6.6.3 聚乙烯防腐层的质量检测

聚乙烯防腐管的检验包括生产过程检验、成品检验，检验记录应予保存。

6.6.3.1 **生产过程质量检验**

检查除湿（除油）、除锈、钢管加热、粉末涂料喷涂、胶黏剂和聚乙烯的缠绕（或包覆）、预留端清理和修整等整个生产过程，作好记录。

（1）钢管表面处理质量应不低于Sa2.5级，金属表面洁净、无微尘，锚纹深度约40～100μm。

（2）涂敷前钢管加热温度应符合工艺设定的数值规定。

（3）检查供粉及喷粉系统是否工作正常，环氧粉末底层喷涂是否均匀，防腐层流平是否良好。

（4）挤出胶黏剂、聚乙烯应塑化良好，聚乙烯缠绕层数应符合工艺规定，防腐层外观平整，无气泡。

6.6.3.2 **聚乙烯成品管质量检验**

应进行钢管防腐层的外观、漏点、厚度检验，并对黏结力、阴极剥离、聚乙烯层拉伸强度和断裂伸长率进行检验。

1. 外观检查

对防腐管逐根进行检查。聚乙烯防腐层表面平整光滑，无暗泡、麻点、皱褶和裂纹，色泽均匀。防腐层端面为整齐的斜面，预留段长度符合规定要求。外观有严重缺陷的防腐管应判废。

2. 漏点检测

采用在线电火花检漏仪对防腐管逐根、连续检查，检漏电压为25kV，以无漏点为合格。单根管有2个以下漏点，允许按标准规定方法进行修补；单根管漏点多于2个，或单个漏点沿轴向的尺寸大于300mm，该管为不合格。

3. 厚度检查

用磁性测厚仪测量防腐层的厚度。每连续生产批至少应检查第1、5、10根管的防腐层厚度，之后每10根至少测1根。每根管子随机检测1个位置，测钢管圆周均匀分布4点的防腐层厚度，最薄点的厚度不应小于表 6－21 的规定。不合格的防腐管不得出厂。

4. 防腐层性能检验

防腐层剥离强度、阴极剥离，聚乙烯层拉伸强度和断裂伸长率的检测，按以下规定进行。

（1）剥离强度检测。每连续生产 4h，应在两个温度下各抽查 1 次剥离强度，结果应符合表 6－20 指标的规定。

（2）阴极剥离检测。每连续生产的第 10km、20km、30km 的防腐管，均应进行 1 次阴极剥离性能检验，之后每 50km 进行 1 次阴极剥离检验，检验结果应符合表 6－20 指标的规定。若不合格，应加倍抽查，若检测结果均合格，该批为合格；若仍有不合格，则全批为不合格。

（3）拉伸强度和断裂伸长率检测：每连续生产 50km 防腐管，应截取聚乙烯层样品，进行拉伸强度和断裂伸长率检测，结果应符合表 6－20 指标的规定。若不合格，应再次抽查，若检测结果合格，该批为合格；若仍不合格，则全批为不合格。

6.7 聚乙烯胶黏带防腐层

6.7.1 聚乙烯胶黏带防腐层的特性

聚乙烯胶黏带防腐层较软、较薄，抗损伤能力低，和钢管的黏结强度低，防腐层黏结力在高温或低温时都可能下降。因此，聚乙烯胶黏带的使用温度需要较为严格的限制，同时应注意阴极剥离对防腐层的危害，并注意防范应力腐蚀开裂的风险。

6.7.1.1 材料性能指标

胶黏带防腐层的主要材料包括底漆、聚乙烯内带及外带，底漆、胶黏带的性能应分别符合表 6－23、表 6－24 的规定；聚乙烯胶黏带防腐层性能应符合表 6－25 的规定。

表 6－23 底漆性能

项目	指标	试验方法
固体含量/%	≥15	GB/T 1725
表干时间/min	≤5	GB/T 1728
黏度（涂 4－杯）/s	10～30	GB/T 1723

表 6－24 聚乙烯胶黏带性能

项目			性能指标	试验方法
厚度/mm			符合厂家规定，厚度偏差≤±5%	GB/T 6672
基膜拉伸强度/MPa			≥80	GB/T 13022
基膜断裂伸长率/%			≥200	GB/T 13022
剥离强度/（N/cm）	对底漆钢		≥20	GB/T 2792
	对背材	无隔离纸	≥5	
		有隔离纸	≥20	

续表

项　　目	性能指标	试验方法
电气强度/(MV/m)	>30	GB/T 1408.1
体积电阻率/Ω·m	$>1\times10^{12}$	GB/T 1410
耐热老化试验①/%	≥75	SY/T 4014 附录 A
吸水率/%	<0.2	SY/T 4014 附录 B
水蒸气渗透率/[mg/(24h·cm^2)]	<0.45	GB/T 1037
耐紫外光老化(600h)②/%	≥80	SY/T 0413—2002

① 耐热老化指标是指式样在100℃，2400h 老化，基膜拉伸强度、基膜断裂伸长率和胶带剥离强度的保持率。

② 耐紫外光老化指标是指光老化后，基膜拉伸强度、基膜断裂伸长率的保持率。防腐管露天存放时，应考虑该项指标。

表 6-25　聚乙烯胶黏带防腐层性能

项　　目			性能指标	试验方法
厚度			符合设计规定	SY/T 0066
抗冲击(23℃强度)/J	普通级		≥1.5	SY/T 4014 附录 C
	加强级		≥3	
	特加强级		≥5	
阴极剥离(23℃，28d)/mm			≤20	SY/T 0315—2005
剥离强度(层间)/(N/M)	23℃	无隔离纸	≥5	SY/T 0413—2002
		有隔离纸	≥20	
	70℃		≥2	
剥离强度(对底漆钢)/(N/M)	23℃		≥20	SY/T 0413—2002
	70℃		≥3	

6.7.1.2　防腐层等级

聚乙烯胶黏带防腐层等级和厚度见表 6-26。

表 6-26　聚乙烯胶黏带防腐层等级和厚度

防腐层等级	总厚度/mm	防腐层等级	总厚度/mm
普通级	≥0.7	特加强级	≥1.4
加强级	≥1.0		

注：搭接宽度应按照设计确定的防腐层结构选定。一般而言，多道缠绕时搭接宽度不应小于25mm；一道缠绕成形时搭接宽度宜为胶带宽度的55%。

6.7.2　聚乙烯胶黏带防腐层的制作

聚乙烯胶黏带外防腐钢管的制作宜在车间内机械化防腐作业线上进行，其工艺流程如图 6-5所示，其中除锈、底漆涂敷、胶黏带缠绕、成品防腐管检查工序是质量监测的重要部位。

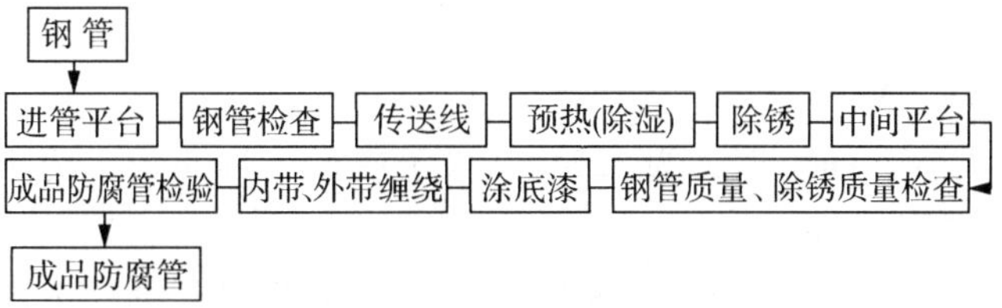

图 6-5　聚乙烯胶黏带外防腐钢管的制作工艺流程图

6.7.2.1 钢管表面处理

应采用抛丸除锈机或喷砂除锈设备进行除锈，也可以采用动力钢丝刷除锈，钢管表面处理质量应不低于 Sa2.5 级或 St3，除净表面灰尘；钢管表面应无焊渣、无毛刷。

保持处理后金属表面的状态，在 4h 内及时涂敷，以免二次沾污和返锈。

6.7.2.2 防腐层涂敷

1. 涂底漆

底漆使用前应搅拌均匀，底漆太稠时，应加入配套稀释剂稀释后使用。宜采用高压无气喷涂机进行底漆的涂敷。底漆漆膜应均匀连续，无漏涂、流痕等缺陷。底漆表干后缠绕胶黏带。

2. 胶黏带缠绕

使用适当的机械或手动缠绕工具进行胶黏带的缠绕。缠绕时，胶黏带始末端的搭接长度应不小于管子周长的 1/4，且不得小于 100mm。要求内带压边接缝与外带错开，边缝应平行。压边宽度按照设计要求，但不应低于 25mm。胶黏带缠绕不得有扭曲、皱褶，带端应压贴在防腐管上，不得翘起。

胶黏带解卷时的温度宜在 5℃以上，否则温度太低时，胶黏带可能损坏。如果胶黏带下焊缝两边可能出现空鼓，应在缠绕胶黏带之前，采用填料带或腻子填充焊缝两侧。防腐管预留段的长度为 150mm ± 10mm。

6.7.2.3 成品防腐管堆放和搬运

（1）防腐管露天堆放时应避免长期曝晒。露天放置时间不宜超过 3 个月，否则应使用苫布遮盖防腐管，但露天专用胶黏带防腐层除外。

（2）按照标准规定，防腐管底部应使用软质垫层，防腐管码放层数以不损伤防腐层为原则。

（3）防腐管吊装应采用宽尼龙带等专用吊具，轻吊轻放，防止损伤防腐层。

6.7.3 聚乙烯胶黏带防腐层的质量检测

防腐管的检验包括生产过程检验、成品检验和产品出厂检验，检验记录应予保存。

生产过程质量检验

检查除湿(除油)、除锈、底漆涂敷、胶黏带缠绕等整个生产过程，作好记录。

（1）外观检查。应逐根对防腐管进行检查。聚乙烯胶黏带防腐层应表面平整，压边均匀，无永久性气泡、皱褶和破损。防腐管预留段长度符合规定要求。

（2）漏点检测。用电火花检漏仪对防腐管进行逐根连续检查，以无漏点为合格。检漏电压根据式(6－1)确定：

$$V = K\sqrt{t} \qquad (6-1)$$

式中 V——检漏电压，V；

K——系数，t 小于 1mm 时，为 3294；t 大于或等于 1mm 时，为 7843；

t——防腐层厚度，mm。

（3）厚度检查。用磁性厚度测量仪进行检测，每 20 根管子抽检 1 根(不足 20 根时也应抽检 1 根)，每根随机抽查 3 处，每处沿圆周均匀分布测量 4 点，最薄点的厚度不应小于表 6－21 中规定的厚度。不合格再抽查 2 根管，其中 1 根仍不合格时，该批防腐管判为不合格。

（4）剥离强度检测。用刀沿管圆周方向划开宽10mm、长度大于100mm的防腐层，应划透直至管体。撬起其一端，夹住该端，用弹簧秤拉开，要求拉开方向与管壁成90°角，拉开速率不大于300mm/min。剥离强度应符合表6－20的要求。

剥离强度测试应在缠好胶带24h后进行。每千米防腐管至少应检测3处；工厂预制时，每日抽查生产总量的3%，且不少于3根，每根测一处。若有不合格，应加倍抽查，若检查结果均合格，该批为合格；若仍有不合格，则全批为不合格。

6.8 热收缩套（带）

6.8.1 热收缩套(带)的特性

聚乙烯热收缩套/带是辐射交联聚乙烯基材和特种热熔胶复合而成的一种环状或片状补口材料。聚乙烯基材由聚乙烯树脂加入其他助剂共混而成，将这种结晶的高分子片材，经高能电子辐射处理后，在较高温度下拉伸、冷却，使其产生形状、尺寸的“记忆效应”，而且在重新加热时能够自然恢复，形变很快消除，并可以收缩到挤塑成型时的原始尺寸和形状，同时内层的热熔性胶黏剂熔化，使热收缩套/带在径向收缩的前提下与管件金属面牢固地粘接在一起，从而起到密封防腐作用。与普通聚乙烯材料相比，其机械强度、耐热、耐老化、耐候性、电能性、耐化学性能均较优越，使用寿命比同类型材料增加1~2倍。

热熔胶复合到聚乙烯基材上后成为热缩套/带成品。由于底层胶黏剂含有改性的EVA或者丁基橡胶，它们都是非极性的，与非极性的PE具有很好的亲和力；该胶黏剂中含有增黏树脂，与补口裸管区及以环氧树脂为基料的防腐层有很好的粘结力。

辐射交联聚乙烯热收缩套/带应按管径选用配套的规格，产品的基材边缘应平直，表面平整、清洁，无气泡、无疵点、无裂口及分解变色。收缩套(带)产品的厚度应符合表6－27的规定。

表6－27　热收缩套/带的厚度

适用管径/mm	基材/mm	胶层/mm
≤400	≥1.2	≥0.8
>400	≥1.5	

6.8.2 热收缩套(带)的制作

热收缩套/带补口防腐层结构：中密度/高密度辐射交联聚乙烯热收缩套/带及配套底漆。

6.8.2.1 表面处理

（1）补口清理。补口前应将管道焊接口进行清理，除去尘，并用汽油或除油剂等方法去除表面的油污、偶合剂等污染物，防止热收缩套/带补口后出现气鼓或粘结力不够。

（2）补口表面处理。除去管端防腐层的剥离和破散部分，除去焊口处的焊瘤、毛刺。采用喷砂法或电动钢丝刷对管体和防腐层根部进行除锈处理，达到《涂装前钢材表面锈蚀等级和除锈等级》规定的Sa2.5级，锚纹深度50~75μm。用电动钢丝刷清理管道两端防腐层表面的泥土等杂物，宽度应以实际补口套/带宽为准，两端各加200mm左右。用电动钢丝刷把补口搭接宽度内管道的原防腐层彻底打毛，以防止热收缩套/带与管道原防腐层粘结力不够。

（3）补口预热。采用火焰烧烤的方式将补口处的裸钢管进行预热处理，预热温度控制在60～90℃。

6.8.2.2　热收缩套（带）制作

（1）涂刷底漆。采用喷涂或人工涂刷的方法，将环氧底漆均匀地涂布到补口处裸管上，底漆的厚度应大于30μm。

（2）安装热收缩套/带。将热收缩套/带内侧的牛皮纸、塑料带拉出，清除干净其表面。热收缩套/带在安装过程中要防止将泥土、草等杂物粘到内侧的胶体上，用毛巾擦去表面污物和水珠。把热收缩套/带移至补口管段的中部，保证两端搭接宽度均匀一致。热收缩套/带与管道防腐层的搭接不应小于100mm。使用热收缩套时，在两端分别垫入3个木楔，使收缩套与管壁四周间隙均匀，防止收缩拉扭。热收缩带周向搭接不应小于80mm。

（3）加热热收缩套/带。用液化石油气做燃料，采用专用烤把加热热收缩套/带，加热温度控制在140～110℃。根据液化石油气罐内气体压力的高低和操作人员的熟练程度控制燃气量的大小，以防局部加热过快而烧焦热收缩套/带。对于大口径管道补口，为防止热收缩套/带出现皱纹，补口时两个操作工应在管道两边同时环向加热，并要在同一截面上，保证周向收缩均匀。加热时可用橡胶辊挤压或戴上耐热手套用手挤压收缩套/带，以完全排除空气。

6.8.3　热收缩套（带）的质量检测

应检验外观、漏点和黏结力等三项内容。

（1）外观检查。热收缩套/带表面应平整，无皱褶、气泡、炭化等现象；热收缩套/带周向及固定片四周应有胶黏剂均匀溢出。

（2）漏点检查。采用电火花检漏仪进行漏点检查，电压为15kV，若有漏点，应重新补口并检漏。

（3）黏结力检查。热收缩套（带）的黏结力按SY/T 0413—2002《埋地钢质管道聚乙烯防腐层技术标准》附录G规定的方法进行检验，管体温度在25℃±5℃时的剥离强度不应小于50N/cm，通常每100个补口抽检一个补口。

第 7 章　防腐层管理

7.1　防腐层修复

7.1.1　防腐层修复材料

随着管道防腐层材料的改进和更新，管道焊接处的补口材料和损伤处的修补材料也在不断发展，从 20 世纪 40 年代的石油沥青补口修复材料，发展到现在的环氧粉末、热收缩套/带、聚乙烯胶黏带等多种材料。补口修复材料应具有好的防腐性，与管体、管体主体防腐层有很强的黏结性能，具有一定的抗机械损伤性能。

7.1.2　防腐层修复技术

防腐层的修复技术与管道主体防腐层的制作方法基本相同，其结构和厚度要求也一样，具体可参照第 6 章的内容。

7.1.2.1　熔结环氧粉末防腐层修复施工工艺

熔结环氧防腐层具有突出的黏结力、坚韧性及优越的耐腐蚀性能和防护寿命，修复的防腐层与原管体防腐层的相容性很好。

熔结环氧粉末覆盖层采用环氧粉末喷涂的方法修复，技术成熟，可以保证管体防腐层的预期使用寿命，但施工过程应注意以下问题：

（1）现场采用与管体相同的环氧粉末进行热喷涂，喷涂必须在水压试验前进行，以免因钢管内存水而无法加热到环氧粉末要求的固化温度。

（2）除锈后必须清除修复处的灰分和水分，同时将焊接时飞溅形成的尖点修平，并将管端补口搭接处 15mm 宽度范围内的防腐层打毛。

（3）采用感应式加热器将修复处管体加热到规定温度，允许偏差为 ±5℃，然后进行喷涂，喷涂厚度与管体防腐层平均厚度相同，并与管体防腐层搭边不小于 25mm。

（4）修复后应对每处的外观、厚度及漏点进行检测。目测防腐层表面应平整光滑、无明显流淌。用防腐层测厚仪对修复区上、下、左、右位置共 8 点进行厚度测量，其最小厚度不小于管体防腐层的最小厚度。若有小面积厚度不足处，可打毛后用涂料进行修补；若厚度不够处的面积超过钢管补口区表面的 1/3 时，则应重新喷涂。

（5）电火花检漏仪，应以 5V/μm 的直流电压对补口区防腐层进行检漏。

7.1.2.2　聚乙烯防腐层的修复技术

在 3PE 管道上发现缺陷时，对小于或等于 30mm 的损伤，宜采用辐射交联聚乙烯补伤片修补。修补时，先除去损伤部位的污物，并将该处的聚乙烯层打毛。然后将损伤部位的聚乙烯层修切成圆形，边缘应倒成钝角。在孔内填满与补伤片配套的胶黏剂，然后贴上补伤片，补伤片的大小应保证其边缘距聚乙烯层的孔洞边缘不小于 100mm。贴补时，应边加热边用辊子滚压或戴耐热手套用手挤压，排出空气，直至补伤片四周胶黏剂均匀溢出。

对大于30mm的损伤，先除去损伤部位的污物，将该处的聚乙烯层打毛，并将损伤处的聚乙烯层修切成圆形，边缘应倒成钝角。在孔洞部位填满与补伤片配套的胶黏剂，贴上补伤片。最后，在修补处包覆一条热收缩带，包覆宽度应比补伤片的两边至少各大50mm。

补伤时也可以先清理表面，然后用双组分液态环氧涂料防腐，干膜厚度与主体管道相同，然后贴上补伤片或再加热收缩带。补伤质量应检验外观、漏点及黏结力等三项内容，用电火花检漏仪进行漏点检查时，检漏电压为15kV。

7.2 防腐层管理

7.2.1 防腐层的日常管理

管道的腐蚀几乎都发生在防腐层严重缺陷或破损的地方，由于管道埋在地下，不便于直接观测和检查，加上土壤环境条件复杂多变，给防腐层的管理维护带来困难。防腐层的维护主要采取以下措施：

（1）经常监测防腐层状况。通常采用定期进行防腐层缺陷检漏、防腐层绝缘电阻测量等方法，分析阴极保护参数的变化情况及原因，判定防腐层质量及损伤程度。

（2）防腐层分级管理。对不同管段、不同状况的防腐层，按其技术状况分级，分别采用不同的维修对策。目前对防腐层根据其绝缘电阻值从大到小分为五个级别：优、良、中、差、劣。最差的一级需要及时维修更换原有的防腐层。

（3）制定实施维修计划。对检测确定的不同级别的防腐层，分别采取定期检测、修补或更换的措施。

7.2.2 防腐层的等级判定

防腐层的优劣一般用其绝缘性能来进行评价。防腐层绝缘性能的检测评价，一般可采用电流－电位法、变频－选频法、管中电流法等，评判的数据是根据经验数据积累所得，如表7－1是采用电流－电位法对石油沥青防腐层的分级标准。

表7－1 石油沥青防腐层的分级标准

防腐层等级	一级(优)	二级(良)	三级(可)	四级(差)	五级(劣)
防腐层电阻率 $r/(\Omega \cdot m^2)$	$r \geqslant 5000$	$2500 \leqslant r < 5000$	$1500 \leqslant r < 2500$	$500 \leqslant r < 1500$	$r < 500$
老化程度及表现	基本无老化	老化轻微，无剥离和损坏	老化较轻，基本完整，沥青发脆	老化较严重，有剥离和较严重的吸水现象	老化和剥离严重，轻剥即掉
采取措施	暂不维修	每三年为一周期进行检漏修补作业	每年进行检漏和修补	加密测点进行小区段测试，对加密测点测出小于$1000\Omega \cdot m^2$的防腐层进行维修	大修

7.2.3 防腐层的评估

对新型防腐层（如环氧煤沥青涂料、熔结环氧粉末、聚乙烯类等防腐层）的绝缘性能可采用电流－电位法进行评价，但目前数据有限，无法形成定量分级标准，也可采用管中电流法(PCM)进行定性评价。对于PCM法可根据测绘出的电流衰减曲线的陡缓程度，找出防腐层绝缘性能相对较差的管段，曲线越陡，电流衰减越快(即电流衰减率越大)，防腐层绝缘性能就越差。也可结合阴极保护状况检测评价，对低电位管段和存在活性腐蚀区域的防腐层进行重点检测和评估。

7.2.4 腐蚀调查

7.2.4.1 管道所处环境的腐蚀性

(1)土壤腐蚀性的测定可采用原位极化法和试片失重法，并按表7－2的规定划分等级。一般地区也可采用工程勘察中常用的土壤电阻率，并按表7－3的规定进行分级。

表7－2 土壤腐蚀性分级

等　级	极轻	较轻	轻	中	强
电流密度(原位极化法)/($\mu A/cm^2$)	<0.1	0.1～3	3～6	6～9	>9
平均腐蚀速率(试片失重法)/[$g/(dm^2 \cdot a)$]	<1	1～3	3～5	5～7	>7

表7－3 一般地区土壤腐蚀性分级

等　级	强	中	弱
土壤电阻率/($\Omega \cdot m$)	<20	20～50	>50

(2)大气腐蚀性等级划分应符合表7－4的规定。当大气的年腐蚀速率难以获取时，应按GB/T 19292.1—2003或SH 3022的有关规定划分大气腐蚀性等级。

表7－4 大气腐蚀性分级

大气腐蚀性分级	很低	低	中等	高	很高
第一年的腐蚀速率 v_{corr}/($\mu m/a$)	≤1.3	≤25	≤50	≤80	>80

(3)含细菌土壤的腐蚀程度的判定，应执行表7－5的规定。在芦苇地带和细菌腐蚀较强的地区，不应使用石油沥青等易被植物根穿透和不耐细菌腐蚀的材料做防腐层。在多鼠地区，不应使用易被鼠类伤害的防腐层。

表7－5 土壤细菌腐蚀评价指标

腐蚀级别	强	较强	中	小
氧化还原电位/mV	<100	100～200	200～400	>400

7.2.4.2 管道的腐蚀控制方法

(1)管道外壁的防腐层，防腐层的种类、结构以及防腐层状况应符合所处的环境条件。

(2)埋地管道阴极保护的采用应符合运行要求。

第8章　防腐层检测技术

8.1　电火花检漏

高压电火花检测法是国内外广泛用于在防腐层表面检测涂层质量的常用方法。这一方法操作简便、直观、效率高，且对涂层本身没有破坏，属无损检测，一般用于在线检测和管道施工过程中检测。国产电火花针孔检测仪由主机、高压枪、探极三部分组成。

主机：内装有微电脑电路、声光报警装置、计数装置、高能电池组等。

高压枪：内装电子高压发生器，外接特制的金属软管、金属插头。

探极：多种探极配置，有刷状探极、弧度导电橡胶探极、平板导电橡胶探极等。

8.1.1　电火花检漏仪的操作

(1) 电源电压检查：在仪器使用前必须对电源电压进行检查，按下ON键，仪器开始自检并发出几声短促的"嘀"声，电源电压指示灯亮，液晶显示器显示电源电压(注：如果在按下ON键后，主显示窗口显示0，则表示仪器自检未能通过而发生异常，此时只要按下OPP键关闭仪器，过几秒后重新开机即可。如果在按下ON键时主显示窗口数字闪烁一下后无显示，则说明仪器电源电压不足需要充电，充电方法见8.1.2.1)。

(2) 按下ON键时，计数器进行自检，显示"888888"、"Ⅰ上"，自检通过后计数窗口显示0。

(3) 将高压枪金属软管上的金属插头卡口与主机右侧高压输出插座卡口相对应插入，顺时针旋转，当听到"咔"的声音时，即为接触良好，检测完毕，逆时针旋转，即可取下。

(4) 将连接磁铁放在管道末端没有涂层的部位，短接地线一端接到连接磁铁上，另一端接地；长接地线一端接到连接磁铁上，另一端连接到主机右侧面的接线柱上，须接触良好。若被测管道较长时，先将短接地线通过连接磁铁接地，长接地线一端接到主机右侧面的接线柱上，另一端接在接地棒上在地面拖动检测。如果检测所在地面比较干燥，则宜将接地棒插入地下，以减小接地电阻。

(5) 将探极旋入高压枪顶端连接孔：用导电橡胶探极时，将导电橡胶探极螺杆旋入高压枪顶端即可；用弹簧探头时，将探头钩旋入高压枪顶端，连接器套在探头钩上，弹簧套于被测管道表面，且试拉一下，使弹簧能沿管道表面滑动。

(6) 根据防腐层厚度选择合适的测试电压。检测者戴上高压手套，按下ON键，按下高压枪上的输出按钮，仪器内微电脑自动变换，电源电压指示灯熄灭，输出高压指示灯亮，主显示窗口显示转换为输出高压值，将电压调至所需的高压值。

(7) 试把探极靠近或碰触被测物导电体(不可短路，以免过放电而损坏仪器)，能看到放电火花(其火花的长短与输出电压高低有关)，并有声光报警(报警指示灯亮，且仪器发出"嘀、嘀"的报警声)，探头离开被测物体时声光报警相应消失，说明仪器工作正常，即可开始检测。

(8) 按下计数/停止键，计数指示灯亮，仪器开始计数，声光报警一次(即检测到一个针孔)，计数一次。如果在检测过程中需要暂停计数，再次按下计数/停止键一次，计数指示灯熄灭仪器暂停计数。如果需要重新计数，则按下清零键，使计数器复位即可。

(9) 将探极在被测物体表面慢慢移动，当防腐涂层存在针孔时，仪器产生放电火花，并有声光报警，计数器计数一次。

(10) 检测完毕，按下 OFF 键关闭电源后，探极必须与高压枪的地线直接短路放电，方可收存(注：放电前必须保证高压枪按钮已处于断开状态)。

8.1.2 电火花检漏仪的维护和保养

8.1.2.1 仪器的充电方法

当按下 ON 键，不能打开仪器或在仪器使用过程中自动关机，说明仪器电源电压不足，需要充电后使用。将交流 220V 电源插头插入后面板充电插座，前面板的充电指示灯亮，仪器即实行快速智能充电，充足自停(充电时间为 5h 左右)，充足一次可供仪器使用 8h 左右。

8.1.2.2 仪器的日常维护

仪器内部有可充电电池，使用前要注意查看电池组的电压情况并及时对电池组进行充电，当按下 ON 键不能打开仪器时，说明电池电压不足，需进行充电。如果仪器长时间不使用，在仪器入库保存前必须给仪器充足电，以防止电池缺电、长期放置而损坏。

8.1.2.3 仪器的使用注意事项

(1) 操作人员应熟悉本仪器的使用说明书，严格按照该仪器的操作规程使用，注意保护仪器，不得摔碰、火烤或置于腐蚀气体和潮湿的地方。

(2) 检测过程中，检测人员应戴上绝缘手套，任何人不得接触探极和被测物，以防触电。

(3) 被测的管道和检查物应尽量离开地面 20cm 以上(除墙壁防腐层的测试)，使探极和地面绝缘。

(4) 弹簧探极不能拉伸过长，防止失去弹性。

(5) 在使用过程中，如果仪器自动关机则说明电压不足，需要对电池进行充电后再使用。

(6) 被测防腐层表面应保持干燥，如表面沾有导电尘，要用清水冲洗干净并进行干燥，否则仪器会到处报警，不能确定针孔的精确位置。

(7) 工作完毕按下 OFF 键关闭电源后，务必使探极与接地线放电，以免触电。

(8) 长期不用时，机内高能蓄电池应每隔 2 ~ 3 个月充电一次，以免电池缺电、长期放置而损坏。

8.2 音频检漏

音频信号检漏法适用于一般地段的埋地管道防腐层检漏，不适用于露空管道、覆盖层导电性很差的管道、水下管道、套管内的管道的防腐层地面检漏。水田或沼泽地、高压交流电力线附近的埋地管道，使用本法进行防腐层检漏比较困难。

8.2.1 音频检漏的操作

8.2.1.1 发射机接地

发射机的地线可有三种接线方式：单边接地，双边接地，远距离回路法接地。

（1）单边接地：只在目标管线的一边接地，这种接地方式在发射机周围5～10m是盲区，盲区内目标管线磁场被推向与接地线相反的一方，管位要注意修正，一般在较长管线可采用此法。

（2）双边接地：即发射机接地线引出两根，分别接入到管线两边的大地中，此种方法磁场分布对称，探管测深都很准确，但要检查两边的接地效果是否一致，方法是按测量键观察一边的接地电阻时，将另一边接地断开，观察另一端接地电阻时也是一样，两边接地电阻相等，效果才是一样。接地电阻不等时，通过打深或拔浅接地棒，也可通过浇水的办法，使两边接地效果相等。

（3）远距离回路法接地：该方法是将发射线接管道一端，将接地线延长接到管道另一端，工作时，在管道上形成回路。这一方法很少采用，只有在解决特别复杂管网探测时才采用。回路法接线时是以管道与地线作为传输回路的，导线与管道的距离必须是管道埋深的10倍以上，否则会因距离太近，影响管位的探测，两端接触必须良好。

8.2.1.2 管道位置探测

探测人员将探头插头与接收机连接好，打开接收机，调节增益，使表头显示信号值在0～1000之间。

选择峰值法探测时，将探头平行于大地，模式指示应位于A位置，以发射机接线点为圆心，20m为半径做环形探测，边走边转动探头角度，以防管道走向与探头角度平行时收不到信号，当接收机收到由小变大的信号时，放慢检测速度，示值达到1000mV时，窗口中显示无穷大，在此调节增益，继续做球形探查，信号最大点为管线位置。

选择零值法探测时，将探头垂直于大地平面或按模式键，模式指示灯位于M位置。围绕发射机接线点20m做环形探测时，接收机信号将有大、小、大的变化，小点即为管线位置，发射机接地线的磁场应视为一根管线，如果接地点太远，环形探测时围绕发射机的距离成π倍增大，应根据探测的需要选择接地点与管线的距离，接地线打得越远，探的距离越长。当发现有两根以上管线无法判断哪一根是目标管线时，有可能是接地棒打在另一根管线上，应重新选择发射机发射或接地地点。

8.2.1.3 管道走向的探测

（1）两点一线法。管道位置探出以后，发射机接线点与管线信号定位点的连线即为管线的走向。这对单根直管道是适用的。

（2）探头转向法。管道位置探出以后，探测人员以此位置为中心，将探头角度转到与探杆平行一致，然后以此点做环形探查，探头转到音响示值最小的角度就是管道走向。

（3）一步一扫法。此法采用最小法探测，每探到一处最小点，向前进一步站于其上，再向前一步，探出一最小点，再站于其上，如此循环多次，最后将一个个最小点连线就是管线的走向，因此也称多点连线法。此法对管道拐弯处和管道蛇形铺设地段比较适用。

8.2.1.4 管道深度的探测

管道深度的探测采用45°法。管位探到以后在其正上方作一记号，将探头转到45°角的方位，再与管道走向垂直方向平面移动，当移到最小信号值时，再作一记号，地平面两信号之间的距离即为管道的埋土深度。

管线测深的另一种方式是利用峰值法探测：在探测信号的末端，45°法测深在探头离开管道成90°平移时已经收不到信号无法确定哑点的具体位置，可将探头再转动180°，就可收到来自管中用最大法拾取的电磁感应信号，在此作下一标记点，管位与这一点之间的距离就是埋土深度；此外还有70%测深法和80%测深法。无论哪种测深方法，都必须保证探管测深时应选择单根管线直线段的中间，直线段的长度要求是管道埋深的5倍以上，地面不平时要修正不平高度，探头在45°向管道两边做与管道垂直方向移动测深，管位与两边最小的点距离不等时，说明中间定点有误差，用两边距离相加除以2作为平均深度。发射机附近管道、三通、四通处、拐弯处、与其他管线搭接处和平行与交叉管线存在的位置一般不宜作为测深的选择地点。

8.2.1.5 检测防腐层漏点

将检漏线插头插入检测仪的插孔，两人戴好金属手表，并与检漏线电性相连，保持5m左右的距离，通过调节增益，使检漏仪接收机数字表头有0~50mV左右的静态信号(特殊情况时，还可用耳机接听接收机有节奏的电流声)，便可开始检测。漏点的定位及验证有如下几种方法：

(1) 移动参比法。此法为纵向法检漏。采用纵向法检漏时，前面的检测人员持探管仪探管，后面的人持检测仪检漏，当前面的人走到漏点附近时，检漏仪接收机示值由小变大，继续前进，示值又由大变小，后面的人走到这一点时，示值有同样的反应，就可初步确定示值最大点就是破损点。

(2) 等距回零法。采用等距回零法进行验证时，方法是以漏点为中心，两检测人员位置与漏点位置距离相等时，检漏仪示值为零，说明漏点定位准确。这是点状破损具有的特征。如果两名检测人员距漏点中心等距离，示值不能回零，说明一边存在小漏点或者有连续大小不等的破损点。

(3) 固定电位比较验证法。采用此法验证时，一人持接收机在管线一侧4~5m处原地不动，此人的人体感应电位是固定的，一般为大地零电位；另一人保持4~5m距离，沿管道正上方与管线走向作平行移动，示值有由小到大、再由大到小的变化，最大点就是防腐层破损点，即漏点。

(4) 电流方向法。该法是以破损处泄漏电流进入大地后，由于*IR*降的存在会以破损点为中心，电位逐步衰减，在地表可以测到这种现象。采用这一方法确定破损点时，是在假定管道上方土壤介质分布均匀的情况下测到的数值。因此，地面不平要修正不平高度，干湿不一要刮去地表干土，介质不一要拾去地表乱砖水泥块等杂物，这样测得的数值才具有可比性。将数值较低的一方为电流传导的方向，确定破损点时还需与管位结合起来。

(5) 接地探针法。该法在检测时，由两名检测人员各用一根粗铁丝边走边插入土中，接收土中的漏电信号。移动参比法确定漏点时，存在着两人均在移动，鞋的绝缘程度、两人与大地的人体电容以及与土壤的接触回路状况都在变化之中，两位人体的感应变化引起接收机示值的变化难以确定，采用某一端固定电位比较法验证时，也会存在两人与管道走向夹角的变化，引起一些数值变化。此外，空中的杂散电流、发动机电弧也会在瞬间引起接收机示值的微小变化；管道上防腐层破损处的泄漏电流流入大地以后，在破损处与无破损的地方土壤会形成电位差，当两位检测人员各用一根接探针(粗铁丝)插入土中，立即通过直接传导加人体电容感应的方式，将这一电位差通过仪器放大显示在示值窗口中，当检测人员通过上述四种方法还是难以精确点时，可以采用此法。

(6) 平行于管道移动验证法。该法在验证时，两名检测人员中的一名在信号最大点位置，另一名检测人员在相距5m左右的距离作与管道走向平行的方向移动，如果原信号逐步变小，就判断为破损点。此法主要用于排除十字交叉管道与目标管道相搭接或偶合所产生的虚假信号。

(7) 垂直于管道移动验证法。该法在检测时，一人在管道上方站立不动，另一人在最大信号上方作与管道走向垂直方向移动比较，如果最大信号与管线位置一致就定为破损点，不一致就是管道周围泥土中存在金属良导体所偶合的信号。

8.2.2 音频检漏设备维护保养

8.2.2.1 日常维护

接收机内部有可充电电池，使用前要注意查看电池组的电压情况并及时对电池组进行充电，当发射机电压指示低于10.5V、接收机电压低于8.5V时，需进行充电。如果仪器长时间不使用，每个月必须给仪器充电一次，以防止电池长期闲置因缺电而损坏。

8.2.2.2 一般故障的处理方法

对于一般故障导致仪器无法使用时，可参考表8－1中所列出的仪器常见故障及解决方法自行解决。

表8－1 音频检漏仪一般故障现象及解决办法对照表

序号	故　障	可能原因	解决方法
1	发射机显示窗口左边显示“1”	发射机接地不好或者没有接地	垂新调整接地点，使接地电阻值在5～500Ω范围内采用手动测量
2	插入220V插头，打开发射机，显示窗口无显示	交流保险丝烧断 220V电源输入线出现故障	更换保险比(随仪器配有备用保险比)，检查电源输入线
3	探管仪的计距显示窗口显示乱码	未对上次计距结果进行复位	再次按下ON键，计距结果复位
4	探管仪(或检测仪)主显示窗口中信号强度显示为“1”	信号太强	减小增益或选用“低”灵敏度，当增益已调到最小仍出现错误信息，则需降低发射机的发射功率
5	测距时，计距显示窗口数值没有变化	在测距过程中无意按下START/PAUSE键(此时该窗口最后一位数值右下角有一小黑点指示)，测距步长被设为0	再按一次START/PAUS键，将步长设为计距仪规定的精度
6	按下探管仪ON键，主显示窗口数值闪烁一下后无任何显示	未插探头 电池电压不足	将探头插入探管仪的输出插孔中充电后再使用
7	探管仪或检测仪插上220V交流电源，充电指示灯灯不亮	电源插头未插上探管仪或检测仪主电源220V没电	插上电源插头，检查220V电源插座
8	发射机插上12V直流电源，主机无显示	直流电压过低打不开主机或在维修过程中正负极接反	充电后使用，将正负极重新连接正确

8.3 PCM检漏

8.3.1 PCM检漏操作

管道外防腐层测试采用管中电流法(PCM)，在具有防腐层的埋地管道上施加一个交变电流信号，电信号自发射点开始将沿管道向两侧传输，将管中电流看做线电流，那么，电信号在管道中传输时按如下公式计算：

$$I = I_0 e^{-aX} \quad (8-1)$$

式中 I_0——发射点处管中电流强度，mA；

I——管中任意点电流强度，mA；

X——观测点至发射点距离，m；

a——与管径、防腐绝缘层绝缘电阻、信号频率、管材、输送介质等有关的参数。

电流信号强度将按照与传输距离、管道电导率、信号频率等参数有关的特定函数进行衰减。当管道防腐层性能均匀时，管中电流对数值与距离(X)成线性关系，其电流衰减率取决于绝缘层的绝缘电阻，根据电流衰减率的大小变化进行反算防腐绝缘层的绝缘电阻，评价防腐绝缘层的绝缘质量，并可对破损点进行定位。对于同一条管道，电流衰减率越小，防腐层绝缘性能越好；反之，防腐层绝缘性能越差。

PCM 检漏的主要步骤是：

(1) 测点布置与图示。为便于检测数据在埋地管线腐蚀与防护信息系统录入和查询，所测管道按顺序统一测点编号和图示。

(2) 检测参数的确定。现场检测选用 PCM 管内电流探测仪。该仪器使用 24V 蓄电池作为激励电源，其发射机输出功率为 150W，经反复检测、验证，工作频率确定为 128Hz，测试区间内管道的剩余电流强度须大于 10mA，在进行电流梯度检测时，磁场读数确定在 30 ~ 70dB 之间，检测间距为 50m 较为恰当。

(3) 检测数据的处理方法。dB 值斜率是指一个测试间距(单位：km)内 dB 值的下降率，用测试间距起点和终点的 dB 值计算，公式如下：

dB 值递减率 = 起点 dB 值 - 终点 dB 值

(4) 运用软件计算 dB 值递减率及防腐绝缘层的绝缘电阻。

① 利用 dB 值递减率判定防腐层的局部缺陷，见表 8 - 2。

表 8 - 2　利用 dB 值递减率判定防腐层局部缺陷类型

dB 值递减率/(dB/m)	防腐层局部缺陷类型	说　明
<0.03	正常	无明显的防腐层局部缺陷
0.06 ~ 0.11	局部防腐层破损	
>0.3	严重破损或管线搭接	存在交叉管线

② 防腐层整体性能评价。通过选取大量不同敷设年限、不同外防腐层类别、不同环境管道进行检测，将检测数据按统计规律，加以归一化处理，建立相应条件下的标准曲线。待评估的管道的检测曲线与已知的标准曲线进行比较，就可以得出待评估管道的外防腐层的状况，判定防腐层的老化极别。

8.3.2　PCM 设备维护保养

PCM 设备使用后，应对每个部件擦拭清洁，并检查发射机和接收机的电池电源，如果采用充电电池，需要定期进行充电。

PCM 设备在使用前，必须先测试管道是否有交流或直流干扰电压后，才能将发射机与管道相连。发射机开机后，先检查其输出电流值，如没有输出或输出值较小，需要调整接地极或增加接地极数量。

8.4 其他检测技术

8.4.1 GIPS 法检测防腐层性能

管道密间隔电位测量(GIPS)也称管/地电位梯度测量，它可以用来测量阴极保护的有效性和运行状况，同时可以检测出防腐层的缺陷位置所在。测试步骤如下：

(1) 将高阻抗万用表的正极端连接参比电极，负极端接管道(测试桩处)，中间的测试导线可用线轴连接。

(2) 管道阴极保护电流调至通/断状态，通/断时间视测量速度而定，可以是12s/3s，也可以是8s/2s 等，控制要求是既能测量出通/断电位，又能保证不受去极化的影响。

(3) 测试人员沿管道上方，按一定间距采集管/地电位，这个距离可以是3m、5m 或10m，为了精确测量也可定为0.75～1.5m。

(4) 记录通/断管地电位，并绘制以管道轴向为坐标的电位曲线，找出电位波动的峰值。

测试时应注意：管道上不应有牺牲阳极连接；当管道有多座阴极保护站时，测量时要进行同步通/断电；测量中要考虑杂散电流的影响；参比电极的位置应在管道的正上方。

8.4.2 DCVG 法检测防腐层性能

直流电位梯度(DCVG)测量技术适用于埋地钢质管道外防腐层缺陷的查找和准确定位；对缺陷(漏点)处腐蚀电位进行识别；结合 GIPS 检测技术可对外防腐层的大小及严重程度进行定性分类。

DCVG 法通常是利用管道本身的阴极保护电流进行测试，采用周期性同步通/断器使阴极保护直流电流周期通/断，利用两支硫酸铜参比电极探杖，以密间隔测量管道上方地表的直流电位梯度，在接近缺陷的附近电位梯度会增大，漏点面积越大，电位梯度越大，根据测量的电位梯度变化，可确定防腐层的漏点位置；通过检测漏点处土壤中电流的方向，可识别缺陷处的腐蚀活性；依据缺陷处的 *IR* 百分比定性判断缺陷的大小及严重程度。

8.4.2.1 测量设备

(1) GIPS/DCVG(管地电位及直流电位梯度)测量主机一套；

(2) GPS 卫星同步电流断续器两台或更多；

(3) 探管仪；

(4) 两支硫酸铜参比电极探杖；

(5) 配套测量线轴及连接导线。

8.4.2.2 测量方法

(1) 在测量之前，应确认阴极保护正常运行，管道已充分极化。

(2) 检查测量主机电池电量，并对两支硫酸铜电极进行校正。

(3) 将两支探杖与 GIPS/DCVG 测量主机相连，按 GIPS 法对管道定位、设备安装及通/断周期设置完毕后，测量人员沿管道上方行走，一支探杖(主机上标有 PIPE 端)一直保持在管道正上方，另一支探杖放在管道正上方或垂直于管道并与其保持固定间距(1～2m)，以1～3m 间距进行测量。当两支探杖都与地面接触良好时读数，记录同步断续器接通和断开时直流地电位梯度读数的变化，以及柱状条显示方向或数字的正负符号。

（4）当接近缺陷处时，可以看到电位梯度数值会逐渐增大；当跨过这个缺陷处后，地电位梯度数值则会随着远离缺陷而逐渐减小，变化幅度最大的区域即为缺陷点的近似位置。

（5）在缺陷近似位置，返回复测，以精确确定缺陷位置。在管道正上方找出电位梯度读数显示为零的位置；再在与管道走向垂直的方向重复测量一次，两支探杖连线的交点位置就是防腐层缺陷点的正上方。

（6）在确定一个缺陷后，继续向前测量时，宜先以每 0.5m 的间隔测量一次，在离开这个梯度场后，若没有出现电位梯度读数及极性的改变，可按常规间距继续进行测量；否则说明附近可能有新的缺陷。

（7）在确定的缺陷位置处，通过观察测量主机上电流方向柱状条的显示方向，对管道在通电和断电状态下，土壤中电流流动的方向分别进行测量与辨别，以判断缺陷位置管道的腐蚀活性。

8.4.3 防腐层电阻率检测

8.4.3.1 电流－电位法

1. 使用仪表及工具

①直流电位差计一台：准确度不低于 0.05 级；②直流电压表一块：输入阻抗≥106Ω，量程 0～2000mV，准确度不低于 2.5 级；③饱和硫酸铜参比电极一支，符合 SYJ 23 要求；④铜塑导线若干；⑤能提供 1A 以上直流电源一组；⑥直流电流表一块：量程 0～10A，准确度不低于 2.5 级；⑦500mm 长，直径 20～40mm 钢电极（可用钢管代替）3～4 根。

2. 测量要求

（1）测量管段内无分支、无接地，若有牺牲阳极，必须断开。

（2）所有导线与管道接触点均应除去防腐层，磨出钢管本色，使导线与管道接触良好。

（3）在 P_1 点与 P_2 点分别取一段管道，使每段测取的电位差以不小于 50mV 为宜，每段间的最小长度（L_{ab}、L_{cd}）可参照 SY/T—0023—97 附录 A（参考件）选取。

（4）测量点距汇流点应大于 300m。

（5）P_1 点与 P_2 点测量应连续进行，时间间隔不大于 1h，测量时保护站输出电流要保持稳定。

（6）对于牺牲阳极保护的管段和两保护站间电流交汇点 1km 内的管段，采用临时外加电流法进行测量。

3. 测量方法

（1）测取被测管段 P_1 点至 P_2 点间的长度（精确到 1m），并应大于 1km（一般取 5km）。

（2）测取 ab、cd 两段距离（精确到 1cm）

（3）用电压表及饱和硫酸铜参比电极测出 P_1、P_2 点的保护电位 V_{a2} 和 V_{c2}，自然电位一年内有测试数值的，可取靠近测试点的数值用于计算。如需另测的可断电 24～48h 后进行测量。

（4）将直流电位差计调零，然后将测量开关打到“标准”，旋动工作电流调节钮，使指针指零，接到线路中。离通电点远端接正，将倍率选择钮、测量个度盘调到估算值的位置，将测量开关打到“未知”，细调倍率和测量盘使指针指零。此时所测数值即为 a、b 和 c、d 间电位降，记录数值。

（5）当不知管材电阻率时，再通电点附近选取一段管道，测出电流在这一段管道上的电压降，换算出实际电阻率，测点应选在离汇流点 πD（D 为管线外径）外。

（6）重复步骤(4)，取重复性好的三组以上数据的平均值为测量值。

（7）临时外加电流法进行测量时，应先通电，待电流、电位稳定后方可进行测量，步骤同(1)～(5)。

4. 计算方法

（1）根据欧姆定律按式(8－2)～式(8－5)计算 P_1、P_2 点的电流和电阻值，或参照有关资料查取。

$$I_1 = \Delta V_1 / R_1 \tag{8-2}$$

$$I_2 = \Delta V_2 / R_2 \tag{8-3}$$

$$R_1 = \rho L_1 / S \tag{8-4}$$

$$R_2 = \rho L_2 / S \tag{8-5}$$

式中　ΔV_1——P_1 点 a、b 两点间的管道电压降，mV；

ΔV_2——P_2 点 c、d 两点间的管道电压降，mV；

R_1——P_1 点 a、b 两点间的电阻，Ω；

R_2——P_2 点 c、d 两点间的电阻，Ω；

ρ——管道电阻率，$\Omega \cdot mm^2/m$；

L_1——P_1 点 a、b 两点间的距离，m；

L_2——P_2 点 c、d 两点间的距离，m；

S——钢管环形截面积，m^2；

I_1——P_1 点的管内电流，mA；

I_2——P_2 点的管内电流，mA。

（2）根据 P_1、P_2 两点间的电流，算出 P_1、P_2 管段上漏失的电流为：

$$\Delta I = l_1 - l_2 \tag{8-6}$$

（3）P_1、P_2 处开机前后的电位差 ΔV_a(mV)、ΔV_c(mV)分别按式(8－7)、式(8－8)计算：

$$\Delta V_a = V_{a1} - V_{a2} \tag{8-7}$$

$$\Delta V_c = V_{c1} - V_{c2} \tag{8-8}$$

式中　V_{a1}——a 点自然电位，mV；

V_{a2}——a 点保护电位，mV；

V_{c1}——c 点自然电位，mV；

V_{c2}——c 点保护电位，mV。

（4）P_1 和 P_2 管段防腐绝缘层电阻率按式计算：

$$\rho = (\Delta V_a + \Delta V_c) \times 2\Delta I \div \pi D L_{ac} \tag{8-9}$$

式中　ρ——被测管段防腐绝缘层电阻率，$\Omega \cdot m^2$；

D——管道外直径，m；

L_{ac}——ac 间管道长度，m。

8.4.3.2　拭布法

开挖出预测试的管段，用水清洗其待测表面，再用高岭土糊涂抹在绝缘防腐层外面，最后用预先在盐溶液中浸过的法兰绒拭布在高岭土糊上缠两三圈，在拭布上放置一导电压紧箍

（铜质），使拭布和管道完全压紧，并在卡箍上引出一根测试线。在附近的管道上，用尖端刺入管体，安装一个特殊的螺钉，以保证与管道的可靠连接，使压紧箍与管道之间形成电流回路。在电路中接入电源及电流表、电压表。测试回路中的电流、电压，然后根据欧姆定律换算成电阻。由所测防腐层的面积，就可计算出防腐层的单位面积电阻，单位为 $\Omega \cdot m^2$。

8.4.3.3 馈电法

覆盖层电阻的测量可以采用馈电法，该法要求向被测管道送上阴极保护电流。实践中有两个途径，一是用正式的阴极保护装置中的电源、阳极馈入电流；另一是当不具备上述条件时，可采用临时接地极和蓄电池来完成。

测量步骤：

第一步，接通开关 H，送一阴极保护电流 I。

第二步，沿着管道测量通/断的管/地电位，根据测试条件，沿线设 3 个测点（见表 8－3），对于较小的构筑物，如地下小型储罐，选一个测点也可满足要求。

表 8－3 测得 B、D、E 三点通/断电位 单位：V

测　　点	通电电位	断电电位	ΔV
B	－1.33	－0.898	0.45
D	－1.47	－0.98	0.49
E	－1.36	0.89	0.47
平均			0.47

第三步，数据处理。将几个测点的平均电位变化除以所馈入的电流，便可得到电阻，再根据被测管道长度换算出覆盖层电阻（面积电阻）。

【例】管道长度 5km，管径 610mm，两端有绝缘法兰，测其覆盖层电阻。

实测：馈入电流 0.086A，全线极化稳定。

解：① 电阻 $R = E/I = 0.47V/0.086A = 5.47\Omega$

② 管道表面积 $S = \pi \cdot D \cdot L = \pi \times 0.610 \times 5000 = 9577m^2$

③ 覆盖层电阻 $R_p = R \cdot S = 5.47 \times 9577 = 52386.2 \times \Omega \cdot m^2$

此法测量数据实际、真实、可靠。它的条件是所施加的电流全部用于极化上。所以当两端无绝缘法兰时，将有部分电流散到非测试段而影响测量结果。

第 3 篇
阴极保护

第 9 章　阴极保护原理

9.1　阴极保护原理及方法

9.1.1　阴极保护原理

阴极保护就是使被保护金属电位负移，发生阴极极化，成为电化学体系中的阴极从而受到保护的电化学保护方法。这种方法不仅对土壤、海水中金属材料的全面腐蚀有良好的保护作用，而且对于防止某些金属的孔隙腐蚀、缝隙腐蚀、应力腐蚀、腐蚀疲劳等局部腐蚀也有显著的保护效果。

根据实施方法的不同，阴极保护又可分为两种：一种是外加电流阴极保护法，另一种是牺牲阳极保护法。

用图 9－1 的极化图解可以清楚地说明阴极保护的工作原理。以外加电流的阴极保护为例，暂不考虑腐蚀电池的回路电阻，则在未通电流保护以前，腐蚀原电池的自然腐蚀电位为 E_1，相应的最大腐蚀电流为 I_C。通上外加电流后，由电解质流入阴极的电流量增加，由于阴极的进一步极化，其电位将降低。如流入阴极电流为 I_D，则其电位降至 E'，此时由原来的阳极流出的腐蚀电流将由 I_C 降至 I'。I_D 与 I' 的差值就是由辅助阳极流出的外加电流量。为了使金属构筑物得到完全保护，即没有腐蚀电流从其上流出，就需进一步将阴极极化到使总电位降至等于阳极的初始电位 E_A^0，此时外加的保护电流值为 I_P。从图上可以看出，要达到完全保护，外加的保护电流要比原来的腐蚀电流大得多。

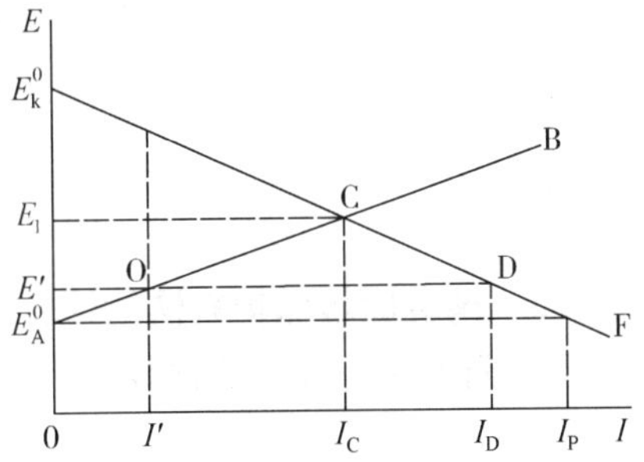

图 9－1　阴极保护的极化图解

E_k^0—阴极开路电位；E_A^0—阳极开路电位；E_1—自然腐蚀电位；I_C—自然腐蚀电流；I'—对应电位 E' 的腐蚀电流；I_P—保护电流

显然，保护电流 I_P 与最大腐蚀电流 I_C 的差值决定于腐蚀电池的控制因素。受阴极极化控制时，二者的差值要比受阳极极化时小得多。因此，采用阴极保护的经济效果较好。

9.1.2　阴极保护方法

实现阴极保护的方法通常有强制电流法和牺牲阳极法。由于杂散电流排除过程中也使管道得到了阴极保护，所以也可以认为排流保护是一种限定条件的阴极保护方法，通常人们所指的阴极保护方法是指强制电流法和牺牲阳极法两种形式。

9.1.2.1　强制电流法

根据阴极保护的原理，用外部的直流电源作阴极保护的极化电源，将电源的负极接管道（被保护构筑物），将电源的正极接至辅助阳极，在电流的作用下，使管道发生阴极极化，实现阴极保护。其原理如图 9－2(a)所示。

9.1.2.2　牺牲阳极法

将被保护金属和一种电位更负的金属或合金(即牺牲阳极)相连，使被保护金属阴极极化以降低腐蚀速率的方法。

在被保护金属与牺牲阳极所形成的大地电池中，被保护金属体为阴极，牺牲阳极的电位负于被保护金属体的电位，在保护电池中是阳极，被腐蚀消耗，故此称为“牺牲”阳极，被保护金属体是阴极，从而实现了对被保护金属体的防护。其原理如图 9－2(b)所示。

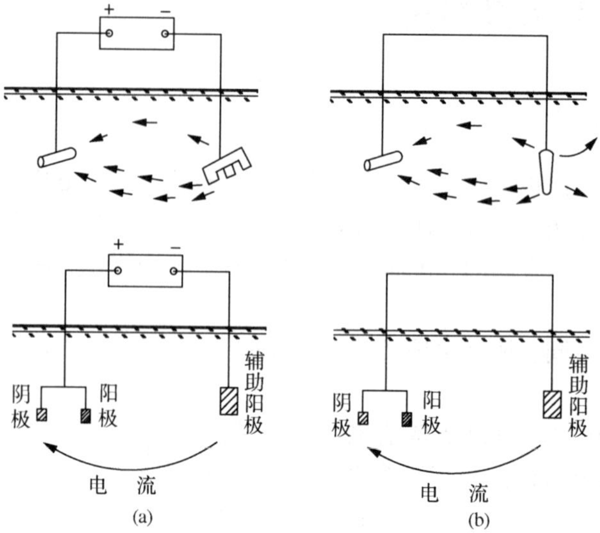

图 9－2　阴极保护原理示意图

9.1.2.3　两种阴极保护方法的比较

两种阴极保护方法的比较见表 9－1。

表 9－1　两种阴极保护方法的比较

方　法	优　点	缺　点
强制电流法	(1) 驱动电压高，能够灵活控制阴极保护电流输出量 (2) 适用于恶劣的腐蚀条件及高电阻率环境 (3) 使用不溶性辅助阳极材料可作长期阴极保护 (4) 保护范围大 (5) 工程越大越经济	(1) 需要外部电源 (2) 对邻近的地下金属构筑物有干扰 (3) 维护管理工作大 (4) 一次投资费用高
牺牲阳极法	(1) 不需要外部电源 (2) 对邻近的地下金属构筑物无干扰 (3) 投产调试后可不需管理 (4) 工程越小越经济 (5) 保护电流利用率高	(1) 驱动电位低，保护电流调节困难 (2) 使用范围上受土壤电阻率的限制 (3) 对于大口径裸管或防腐层质量差的管道实施困难 (4) 在杂散电流干扰强烈地区，将丧失保护作用 (5) 牺牲阳极使用寿命短

9.2　阴极保护主要参数

在图 9－1 中，可以看到与阴极保护相关的几个参数：自然腐蚀电位、保护电位、保护电流(可以换算成电流密度)。正确选择和控制这些参数是决定保护效果的关键。

9.2.1 自然电位

管道自然腐蚀电位就是金属管道在未通电保护之前的对地电位，简称自然电位。自然腐蚀电位随着管道表面状况(防腐层质量、管道腐蚀情况等)和土壤条件的不同而不同。此外，季节的变化对管道自然腐蚀电位的影响也很大。

9.2.2 保护电位

保护电位也叫管地电位，是管道与其相邻土壤的电位差。

9.2.2.1 最小保护电位

为使腐蚀过程停止，金属经阴极极化后所必须达到的电位称为最小保护电位，也就是腐蚀原电池阳极的起始电位。其数值与金属的种类、腐蚀介质的组成、浓度及温度等有关。根据实验测定，钢质管道在一般土壤中的最小保护电位为 -0.85V 左右(相对饱和硫酸铜参比电极)。

9.2.2.2 最大保护电位

管道通入阴极电流后，管道电位变负，其负电位提高到一定程度时，由于 H^+ 在阴极上的还原，使得管道表面会析出氢气，减弱甚至破坏防腐层的黏结力。所以必须将通电点电位控制在比析氢电位稍正一些的数值，这个电位称为最大保护电位。根据 GB/T 21448—2008《埋地钢质管道阴极保护技术规范》中规定，管道的极限保护电位不能比 -1.200V(相对饱和硫酸铜参比电极)更负。

9.2.3 保护电流密度

保护电流密度是指被保护金属上单位面积所需的保护电流。

阴极保护时，使腐蚀停止或达到允许程度时所需的电流密度值称为最小保护电流密度。最小保护电流密度的大小取决于被保护金属的种类、表面状况、腐蚀介质的性质、组成、浓度、温度和金属表面绝缘层质量等。防腐绝缘层种类不同，所需要的保护电流密度也不同。防腐绝缘层的电阻值越高，所需的保护电流密度值越小。

因为保护电流密度不是固定不变的数值，所以，一般不用它作为阴极保护的控制参数；只有无法测定电位时，才把保护电流密度作为控制参数。

9.3 阴极保护准则

9.3.1 一般情况

(1) 管道阴极保护电位(即管/地界面极化电位，下同)应为 -850mV(相对饱和硫酸铜参比电极)或更负。

(2) 阴极保护状态下管道的极限保护电位不能比 -1200mV(相对饱和硫酸铜参比电极)更负。

(3) 对高强度钢(最小屈服强度大于 550MPa)和耐蚀合金钢，如马氏体不锈钢、双相不锈钢等，极限保护电位则要根据实际析氢电位来确定。其保护电位应比 -850mV(相对饱和硫酸铜参比电极)稍正，但在 -650 ~ -750mV 的电位范围内，管道处高 pH 值应力腐蚀开裂的敏感区，应予注意。

（4）在厌氧菌或硫酸盐还原菌及其他有害菌土壤环境中，管道阴极保护电位应为 -950mV(CSE)或更负。

（5）在土壤电阻率为 100 ~ 1000Ω · m 环境中的管道，阴极保护电位宜负于 -750mV(相对饱和硫酸铜参比电极)；在土壤电阻率 ρ 大于 1000Ω · m 环境中的管道，阴极保护电位宜负于 -650mV(相对饱和硫酸铜参比电极)。

9.3.2 特殊情况

当上述 9.3.1 准则难以达到时，可采用阴极极化或去极化电位差大于 100mV 的判据(注：在高温条件下、硫酸盐还原菌的土壤中存在杂散电流干扰及异种金属材料偶合的管道中不能采用 100mV 极化准则)。

第10章　牺牲阳极阴极保护

牺牲阳极阴极保护是管道阴极保护两种方式中的一种，它在长输管道、站场、储罐等设施的腐蚀控制方面，与强制电流阴极保护相比具有独特的优点。

选用牺牲阳极时，考虑的因素如下：无合适的可利用电源；电器设备不便实施维护保养的地方；临时性保护；强制电流系统保护的补充；永久冻土层内管道周围土壤融化带；保温管道的保温层下。

牺牲阳极的应用条件是：土壤电阻率或阳极填包料电阻率足够低；所选阳极类型和规格应能连续提供最大电流需要量；阳极材料的总质量能够满足阳极提供所需电流的设计寿命。

牺牲阳极上应标记材料类型(如商标)、阳极质量(不包括阳极填料)、炉号。

10.1　牺牲阳极材料

牺牲阳极材料应具备以下条件：

(1) 有足够的负电位，且很稳定。有足够的负电位可以保证阳极与被保护金属之间有一定的电位差，产生充分的电流使被保护金属阴极极化，但也不宜过负，以免在阴极上析出氢。

(2) 使用过程中，阳极极化小，电位及输出电流稳定。

(3) 阳极溶解均匀，腐蚀产物易脱落。

(4) 阳极自身腐蚀要小，电流效率要高，即实际电容量与理论电容量的百分比要大。

(5) 腐蚀产物应无毒，不污染环境。

(6) 价格低廉，材料来源充足。

(7) 容易加工。

10.1.1　镁合金牺牲阳极

10.1.1.1　特点

镁是活泼的金属元素，25℃的标准电极电位值为 -2.37V。镁阳极的特点是密度小、电位负、极化率低、单位质量发生的电量大，是牺牲阳极的理想材料。不足之处是电流效率低，一般只有50%左右。

10.1.1.2　规格

镁阳极按截面划分有梯形和D形两种，其规格见表10-1和表10-2。

10.1.1.3　使用环境

镁及镁合金阳极主要用于电阻率高的土壤和淡水等介质中。

10.1.1.4　棒状镁阳极

镁合金牺牲阳极的性能测试应当按照SY/T 0095进行，镁合金牺牲阳极化学成分见表10-3，镁合金牺牲阳极的电化学性能见表10-4。

表 10－1　梯形截面镁阳极的形状及尺寸

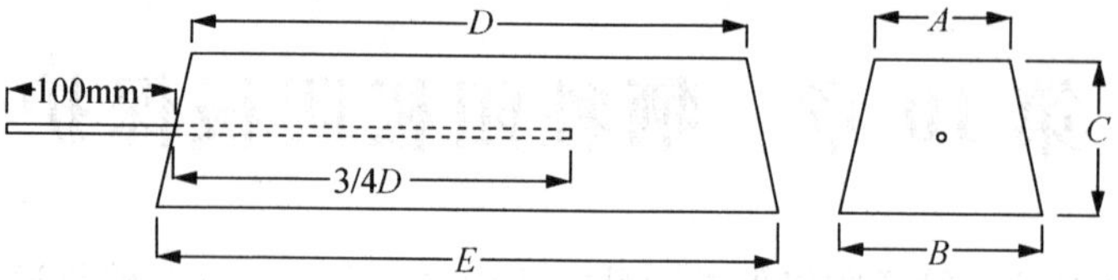

规格号	镁的质量/kg	A/mm	B/mm	C/mm	D/mm	E/mm
－1	2.2	75	95	75	200	206
－2	4.0	75	95	75	350	360
－3	7.7	75	95	75	680	700
－4	11.34	90	110	88	680	700
－5	14.5	100	120	101	680	700
－6	22.68	130	150	125	680	700

表 10－2　D 形截面镁阳极的形状及尺寸

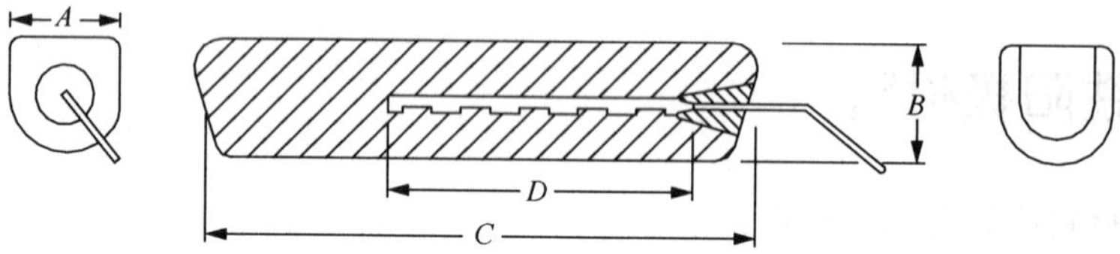

规格号	镁的质量/kg	A/mm	B/mm	C/mm	D/mm
－1	2.3	89	92	205	126
－2	4.1	89	92	440	301
－3	7.7	114	114	527	330
－4	10.0	122	122	559	362
－5	14.5	152	139	603	362
－6	23.4	159	165	620	362

表 10－3　镁合金牺牲阳极的化学成分

元　素	标准型主要化学成分的质量分数/%	镁锰型主要化学成分的质量分数/%
Al	5.3～6.7	≤0.010
Zn	2.5～3.5	
Mn	0.15～0.60	0.50～1.30
Fe	≤0.005	≤0.03
Ni	≤0.003	≤0.001
Cu	≤0.020	≤0.020
Si	≤0.10	
Mg	余量	余量

表 10－4　镁合金牺牲阳极的电化学性能

性　能	标　准　型	镁　锰　型	备　注
密度/(g/cm^3)	1.77	1.74	
开路电位/V	－1.48	－1.56	相对 SCE
理论电容量/(A·h/kg)	2210	2200	

续表

性　能	标　准　型	镁　锰　型	备　　注
电流效率/%	55	50	在海水中，3mA/cm^{2}条件下
发生电容量/(A·h/kg)	1220	1100	
消耗率/[kg/(A·a)]	7.2	8.0	
电流效率/%	≥50	40	在土壤中，0.03mA/cm^{2}条件下
发生电容量/(A·h/kg)	1110	880	
消耗率/[kg/(A·a)]	≤7.92	10.0	

如果在相似土壤环境中的阳极性能能够被证明可靠且有证据支持时，其他成分的镁合金牺牲阳极也可以使用。

10.1.1.5　带状镁阳极

镁锰合金挤压制造的带状镁合金牺牲阳极规格及性能见表 10－5。

表 10－5　带状镁合金牺牲阳极规格及性能

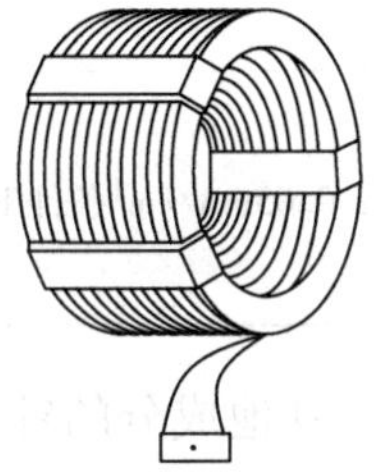	截面/mm		9.5×19
	钢芯直径/mm		3.2
	阳极带线质量/(kg/m)		0.37
	输出电流密度/(mA/m)	海水	2400
		土壤	10
		淡水	3

注：土壤条件为电阻率 50Ω·m；淡水条件为 150Ω·m。

10.1.2　锌合金牺牲阳极

10.1.2.1　特点

锌阳极具有电流效率高、自腐蚀小、使用寿命长和自动调节的特点。此外，锌阳极同镁阳极和铝阳极相比，同其他钢制构筑物碰撞时，不会诱发火花，而且不会“过保护”。纯锌阳极对杂质含量很敏感，即使有少量杂质，也会使表面生成一层不溶性的腐蚀产物，从而使阳极钝化，输出电流减小。因此，普遍应用的锌阳极材料由锌合金构成。

10.1.2.2　规格

锌阳极一般铸造成梯形截面，其规格按净重(不包括钢芯质量)分为 6.3kg、9kg、12.5kg、18kg、25kg、35.5kg、50kg 七种，长度有 600mm、800mm、1000mm 三种。

10.1.2.3　适用环境

锌阳极可用于低电阻率的土壤及海洋中。但是，由于锌阳极相对于钢铁的有效电位差小，只有 0.20～0.25V，用于土壤环境时，土壤电阻率应小于 15Ω·m，最大不宜超过 30Ω·m。

10.1.2.4　棒状锌阳极

锌合金牺牲阳极成分见表 10－6，锌合金牺牲阳极的电化学性能见表 10－7。

表 10-6 锌合金牺牲阳极化学成分

元　素	锌合金主要化学成分的质量分数/%	高纯锌主要化学成分的质量分数/%
Al	0.1 ~ 0.5	≤0.005
Cd	0.025 ~ 0.07	≤0.003
Fe	≤0.005	≤0.0014
Pb	≤0.006	≤0.003
Cu	≤0.005	≤0.002
其他杂质	总含量≤0.1	
Zn	余量	余量

表 10-7 棒状锌合金牺牲阳极的电化学性能

性　能	锌合金、高纯锌	备　注
密度/(g/cm^3)	7.14	相对 SCE
开路电位/V	-1.03	
理论电容量/(A·h/kg)	820	
电流效率/%	95	在海水中，$3mA/cm^2$ 条件下
发生电容量/(A·h/kg)	780	
消耗率/[kg/(A·a)]	11.88	
电流效率/%	≥65	在土壤中，$0.03mA/cm^2$ 条件下
发生电容量/(A·h/kg)	530	
消耗率/[kg/(A·a)]	≤17.25	

如果在相似土壤环境中的阳极性能能够被证明可靠且有证据支持时，其他成分的锌合金牺牲阳极也可以使用。

10.1.2.5 带状锌阳极

带状锌合金牺牲阳极的电化学性能见表 10-8。带状锌合金牺牲阳极的规格及尺寸见表 10-9，截面图例见图 10-1。

表 10-8 带状锌合金牺牲阳极的电化学性能

型　号	开路电位/V		理论电容量/(A·h/kg)	实际电容量/(A·h/kg)	电流效率/%
	相对 CSE	相对 SCE			
锌合金	≤ -1.05	≤ -0.98	820	≥780	≥95
高纯锌	≤ -1.10	≤ -1.03	820	≥740	≥90

注：实验介质为人造海水。

表 10-9 带状锌合金牺牲阳极的规格及尺寸

阳极规格	ZR-1	ZR-2	ZR-3	ZR-4
截面尺寸($D_1 \times D_2$)/mm	25.40×31.75	15.88×22.22	12.70×14.28	8.73×10.32
阳极带线质量/(kg/m)	3.57	1.785	0.893	0.372
钢芯直径 Φ/mm	4.70	3.43	3.30	2.92
标准卷长/m	30.5	61	152	305
标准卷内径/mm	900	600	300	300
钢芯的中心度偏差/mm	-2 ~ +2			

注：阳极规格中 Z 代表锌，R 代表带状，后面数字为系列号。

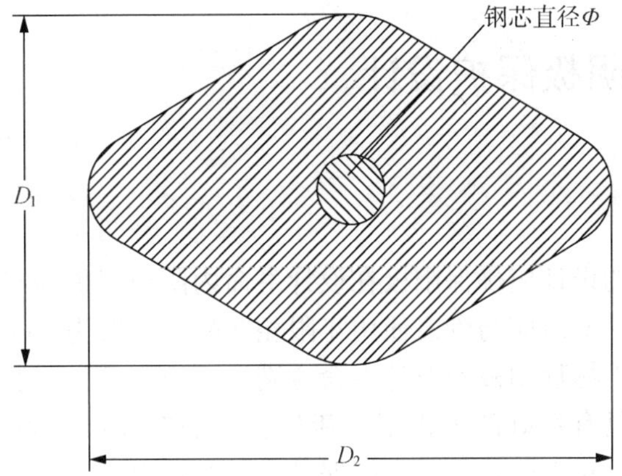

图 10－1　带状锌阳极截面图

10.1.3　铝合金牺牲阳极

铝具有足够负的电位，在溶解时，由于表面生成的保护性氧化膜引起钝化，使电位升高，因此，未合金化的铝不可用作牺牲阳极材料。

铝合金阳极单位质量发生的有效电量大、密度小、施工搬运方便、来源广泛、价格低廉。但是，到目前为止还没有铝合金阳极在土壤中应用成功的例子，其主要原因是阳极的腐蚀产物氢氧化铝在土壤中无法疏散，使阳极钝化而失效。因此，铝合金阳极主要应用于海洋环境中金属构筑物的阴极保护。

从国内的实践看，在土壤电阻率小于5Ω·m、氯离子含量高的海边滩地，铝合金阳极还有一定的应用价值。

10.1.4　三种牺牲阳极优缺点的比较

三种牺牲阳极优缺点的比较见表10－10。

表10－10　镁合金阳极、锌合金阳极、铝合金阳极优缺点比较表

性　能	镁合金阳极	锌合金阳极	铝合金阳极
优　点	（1）有效电压高 （2）发生电量大 （3）阳极极化率小，溶解比较均匀 （4）能用于电阻率较高的土壤和水中	（1）性能稳定，自腐蚀小，寿命长 （2）电流效率高，能自动调节输出电流 （3）碰撞时没有诱发火花的危险 （4）不用担心过保护	（1）发生电量最大，单位输出成本低 （2）有自动调节输出电流的作用 （3）在海洋环境中使用性能优良 （4）材料容易获得，制造工艺简单，冶炼及安装条件好
缺　点	（1）电流效率低，自动调节电流能力小 （2）自腐蚀大 （3）材料来源和冶炼不易 （4）若使用不当，会产生过保护 （5）不能用于易燃、易爆场所	（1）有效电压低 （2）单位面积发生电量少 （3）不适宜高温淡水或土壤电阻率过高的环境	（1）在污染海洋水中和高电阻率环境中性能下降 （2）电流效率比锌阳极低，溶解性差 （3）目前土壤中使用的铝阳极性能尚不稳定

10.2 牺牲阳极阴极保护设计

10.2.1 一般规定

（1）牺牲阳极系统的设计应确保阳极在设计寿命内阴极保护的有效性和可靠性。

（2）牺牲阳极的设计寿命应与管道使用年限相匹配，一般为 10 ~ 15 年。

（3）临时性阴极保护牺牲阳极的设计寿命应满足用户要求，一般为 2 年。

（4）被保护管道应具有良好的覆盖层。新建管道的覆盖层电阻不得小于 $10000\Omega \cdot m^2$，否则不宜采用牺牲阳极，对于旧管道，应根据具体需要决定。

（5）当土壤电阻率大于 $100\Omega \cdot m$ 时，不宜采用牺牲阳极。

（6）所有被保护的埋地钢质管道应根据需要设置绝缘接头或绝缘法兰。

（7）保护准则：相对于饱和硫酸铜参比电极的管道阴极极化电位至少为 -850mV 或更负。管道表面与接触电解质的稳定饱和硫酸铜参比电极之间的阴极极化电位差值最小为 100mV。这一参数可以是极化的建立或衰减过程中的数据。

10.2.2 阳极种类的选择

通常根据土壤电阻率选取牺牲阳极的种类，根据保护电流的大小选取阳极的规格。牺牲阳极种类的应用选择见表 10 - 11。

表 10 - 11 牺牲阳极种类的应用选择

阳 极 种 类	土壤电阻率/$\Omega \cdot m$
镁合金牺牲阳极	15 ~ 150
锌合金牺牲阳极	<15

对于锌合金牺牲阳极，当土壤电阻率大于 $15\Omega \cdot m$ 时，应现场试验确认其有效性。

对于镁合金牺牲阳极，当土壤电阻率大于 $150\Omega \cdot m$ 时，应现场试验确认其有效性。

对于高电阻率土壤环境及专门用途，可选择带状牺牲阳极。

10.2.3 工艺计算

（1）单支立式牺牲阳极接地电阻的计算见式(10 - 1)：

$$R_v = \frac{\rho}{2\pi L_g}\left(\ln\frac{2L_g}{D_g} + \frac{1}{2}\ln\frac{4t_g + t_g}{4t_g - t_g} + \frac{\rho_g}{\rho}\ln\frac{D_g}{d_g}\right)(t_g \gg d_g,\ t_g \ll t_g/4) \qquad (10-1)$$

式中 R_v——立式牺牲阳极接地电阻，Ω；

ρ——土壤电阻率，$\Omega \cdot m$；

L_g——裸牺牲阳极长度，m；

D_g——预包装牺牲阳极直径，m；

t_g——牺牲阳极中心至地面的距离，m；

ρ_g——填包料电阻率，$\Omega \cdot m$；

d_g——裸牺牲阳极等效直径，m，$\left(d_g = \frac{C}{\pi} C \text{ 为周长，m}\right)$。

（2）单支水平式牺牲阳极接地电阻的计算见式(10－2)：

$$R_h = \frac{\rho}{2\pi L_g}\left\{\ln\frac{2L_g}{D_g}\left[1+\frac{L_g/4t_g}{\ln^2(L_g/D_g)}\right]+\frac{\rho_g}{\rho}\ln\frac{D_g}{d_g}\right\}(L_g \gg d_g,\ t_g \gg L_g/4) \tag{10-2}$$

式中 R_h——水平式牺牲阳极接地电阻，Ω；

ρ——土壤电阻率，Ω·m；

L_g——裸牺牲阳极长度，m；

D_g——预包装牺牲阳极直径，m；

t_g——牺牲阳极中心至地面的距离，m；

ρ_g——填包料电阻率，Ω·m；

d_g——裸牺牲阳极等效直径，m$\left(d_g=\frac{C}{\pi}\right.$，$C$为周长，m$\left.\right)$。

（3）多支牺牲阳极接地电阻的计算见式(10－3)：

$$R_g = f\frac{R_0}{n} \tag{10-3}$$

式中 R_g——多支组合牺牲阳极接地电阻，Ω；

f——牺牲阳极电阻修正系数，可查图10－2；

n——阳极支数。

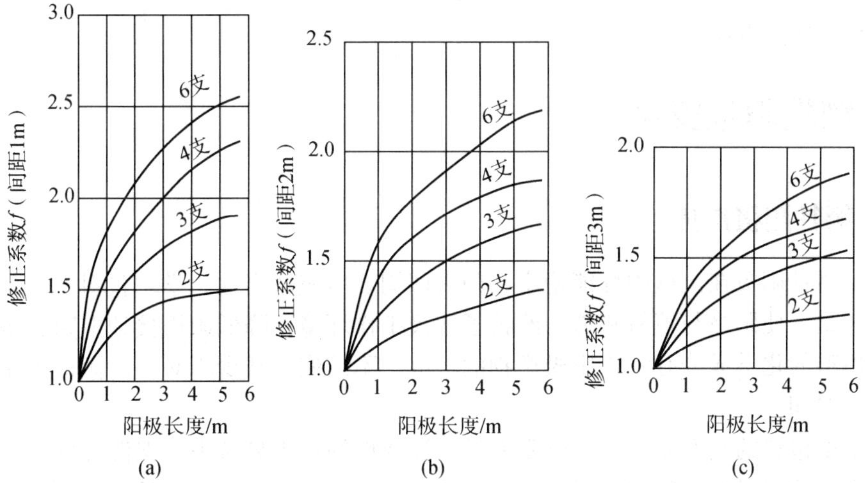

图10－2 牺牲阳极接地电阻修正系数f

（4）牺牲阳极输出电流的计算见式(10－4)：

$$I_g = \frac{e_c - e_a}{R} = \frac{(E_c - \Delta E_c) - (E_a + \Delta E_a)}{R_g + R_c + R_1} = \frac{\Delta E}{R} \tag{10-4}$$

式中 I_g——牺牲阳极输出电流，A；

e_c——阴极极化电位，V；

e_a——阳极极化电位，V；

R——回路总电阻，Ω；

E_c——阴极开路电位，V；

ΔE——阴极极化电位，V；

E_a——阳极开路电位，V；

ΔE_a——阳极极化电位，V；

R_g——多支组合牺牲阳极接地电阻，Ω；

R_c——阴极过渡电阻，Ω；

R_1——导线电阻，Ω；

ΔE——牺牲阳极有效电位差，V。

（5）所需牺牲阳极支数的计算见式(10-5)：

$$n = \frac{B \times I}{I_{go}} \tag{10-5}$$

式中 n——阳极支数；

B——备用系数，取2~3；

I——保护电流，A；

I_{go}——单支牺牲阳极输出电流，A。

（6）牺牲阳极工作寿命的计算见式(10-6)：

$$T_g = 0.85\,\frac{W_g}{\omega_g I} \tag{10-6}$$

式中 T_g——牺牲阳极工作寿命，a；

W_g——牺牲阳极组净质量，kg；

ω_g——牺牲阳极消耗率，kg/(A·a)；

I——保护电流，A。

10.3 牺牲阳极安装

10.3.1 牺牲阳极地床

为保证牺牲阳极在土壤中性能稳定，阳极四周要填充适当的化学填包料。

其作用是：使阳极与填料相邻，改善了阳极工作环境；降低阳极接地电阻，增大阳极输出电流；填料的化学成分有利于阳极产物的溶解、不结痂，减少不必要的阳极极化；维持阳极地床长期湿润。

对化学填包料的基本要求是：电阻率低；渗透性好；不易流失；保湿性好。

牺牲阳极填包料用袋装和现场钻孔中填装两种方法。注意袋装用的袋子必须是天然纤维织品，严禁使用化纤织物。现场钻孔填装效果虽好，但填料用量大，稍不注意容易把土粒带入填料中，影响填包料质量。填料的厚度应在各个方向均保持5~10cm为好。表10-12为目前常用牺牲阳极填包料的化学配方。

表10-12 牺牲阳极填包料配方

阳极类型	质量分数/%			适用土壤电阻率/Ω·m
	石膏粉	膨润土	工业硫酸钠	
镁合金牺牲阳极	50	50	—	≤20
	75	20	5	>20
锌合金牺牲阳极	50	40	5	≤20
	75	20	5	>20

注：所选用石膏粉的分子式为 $CaSO_4 \cdot 2H_2O$。

10.3.2 牺牲阳极分布

10.3.2.1 棒状阳极

棒状牺牲阳极可采取单支或多支成组两种方式，同组阳极宜选用同一炉号或开路电位相近的阳极。

棒状牺牲阳极埋设方式按轴向和径向分为立式和水平式两种。一般情况下牺牲阳极距管道外壁3～5m，最小不宜小于0.5m，埋设深度以阳极顶部距地面不小于1m为宜。成组布置时，阳极间距以2～3m为宜。

棒状牺牲阳极应埋设在土壤冰冻线以下。在地下水位低于3m的干燥地带，阳极应适当加深埋设；埋设在河床中的阳极应避免洪水冲刷和河床挖泥清淤时的损坏。

在布设棒状牺牲阳极时，注意阳极与管道间不应存在金属构筑物。棒状牺牲阳极埋设方式分别见图10－3和图10－4。

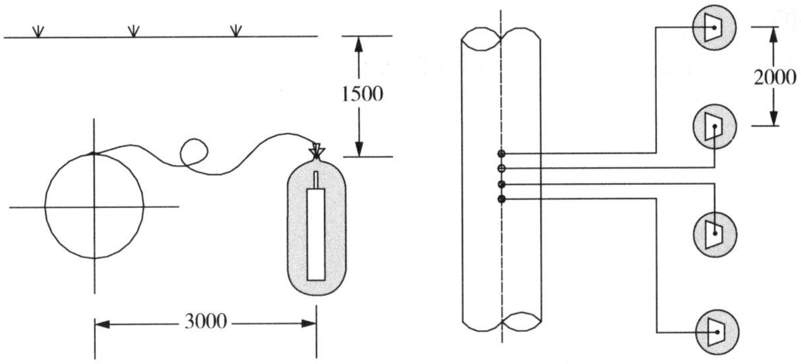

图10－3 牺牲阳极埋设示意图1

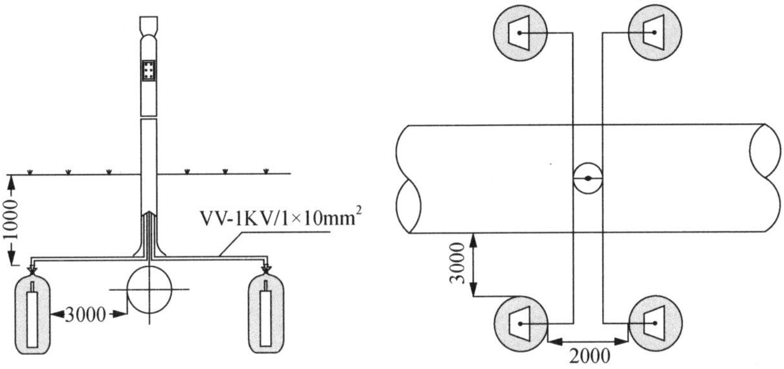

图10－4 牺牲阳极埋设示意图2

10.3.2.2 带状阳极

带状牺牲阳极应根据用途和需要与管道同沟敷设或缠绕敷设。

10.3.2.3 特殊用途的牺牲阳极

牺牲阳极作为接地极、参比电极等特殊应用时应根据用途和需要进行布置。

10.3.3 牺牲阳极施工注意事项

10.3.3.1 阳极表面准备

阳极表面应无氧化皮、无油污、无尘土，施工前应用钢丝刷或砂纸打磨，清理干净后严禁用手直接拿放。

10.3.3.2 电缆焊接

阳极电缆和阳极钢芯可采用铜焊或锡焊连接。焊接后未剥皮的电缆应与阳极钢芯用尼龙绳捆扎结实，阳极焊接端和底端两个面应采用环氧树脂绝缘，以减轻阳极的端部效位。

10.3.3.3 填包料的施工

一般，填包料的施工可在室内准备，按质量调配好之后，根据用量干调、湿调均可。湿调的阳极装袋后应在当天埋入地下。不管干调还是湿调均要保证填包料的用量足够，并保证回填密实。

10.3.3.4 电缆的施工

阳极电缆可以直接和管道连接，也可以通过测试桩中接线盒连接。电缆和管道采用铝热焊接方式连接，连接处应采用和管道防腐层相容的材料防腐绝缘。

电缆要留有一定的余量，以适应回填松土的下沉。

10.3.3.5 回填

阳极就位后，先回填部分细土，然后往阳极坑中浇一定量的水，再大量回填土壤。

第 11 章　强制电流阴极保护

11.1　强制电流阴极保护系统构成

强制电流阴极保护又称外加电流阴极保护，主要由四部分组成：直流电源、辅助阳极、被保护管道、附属设施。见图 11－1。

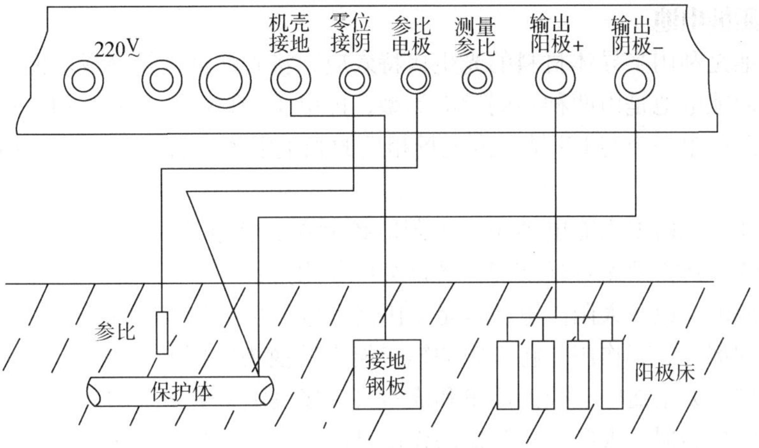

图 11－1　阴极保护系统接线示意图

11.1.1　电源设备

直流电源是强制电流阴极保护系统的心脏，它的可靠性也就是阴极保护的可靠性。根据我国的国情，交流电源还是最经济的，因此凡是有交流电网的地区，都应以交流电源为阴极保护的最佳方案。不过，有些交流电源可靠性较差，如当前的农用供电线路经常停电，这种电源作为阴极保护用电显然不合适，应采取其他形式的电源设备。

对于无市电地区，可作阴极保护电源的种类多种多样，其经济性是主要考虑因素，技术上都是可行的，可靠性取决于产品的质量。太阳能电池和风力发电机还要考虑气候条件。随着科学技术的进步，对于各种电源的认识应不断修正。在实际应用时，要对技术上可靠性和经济上合理性进行比较选用。

强制电流阴极保护对交流电源的基本要求：长期不间断供电；应优先使用市电或使用各类站场稳定可靠的交流电源；当电源不可靠时，应装有备用电源或不间断供电专用设备。

强制电流阴极保护电源设备的基本要求：可靠性高；维护保养简便；寿命长；对环境适应性强；输出电流、电压可调；具有抗过载、防雷、抗干扰、故障保护等功能。

强制电流阴极保护电源设备，一般情况下应选用整流器或恒电位仪。当管地电位或回路电阻有经常性较大变化或电网电压变化较大时，应使用恒电位仪。在选择电源设备时，应考虑下列内容：与交流电源连接的匹配性；整流器或恒电位仪的类型；相关参数的显示；冷却方式(空冷或油冷)；输出控制的方式；设备保护与安全要求；标识和铭牌。

11.1.1.1 整流器

整流器是一种将交流电转变成直流电的装置。它结构简单，易于安装，工作稳定，适用性强，可实现自动控制和遥控。

阴极保护用整流器宜采用桥式全波整流电路。其纹波系数应满足单相不大于50%、三相不大于5%的要求，最大温升不得超过85℃，在交流输入端和直流输出端应装有过流、防冲击等保护环节。户外型整流器应能适应当地所处的气候环境，可装在房顶、墙上或电杆上。通常采用油冷式整流器。

11.1.1.2 恒电位仪

恒电位仪可以在无人值守的情况下，自动调节输出电流和电压，使管道阴极保护通电点电位恒定在控制电位范围内，达到最佳保护效果。

11.1.1.3 太阳能电池

太阳能电池是利用半导体材料的光生伏特效应，将光能直接转换成电能的一种半导体器件。普通的太阳能电池是由两种不同导电类型，即电子型(N)和空穴型(P)的半导体材料构成的。由于光照产生一个与PN结上内电场相反的光生电场，有了光生电动势，接入外电路便可产生电流。

太阳能电池系统由太阳能电池组、太阳能控制器、蓄电池(组)组成。如输出电源为交流220V或110V，还需要配置逆变器。各部分的作用为：

(1) 太阳能电池板。太阳能电池板是太阳能发电系统中的核心部分，也是太阳能发电系统中价值最高的部分。其作用是将太阳的辐射能力转换为电能，或送往蓄电池中存储起来，或推动负载工作。太阳能电池板的质量和成本将直接决定整个系统的质量和成本。

(2) 太阳能控制器。太阳能控制器的作用是控制整个系统的工作状态，并对蓄电池起到过充电保护、过放电保护的作用。在温差较大的地方，合格的控制器还应具备温度补偿的功能。其他附加功能如光控开关、时控开关都应当是控制器的可选项。

(3) 蓄电池：一般为铅酸电池，小微型系统中，也可用镍氢电池、镍镉电池或锂电池。其作用是在有光照时将太阳能电池板所发出的电能储存起来，到需要的时候再释放出来。

(4) 逆变器：在很多场合，都需要提供220VAC、110VAC的交流电源。由于太阳能的直接输出一般都是直流12V、24V、48V，为能向220V交流电器提供电能，需要将太阳能发电系统所发出的直流电能转换成交流电能，因此需要使用DC－AC逆变器。在某些场合，需要使用多种电压的负载时，也要用到DC－DC逆变器，如将直流24V的电能转换成直流5V的电能等。

11.1.1.4 CCVT电源系统

CCVT是密闭循环蒸汽透平发电机的英文简称。CCVT是一种工质进行朗肯循环，具有一个稳定转速转动部件的密封式小型涡轮发电装置，输出功率范围在200～5000W之间。主要应用领域为无电边远地区的电信和阴极保护电源。它将以往用于飞机设计的热力学理论和航空发动机的先进技术应用于发电领域，使之达到前所未有的可靠程度。

CCVT的主体部分中，涡轮、发电机和供给泵共轴，是唯一的转动部件，被密封在不锈钢罐内。其中发电机和涡轮的共同轴由两个静、动压液浮轴承支撑着转动，消除了金属间的摩擦，使机械磨损为零。动压轴承通过运动流体润滑，无需添加润滑剂。透平发电机被装在一个不锈钢罐内，终生密封，避免了灰尘、温度、海拔高度和风对它的影响。由于密封体内的压力低于大气压，故运动流体不能流散。CCVT的外部装有燃料系统、蒸发器、冷凝器及燃料，负载自动调节系统。

该装置利用高分子工质进行朗肯动力循环做功。其工质的工作过程为：燃烧系统产生的燃气通过蒸发器(蒸汽锅炉)，将装在密封容器中的液态工质加热、汽化，使蒸汽导入涡轮，在涡轮中膨胀做功并通过涡轮轴带动交流发电机发电。

CCVT的主要特点是：高可靠性，无需定期维修，可连续工作20年，便于无人值守可通过遥控指挥装置工作，一年内只需几次清除燃烧系统烟灰、积炭和冷凝系统的积尘；适用多种燃料，常规的液体、气体燃料均可应用，安装方便。

11.1.1.5 热电发生器

热电发生器(TEG)又称温差发电机，它是利用两种不同金属在连接点上加热，产生温差电势并输出电流的电源装置。

热电发生器由三部分组成：热源、热电偶和冷却片。

热电发生器可以用丙烷、丁烷、天然气或柴油作燃料。它的特点是：可靠性高；维护要求低；噪音低，污染小；寿命长，年度保养费用低；燃料来源广泛。

11.1.1.6 风力发电机

风力发电机是将风能转换为机械功的动力机械，又称风车。广义地说，它是一种以太阳为热源，以大气为工作介质的热能利用发动机。风力发电利用的是自然能源。

风力发电的原理，是利用风力带动风车叶片旋转，再透过增速机将旋转的速度提升，来促使发电机发电。依据目前的风车技术，大约是每秒三公尺的微风速度(微风的程度)，便可以开始发电。

风力发电机由机头、转体、尾翼、叶片组成，每一部分都很重要。各部分功能为：叶片用来接受风力并通过机头转为电能；尾翼使叶片始终对着来风的方向从而获得最大的风能；转体能使机头灵活地转动以实现尾翼调整方向的功能；机头的转子是永磁体，定子绕组切割磁力线产生电能。风力发电机因风量不稳定，故其输出的是13～25V变化的交流电，须经充电器整流，再对蓄电瓶充电，使风力发电机产生的电能变成化学能。

11.1.2 辅助阳极地床

阴极保护系统中的辅助阳极地床是由若干支阳极组成，通过辅助阳极把保护电流送入土壤，经土壤流入被保护的管道，使管道表面进行阴极极化，电流再由管道流入电源负极形成一个回路，这一回路形成了一个电解池，管道在回路中为负极，处于还原环境中，防止腐蚀，而辅助阳极进行氧化反应遭受腐蚀。

11.1.2.1 阳极地床位置的选择

(1) 阳极地床距管道的垂直距离愈大，电位分布愈均匀，但无限拉大距离将会增加阳极引线的电阻，并增加建设投资。一般不宜小于50m。

(2) 土壤电阻率。阳极地床尽量选在土壤电阻率低的地方，因为低电阻率可使阳极接地电阻变小，减少电能的消耗。在最大的预期保护电流需要量时，阳极地床的接地电阻上的电压降应小于额定输出电压的70%。

(3) 土壤湿度。土壤湿度大有利于阳极工作，防止气阻现象，故在实际中常把阳极地床选在河边、沟底等低洼地带。

(4) 土地的利用。不占或少占耕地。

(5) 干扰影响。阳极区周围尽量避开金属构筑物。

（6）地域规划。不得在近期规划区内建立阳极地床。

（7）安装的难易。根据施工机具和地上、地下环境情况确定，以求安装费用最低。

（8）生态环境。这是近些年来提出的新问题，以不破坏生态环境为好。

11.1.2.2 阳极材料的选择

（1）有良好的导电性。阳极表面在高电流密度下使用时极化要小。

（2）耐蚀性能高。阳极本身的消耗率较低，避免由于阳极材料不耐腐蚀需要经常更换，影响管道通电保护的连续性。

（3）排流量大。在一定的电压下，单位面积的阳极能通过较大的电流，可减少阳极数量。

（4）机械性能好。阳极具有足够的机械强度，便于加工安装。

（5）材料易得，价格低廉。

11.1.2.3 常用辅助阳极主要性能

1. 高硅铸铁阳极

高硅铸铁是在铁中加入了大量的硅，提高了其耐蚀性能。高硅铸铁阳扱是一种不溶性阳极，在参与阳极反应的过程中，高硅铸铁阳极表面形成一层很薄的 SiO_2 保护膜，保护阳极基体不受侵蚀。高硅铸铁阳极的化学成分应符合表 11－1 的规定。阳极的允许电流密度为 $5A/m^2 \sim 80A/m^2$，消耗率应小于 0.5kg/(A·a)。阳极引出线与阳极的接触电阻应小于 0.01Ω，拉脱力数值应大于阳极自身质量的 1.5 倍，接头密封可靠。阳极引线长度不应小于 1.5m，阳极表面应无明显缺陷。

表 11－1 高硅铸铁阳极的化学成分

序号	类型	主要化学成分的质量分数/%					杂质质量分数/%	
		Si	Mn	C	Cr	Fe	P	S
1	普通	14.25～15.25	0.5～1.5	0.80～1.05		余量	≤0.25	≤0.1
2	加铬	14.25～15.25	0.5～1.5	0.8～1.4	4～5	余量	≤0.25	≤0.1

2. 石墨阳极

石墨阳极是用石油焦和沥青两种材料按一定比例加工焙烧而成，并经过 2800℃ 的石墨化工艺把焦炭和沥青转变成石墨。为了提高石墨阳极的耐蚀性能，阳极宜经亚麻油或石蜡浸渍处理，石墨阳极的石墨化程度不应小于 81%，灰分应不大于 0.5%，阳极的性能见表 11－2 的规定。阳极引出电缆与阳极的接触电阻应小于 0.01Ω，拉脱力数值应大于阳极自身质量的 1.5 倍，接头密封可靠。阳极电缆长度不应小于 1.5m，阳极表面应无明显缺陷。

表 11－2 石墨阳极的主要性能

密度/(g/cm²)	电阻率/(Ω·mm²/m)	气孔率/%	消耗率/[kg/(A·a)]	允许电流密度/(A/m²)
1.7～2.2	9.5～11.0	25～30	<0.6	5～10

石墨阳极有以下特点：使用寿命长，消耗率低；质量轻，便于搬运和安装；经济效益明显，由于石墨阳极比碳钢阳极使用寿命长，更换维修费用大为降低；适应性强，石墨阳极不仅适用于土壤，而且在海水和淡水中也可应用；脆性大，强度低，易断裂，在搬运和安装时应特别谨慎。

3. 柔性阳极

柔性阳极是将导电性聚合物挤塑在铜芯上，作为辅助阳极用，外形和塑料电缆差不多，柔性很好，施工起来也类似于电缆敷设，所以是一种很受欢迎的辅助阳极材料。它特别适用于高电阻率环境、管道覆盖层质量劣化的场合；它可以平行管道敷设，改善了沿线的电流分布。故对于站内管网、几何形状不规则的管道特别有益。其性能应符合表11－3的规定，阳极铜芯截面积为16mm²，阳极外径为13mm。

表11－3　柔性阳极主要性能

最大输出线电流密度/(mA/m)		最低施工温度/℃	最小弯曲半径/mm
无填充料	有填充料		
52	82	－18	150

4. 钢铁阳极

钢铁阳极是指角钢、扁钢、槽钢、钢管制作的阳极或其他用作阳极的废弃钢铁构筑物，是我国早期管道阴极保护辅助阳极的主要材料。其特点是：材料来源广，施工方使，价格低，没有气阻现象。因其管状体积大，增大了和土壤的接触面积，特别适用高电阻率环境中。阳极的消耗率为8～10kg/(A·a)。

5. 混合金属氧化物阳极

混合金属氧化物阳极基体材料采用工业纯钛，其化学成分应不低于GB/T 3620.1中对TA2的要求，在土壤环境中(带有填料)金属氧化物阳极的工作电流密度为100A/m²，阳极与电缆接头的接触电阻应小于0.01Ω。

11.1.2.4　辅助阳极的结构

1. 浅埋式阳极地床结构

将阳极埋入距地表1～5m的土层中，这是管道阴极保护一般选用的阳极埋设形式。浅埋式阳极又可分为立式、水平式两种，对于钢铁阳极可能两种联合，称为联合式阳极。

(1) 立式阳极：由一根或多根垂直埋入地中的阳极排列构成(见图11－2)。电极间用电缆联接。其优点是：全年接地电阻变化不大，当阳极尺寸相同时，立式地床的接地电阻较水平式小。

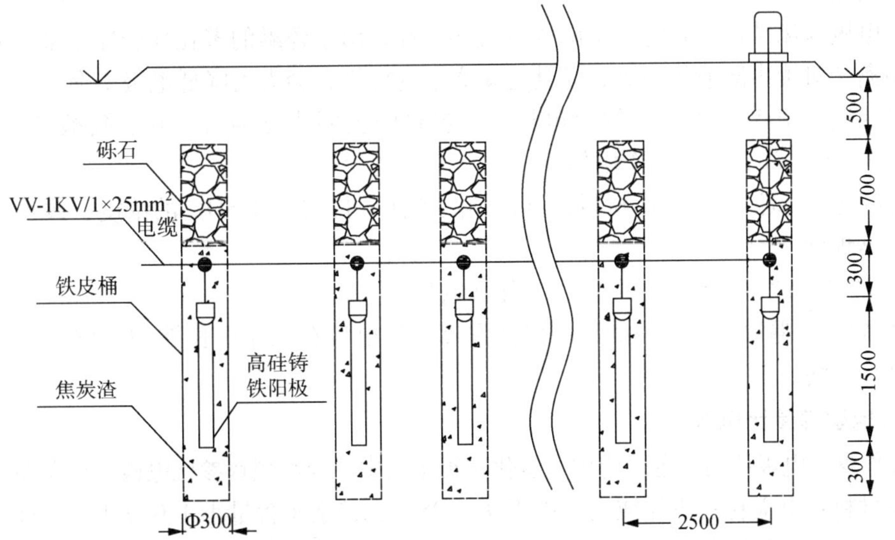

图11－2　立式阳极地床结构示意图

（2）水平式阳极：将阳极以水平方向埋入一定深度的地层中，其优点是：安装土石方量较小，易于施工，容易检查阳极地床各部分的工作情况。

（3）联合式阳极：指采用钢铁材料制成阳极地床，它由上端连接着水平干线的一排立式阳极所组成。

2. 深埋式阳极(深井式)

当阳极地床周围存在干扰、屏蔽、地床位置受到限制，或者在地下管网密集区进行区域性阴极保护时，使用深埋式阳极，可获得浅埋式阳极所不能得到的保护效果。

深埋式阳极地床的优点是：接地电阻小，对周围干扰小，消耗功率低，电流分布比较理想。它的缺点是：施工复杂，技术要求高，单井造价贵，尤其是深度超过 100m 的深阳极，施工需要大钻机，这就限制了它的应用。

11.1.2.5 阳极地床填料的要求

一般阳极应在焦炭回填料地床中工作。这种结构的作用是：等效地增大了阳极体积，降低阳极接地电阻；把阳极土壤的工作界面转移到填料与土壤界面上，减小阳极消耗，延长阳极寿命。

通常使用的填料有三种，即煤焦油焦炭、煅烧的石油焦和天然及人造的石墨渣。冶金焦炭渣也是常选填料之一。含碳量高于 85%，颗粒度在 3 ~ 15mm。

11.1.3 参比电极

11.1.3.1 埋地型参比电极

在油气管道阴极保护过程中，需将参比电极埋地与恒电位仪组成自控信号源。

埋地型参比电极的基本性能要求是极化小、稳定性好、寿命长；土壤中锌参比电极的稳定性不超出 ±30mV，硫酸铜参比电极的稳定性不超出 ±10mV；工作电流不大于 $5\mu A/cm^2$。

1. 长效埋地型硫酸铜参比电极

（1）电极结构：电极由素烧陶瓷罐、管状或弹簧铜电极和硫酸铜晶体所构成。使用前，应在水中浸泡 24h，形成饱和硫酸铜溶液。

（2）电极地床结构：若将素烧陶瓷罐直接埋地，由于瓷罐的多孔性会导致罐内晶体流失和土壤中离子对罐内溶液的污染，尤其是氯离子的污染，会大大降低电极寿命。为此，应在参比电极四周填塞 5 ~ 10cm 厚的填包料。填包料的主要成分为石膏粉、硫酸钠、膨润土，质量比例为 75∶5∶20，它们的作用如下：

① 石膏粉：微溶性可塑性材料，可在潮湿条件下长期保证 SO_4^{2-} 的浓度，改善土壤环境的离子污染程度。

② 硫酸钠：改善填料的导电能力，降低电阻率。

③ 膨润土：遇湿膨胀，并能长期保持湿度，使电极在工作中长期和土壤结合紧密，永久性地维持湿润。

2. 埋地型锌参比电极

用锌作参比电极使用，主要应用在氯化物类土壤中。埋地型锌参比电极结构见图 11－3。

电极材料：电极材料应为纯度不小于 99.995%、锌杂质含量小于 0.0014% 的高纯锌。

电极地床：锌参比电极周围应添加化学填包料，填料成分为石膏粉、硫酸钠、膨润土，三种成分的质量比例为 50∶5∶45 或 75∶5∶20。

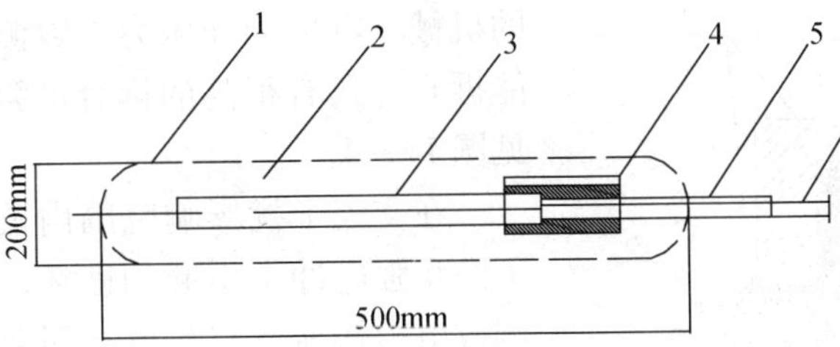

图 11－3　埋地型锌参比电极示意图

1—棉布袋；2—填包料；3—锌电极；4—接头密封护管；5—电缆护管；6—电缆

11.1.3.2　便携式液体硫酸铜参比电极

主要用于测量阴极保护参数，将其埋地使用时由于密封性处理不好，经常会造成渗漏过度。另外，这类参比电极还需要经常添加硫酸铜溶液，且一到冬季又容易冻结，影响恒电位仪的正常工作。目前，液体饱和硫酸铜参比电极已很少埋地使用。

11.1.3.3　参比电极的维护

作为恒定电位仪信号源的埋地参比电极，一般为固态长效硫酸铜参比电极，在使用过程中需注意观察恒电位仪的输出数值，发现异常可检查参比电极是否失效、电缆是否开路等。

测量阴极保护参数用的参比电极，一般为便携式液体硫酸铜参比电极，参比电极中的紫铜棒应定期擦洗，露出铜的本色。配制饱和硫酸铜溶液必须使用化学纯硫酸铜晶体和蒸馏水。当参比电极里的饱和硫酸铜溶液变混浊或颜色变浅时，应更换硫酸铜溶液。

11.1.4　电绝缘装置

管道电绝缘是阴极保护的必要条件，它限定了阴极保护电流的流动，确保电流用于阴极保护，实践证明有的管道没有电绝缘，造成电流无序流动，流入了非保护部件上，使保护范围大大减小，甚至造成干扰。国外有的文献称没有电绝缘就没有阴极保护，可见电绝缘的重要。

11.1.4.1　电绝缘装置的主要类形

电绝缘装置的主要类形有：绝缘接头(或绝缘法兰)；绝缘短管；绝缘管接头；套管内绝缘支撑；管桥上的绝缘支架。

11.1.4.2　电绝缘装置安装位置

一般情况下，可在管道的下列位置处设置绝缘接头，但不局限于此：支线管道连接处；不同防腐层的管段间；不同电解质的管段间(如河流穿越处)；交、直流干扰影响的管段上；实施阴极保护的管道与未保护的设施之间。

11.1.4.3　绝缘法兰

绝缘法兰与普通法兰的结构基本相同，不同的是绝缘法兰中间采用绝缘垫片，每个螺栓都加绝缘垫圈和绝缘套管，使两片法兰完全绝缘。

绝缘法兰通常采用工厂预组装式，经检测合格后在现场将管节与干线管道焊接在一起。对于旧的管道，可采用原有法兰改造或现场组装式法兰。

11.1.4.4　整体型绝缘接头

整体型绝缘接头是一种新型的电绝缘装置，其特点是：在工厂里预组装，可避免现场组装因潮湿、风沙带来的对绝缘值的影响；内涂环氧聚合物，可以防止因水、污物的积留而产生绝缘装置短路现象；直接埋地，埋地后不用管理，不用建测试井；在工厂里已进行了严格

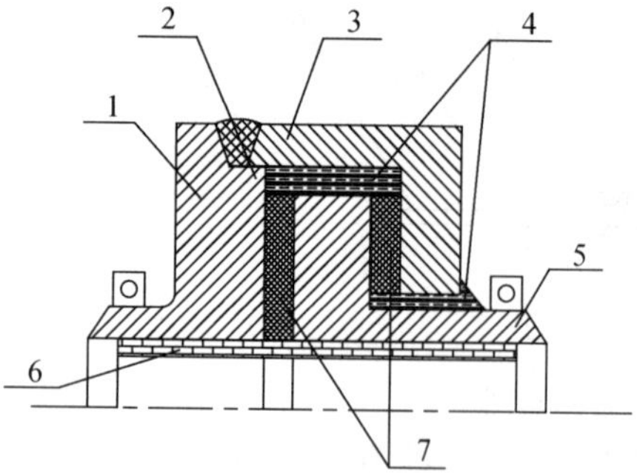

图 11－4　整体型绝缘接头结构图
1—左侧法兰；2—焊合；3—联结套；
4—绝缘填料；5—右侧法兰；6—内衬；
7—绝缘环(加压后密封)

的机械、电性能和压力参数测试；整体型结构不能拆开；具有很高的耦合电阻；寿命长。其结构见图 11－4。

在交流干扰影响范围内及雷电多发区里，为了防止强电冲击引起的破坏，需要在绝缘装置两侧或电力接地体与管道之间装设由牺牲阳极构成的接地电池，它是由两支或四支牺牲阳极用塑料垫块隔开并成双地绑在一起，装在填满导电性填包料的袋子里。由被隔开的牺牲阳极各引出一根导线接至相邻的两侧，一旦有强电冲击，强大的电涌将通过填料的低电阻传至另一侧，而不损坏绝缘装置。

接地电池中所用的锌棒，其成分与锌阳极一样。根据所用填料的不同，阳极棒之间的电阻在 0.2～0.5Ω 之间。其结构见图 11－5。

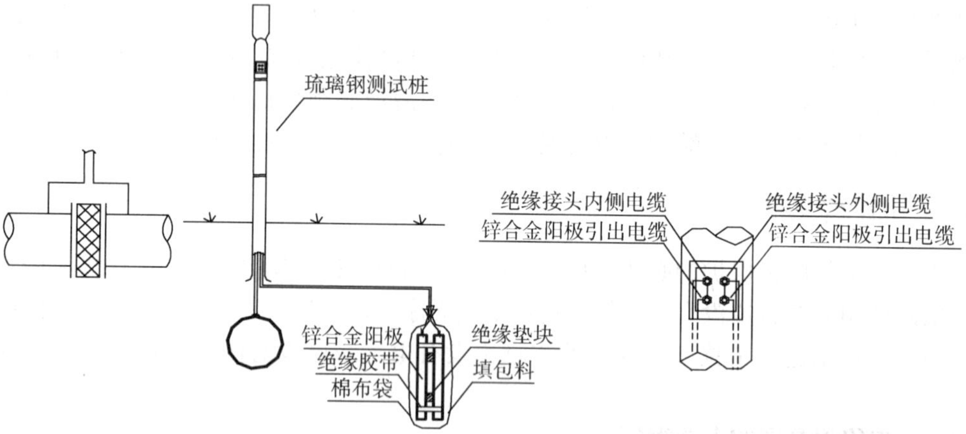

图 11－5　接地电池结构图

11.1.4.5　套管中的电绝缘装置

对于采用套管方式穿越公路、铁路或河流的管道，应用电绝缘装置将管道与套管电绝缘。通常的作法是：在套管中采用塑料的绝缘支撑，对管道固定和定位，两端采用绝缘密封，严禁地下水的浸入。

11.1.4.6　管桥上的电绝缘装置

对于采用架空式跨越河流的管段，为防止阴极保护电流的流失，通常可采用两种方式电绝缘：一是在跨越段两端加设绝缘接头，见图 11－6；二是在管道与管支撑架之间采用绝缘垫。第一种方式简单易行，但要通过电缆将管桥两侧的干线管道连接起来，以保证保护电流的电连续性。第二种方式较复杂，应注意绝缘材料在大气中的老化及管道在管桥上的机械移动引起的绝缘垫的破坏等。

11.1.5　测试装置

为了检测、维护管道的阴极保护系统，在管道沿线设置测试装置。阴极保护测试装置应与阴极保护系统同步安装。测试装置应沿管道线路走向进行设置，相邻测试装置间隔宜 1～3km。在城镇市区或工业区，相邻间隔不应大于 1km，杂散电流干扰影响区域内可适当加密。

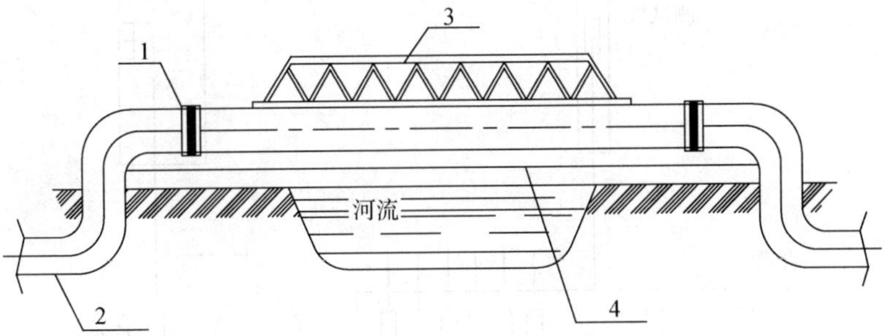

图 11－6　典型的管桥上的电绝缘方式

1—绝缘装置；2—被保护管道；3—管桥；4—绝缘装置两端阴极保护跨接电缆

在下列位置处，也应安装测试装置：管道与交、直流电气化铁路交叉或平行段；绝缘接头处；接地系统连接处；金属套管处；与其他管道或设施连接处；辅助试片及接地装置连接处；与外部管道交叉处；管道与主要道路或堤坝交叉处；穿越铁路或河流处；与外部金属构筑物相邻处。

对不同沟敷设的多条平行管道，每条管道应单独设置测试装置，测试装置应安装在管道上方。每个测试装置中至少有两根电缆与管道连接，电缆应采用颜色或其他标记法进行区分，并作到全线统一。

11.1.6　检查片

检查片是为了定量测量阴极保护效果，一般分为两组：一组与输油管道相连，处于阴极保护状态；一组不与管道相连，处于自然腐蚀状态。经过一定时间后将两组检查片的失重量进行比较，可分析管道的阴极保护效果。

11.1.6.1　检查片制作

管道用检查片的材质应与埋地钢质管道的材质相同；检查片表面不应有明显缺陷，如麻点、裂纹、划伤、分层等；试样所有边缘不应有毛刺；检查片厚度一般在 3～5mm，试样尺寸应符合图 11－7。

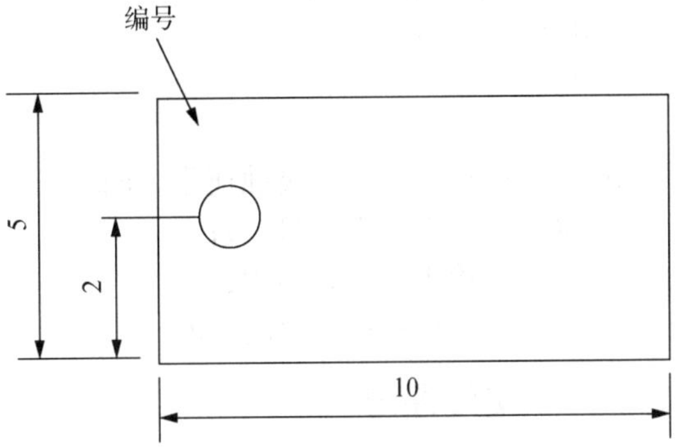

图 11－7　检查片试样尺寸

检查片制作应采用机械加工，如采用气割取样，必须去掉热影响区；检查片清洗应先用有机溶剂脱脂，再用清水冲洗，吹干后放入无水酒精中浸泡脱水约 5min，取出吹干，再用干净白纸包好，放入干燥器内干燥 24h 后称其质量，精确到 1mg，裸露面积精确到 0.01cm^2。

检查片制作记录应有检查片的编号、钢号、材料制造工艺、尺寸、质量等。

11.1.6.2　检查片埋设

制备好的检查片应在干燥环境中保存和运输，并应尽快埋入试验点，埋设点由设计或试验单位根据试验目的选定，一般选在污染区、高盐碱地带、杂散电流严重地区以及管道阴极保护电位值最小处等特殊的环境中。

管道用检查片应垂直于地面埋设，中心与管道中心处于同一标高，阔面相对，片间距为 0.3m，片中心与管壁净距不小于 1.5m。检查片应按编号顺序排列，见图 11－8。

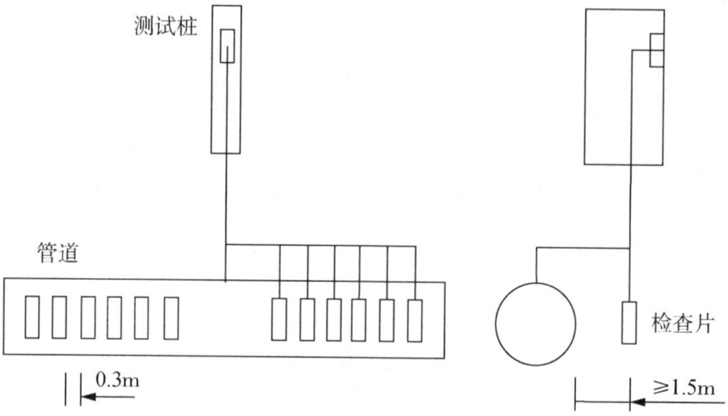

图 11－8　检查片埋设示意图

各导线联接处应作防腐绝缘处理，埋设过程中，严防检查片受到机械损伤，并注意保护导线。检查片埋设点一般用测试桩作为永久性地面标志，注意管理，免遭破坏。

检查片常规试验周期一般不得小于 1 年，推荐为 1 年、2 年、5 年、10 年、20 年。埋设数量应按埋设种类(与管道联接和不与管道联接)、取出的批数和每批取出的数量确定。

检查片埋设记录，应有日期、埋设点编号、土壤剖面、土壤电阻率、杂散电流情况、检查片数量及编号、埋设位置、埋设深度、方位、排列顺序、相互距离与地面标志的距离及埋设负责人姓名。

11.1.6.3　检查片开挖及处理

按预定时间取出检查片，同批取出的检查片不得少于 3 片。取片时注意不要影响其他检查片。检查片取出记录包括：现场摄取检查片外观照片；现场观察并记录腐蚀产物、沉积物分布、厚度、形态、颜色、日期和负责人姓名等。

现场取出的检查片，应尽快进行清洗、干燥、测量、称重。

11.1.6.4　平均腐蚀速率

见计算式(11－1)。

$$V=\frac{10^5W}{A\cdot t} \tag{11-1}$$

式中　V——检查片平均腐蚀速率，mg/(cm^2·d)；

W——检查片失重量，g；

A——检查片暴露面积，cm^2；

t——检查片埋设时间，d。

11.1.7　电缆选用

强制电流阴极保护系统中，所有连接导线宜采用电缆直接埋设，也可采用架空方式。

应采用铜芯电缆，测试电缆的截面不宜小于 4mm^2。多股连接导线，每股导线的截面不宜小于 2.5mm^2。

用于强制电流阴极保护的铜芯电缆，截面不宜小于 16mm^2，用于牺牲阳极的铜芯电缆的截面不宜小于 4mm^2。

电缆与管道焊接位置不应在弯头上或管道焊缝两侧 200mm 范围内。焊接方式可采用铝热焊方法，焊接用的铝热焊剂用量不应超过 15g。当焊接电缆的截面大于 16mm^{2}时，可将电缆芯分成若干投，每股小于 16mm^2，分开进行焊接。在运行中的管道上实施铝热焊时，应预订安全防范措施，并考虑焊接前要对管壁完整性进行检查；管中流体对热量传输与散失的影响；焊接热量对输送介质的影响(如对某些化学品)。

11.2 强制电流阴极保护的工艺计算

11.2.1 管道保护长度的计算

管道保护长度的计算见式(11－2)和式(11－3):

$$2L_p = \sqrt{\frac{8 \times \Delta V}{\pi \times D_p \times J_s \times R_s}} \tag{11-2}$$

$$R_s = \frac{\rho_t}{\pi(1000D_p - \delta)\delta} \tag{11-3}$$

式中 L_p——单侧保护管道长度，m；

ΔV——极限保护电位与保护电位之差，V；

D_p——管道外径，m；

J_s——保护电流密度，A/m^2；

R_s——管道线电阻，Ω/m；

ρ_t——钢管电阻率，$\Omega \cdot mm^2/m$；

δ——管道壁厚，mm。

11.2.2 保护电流的计算

保护电流的计算见式(11－4):

$$2I_0 = 2\pi \times D_p \times J_s \times L_p \tag{11-4}$$

式中 I_0——单侧管道保护电流，A；

D_p——管道外径，m；

J_s——保护电流密度，A/m^2；

L_p——单侧保护管道长度，m。

11.2.3 辅助阳极接地电阻的计算

(1) 单支立式辅助阳极接地电阻的计算见式(11－5):

$$R_{v_1} = \frac{\rho}{2\pi L_a}\ln\left(\frac{2L_a}{D_a}\sqrt{\frac{4t+2L_a}{4t+L_a}}\right)(t \gg D_a)(D_a \ll L_a) \tag{11-5}$$

(2) 单支水平式辅助阳极接地电阻的计算见式(11－6):

$$R_h = \frac{\rho}{2\pi L_a}\ln\left(\frac{L_a^2}{tD_a}\right)(t \ll L_a)(D_a \gg D_a) \tag{11-6}$$

(3) 深井式辅助阳极接地电阻的计算见式(11－7):

$$R_{v_2} = \frac{\rho}{2\pi L_a}\ln\left(\frac{2L_a}{D_a}\right)(t \gg L_a) \tag{11-7}$$

式中 R_{v_1}——单支立式辅助阳极接地电阻，Ω；

R_{v_2}——深埋式辅助阳极接地电阻，Ω；

R_h——单支水平式辅助阳极接地电阻，Ω；

ρ——土壤电阻率，Ω·m；

L_a——辅助阳极长度(含填料)，m；

D_a——辅助阳极直径(含填料)，m；

t——辅助阳极埋深(填料顶部距地表面)，m。

(4) 辅助阳极组接地电阻的计算见式(11-8)、式(11-9)：

$$R_z = F\frac{R_a}{n} \tag{11-8}$$

$$F \approx 1 + \frac{\rho}{nsR_a}\ln(0.66n) \tag{11-9}$$

式中 R_z——辅助阳极组接地电阻，Ω；

F——辅助阳极电阻修正系数，可查图11-9；

R_a——单支辅助阳极接地电阻，Ω；

n——阳极支数；

ρ——土壤电阻率，Ω·m；

s——辅助阳极间距，m。

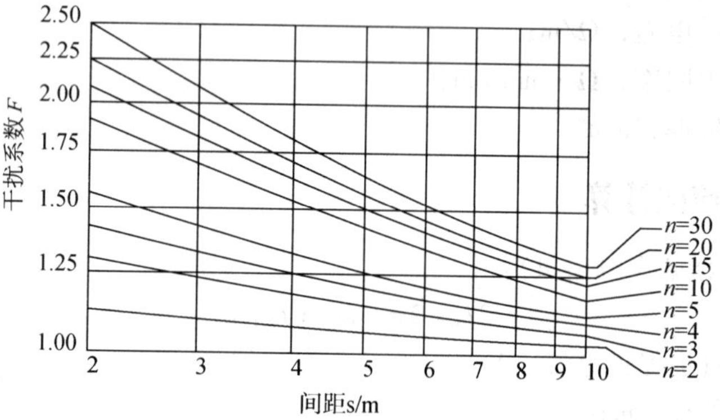

图11-9 由n支阳极组成的阳极地床的干扰系数F

(5) 辅助阳极质量的计算公式(11-10)：

$$W_a = \frac{T_a \times \omega_a \times I}{K} \tag{11-10}$$

式中 W_a——辅助阳极总质量，kg；

T_a——辅助阳极设计寿命，a；

ω_a——辅助阳极的消耗率，kg/(A·a)；

I——保护电流，A；

K——辅助阳极利用系数，取0.7~0.85。

注：当已知辅助阳极质量，也可用式(11-10)计算辅助阳极设计寿命。

11.2.4 电源设备功率的计算

电源设备功率的计算见式(11-11)~式(11-15)：

$$P = \frac{IV}{\eta} \tag{11-11}$$

$$V = I(R_z + R_l + R_c) + V_r \tag{11-12}$$

$$R_c = \frac{\sqrt{R_t \times r_t}}{2th(aL)} \tag{11-13}$$

$$\alpha = \sqrt{\frac{r_t}{R_t}} \tag{11-14}$$

$$I = 2I_0 \tag{11-15}$$

式中 P——电源功率，W；

I——保护电流，A；

V——电源设备的输出电压，V；

η——电源设备效率，一般取0.7；

R_z——辅助阳极组接地电阻，Ω；

R_l——导线电阻，Ω；

R_c——阴极过渡电阻，Ω；

V_r——辅助阳极地床的反电动势，V(当采用焦炭填充时，取 $V_r = 2V$)；

α——管道衰减因数，m^{-1}；

L——被保护管道长度，m；

r_t——管道线电阻，Ω/m；

R_t——防腐层过渡电阻率，Ω/m；

I_0——单位侧保护电流，A。

11.3 区域性阴极保护系统

目前，埋地长输管道普遍采用防腐涂层加阴极保护联合进行腐蚀控制，取得了非常好的保护效果。而输油、气站场的管道、储罐、处理器等，其中相当大的一部分设施是采用地下或半地下方式建设的。由于这些地下或半地下金属设施的外表面接触土壤、表面又多直接与各种腐蚀性介质相接触，使这些设施不可避免地受到腐蚀威胁。由于腐蚀穿孔而导致的油品或危险品的泄漏不仅是火灾、爆炸等事故的重大隐患，也给生产部门带来极大的经济损失，由此造成的环境污染也严重影响着企业的正常生产经营活动。因此，必须采取各种手段抑制或减缓腐蚀的发生和发展。

区域性阴极保护是将某一区域内的金属保护对象作为一个整体来进行保护，广泛用于输油、气站场的埋地管道、储罐等设施的阴极保护。输油、气站场具有设备繁多、地下金属结构复杂、设备接地多、干扰屏蔽现象严重、安全要求高等特点，因此，要获得最佳保阴极护效果，在设计中需要综合考虑多种因素的影响，如保护电流密度的选择、阳极地床的设计、保护体的绝缘及电的连续性等问题。

11.3.1 区域性阴极保护的设计

11.3.1.1 站内区域性阴极保护的要求条件

(1) 阴极保护的管道和储罐底部应与电解质(土壤)保持电绝缘。管道应有良好的绝缘防腐层，储罐底板下应有沥青砂垫层。

(2) 在限定保护范围边界处应设置绝缘接头或绝缘法兰。

(3) 站内的保护构筑物和非保护构筑物之间应保持电绝缘。设计中应考虑将非保护构筑物纳入保护系统的可能性。

(4) 站内架空管道的金属支撑墩(架)与管道应有电绝缘。

（5）被保护构筑物应保证电的连续性。对于非焊接连接的钢管接头应采用焊接的电缆跨接。

11.3.1.2　保护准则

区域性阴极保护准则与“第9章阴极保护原理”的9.3节相同。

11.3.1.3　设计要求

强制电流方案是站内阴极保护的主要方式，对于强制电流方式设计时应注意以下问题：站内有可靠的电源；不能对周围金属构筑物及外干线管道造成干扰；合理的选择辅助阳极地床的位置及埋设方式；防爆符合安全规定。

钢质储罐的外底板保护一般采用强制电流加牺牲阳极方式；钢质储罐的内壁保护一般采用牺牲阳极；辅助阳极地床可采用深井、浅埋方式相互补充；钢质储罐的防雷、防静电接地应符合安全生产的规定和阴极保护的要求；钢质储罐的防雷、防静电接地电极应采用锌合金牺牲阳极；钢质储罐的保护电位应相同或略负于锌合金牺牲阳极的电位。可采用控制流入接地锌电极电流的措施调整；每组锌合金牺牲阳极接地电极的汇接电缆与油罐连接可用铜鼻、螺栓方式。电缆与铜鼻必须采用压线钳压接，不得用锡焊；钢质储罐采用强制电流加牺牲阳极方式时，锌合金阳极的用量主要服从防雷、防静电接地要求，应使每组接地极的接地电阻小于10Ω。锌合金牺牲阳极接地极的埋设要符合GB 15599的防雷、防静电接地规定要求。对旧储罐一般应按原防雷、防静电接地电极的位置埋设。

11.3.1.4　辅助阳极地床的设计

区域性阴极保护的辅助阳极地床设计，根据现场地形及被保护体的位置，合理选择辅助阳极地床的位置，达到保护电流均匀。图11－10～图11－13是钢质储罐外底板保护辅助阳级地床几种埋设方法。

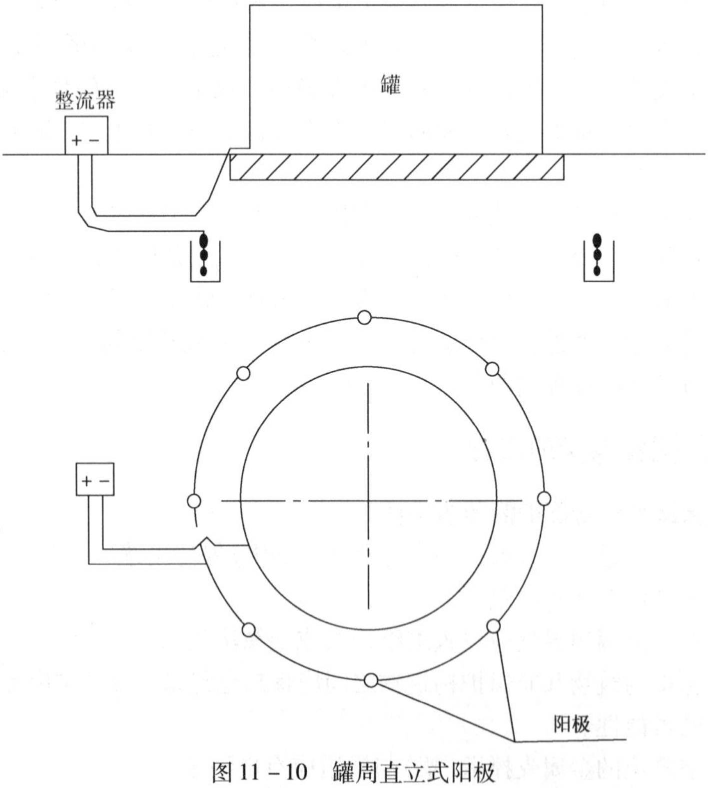

图11－10　罐周直立式阳极

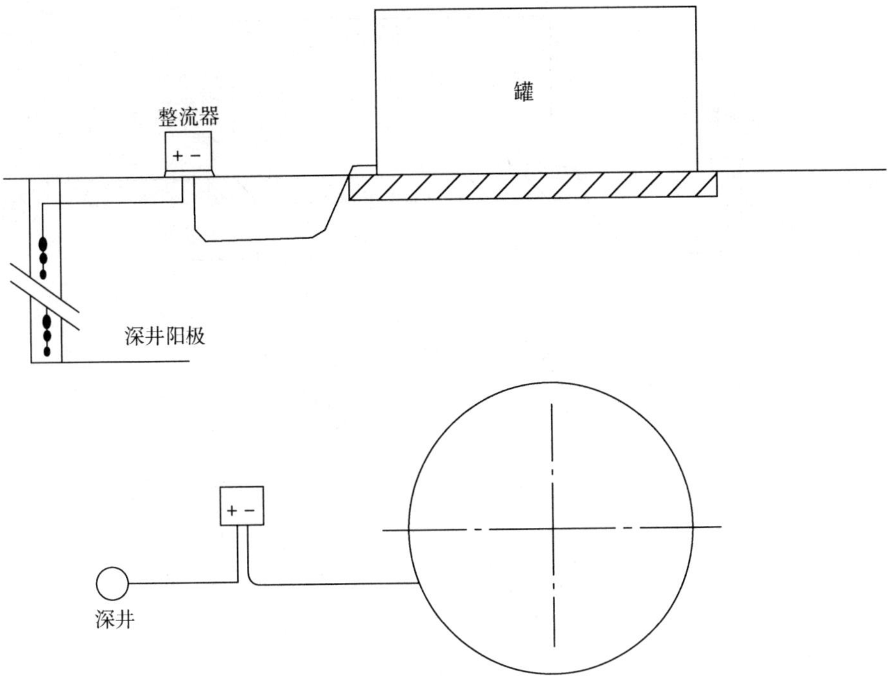

图 11－11　罐旁深井式阳极

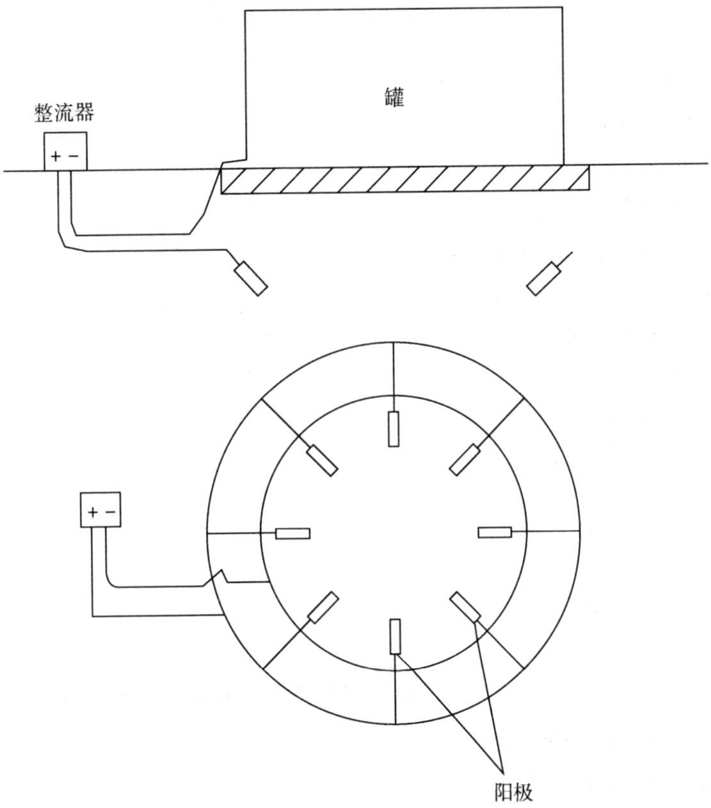

图 11－12　罐底斜角式阳极

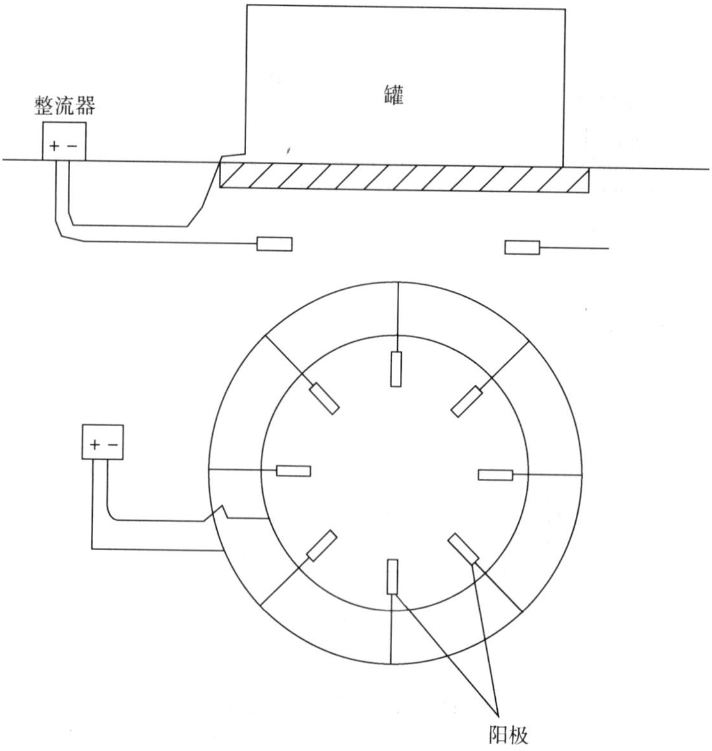

图 11－13　罐底水平式阳极

11.3.1.5　工艺计算

1. 站区管网保护电流计算

$$I_P = S_P \cdot J_P = \pi \cdot d_P \cdot L \cdot J_P \tag{11-16}$$

式中　I_P——站区管网保护电流，A；

S_P——被保护管道的总表面积，m^2；

J_P——保护电流密度，A/m^2（对于新建站取 0.1～0.5mA/m^2，旧管道取 1～5mA/m^2）；

d_P——管道外径，m；

L——管道长度；m。

2. 单储罐保护电流计算

$$I_t = S_t \cdot J_t = \frac{\pi D_t}{4} \cdot J_t \tag{11-17}$$

式中　I_t——单储罐保护电流，A；

S_t——罐底底板表面积，m^2；

D_t——罐底底板直径，m；

J_t——保护电流密度，A/m^2（沥青砂罐基础较好的取 0.1～0.5mA/m^2，罐底沥青沙基础差的取 0.5～5mA/m^2）。

3. 储罐内壁板保护电流计算

$$I_T = S_T \cdot J_T = \left(\frac{\pi D_T^2}{4} + \pi D_T \cdot H\right) \cdot J_T \tag{11-18}$$

式中 I_T——储罐内壁板保护电流，A；

H——储罐内壁板保护高度，m(一般取 2 ~ 2.5m)；

J_T——储罐内壁板保护电流密度，mA/m^2(有较好防腐涂层的取 0.1 ~ 0.5mA/m^2，防腐涂层差的取 5 ~ 10mA/m^2)；

S_T——罐内被保护的壁板和底板总表面积，m^2。

11.3.2 区域性阴极保护的施工

11.3.2.1 一般要求

所有施工都应严格按照设计要求和施工图纸进行，如有变动，应由设计单位出具设计更改通知单；施工必须由具有相应资质的专业化队伍进行；在施工过程中应由第三方进行工程质量监督。

施工前，设计人员应到现场向施工单位进行技术交底，核查施工现场与设计图纸是否相符；技术交底工作完成后，施工单位应及时制定施工方案，报业主审批后实施；施工单位应按设计要求对金属管网漏铁点和设备的接地点(包括人为接地点)进行整改；按设计要求购置工程所需设备材料；制定完善可行的站内阴极保护施工安全措施。

11.3.2.2 深井阳极地床安装的要求

深井阳极地床的位置、布局、阳极数量应符合设计要求；按照施工图纸的要求选定深井位置后，在达到井位周围的安全要求和环境要求的条件下进行施工；组装之前应检查阳极极体，不应有损伤和裂纹，阳极接头密封完整牢固；阳极电缆应完整无损坏，每根阳极电缆长度均应符合在井内安装位置尺寸的要求，并留有余量；阳极电缆中间不应有接头，电缆和阳极连接电阻应小于 0.01Ω；安装阳极扶正器，保证阳极的正确安装。

套管的直径、长度应符合设计要求，管体不得弯曲变形；深井上部的防腐绝缘套管应符合加强级防腐要求，绝缘防腐层不应受到损坏；深井完钻后立即下好套管，安装排气管。套管和排气管的安装应保证坚直，排气管引出套管外；从井口注入规定数量浸湿的填充料到预定位置并夯实。按顺序依次安装阳极、填充料，并逐次夯实。

11.3.2.3 浅埋阳极地床安装的要求

浅埋式阳极地床的位置、数量和布局应符合设计要求；安装与验收应按 SYJ4006 的规定执行。

阳极安装完后，测试单根阳极接地电阻和阳极组的接地电阻，对达不到设计要求的，应采取技术措施使之达到要求，并作好测试记录。

各分布阳极电缆应敷设至防爆接线箱处并通过套管引入箱内；阳极区的跨步电压应小于 5V/m，不符合要求应及时调整。

11.3.2.4 储罐接地极安装的要求

储罐接地极的安装布局、位置和数量应符合储罐防雷、防静电的设计要求；锌接地极施工前，必须按产品性能指标进行验收，连接组件完好无缺，锌极体不应有裂缝破损和弯曲；安装好的锌接地极应完全达到设计深度并和土壤有良好的接触；锌接地极引线与储罐采用螺栓连接，储罐与锌接地极上的连接扁铁不得接触地面。

11.3.2.5 牺牲阳极安装的要求

牺牲阳极地床的位置、数量和布局应符合设计要求；施工时应确保填包料混合均匀并完整地包覆阳极，阳极应置于填包料中心位置；填包料袋应采用棉质布袋包装；电缆与被保护物体、电缆与牺牲阳极的钢芯应焊接连接，所有焊接处应防腐绝缘。

11.3.2.6 绝缘处理

埋地管网防腐绝缘层漏点管段，应进行开挖，重新进行防腐绝缘施工；穿墙、穿路管段可根据现场情况进行适当整改。

管道支墩接地点宜采用加垫绝缘胶木板的方法进行绝缘；管道防静电接地、设备接地应采用锌接地极。

第 12 章　杂散电流干扰及其防护

12.1　杂散电流腐蚀

12.1.1　杂散电流腐蚀的定义

杂散电流是指在规定的电路或意图电路之外流动的电流。在规定的电路中流动的电流，其中一部分自回路中流出，流入大地、水等环境中，形成了杂散电流。当环境中存在金属构筑物时，杂散电流的一部分又可能流入金属构筑物，在金属构筑物流出的部位发生腐蚀。

这种杂散电流对埋地管道产生腐蚀的作用，引起管道的破坏，称为杂散电流腐蚀或干扰腐蚀，也称为电蚀。一般将可能产生杂散电流的电路、设备或设施称为干扰源，而受到其影响的金属体称为干扰体。

12.1.2　杂散电流的腐蚀机理

杂散电流在流入土壤以后产生地电场，土壤中不同地电位间便有电流流动。两个不同区域间电位差越大，电流就越大。当土壤全部都是均质的时候，电流分布也将是均匀的；如果土壤为非均质的或在土壤中有导电率很高的夹杂体时，电流密度在这些夹杂体内与土壤的导电率成比例关系，有以下关系式：

$$i_0/i = R/R_0 = 4T\rho/DP_0 \tag{12-1}$$

式中　i_0——土壤的电流密度，mA/m^2；

i——管道中的电流密度，mA/m^2；

R——土壤电阻，Ω；

R_0——管道金属电阻，Ω；

ρ——土壤电阻率，Ω·m；

P_0——管道金属电阻率，Ω·m；

D——管道外径，m；

T——管道壁厚，m。

因为 ρ 远大于 P_0，所以管道中的电流密度远大于土壤中的电流密度，这时，大部分电流已不在土壤里流动，而是进入管道沿管道流动，在管道流出点成为阳极区，管道产生腐蚀。

12.2　直流杂散电流腐蚀

直流杂散电流的干扰源，主要来源于直流电解设备接地极、直流电焊机、阴极保护系统中的阳极地床和管道、直流输电线路接地极等。但以直流电气化铁路最具代表性，同时也对埋地管道造成最大的干扰影响和危害。直流干扰腐蚀的机理是由于电解作用，处于腐蚀电池阳极区的金属体被腐蚀，杂散电流造成管道腐蚀穿孔的次数和速度都十分惊人。大地中存在着的直流杂散电流造成的地电位差可达几伏甚至几十伏，对埋地管道具有干扰范围广、腐蚀速度快的特点，是管道管理中需要密切注意的问题。

12.2.1 直流杂散电流调查与判断

12.2.1.1 直流杂散电流的调查

直流杂散电流干扰的调查与测定，是预测干扰腐蚀及防护的重要过程。由于影响干扰状态的因素很多，且无规律性，防护工程则完全依据干扰调查与测定的结果。干扰的调查与测定贯穿于防护工程设计、施工、效果评价及运行管理监测等全部过程。干扰调查与测定可分为三类：

（1）预备性测试。用以一般了解干扰影响程度及管地电位的特征和分布；对干扰区的环境进行初步调查核实，以确定可能的干扰源位置、类型、特点及干扰状况，以及与被干扰体的位置分布关系；初步明确被干扰体的干扰影响范围或区间，为下一步深入调查提供依据。

（2）排流工程测试。这是在第一种调查测定的基础上进行的深入调查与测定，用以提供实施防护工程所依据的技术参数。这个阶段的测定工作是十分关键的，其测定结果的可靠性和精度都将影响到防护工程的正确实施和防护工程的实际效果。

（3）排流效果测试。用以评定防护工程的实际效果，判明是否达到要求，并依据测定的结果对防护工程进行调整、完善。

直流干扰调查测试内容见表12－1。

表12－1 推荐调查与测试项目表

内容	调查、测试项目	测试分类		
		预备性测试	排流工程测试	排流效果评定测试
干扰源侧	直流供电所位置，馈电网络、回归网络的状态与分布	○	○	—
	电车及其他干扰源运行状况	○	○	△
	轨道及其他干扰源对地电位及其分布	△	△	—
	轨道及其他干扰源漏泄电流流向及电位梯度	√	√	—
	其他需要测试的内容	根据需要选择		
被干扰侧	本地区的腐蚀实例	○	√	—
	管道与干扰源的相对位置、分布	○	—	—
	管地电位及其分布（包括随距离或时间的分布）	△	○	○
	管壁中流动的干扰电流（方向和大小）	√	√	√
	流入、流出管道的干扰电流的大小和部位	√	△	√
	管道对铁轨的电压及方向（极性）	√	△	√
	管道外防腐层绝缘电阻	√	√	—
	管道沿线土壤电阻率	√	—	—
	管道沿线大地中杂散电流方向和电位梯度	√	△	—
	管道已有阴极保护和排流保护运行参数及运行状况	○	△	√
	管道与其他相邻、交叉的管道及其他埋地金属构筑物间的电位差及其电法保护（包括排流保护）运行参数和运行状态	△	○	√
	其他需要测试的内容	根据需要选择		

注：表中符号意义：○—必须进行的项目；△—应进行的项目；√—宜进行的项目。

12.2.1.2 直流干扰的判断规则

处于直流电气化铁路、阴极保护系统及其他直流干扰源附近的管道，其任意点上的管地电位较该点自然电位正向偏移20mV或管道邻近土壤中直流地电位梯度大于0.5mv/m时，可确认管道存在直流干扰。

直流电干扰腐蚀的程度一般应采用管地电位较自然电位正向偏移值按表 12－2 中所列的指标判断。管地电位较自然电位正向偏移值难以测取时，可采用土壤梯度按表 12－3 中所列的指标判断。

表 12－2　直流干扰程度的判断指标

杂散电流程度	弱	中	强
管道电位正向偏移值/mV	<20	20～200	>200

表 12－3　杂散电流强弱程度的判断指标

杂散电流程度	弱	中	强
土壤电位梯度/(mV/m)	<0.5	0.5～5.0	>5.0

当管道任意点上管地电位较该点自然电位正向偏移 100mV 或管道邻近土壤中直流地电位梯度大于 2.5mV/m 时，管道应采取防护措施。

12.2.2　直流杂散电流排流保护设计

12.2.2.1　排流点的选择

根据测试结果，应在被干扰管道上选取一点或多点作排流点，并在该点设置排流保护设施。排流点的选择应以获得最佳排流效果为标准。排流点通过现场模拟排流试验确定。

管道排流点的选择条件：管地电位为正，且管轨电压较大的点；管地正电位数值较大，且持续时间较长的点；管道与铁轨间距离较小的点；对于接地排流方式，其辅助地床应选择在土壤电阻率较低、便于地床分布的场所。

12.2.2.2　排流方式的选择

根据调查与测试结果的分析，选定合适的排流保护方式。排流保护方式的原理、特点和适用范围见表 12－4。

表 12－4　排流保护方式

方　式	直接排流	极性排流	强制排流	接地排流
示意图	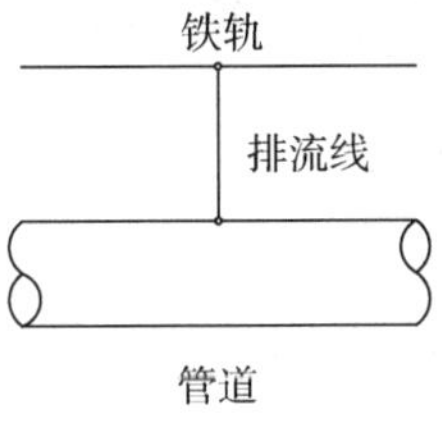	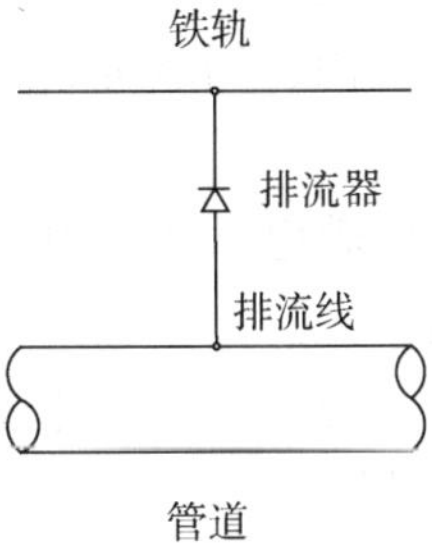	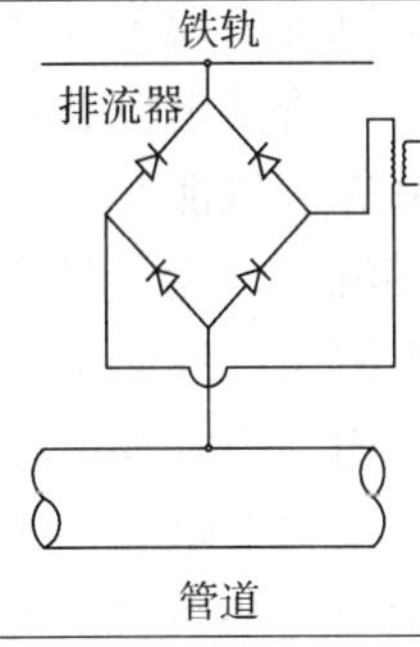	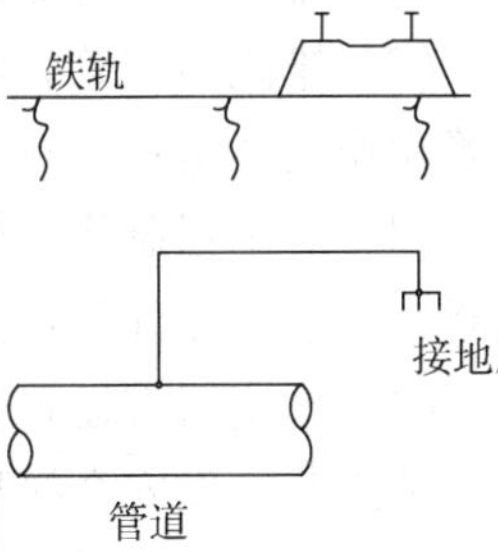
特点及适用范围	适用于具有稳定的阳极区、并且位于干扰源的直流供电所接地体或负回归线附近的被干扰管道。具有简单经济、排流效果好的优点；缺点是应用范围有限	适用于管地电位正负交变、并且位于干扰的直流供电所接地体或负回归线附近的被干扰管道。具有无需电源、安装简单、应用范围广的优点；缺点是管道与铁轨电位差较小时，保护效果差	适用于管轨电位差较小、并且位于干扰源铁轨附近的被干扰管道。其用于其他排流方式不能应用的特殊场合，在干扰源停运时可对管道提供阴极保护；缺点是会加剧铁轨电蚀，对铁轨电位分布影响较大，并且需要电源	适用于不能直接向干扰源排流的被干扰管道。其应用范围广泛，可适应各种情况，对其他设施干扰较小，当采用牺牲阳极作为接地时，可提供部分阴极保护电流；缺点是效果差，并且需要埋设接地床

12.2.2.3 排流保护参数的计算

1. 直接、极性、强制排流方式的排流电流量计算

$$I=\frac{V}{R_1+R_2+R_3+R_4} \tag{12-2}$$

$$R_3=\sqrt{r_3W_3} \tag{12-3}$$

$$R_4=\sqrt{r_4W_4} \tag{12-4}$$

式中 I——排流电流量，A；

V——未排流时管轨电压，V；

R_1——排流线电阻，Ω；

R_2——排流器内阻，Ω；

R_3——管道接地电阻，Ω；

r_3——管道钢管的纵向电阻，Ω；

W_3——管道防腐层漏泄电阻，Ω；

R_4——铁轨接地电阻，Ω；

r_4——铁轨纵向电阻，Ω；

W_4——铁轨道床漏泄电阻，Ω。

2. 接地排流方式的排流电流量计算

$$I_1=\frac{V_G-V_F}{R_1+R_2+R_3+R_4} \tag{12-5}$$

式中 I_1——排流电流量，A；

V_G——管地电位，V；

V_F——辅助接地体对地电位，V。

其他参数符号同上式。

12.2.2.4 排流保护的技术要求

（1）排流器、排流线的额定电流为计算排流电流量的1.5~2倍。

（2）排流器在管轨电压或管地电位波动范围内，均能可靠地工作；所有动接点应能承受频繁动作的冲击；具有过载保护机能。

（3）对于强制排流的排流器，能及时跟随管轨电压或管地电位的急剧变化；对于极性排流器，防逆流元件的正向电阻小，反向击穿电压大。

（4）排流器宜设置在室内，当室外设置时，应能适应野外环境，安装牢固并具有防护措施。排流器应作安全接地，接地电阻应不大于4Ω。

（5）排流线应对大地绝缘，架空敷设电缆必须采取吊挂方式，吊挂线强度应符合规范规定，并安装接地，接地电阻不大于10Ω。

（6）埋地敷设时采取电缆沟或直埋，直埋时的覆土厚度，当有重物压迫危险时不小于1.2m，其他场所应不小于0.7m。

（7）接地排流方式的辅助地床，应埋设在对人、畜等不造成危害的场所，其埋深应不小于0.7m，并应设置明显的标志。地床周围的电位梯度，在水中设置时不超过10V/m；在土壤中设置时不超过5V/m。

（8）在人口密集地区，当地床周围地面的电位梯度超过5V/m时宜加围栅。

(9) 排流线与管道应采用焊接连接。在焊接处宜对管道采取局部补强。排流线与铁轨的连接点的接触电阻不大于0.01Ω，机械强度不应小于排流线的机械强度。当采用接地排流时，排流线与地床的连接，采用可拆卸式连接。

12.2.3 直流杂散电流排流保护效果的评定与调整

12.2.3.1 排流保护效果的评定

排流保护设施安装完成后，应立即投入试运行，在运行稳定后，进行排流保护效果评定测试。一般情况下，排流保护后应达到如下要求：

(1) 对于保护系统中的管道，管地电位分布均匀，其任意点上的管地电位达到阴极保护电位标准或者接近未受干扰时的状态。管地电位的负向偏移尽可能不超过所采用防腐层的阴极剥离电位。

(2) 对保护系统以外的埋地管道或金属构筑物的干扰尽可能小。

(3) 排流保护效果的评定点一般应不少于3点(不包括排流点)；当干扰段较长、复杂管道系统、管地电位复杂多变时，应不少于5点(不包括排流点)。

(4) 排流保护效果的评定点必须包括排流点、干扰缓解较大的点和干扰缓解较小的点，其他评定点可根据实际情况选择。

(5) 在测取排流保护前后参数时，必须统一测试点、测试时间段、读数时间间隔、测试方法和仪表设备。

(6) 所有评定点的评定结果均应满足表12-5中的指标要求。

表12-5 排流保护效果评定指标表

排流方式	干扰时管地电位/V	正电位平均值比 η_v/%
直接向干扰源排流 (直接、极性、强制排流方式)	> +10	>95
	+10 ~ +5	>90
	< +5	>85
间接向干扰源排流 (接地排流方式)	> +10	>90
	+10 ~ +5	>85
	< +5	>80

12.2.3.2 正电位平均值比计算

$$\eta_v = \frac{V_1(+) - V_2(+)}{V_1(+)} \times 100\% \tag{12-6}$$

式中 η_v——正电位平均值比；

$V_1(+)$——排流前正电位平均值，V；

$V_2(+)$——排流后正电位平均值，V。

12.2.3.3 排流保护的调整

当经过排流保护效果评定未达到相关要求时，应进行排流保护的调整。排流保护的调整可以综合采用以下措施：

(1) 改变排流点位置(包括接至干扰源的连接点位置)或增设排流点及其设施。

(2) 调整各排流点的排流量。

(3) 对同系统中的不同管道进行具有电流调节机能的连接，并进行电流或管道对地电位的调节。

（4）增设绝缘连接，对已设的绝缘连接进行具有电流调节机能的跨接，并进行电流调节。

（5）对接地方式排流系统，改变辅助接地体材质，减少其接地电阻。

12.2.4 直流杂散电流排流保护系统的管理

由于干扰源和被干扰体的状态每时每刻都发生着变化，对于某一种防护体系，排流保护的状态也相应发生变化。排流保护的运行管理，经常的监测和调整尤其重要。排流保护运行管理是一种很细致的工作，由于每个防护体系差别较大，因此要求分别制定运行管理规则，并严格执行。

（1）排流保护系统的监测，每月进行一次管地电位、排流电流、接地排流装置的接地电阻等常规测试。

（2）每年进行一次排流保护效果评定测试和干扰环境的监测。两次测试之间的时间间隔应不超过18个月。

（3）一般情况下，应按上述规定执行。当干扰环境发生较大改变时，应及时进行各项调查，对排流保护进行调整或改进防护措施。当排流系统主要元件进行维修或更换后，应进行排流点管地电位和排流电流的连续测试。

（4）每月对排流设备进行一次一般维护，其内容为一般检查和故障维修。

（5）每年对排流设备进行一次全面维护，其内容为各主要元件的性能检测、失效元器件的更换。两次全面维护之间的时间间隔应不超过18个月。

12.3 交流杂散电流腐蚀

交流杂散电流，主要来源于交流电气铁路、输配电线路及其系统，通过阻性、感性、容性耦合对相邻近的埋地管道或金属体造成干扰，使管道中产生流进、流出的交流杂散电流而导致腐蚀，称为交流腐蚀。

12.3.1 交流干扰电压的成因

油气管道与高压输电线、交流电气化铁道平行、接近的段落上，存在着感应电压。形成这种被称为交流干扰电压的原因有以下几个方面：

（1）电场影响。强电线路与金属管道由于静电场的作用，通过分布电容耦合，引起管道对地电位升高。但这种影响只在地面或正在施工的管道上才会出现。

对于地下管道，由于大地有静电屏蔽作用，管道与强电线之间无电力线的交连。因此，静电场对于地下管道的影响可忽略不计。这个结论已在10kV和400kV试验线路上得到了验证。

（2）地电场影响。管道处于电位梯度变化剧烈的土壤中，所引起的管地电位升高，称为地电场影响。这主要是指地中电流引起的耦合现象。强电线路正常运行时，接地回路一般不载流，即零序电流可忽略。但在故障时，强大的短路电流流入地中，使管道电位上升引起防腐层击穿，击穿后产生的转移电位还会对人身、设备造成危害。高压输电线故障时，短路电流造成的地电场影响，与两相一地或电气化铁道的地中电流造成的地电场影响，原理上是一致的，只是作用在地下管道上的干扰电压大小、时间长短不同，因而引起的危害也有差异。

（3）磁感应耦合。磁感应耦合又称磁干扰，是由载流导线辐射的交变电磁场切割金属管道而引起的物理现象。这好像变压器一样，强电线路是变压器的初级，空气、土壤和防腐层是电磁波传播的介质，管道是变压器的次级。在与磁力线平面相垂直的轴上产生纵向感应电势，管道与磁力线的交连不因土壤、防腐绝缘层的存在而消失。

12.3.2 交流干扰的危害

交流干扰的电压作用于地下金属管道上，对人身和设备产生危害。按照干扰电压作用的时间，可以分为瞬间干扰、间歇干扰和持续干扰。

1. 瞬间干扰

强电线路故障时产生的干扰电压可达几千伏以上，由于电力系统切断很快，干扰电压作用持续时间在1s以下，故称瞬间干扰电压。此电压很高，对人身安全构成严重威胁，同时高压电也会引起管道防腐绝缘层被击穿。当管道与电力系统接地距离较近时，还会产生电弧通道，烧穿管壁，引起事故。

2. 间歇干扰

在电气化铁路附近的管道上，感应电压随列车负荷曲线变动，由几伏到几千伏。其特点是作用时间时断时续，伴有尖峰电压出现，因为它的作用时间较瞬间电压长，只要电气铁道馈电网内有电流流动，管道上就有干扰电压，故称间歇干扰。在这种情况下，除应考虑对人身的危害外，同样也应注意对管道设备的有害影响。

3. 持续干扰

高压输电线正常运行时，感应在管道上的交流电压值随电力负荷而增减，可由几伏、几十伏到上百伏。因为它的作用时间长，只要高压输电线上有电流，管道上就有感应电压，故称持续干扰电压。在过高的交流干扰电压长期作用下，埋地金属管道会产生交流腐蚀，防腐绝缘层剥离和管道可能氢破裂；对有阴极保护的管道，其保护度下降，严重时使阴极保护设备不能正常工作或造成损坏；管道牺牲阳极性能变坏，甚至极性逆转，从而加速管道腐蚀。同样，过高的持续干扰电压对人身安全也会造成威胁。

12.3.3 交流杂散电流调查与判断

12.3.3.1 交流杂散电流的调查与测试

交流干扰的调查与测试与直流干扰的调查与测试原则基本相同，但其内容和方法存在差别。当管道与高压交流输电线路、交流电气化铁路的间隔距离大于1000m时，不需要进行干扰调查测试；当管道与110kV及以上高压交流输电线路靠近时，是否需要进行干扰调查测试可按管道与高压交流输电线路的极限接近段长度与间距相对关系图确定（图12－1）。

测试工作分为以下三种：

（1）普查测试。用于初步调查干扰程度及管地交流电位分布情况，为详细测试提供依据。

（2）详细测试。用于提供实施干扰防护措施所需的技术参数。

（3）防护效果评定测试。用于调整交流干扰防护系统运行参数及评定防护效果。

对调查测试项目，可以根据具体干扰状态、测试工作种类确定对全部或部分项目进行测试。一般情况下，调查与测试项目按表12－6中的规定进行。

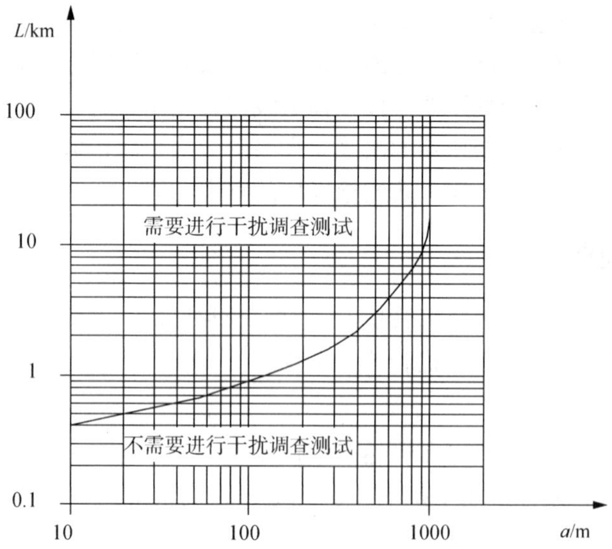

图 12－1　极限接近段长度(L)与间距(a)相对关系图

表 12－6　调查与测试项目

实施方面	调查、测试项目	测试分类		
		普查测试	详细测试	防护效果评定测试
干扰源侧	1. 高压输电系统			
	(1) 管道与高压输电线路的相对位置关系	○	○	
	(2) 塔型、相间距、相序排列方式、导线类型和平均对地高度	√	○	
	(3) 接地系统的类型(包括基础)及与管道的距离	○	○	
	(4) 额定电压、负载电流及三相负荷不平衡度	△	○	
	(5) 单相短路故障电流和持续时间	√	○	
	(6) 区域内发电厂(变电站)的设置情况	√	○	
	2. 电气化铁路			
	(1) 铁轨与管道的相对位置关系	○	○	
	(2) 牵引变电站位置，铁路沿线高压杆塔的位置与分布	○	○	
	(3) 馈电网络及供电方式	○	○	
	(4) 供电臂短时电流、有效电流及运行状况(运行时刻表)	√	○	
被干扰侧	(1) 本地区过去的腐蚀实例	△	△	
	(2) 管道外径、壁厚、材质、敷设情况及地面设施(跨越、阀门、测试桩)等设计资料	√	○	
	(3) 管道与干扰源的相对位置关系	○	○	
	(4) 管道防腐层电阻率、防腐层类型和厚度	△	○	
	(5) 管道交流干扰电压及其分布	○	○	○
	(6) 安装检查片处交流电流密度		√	△
	(7) 管道沿线土壤电阻率	○	○	○
	(8) 管道已有阴极保护防护设施的运行参数及运行状况	△	○	△
	(9) 相邻管道或其他埋地金属构筑物干扰腐蚀与防护技术资料	△	△	

注：○—必须进行的项目；△—应进行的项目；√—宜进行的项目。

测试工作的要求如下：

（1）测试点应选在与干扰源接近的管段，间隔宜为1km，应尽量利用现有测试桩；

（2）对与高压交流输电线路接近的管段，各点测试时间不短于5min；对与交流电气化铁路接近的管段，测试宜选择在列车运行的高峰时间段上；

（3）应记录每次测量的时间和位置。

（4）测试点应根据普查测试结果布设在干扰较严重的管段上，干扰复杂时宜加密测试点；

（5）测定时间段应分别选择在干扰源的高峰、低峰和一般负荷三个时间段上，测定时间段一般为60min，对运行频繁的电气化铁路可取30min；对强度大或剧烈波动的干扰，普查测试期间测得的交流干扰电压最大和交流电流密度最大的点，以及其他具有代表性的点，应当进行24h连续测试，或者直到确立和干扰源负载变化的对应关系；

（6）每次测试的起止时间、测定时间段、读数时间间隔、测试点均应相同；

（7）各测试点以相同的读数时间间隔记录数据。

12.3.3.2 交流杂散电流干扰程度的判断

当管道上的交流干扰电压不高于4V时，可不采取交流干扰防护措施；高于4V时，应采用交流电流密度进行评估，交流电流密度可按下式计算：

$$J_{AC}=\frac{8V}{\rho\pi d} \tag{12-7}$$

式中 J_{AC}——评估的交流电流密度，A/m²；

V——交流干扰电压有效值的平均值，V；

ρ——土壤电阻率，Ω·m；

d——破损点直径，m。

注：（1）ρ 值应取交流干扰电压测试时，测试点处与管道埋深相同的土壤电阻率实测值。

（2）d 值按发生交流腐蚀最严重考虑，取0.0113。

管道受交流干扰的程度可按表12－7交流干扰程度的判断指标中的规定判定。

表12－7 交流干扰程度的判断指标

交流干扰程度	弱	中	强
交流电流密度/（A/m²）	<30	30~100	>100

当交流干扰程度判定为“强”时，应采取交流干扰防护措施；判定为“中”时，宜采取交流干扰防护措施；判定为“弱”时，可不采取交流干扰防护措施。

在交流干扰区域的管道上宜安装腐蚀检查片，以测量交流电流密度和对交流腐蚀及防护效果进行评价。检查片的裸露面积宜为100mm²。

12.3.4 交流杂散电流排流保护设计

在进行持续干扰防护措施的设计时，应根据调查与测试结果的分析，结合对阴极保护效果的影响等因素，选定适合的接地方式。持续干扰防护常用的接地方式的安装示意图、特点和适用范围见表12－8。

表 12－8　持续干扰防护常用的接地方式

方　式	直接接地	负电位接地	固态去耦合器接地
示意图	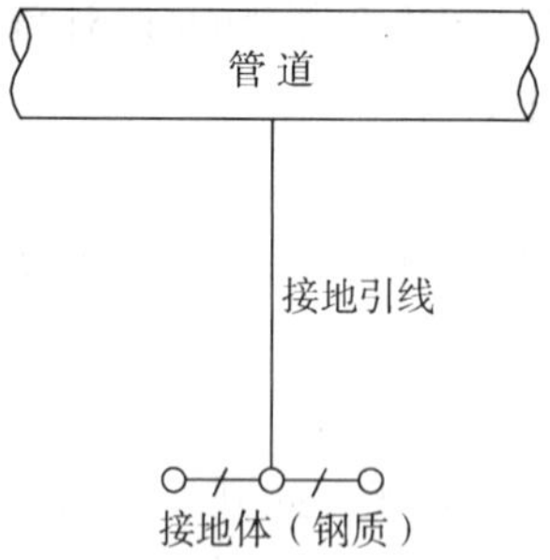	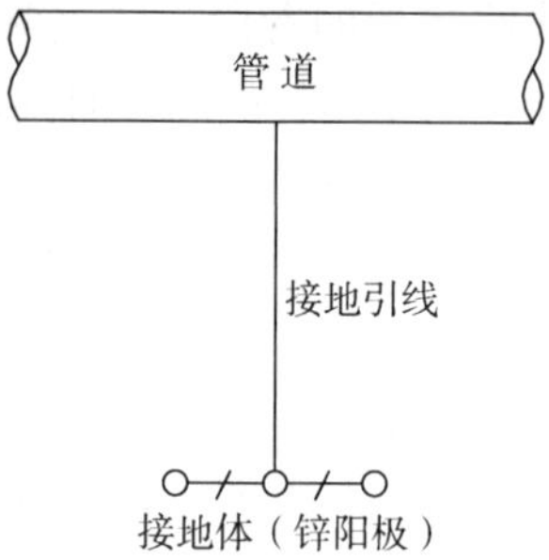	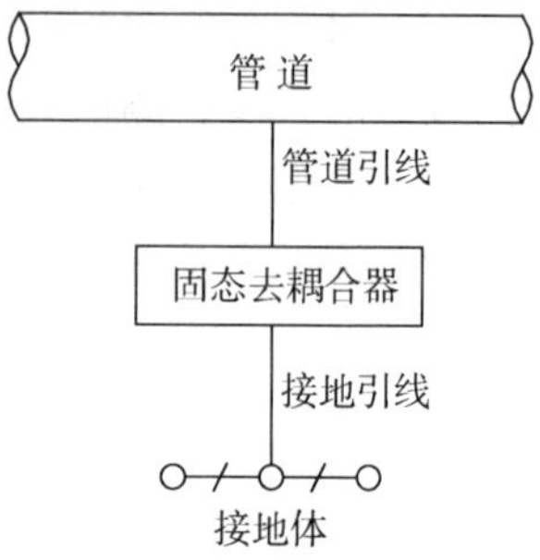
特点及适用范围	适用于阴极保护站保护范围小的被干扰管道。具有简单经济、减轻干扰效果好的优点；缺点是应用范围小，漏失阴极保护电流	适用于受干扰区域管道与强制电流保护段电隔离，且土壤环境适宜采用牺牲阳极阴极保护的干扰管道。具有减轻干扰效果好、向管道提供阴极保护的优点；缺点是管道进行瞬间断电测量与评价阴极保护有效性实施困难	适用范围广。能有效隔离阴极保护电流，启动电压低，可将感应交流电压降到允许的极限电压内，减轻干扰效果好；额定雷电冲击及故障电流通流容量大，装置抗雷电或故障电流强电冲击性能好。缺点是价格高

接地点的设置应根据详细测试或计算结果分析确定，通常情况下，可按下述条件综合确定。

12.3.4.1　相互位置条件

（1）被干扰管道首、末端；

（2）管道接近或离开干扰源处；

（3）管道与干扰源距离最小的点；

（4）管道与干扰源距离发生突变的点；

（5）管道穿越干扰源处。

12.3.4.2　技术条件

（1）交流电流密度较大的点；

（2）管道交流干扰电压较高、且持续时间较长的点；

（3）高压输电线导线换位处；

（4）土壤电阻率低，便于接地体设置的场所。

干扰防护设施中所有的连接点应安全可靠；所有电缆、连接件和装置部件等应能承受预期的最大冲击或故障电流。

在存在直流杂散电流影响的管段进行持续交流干扰防护时，宜采用去耦隔直装置。去耦隔直装置的直流反向启动电压必须高于管道可能出现的对地负向直流电压。

12.3.5　交流杂散电流排流保护效果的调整与评定

12.3.5.1　交流杂散电流排流保护效果的调整

交流干扰防护工程安装完毕后，应立即投入试运行，并进行全面综合调整，使防护系统达到最佳效果。防护系统的调整，可采用以下措施：

（1）改变防护接地点位置，或增设防护接地点及其设施；

（2）分段隔离措施。绝缘接头两端应跨接去耦隔直装置或避雷器等防电涌装置。

12.3.5.2 交流杂散电流排流保护效果的评定

1. 防护效果的评价

防护效果的评价应符合以下原则：

（1）防护效果的评价点应包括防护接地点、检查片安装点、干扰缓解较大的点、干扰缓解较小的点，其他评定点可根据实际情况选择；

（2）在测取干扰防护措施实施前、后参数时，应统一测量点、测定时间段、读数时间间隔、测量方法和仪表设备。

2. 防护效果应达到的要求

防护效果应达到如下要求：

（1）在土壤电阻率≤25Ω·m的地方，管道交流干扰电压低于4V；在土壤电阻率>25Ω·m的地方，交流电流密度小于$60A/m^2$；

（2）在安装阴极保护电源设备、电位远传设备及测试桩位置处，管道上的持续干扰电压和瞬间干扰电压应低于相应设备所能承受的抗工频干扰电压和抗电强度指标，并满足安全接触电压的要求。

12.3.6 交流杂散电流排流保护系统的管理

12.3.6.1 检查与测量

交流干扰防护系统的常规功能性检测内容及周期，按表12-9的规定进行，以确认防护系统是否运行正常，防护效果是否符合指标要求。

表12-9 常规功能性检测内容及周期

设施	检测内容	周期
牺牲阳极防护设施	阳极交流排流量、阳极输出电流、阳极开路电位；管地交流电位和直流电位	每月一次
测试桩	管地交流电位（每月一次）；通过检查片检测：管地断电电位、交流电流密度	至少每年一次
防护设备	防护设备的运行和状况；交流排流量、接地极接地电阻	根据运行条件，每一个月至三个月一次
防护系统全面维护	防护系统全面检查；各主要元件性能检测；失效元件的更换	每年一次

应对检查与测量所得的数据和所发现的情况进行分析，进而指出可能存在的异常以及改进措施，说明对管道状况进行更详细评价的必要性。

当干扰环境发生较大改变时，应及时进行各项调查，对防护设施进行调整或改进防护措施。当防护设备主要元件进行维修或更换后，应进行接地点管地交流电位的24h连续测试。

12.3.6.2 开挖调查

在可能存在交流腐蚀的管段，宜定期对管道或腐蚀检查片进行开挖调查，以对交流腐蚀进行确认。对检查片的开挖调查宜在埋设12个月后进行，根据现场开挖检测的情况，交流腐蚀评估按表12-10规定的评估项目对腐蚀类型进行评价，当大多数评估项目结论为肯定时，可以判定为交流腐蚀。现场不能识别的，应做好记录，提交相应的专业技术人员处理。

表 12-10 交流腐蚀评估表

序 号	评 估 内 容	是	否
1	管道上存在大于4V的持续交流干扰电压		
2	防腐层单个破损点面积为1～6cm^2的小缺陷		
3	管壁存在腐蚀		
4	测得的管道保护电位值在阴极保护准则允许的范围内		
5	pH值非常高(典型情况大于10)		
6	腐蚀形态呈凹陷的半球圆坑状		
7	腐蚀坑比防腐层破损面积更大		
8	腐蚀产物容易一片片地清除		
9	腐蚀产物清除后，钢铁表面有明显的硬而黑的层状痕迹		
10	管道周围土壤电阻率低或者非常低		
11	防腐层下存在大面积的剥离(在腐蚀坑周围有明显的晕轮痕迹)		
12	在腐蚀区域的远处，出现分层或腐蚀产物中含有大量碳酸钙		
13	腐蚀产物里存在四氧化三铁		
14	管道附近土壤存在硬石状形成物		

12.3.6.3 安全管理

处于输电线路、电气化铁路及其接地体附近的管道应加强管理，防止对管道维护人员的伤害；交流干扰防护设施和阴极保护设施应设置警示标志；掌握邻近高压输电系统、交流牵引系统的主要电气参数及防护措施的现状；在管道检修期内或开挖管道、接触管道的各种作业时，应与电力或铁路部门加强联系，并指定有经验人员随时监护，避免发生电击危害；雷雨期间，不得进行交流干扰电参数测试或类似性质的工作；站在接地垫上的操作，维护人员和接地垫以外人员之间不得传递金属器具。

第 13 章　阴极保护技术管理

13.1　运行及管理

埋地钢质管道应按 GB/T 21447 中有关规定投运阴极保护，中断运行和停止使用的管道，在未明确报废(或拆除)前，阴极保护应保持连续投运。阴极保护运行管理的首要工作是确认管道或被保护物已得到了有效的保护，其运行状态达到规范标准，其中保护电位达到规范标准的要求是其核心问题。

13.1.1　阴极保护系统管理的技术指标

13.1.1.1　阴极保护率

阴极保护率是对所辖埋地钢质管道施加阴极保护的程度，阴极保护率控制指标应达到 100%。计算式如下：

$$\eta_p = \frac{L_0 - L_1}{L_0} \times 100\% \tag{13-1}$$

式中　η_p——阴极保护系统的保护率；

L_0——阴极保护对象为管道时，管道总长度，km；

L_1——阴极保护对象为管道时，未达到有效阴极保护管道的长度，km。

13.1.1.2　运行率

阴极保护电源设备运行率是管道年度内阴极保护有效投运时间与全年时间的比率，运行率大于 98%。计算式如下：

$$\eta_0 = \frac{T_1}{T_0} \times 100\% \tag{13-2}$$

式中　η_0——阴极保护电源设备运行率；

T_1——年度有效投运时间，h；

T_0——全年小时数，h。

13.1.1.3　保护度

阴极保护系统的保护度是衡量埋地钢质管道阴极保护效果的指标，阴极保护系统的保护度宜大于 85%。计算式如下：

$$\eta_s = \frac{G_1/S_1 - G_2/S_2}{G_1/S_1} \times 100\% \tag{13-3}$$

式中　η_s——阴极保护系统的保护度；

G_1——未施加阴极保护试片的失重，g；

S_1——未施加阴极保护试片的裸露面积，cm^2；

G_2——施加阴极保护试片的失重，g；

S_2——施加阴极保护试片的裸露面积，cm^2。

13.1.2 阴极保护系统的运行管理

13.1.2.1 阴保间与电源设备的管理

（1）阴保间不得与其他用途的房间合用，并应保持清洁、通风、干燥，仪器、设备、工具摆放整齐。要有“三图”（即管道走向图、保护电位曲线图，管道保护工岗位责任制）。

（2）日常巡检：每天对恒电位仪巡检一次，并记录输出电压、电流、保护电位数值，与上次记录对照是否有变化，若不相同应查找原因，采取相应措施使管道全线达到阴极保护。

（3）每月维护：每月对恒电位仪进行切换使用。改用备用的仪器时，应即时进行一次观测和维修，发现仪器故障应及时检修，保证供电。定期检查恒电位仪接地，并保证其接地电阻不大于10Ω，在雷雨季节要注意防雷。

13.1.2.2 参比电极的维护

（1）作为恒定电位仪信号源的埋地参比电极，一般为固态长效硫酸铜参比电极，在使用过程中需注意观察恒电位仪的输出数值，发现异常可检查参比电极是否失效、电缆是否开路等影响了仪器正常工作。

（2）测量管道保护电位用的参比电极，一般为便携式液体硫酸铜参比电极，参比电极中的紫铜棒应定期擦洗，露出本色。配制饱和硫酸铜溶液必须使用化学纯硫酸铜晶体和蒸馏水。当参比电极里的饱和硫酸铜溶液变混浊或颜色变浅时，应更换硫酸铜溶液。

13.1.2.3 阳极地床的维护

1. 阳极架空线

应每月沿杆路检查一次线路完好情况。检查内容主要有：电杆有无倾斜；瓷瓶、导线是否松动；阳极导线与阳极地床连接是否牢固等。发现问题，及时处理。每年雷雨季节前，对阳极架空线的避雷设施应检查测试一次，防雷接地电阻不大于10Ω。

2. 埋地阳极电缆

应敷设规范，走向、标示清楚。阳极电缆（线）与阳极地床间应设阳极地床测试桩，测试桩应尽可能靠近阳极地床，以便测试阳极接地电阻。

3. 阳极地床

接地电阻应每6个月测试一次，两次测试间隔时间最多不能超过9个月，特殊地区应酌情加密检测。发现阻值半年内上升明显或突然大幅度上升时，应分析原因，找出问题，并采取措施进行处理。符合下列条件之一的，应考虑更换阳极：接地电阻升高到极限且无法处理时（注：接地电阻极限是指阳极接地电阻增大导致恒电位仪的电压输出达到或超过额定电压的85%，且持续时间超过半年）；高硅铸铁阳极由于接头部位腐蚀导致引线脱落或断裂且无法修复时；修复已不经济。

13.1.2.4 测试桩的维护

测试桩应以一条管线为单位统一规格，由起点至终点统一编号。测试线的绝缘电阻值应大于$10 \times 10^4 \Omega$，每月应进行一次检查、维护，每年进行一次检修，应保持标记清楚、完整。

防止测试桩的破坏丢失，对沿线城乡居民及儿童作好爱护国家财产的宣传教育工作。

13.1.2.5 保护电位测试

每月必须逐桩测量保护电位一次，并进行保护状态分析，将保护电位、月平均输出电流、月平均输出电压、给定电位、通电点电位等参数填入统一报表，报上级主管部门。并根据每月测量的保护电位数值，绘制阴极保护电位曲线图。

13.1.2.6 自然电位测试

每年测量全线自然电位一次。测量时间由主管部门确定，测量工作应在全线阴极保护停运24h后开始。

13.1.2.7 绝缘接头的维护

每月检测一次绝缘法兰(或绝缘接头)两侧的管道对地电位。与上次测试结果差异过大时，应对其性能进行鉴别，发现有漏电，应采取措施。应定期维护绝缘法兰并保持清洁、干燥。

埋地绝缘接头两侧设有防雷接地电池的，每月应对接地电池性能进行测试，发现接地电池失效的，应采取相应安全措施。

13.1.2.8 牺牲阳极保护管理

1. 投运测试

牺牲阳极埋入地下，填包料浇水10天后应进行保护参数的投运测试，测试项目一般有：

(1) 阳极开路电位。

(2) 阳极闭路电位。

(3) 管道的自然电位。

(4) 管道的保护电位。

(5) 单支阳极输出电流。

(6) 组合阳极联合接地电阻。

(7) 阳极埋设点土壤电阻率。

2. 日常管理

牺牲阳极投入运行后，相邻两组阳极之间的所有管道保护电位，应达到阴极保护规定的指标；为了便于测量，在相邻两组阳极的管段中间，应根据需要适当设置电位测试桩，桩间距以不大于500m为宜；应定期进行监测，至少每半年测量一次管道保护电位、阳极输出电流、阳极开路电位、阳极接地电阻和阳极埋设点土壤电阻率。

13.1.2.9 杂散电流管理

杂散电流管理见12.2.4章节“直流杂散电流排流保护系统的管理”和12.3.6章节“交流杂散电流排流保护系统的管理”。

13.1.3 阴极保护系统常见故障判断及处理

13.1.3.1 阴极保护漏电故障

在阴极保护站投入运行，或牺牲阳极保护投产一段时间后，出现了在规定的通电点电位下，输出电流增大，管道保护距离却缩短的现象，或者在牺牲阳极系统中，牺牲阳极组的输出电流量增大，通电点电位其值已超过阴极保护最大允许值，但保护电位仍达不到规定指标的现象。发生上述情况的原因，主要是被保护金属管道与未被保护的金属结构物“短路”，这种现象称为阴极保护管道漏电，或者称为“接地故障”。

阴极保护管道漏电，使得被保护管道的阴极保护电流流入非保护金属体，在两管道的“短接”处形成“漏电点”，这就会造成阴极保护电流的增大、阴极保护电源的过负荷和阴极保护引起的干扰。

1. 造成管道漏电的原因

施工不当，交叉管道间距不合规范，即当两条管道一条为阴极保护的管道，另一条为未保护的管道交叉时，施工要求应保持管道间的垂直净距离不小于0.3m，并在交叉点前后10m长度内将管道作加强级绝缘，如果施工时不严格按照上述规定去做，那么管道埋设一段时间后，在土壤应力的作用下，管道相互可能搭接在一起，会造成绝缘层破损，金属与金属的相连形成漏电点。

绝缘接头失效或漏电，绝缘接头质量欠佳，在使用一段时间后绝缘零件受损或变质，不再具有绝缘性能，阴极保护电流也就不再有限制；或者是输送介质中有一些电解质杂质使绝缘接头导通，不再具有绝缘性能。

从上述原因看，漏电点只可能发生在保护管道与非保护管道的交叉点，或保护管道的绝缘接头处，因此查找漏电点就带有上述局限性。但如果地下管网复杂，被保护管道与多条管线有交叉穿越，则使得漏电点的查找出现复杂现象。常常要根据现场实际情况，反复测量、多方位检查并综合判断才能找到真正的漏电故障点。

2. 漏电点的查找

管道漏电点的检找方法：利用地面探测仪查找管道绝缘层破损点，从而确定管道的漏点或短接点。

绝缘接头漏电点的检找方法：当绝缘接头漏电而导致阴极保护系统故障时，则可通过在绝缘接头两侧管段上分别测量管地电位，若保护侧为保护电位，非保护侧为自然电位，则绝缘接头正常。否则有问题存在。

13.1.3.2 阳极地床故障

阴极保护另一常见故障是由阳极接地引起的。阳极接地电阻与阳极地床的设计与施工质量密切相关，“气阻”会使阳极地床电阻增加。当阳极使用一段时间后，也会由于腐蚀严重，表面溶解不均匀造成电流障碍。因此在阴极保护的仪器上会出现电位升高而保护电流下降的现象，此时应通过测量，更换或检修阳极地床来使阴极保护正常运行。另一薄弱环节，是阳极电缆线与阳极接头处的密封与绝缘，若施工不妥则会造成接头处的腐蚀与断路，使阴极保护电流断路而无法输入给管道。

13.1.3.3 恒电位仪常见故障及处理方法

恒电位仪常见的故障、原因及处理方法见表13－1恒电位仪常见故障汇总表。

表13－1 恒电位仪常见故障汇总表

序　号	故障现象	原　　因	处理方法
1	开机无输出，指示灯不亮，数字面板表不显示	（1）电源开路 （2）输入保险管断或稳压电源变压器保险管断	（1）检查输入电源并重新接好 （2）更换保险管
2	输出电流、输出电压为零，仪器本身“自检”正常	（1）参比电极失效 （2）参比电极或零位接阴线断	（1）更换参比电极 （2）将断线接好
3	输出电流突然增大，恒电位仪正常	（1）水或土壤潮气使阳极电阻降低 （2）与未保护管线接触 （3）绝缘法兰两边管道搭接	（1）可以暂时不改变装置，夏季电阻会回升 （2）对未保护管线采取措施 （3）对绝缘法兰处不正常搭接进行处理

续表

序号	故障现象	原因	处理方法
4	输出电压满幅，电流为零，“保护电位”接近自然电位，报警连续	阳极或阴极回路断线	重新接好
5	输出电压逐渐变大，输出电流逐渐变小，恒电位仪正常	（1）阳极损耗 （2）阳极床土壤干燥 （3）现场输出回路接点接触不良	（1）更换阳极 （2）定期对阳极床注水 （3）检查接点
6	间断报警，输出电流、电压随间断报警作大幅度变动	阴极与阳极间短路	排除短路点
7	仪器无法输出额定电流，到某一电流值仪器报警，“控制”电位比“保护”电位高，20s后转到恒流工作	（1）限流值太小 （2）线路板坏	（1）调节比较板有关参数将限流值放宽 （2）更换线路板
8	输出电流、输出电压最大，电位显示“1”（满载）报警20s后，转入恒流	比较器坏或阻抗变换器坏	更换比较板

13.2 阴极保护参数的测量

阴极保护参数是否正常，是衡量阴极保护系统是否能正常运行的重要依据，也是查找阴极保护系统故障点的重要手段，下面分别介绍常用的阴极保护参数测量方法。

13.2.1 管道电位测试

管地电位测量中采用直流数字式电压表时，应将电压表的负接线柱（COM）与硫酸铜电极连接，正接线柱（V）与管道连接，管地电位测量接线见图13-1。仪表指示的是管道相对于参比电极的电位值，正常情况下显示负值。

当采用直流指针式电压表测量管地电位时，应采用测量接线图13-2方式，在指针没有发生反转的情况下，所记录的数据应该加负号。

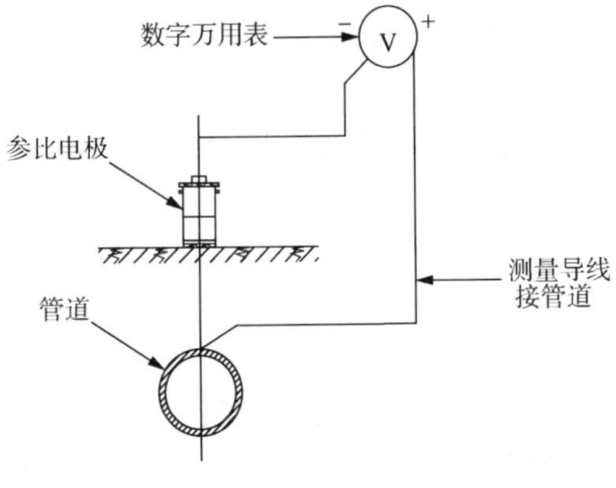

图13-1 数字万用表管地电位测量接线图

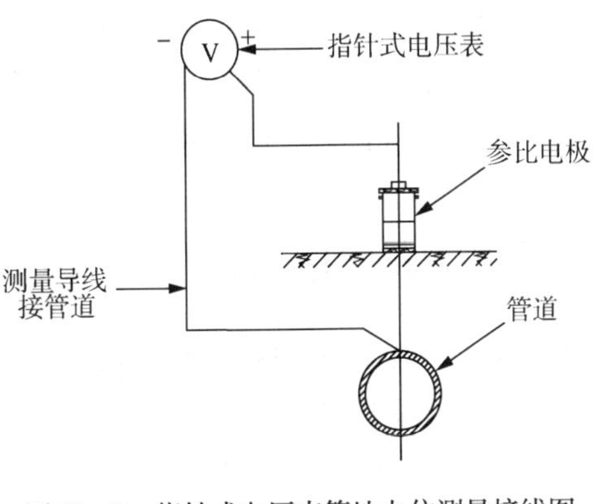

图13-2 指针式电压表管地电位测量接线图

13.2.1.1 自然电位测量

自然电位是在未施加阴极保护电流的管道上测量的。

测量步骤：测量前，应确认管道是处于没有施加阴极保护的状态下。对已实施过阴极保护的管道在完全断电 24h 后进行；测量时，将硫酸铜电极放置在管顶正上方地表的潮湿土壤上，应保证硫酸铜电极底部与土壤接触良好。

按图 13－1 或图 13－2 的测量接线方式，将电压表与管道及硫酸铜电极相连接；将电压表调至适宜的量程上，读取数据，作好管地电位值及极性记录，注明该电位值的管道桩号。

13.2.1.2 通电电位测量

通电电位是在施加阴极保护电流时，管道对电解质（土壤、水）电位测量的。测得的电位，是极化电位与回路中所有电压降的和，即含有除管道金属与电解质界面以外的所有电压降。

测量步骤：测量前，应确认阴极保护运行正常，管道已充分极化；测量时，将硫酸铜电极放置在管顶正上方地表的潮湿土壤上，应保证硫酸铜电极底部与土壤接触良好。

管地通电电位测量接线见图 13－1 或图 13－2，将电压表调至适宜的量程上，读取数据，作好管地电位值及极性记录，注明该电位值的管道桩号。

13.2.1.3 断电电位测量

断电电位是在管道对电解质极化电位测量的。测得的断电电位（V_{off}）是消除了由保护电流所引起的 *IR* 降后的管道保护电位。对有直流杂散电流或保护电流不能同步中断（多组牺牲阳极或其与管道直接相接，或存在不能被中断的外部强制电流设备）的管道此方法不适用。

测量步骤：在测量之前，应确认阴极保护正常运行，管道已充分极化；测量时，在所有电流能流入测量区间的阴极保护电源处安装电流同步断续器，并设置在合理的周期性通/断循环状态下同步运行，同步误差小于 0.1s。合理的通/断循环周期和断电时间设置原则是：断电时间应尽可能的短，以避免管道明显的去极化，但又应有足够长的时间保证测量采集及在消除冲击电压影响后读数。为了避免管道明显的去极化，断电期宜不大于 3s，典型的通/断周期设置为：通电 12s，断电 3s。

将硫酸铜电极放置在管顶正上方地表的潮湿土壤上，应保证硫酸铜电极底部与土壤接触良好。

管地断电电位（V_{off}）测量接线见图 13－1 或图 13－2。

将电压表调至适宜的量程上，读取数据，读数应在通/断电 0.5s 之后进行；记录下管道对电解质的通电电位（V_{on}）和断电电位（V_{off}），以及相对于硫酸铜电极的极性。所测得的断电电位（V_{off}），即为硫酸铜电极安放处的管道保护电位。

如果对冲击电压的影响存在怀疑时，应使用脉冲示波器或高速记录仪对所测结果进行核实。

13.2.2 牺牲阳极测试

13.2.2.1 牺牲阳极开路电位测量

牺牲阳极开路电位是在牺牲阳极埋设环境中未与管道相连时开路电位测量。测量步骤如下：测量前，应断开牺牲阳极与管道的连接；测量中，按图 13－3 的测量接线方式，将数字万用表的正极与牺牲阳极连接，负极与硫酸铜电极连接；将硫酸铜电极放置在牺牲阳极埋设位置正上方的潮湿土壤上，应保证硫酸铜电极底部与土壤接触良好；将数字万用表调至适宜的量程上，读取数据，作好电位值及极性记录，注明该电位值的管道桩号；测量完成后将牺牲阳极与管道恢复连通。

13.2.2.2 牺牲阳极闭路电位测量

牺牲阳极闭路电位测量应采用远参比法。远参比法主要用于在牺牲阳极埋设点附近的管段，测量管道对远方大地的电位，用于计算该点的负偏移电位值。

测量方法

将硫酸铜电极朝远离牺牲阳极的方向逐次安放在地表上，第一个安放点距管道测试点不小于20m，以后逐次移动5m。将数字万用表调至适宜的量程上，读取数据，作好电位值和极性记录，当相邻两个安放点测试的管地电位相差小于2.5mV 时，参比电极不再往远方移动，取最远处的管地电位值作为该测试点的管道对远方大地的电位值。远参比法的测量接线见图13－4。

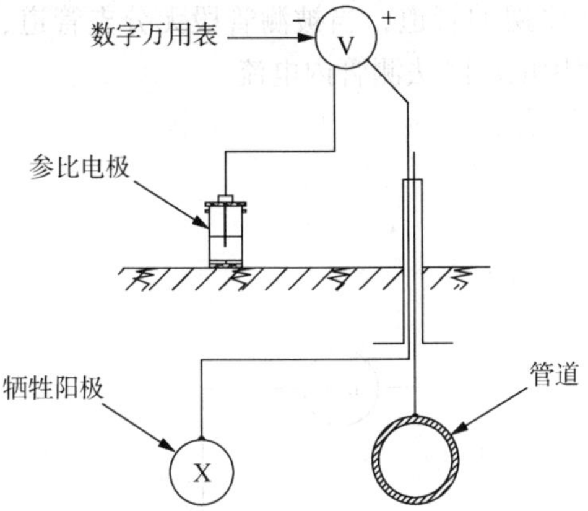

图13－3 牺牲阳极开路电位测量接线图

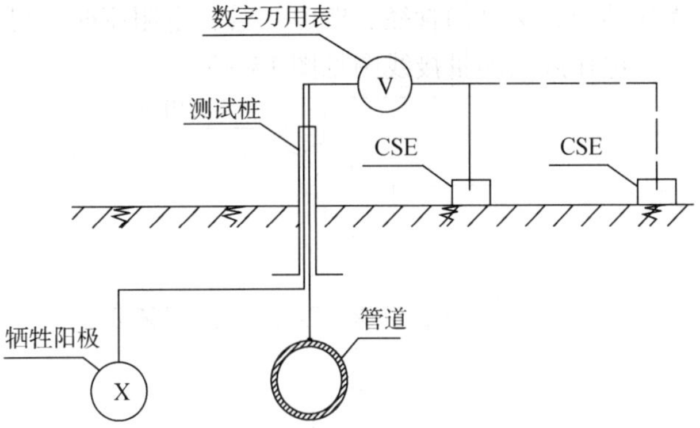

图13－4 远参比法测量接线图

13.2.2.3 牺牲阳极输出电流测量

1. 标准电阻法

当测试单位有0.1Ω 或0.01Ω 标准电阻时，牺牲阳极(组)的输出电流应采用标准电阻法。

(1) 测量方法。标准电阻的两个电流接线柱分别接到管道和牺牲阳极的接线柱上，两个电位接线柱分别接数字万用表，并将数字万用表置于DC 电压最低量程；接入导线的总长不大于1m，截面积不宜小于2.5mm^2；标准电阻的阻值宜为0.1Ω，准确度为0.02 级；为了获得更准确的测量结果，标准电阻可为0.01Ω，此时采用的数字万用表，DC 电压量程的分辨率应不大于0.01mV。

标准电阻法测量接线见图13－5。

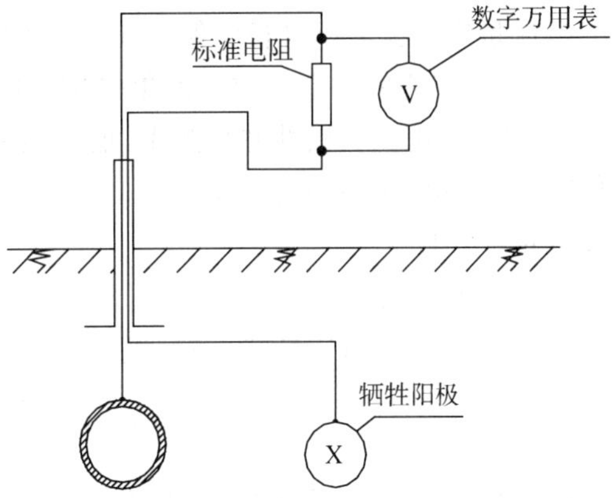

图13－5 标准电阻法测量接线图

(2) 数据处理。牺牲阳极的输出电流按下式计算：

$$I=\frac{\Delta V}{R} \tag{13-4}$$

式中 I——牺牲阳极(组)输出电流，mA；

ΔV——数字万用表读数，mV；

R——标准电阻阻值，Ω。

2. 直测法

当测试单位无0.1Ω或0.01Ω标准电阻时，牺牲阳极(组)的输出电流也可采用直测法。

直测法应选用4½位的数字万用表，用DC 10A 量程直接读出电流值。

直测法测量接线图见图13－6。

13.2.3 管道内电流的测量

13.2.3.1 电压降法

电压降法测量管道内电流，管道应具有良好外防腐层的管道，当被测管段无分支管道、无接地极，又已知管径、壁厚、管材电阻率时，可使用电压降法测管内电流。

电压降法测量接线图见图13－7。

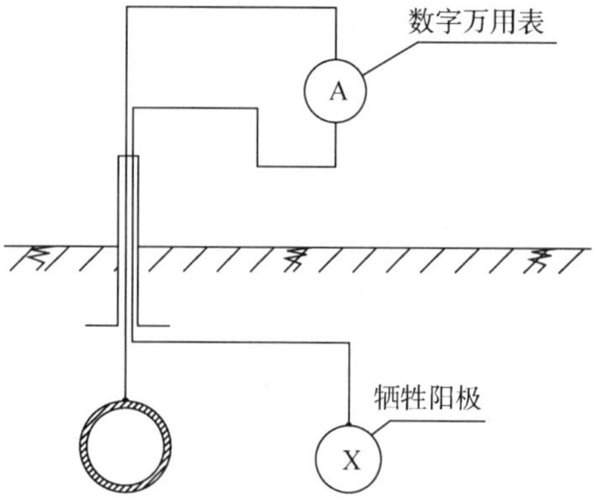

图13－6 直测法测量接线图

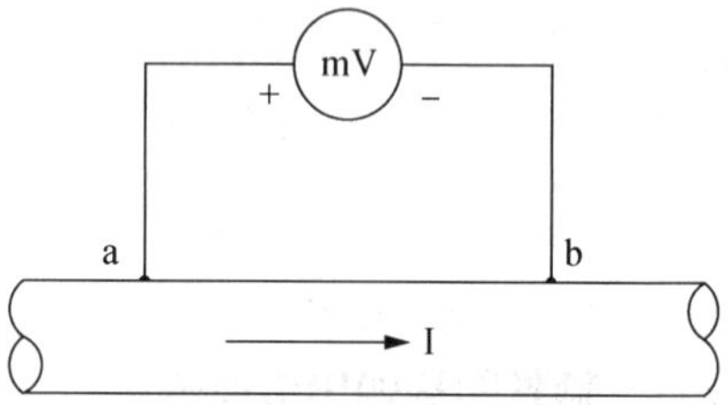

图13－7 电压降法测量接线图

1. 测量方法

测量a、b两点之间的管长L_{ab}，误差不大于1%。L_{ab}的最小长度应根据管径大小和管内的电流量决定，最小管长应保证a、b两点之间的电位差不小于50μV，一般L_{ab}取30m；测量a、b两点之间的电位差；如果采用UJ－33D－1电位差计测量，应先用数字万用表判定a、b两点的正、负极性并粗测V_{ab}值；然后将正极端和负极端分别接到UJ－33D－1直流电位差计“未知”端的相应接线柱上，细测V_{ab}值；当采用分辨率为1μV的数字电压表时，可直接测量V_{ab}值。

2. 数据处理

ab段管内的电流按式(13－5)计算：

$$I=\frac{V_{ab}\cdot\pi(D-\delta)\delta}{\rho L_{ab}} \tag{13-5}$$

式中 I——流过ab段的管内电流，A；

V_{ab}——ab间的电位差，V；

D——管道外径，mm；

δ——管道壁厚，mm；

ρ——管材电阻率，$\Omega\cdot mm^2/m$；

L_{ab}——ab间的管道长度，m。

13.2.3.2 标定法

标定法测量管道内电流，管道应为具有良好外防腐层的管道，当被测管段无分支管道、无接地极，在管径、长度、壁厚、钢材电阻率四项参数中，有未知数时，可使用标定法测量管内电流。

1. 测量方法

标定法测量接线图见图 13－8，其中 R 宜为 0～10Ω 的磁盘变阻器，E 宜为 12V 直流电源，毫伏表宜采用 UJ－33D－1 电位差计或分辩率为 1μV 的数字电压表，$L_{ac} \geqslant \pi D$，$L_{db} \geqslant \pi D$，L_{cd}的长度不宜小于 10m；断开开关 K，测量并记录 c、d 的电位差 V_0（单位为 mV），并注意极性，以识别被测管内电流流向；合上开关 K，调节变阻器，使电流表的读数 I_1约为 10A，并同时记录毫伏表测量的 c、d 电位差 V_1。再调节变阻器，使电流表读数 I_2约为 5A，并同时记录毫伏表测量的 c、d 电位差 V_2（单位为 mV），并注意极性，所施加的标定电流应与被测管内电流的流向相同。

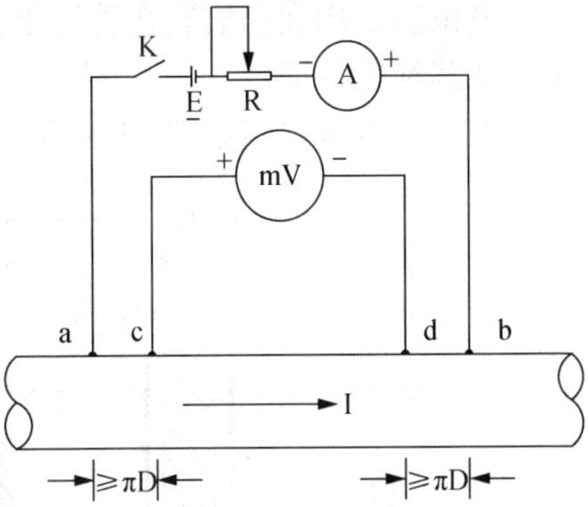

图 13－8　标定法测量接线图

2. 数据处理

式(13－6)～式(13－8)分别计算施加 I_1和 I_2时的校正因子 β_1、β_2及平均校正因子 β。

$$\beta_1 = \frac{I_1}{V_1 - V_0} \tag{13-6}$$

$$\beta_2 = \frac{I_2}{V_2 - V_0} \tag{13-7}$$

$$\beta = \frac{\beta_1 + \beta_2}{2} \tag{13-8}$$

式中　β_1——施加 I_1电流时的校正因子，A/mV；

β_2——施加 I_2电流时的校正因子，A/mV；

β——平均校正因子（c、d 管段管道电阻的倒数），A/mV；

I_1——第一次标定施加的电流，A；

I_2——第二次标定施加的电流，A；

V_0——未施加标定电流时 c、d 电位差，mV；

V_1——施加 I_1电流时 c、d 电位差，mV；

V_2——施加 I_2电流时 c、d 电位差，mV。

c、d 段管内电流按式(13－9)计算：

$$I = V_0 \times \beta \tag{13-9}$$

式中　I——c、d 管段管内电流，A。

13.2.4 绝缘接头（绝缘法兰）性能的测量

13.2.4.1 兆欧表法

兆欧表法测量绝缘接头（绝缘法兰）性能是用在制造检验和产品验收。即尚未安装到管道上的绝缘接头（法兰），可用该方法测量其绝缘电阻值。

兆欧表法测量接线如图 13－9 所示。测量导线与管道的连接宜采用磁性接头或夹子，连接点必须除锈；测量仪器宜为 500V/500MΩ(误差不大于 10%)兆欧表。转动兆欧表手柄达到规定的转速，持续 10s，兆欧表稳定指示的电阻值即为绝缘接头(法兰)的绝缘电阻值。

13.2.4.2 电位法

电位法是用在已安装在管道上的绝缘接头(法兰)，当阴极保护可以运行时，可用电位法判断其绝缘性能。

电位法测量接线如图 13－10 所示：

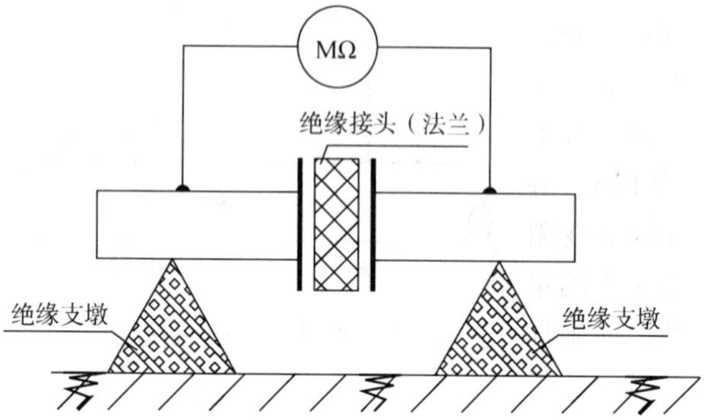

图 13－9　兆欧表法测量接线图

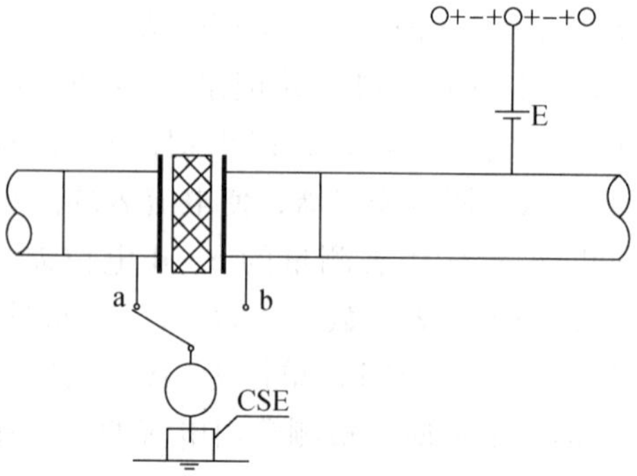

图 13－10　电位法测量接线示意图

1. 测量方法

在对被保护管道通电之前，用数字万用表 V 测试绝缘接头(法兰)非保护侧 a 的管地电位 V_{a_1}；保持硫酸铜电极位置不变，对保护管道通电，并调节阴极保护电源，使保护侧 b 点的管地电位 V_b 达到 －0.85 ～ －1.50V 之间；测试 a 点的管地电位 V_{a_2}。

2. 数据分析

若 V_{a_1} 和 V_{a_2} 基本相等，则认为绝缘接头(法兰)的绝缘性能良好；若 $|V_{a_2}| > |V_{a_1}|$ 且 V_{a_2} 接近 V_b 值，则认为绝缘接头(法兰)的绝缘性能可疑。若辅助阳极距绝缘接头(法兰)足够远，且判明与非保护侧相连的管道没同保护侧的管道接近或交叉，则可判定为绝缘接头(法兰)的绝缘性能很差(严重漏电或短路)；否则应按漏电电阻法或 PCM 漏电电阻率测量法进一步测量。

13.2.4.3 PCM 漏电率测量法

PCM 漏电率测量法适用于已安装在管道上的绝缘接头(法兰)，测试单位拥有管道电流测绘系统时，可用管道电流测绘系统(PCM)测量漏电率，判断绝缘性能。

1. 测量方法

断开保护侧阴极保护电源；按 PCM 操作步骤，用 PCM 发射机在保护侧接近绝缘接头(法兰)处向管道输入电流 I；在保护侧电流输入点外侧，用 PCM 接收机测量并记录该侧管道电流 I_1；在非保护侧用 PCM 接收机测量并记录该侧管道电流 I_2。

测量接线如图 13－11 所示。

2. 数据处理

用式(13－10)计算绝缘接头(法兰)漏电百分率：

$$\eta = \frac{I_2}{I_1 + I_2} \times 100\% \qquad (13-10)$$

式中 η——绝缘接头(法兰)漏电百分率,%;

I_1——接收机测量的绝缘接头(法兰)保护侧管内电流，A;

I_2——接收机测量的绝缘接头(法兰)非保护侧管内电流，A。

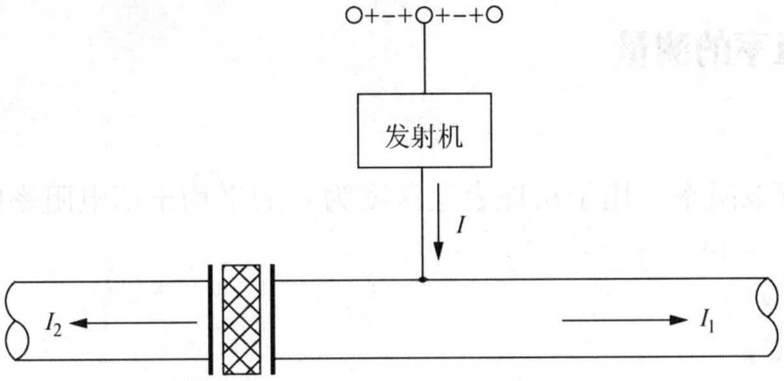

图 13－11 PCM 漏电率测量接线图

13.2.5 接地电阻的测试

13.2.5.1 长接地体接地电阻测试

长接地体接地电阻测试法，适用于强制电流辅助阳极地床(浅埋式或深井式阳极地床)、对角线长度大于 8m 的棒状牺牲阳极组或长度大于 8m 的锌带，可采用本方法测量接地电阻。

测量接线如图 13－12 所示。

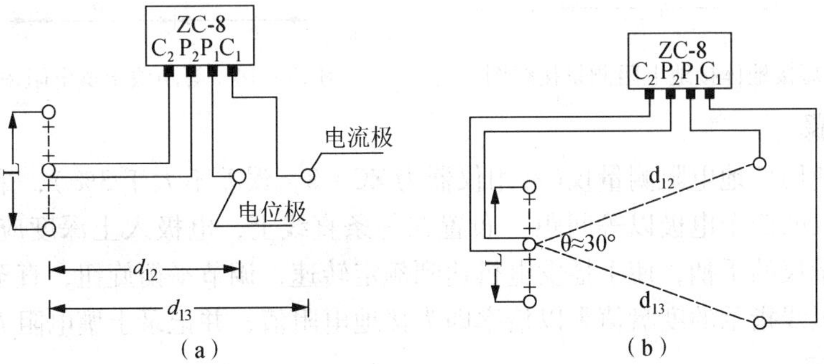

图 13－12 长接地体接地电阻测量接线图

当采用图 13－12(a)测量时，d_{13}不得小于 40m，d_{12}不得小于 20m。在土壤电阻率较均匀的地区，d_{13}取 $2L$，d_{12}取 L；在土壤电阻率不均匀的地区，d_{13}取 $3L$，d_{12}取 $1.7L$；在测量过程中，电位极沿接地体与电流极的连线移动三次，每次移动的距离为 d_{13}的 5% 左右，若三次测试值接近，取其平均值作为长接地体的接地电阻值；若测试值不接近，将电位极往电流极方向移动，直至测试值接近为止。长接地体的接地电阻也可以采用图 13－12(b)所示的三角形布极法测试，此时 $d_{13}=d_{12}\geqslant 2L$；转动接地电阻测量仪的手柄，使手摇发电机达到额定转速，调节平衡旋钮，直至电表指针停在黑线上，此时黑线指示的度盘值乘以倍率即为接地电阻值。

13.2.5.2 短接地电阻测试

短接地电阻测试适用于对角线长度小于 8m 的棒状牺牲阳极组或长度小于 8m 的锌带，可采用本方法测量接地电阻。

测量前，必须将牺牲阳极与管道断开，然后按图 13－13 所示的接线图沿垂直于管道的一条直线布置电极，d_{13}约 40m，d_{12}取 20m 左右，转动接地电阻测量仪的手柄，使手摇发电机达到额定转速，调节平衡旋钮，直至电表指针停在黑线上，此时黑线指示的度盘值乘以倍率即为接地电阻值。

短接地体接地电阻测量接线图见图13－13。

13.2.6 土壤电阻率的测量

13.2.6.1 等距法

等距法测量土壤电阻率，用于从地表至深度为 a 的平均土壤电阻率的测量。

测量接线见图13－14。

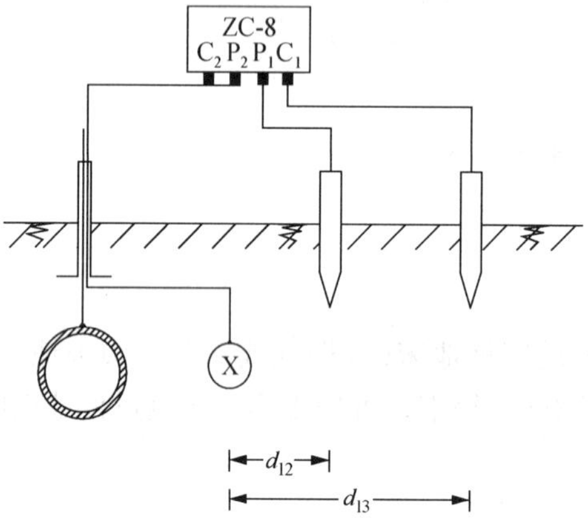

图13－13 短接地体接地电阻测量接线图

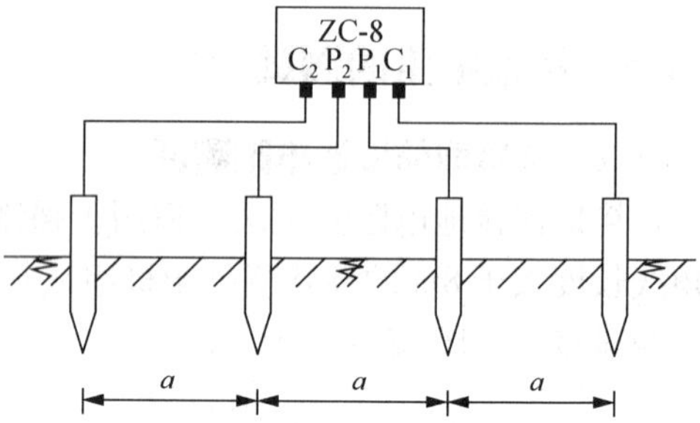

图13－14 等距法土壤电阻率测量接线图

1. 测量步骤

在测量点使用接地电阻测量仪（常用仪器为ZC－8，误差不大于3%），采用四极法进行测试。将测量仪的四个电极以等间距 a 布置在一条直线上，电极入土深度应小于 $a/20$；转动接地电阻测量仪的手柄，使手摇发电机达到额定转速，调节平衡旋钮，直至电表指针停在黑线上，此时黑线指示的度盘值乘以倍率即为接地电阻值，并记录土壤电阻 R 值。

2. 数据处理

从地表至深度为 a 的平均土壤电阻率按式（13－11）计算：

$$\rho = 2\pi a R \tag{13-11}$$

式中 ρ——测量点从地表至深度 a 土层的平均土壤电阻率，Ω·m；

a——相邻两电极之间的距离，m；

R——接地电阻仪示值，Ω。

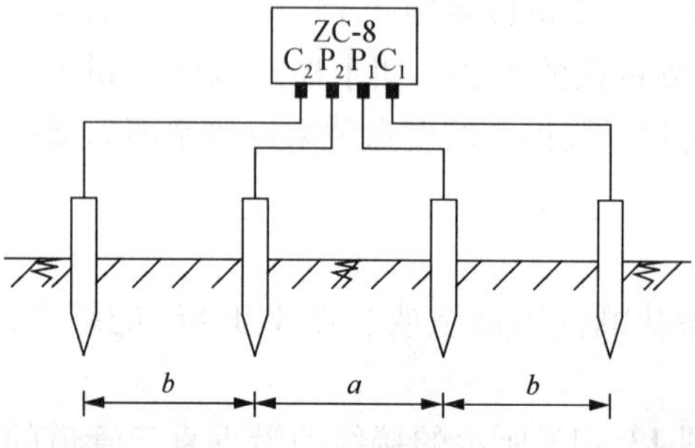

图13－15 不等距法土壤电阻率测量接线图

13.2.6.2 不等距法

不等距法主要用于测深不小于20m情况下的土壤电阻率测量。

不等距法测量接线图见图13－15。

1. 测量步骤

采用不等距法应先计算确定四个电极的间距，此时 $b > a$。a 值通常情况可取5～10m，b 值根据测深计算确定，计算见下式：

$$b = h - \frac{a}{2} \tag{13-12}$$

式中　b——外侧电极与相邻内侧电极之间的距离，m；

h——测深，m；

a——相邻两内侧电极之间的距离，m。

根据确定的间距将测量仪的四个电极布置在一条直线上，电极入土深度应小于 $a/20$。转动接地电阻测量仪的手柄，使手摇发电机达到额定转速，调节平衡旋钮，直至电表指针停在黑线上，此时黑线指示的度盘值乘以倍率即为接地电阻值，并记录土壤电阻 R 值。若 R 值出现小于零时，应加大 a 值并重新布置电极。

2. 数据处理

测深 h 的平均土壤电阻率按下式计算：

$$\rho = \pi R\left(b + \frac{b^2}{a}\right) \tag{13-13}$$

式中　ρ——测量点从地表至深度 h 土层的平均土壤电阻率，Ω·m；

R——接地电阻仪示值，Ω。

13.2.7　管道交流干扰测量

13.2.7.1　交流干扰电压测量

1. 测量要求

（1）测试点应选在与干扰源接近的管段，间隔宜为1km，应尽量利用现有测试桩；

（2）对与高压交流输电线路接近的管段，各点测试时间不短于5min；对与交流电气化铁路接近的管段，测试宜选择在列车运行的高峰时间段上；

（3）应记录每次测量的时间和位置。

2. 测量步骤

（1）将交流电压表与管道及参比电极相连接，接线方式见管道交流干扰电压测量接线图见图13－16；

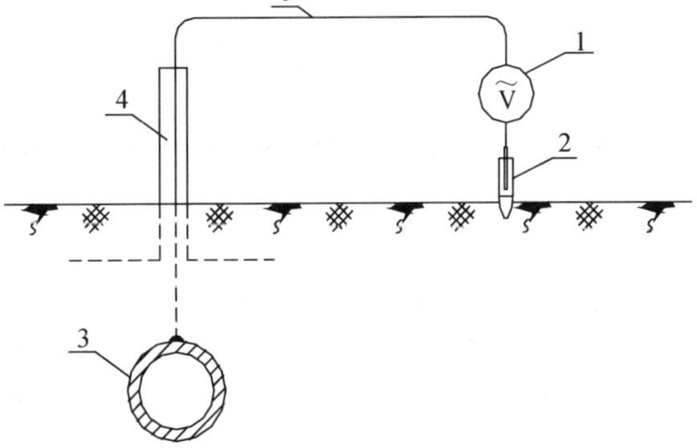

图13－16　管道交流干扰电压测量接线图

1—交流电压表；2—参比电极；3—埋地管道；4—测试桩；5—测试导线

（2）将电压表调至适宜的量程上，记录测量值和测量时间。

3. 数据处理

（1）测量点干扰电压的最大值、最小值，从已记录的各次测量值中直接选择。平均值按式(13－14)计算：

$$U_P = \frac{\sum_{i=1}^{n} U_i}{n} \quad (13-14)$$

式中　U_P——测量时间段内测量点交流干扰电压有效值的平均值，V；

$\sum_{i=1}^{n} U_i$——测量时间段内测量点交流干扰电压有效值的总和，V；

n——测量时间段内读数的总次数。

（2）绘制出测量点的电压－时间曲线图；

（3）绘制出干扰管段的平均干扰电压－距离曲线，即干扰电压分布曲线图。

13.2.7.2　交流电流密度测量

1. 检查片安装

（1）在进行详细测试时，可使用裸露面积为100mm²的便携式棒状探头。将便携式棒状探头插入靠近管道的土壤中，并通过测量电缆与管道电连通。

（2）在进行监测及评估管道运行期间交流腐蚀影响的测量时，应使用腐蚀检查片组（如3片），其中应至少有一个检查片通过测量电缆与管道电连通。检查片与管道的净距离约0.5m，各检查片间的间距约3m。检查片除裸露面积为100mm²的金属表面外，其余部位应作好防腐绝缘。检查片的制备应符合国家现行标准《埋地钢质检查片腐蚀速率测试方法》SY/T 0029的有关规定。

2. 测量步骤

（1）将交流电流表串入回路与管道及检查片相连接，接线方式见交流电流密度测量接线图见图13－17。

（2）将交流电流表调至适宜的量程上，记录测量值和测量时间。

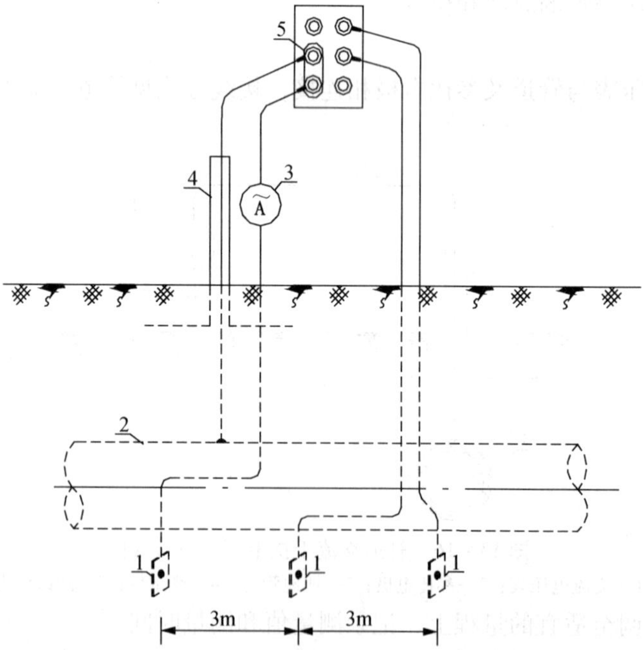

图13－17　交流电流密度测量接线图

1—腐蚀检查片；2—埋地钢质管道；3—交流电流表；4—测试桩；5—铜质连接片

3. 数据处理

将直接测量获得的交流电流值(I_{AC})除以检查片裸露面积即为交流电流密度值(J_{AC})。

13.2.8 管道直流干扰测量

13.2.8.1 管地电位测试

1. 测量方法

测试接线如图 13－18。

2. 测试步骤

(1) 按图 13－18 接好测试线路。

(2) 读取测试数据。

3. 数据处理

(1) 从已记录的测试值中直接选择最大值和最小值。如果使用存储式杂散电流测试仪，可编制计算机程序从存储的测试值中自动选出最大值和最小值。

(2) 正、负管地电位的平均值按式(13－15)～式(13－17)计算。

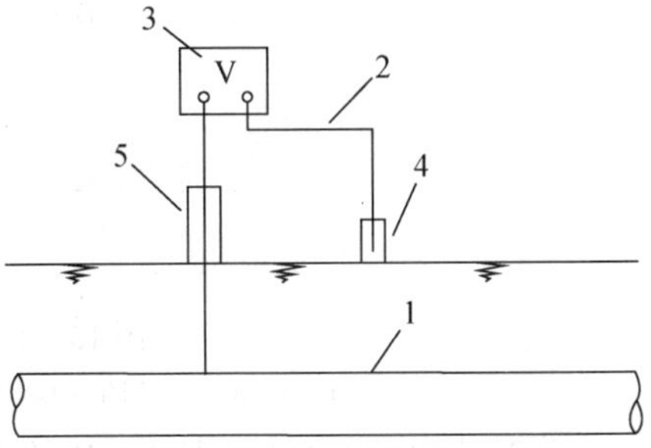

图 13－18 管地电位测试接线图

1—管道；2—测试导线；3—电压表；4—参比电极；5—测试桩

① 使用指针式仪表时：

$$V(\pm)=\frac{\sum_{i=1}^{n}V_i(\pm)}{n} \tag{13-15}$$

式中 $V(\pm)$——规定的测试时间段内正、负管地电位的平均值，V；

$\sum_{i=1}^{n}V_i(\pm)$——分别计算的正、负电位各次读数的总和；

n——规定的测试时间段内读数的总次数。

② 使用记录式仪表时：首先按记录纸上的适当刻度，将选取的测试时间段的电位曲线分成若干段，确定每个分段的正电位平均值 $V_1(+)$，$V_2(+)$，$\cdots V_n(+)$及负电位的平均值 $V_1(-)$，$V_2(-)$，$\cdots V_n(-)$，则：

$$V(+)=\frac{V_1(+)+V_2(+)+\cdots+V_n(+)}{n} \tag{13-16}$$

$$V(-)=\frac{V_1(-)+V_2(-)+\cdots+V_n(-)}{n} \tag{13-17}$$

式中 $V(+)$——规定的测试时间段内正电位平均值，V；

$V(-)$——规定的测试时间段内负电位平均值，V；

n——规定的测试时间段内分成小段的总数。

(3) 建立直角坐标系，纵轴表示电位，横轴表示时间，将某一测试时间段内各次测试值记入坐标中，绘制成某测试点的电位－时间曲线。

(4) 建立直角坐标系，纵轴表示电位，横轴表示距离，将各测试点的电位值记入坐标中，绘制成某一干扰段的电位－距离曲线，即为管地电位分布曲线。

13.2.8.2 地电位梯度与杂散电流方向的测试

(1) 测试接线如图 13－19，ac 与 bd 的距离相等，且垂直对称布设，其中 ac 或 bd 应与管道平行，电极间距宜为100m，当受到环境限制时可适当缩短，但应使电压表有明显的指示。

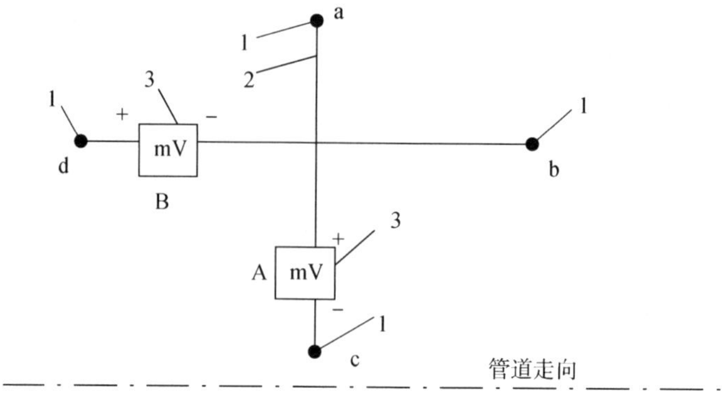

图13－19 地电位梯度及杂散电流方向测试

1—a、b、c、d四只$Cu/CuSO_4$参比电极；2—测试导线；3—A、B两块电压表

（2）同时读取电压表A、B的数值。

（3）如果测试过程中电压表读数符号不发生变化（干扰源较简单），可按（13.2.8.1第3条）中规定分别计算V_A和V_B的平均值；如果测试过程中电压表读数符号发生变化（干扰源较复杂），则需将读数分成［$V_A(+)V_B(+)$］、［$V_A(+)V_B(-)$］、［$V_A(-)V_B(+)$］和［$V_A(-)V_B(-)$］四种读数组合，再按（13.2.8.1第3条）中规定分别计算四种读数组合中的$V_A(+)$、$V_A(-)$、$V_B(+)$和$V_B(-)$平均值。

（4）建立直角坐标系，使其纵、横两轴分别与图13－19中ac、bd相对应。将计算出的读数或读数组合的平均值分别记入坐标中，然后利用矢量合成法，分别求出各自的矢量和。

（5）上述测得的数值或经数据处理后的测试值，分别除以各自对应的参比电极间距（以m为单位），即为电位梯度。

（6）沿着某一干扰段选取几个地点，重复进行上述的测试及数据处理，通过几个测试点的电位梯度的大小和方向，判断杂散电流源的方位。

（7）当单独测试地电位梯度时，参比电极的间距应小一些，在可能的情况下以1m为宜。

第4篇
水工保护

第 14 章　常用的建筑材料

14.1　地基土

14.1.1　土的物理性质

土是连续、坚固的岩石在风化作用下形成的大小悬殊的颗粒，经过不同的搬运方式，在各种自然环境中生成的沉积物。

土中颗粒的大小、成分及三相之间的比例关系反映出土的不同性质，如干湿、轻重、松紧、软硬等，这就是土的物理性质。

1. 土的组成

土：
- 固：土颗粒　　冰
- 气：气体
- 液：孔隙中的水

2. 土的工程特性

（1）土的压缩性大。

（2）强度低。

（3）渗透性大。

3. 土的结构和构造

（1）土的结构。土的结构指土颗粒的大小、形状、表面特征、相互排列及其联结关系的综合特征。

分类：

土的结构：
- 单粒结构　　砂层，砾石层
- 蜂窝结构　　粉粒
- 絮状结构　　黏粒

（2）土的构造

土的构造指同一土层中成分和大小都相近的颗粒或颗粒集合体相互关系的特征。

构造分类：
- 层状构造：水平原理；交错层理
- 分散构造　　砂，砾石，卵石
- 裂隙构造　　黏性土，如：黄土

4. 土的物理性质指标

自然界中的土体结构组成十分复杂，为了分析问题方便，将其看成是三相，简化成一般的物理模型进行分析。土的三相，即土粒为固相，土中的水为液相，土中的气为气相。表示土的三相组成部分质量、体积之间的比例关系的指标，称为土的三相比例指标。主要指标有：相对密度、天然密度、含水量(这三个指标需用实验室实测)和由它们三位计算得出的指标干密度、饱和密度、孔隙率、孔隙比和饱和度。这些指标随着土体所处的条件的变化而改变，如地下水位的升高或降低，土中水的含量也相应增大或减小；密实的土，其固相和液相占据的孔隙体积少。这些变化都可以通过相应指标的数值反映出来。

土的三相比例指标是其物理性质的反映，但与其力学性质有内在联系，显然固相成分的比例越高，其压缩性越小，抗剪强度越大，承载力越高。

14.1.2 地基土(岩)的工程分类

一般分类：

- 地基
  - 岩石
    - 硬质岩石
    - 软质岩石
  - 土
    - 碎石
    - 砂基土
    - 粉土
    - 黏性土
      - 一般黏性土
        - 砂质黏土
        - 黏土
      - 特殊性

1. 岩石的工程分类

(1) 按坚硬程度分类：

- 岩石
  - 硬质岩石 $\sigma \geqslant 30$ MPa
  - 软质岩石 $\sigma < 30$ MPa

(2) 按成因分类：

- 岩石
  - 岩浆岩　如花岗岩　玄武岩
  - 沉积岩　如石灰岩
  - 变质岩　如片麻岩　黏土岩

(3) 按风化程度分类

- 岩石
  - 强风化
  - 中等风化
  - 微风化
  - 未风化

(4) 按软化系数分类

- 岩石
  - 软化岩石　$K_R = \dfrac{\sigma_{饱和}}{\sigma_{干燥}}$　$K_R \leqslant 0.75$
  - 不软化岩石　$K > 0.75$

2. 碎石类土

定义：粒径 >2mm 的颗粒含量超过全重的 50%。

- 碎石类土
  - 漂石(块石)　>200mm　>50%
  - 卵石(碎石)　>20mm　>50%
  - 圆砾(角砾)　>2mm　>50%

3. 砂类土

定义：粒径 >2mm 的颗粒含量不超过全重的 50%，粒径 >0.075mm 的颗粒超过全重的 50%。

分类：

砾砂	>2mm	25～50%
粗砂	>0.5mm	>50%
中砂	>0.25mm	>50%
细砂	>0.075mm	>85%
粉砂	>0.075mm	>50%

4. 粉土

定义：粒径 >0.075mm 的颗粒含量不超过全重的 50%，塑性指数 $I_P \leqslant 17$ 的土。

分类：

砂质粉土	<0.005mm	<10%
黏质粉土	<0.005mm	<10%

5. 黏性土

定义：指塑性指数 $I_P > 10$ 的土。

（1）按沉积年代分类

老黏土：Q_3 及以前的土　　强度高，压缩性低

一般黏性土：Q4

新迈沉积的黏性土　　文化期以来（久固结）

（2）按塑性指数分类

粉质黏土　$10 < I_P \leqslant 17$

黏土　$I_P > 17$

6. 特殊土

（1）软土。指沿海的滨海相、三角洲相、平原、山区的沼泽相等主要由细粒土组成的孔隙比大（>1）、天然含水量高（接近或大于 W_L）、压缩性高和强度低的土层。

分类：
- 淤泥　$e > 1.5$
- 淤泥质土
  - 黏性土　$1 \leqslant e < 1.5$
  - 粉土

按有机质含量分类：

无机土	<5%
有机土	>5%
泥炭质土	
泥炭	>60%

（2）人工填土。由人类活动而堆填的土。

分类：
- 素填土：不含杂质
- 杂填土：含建筑，生活垃圾
- 冲填土：田水力冲填泥砂形成

（3）湿陷性土（黄土）。指土体在一定压力下受水浸湿时产生湿陷变形量达到一定数值的土。

评价：按 $P=200\text{kPa}$ 时的湿陷量 δ 表示。

（4）红黏土。指碳酸盐岩系出露的岩石，经“红土化作用”形成并覆盖于基岩上的棕红色高塑性黏土。

特征：$\omega_L>50$，收缩性、不均匀性。

当 ω 在 45 ~ 50 之间时称为次生红黏土

（5）膨胀土。指黏粒成分主要由亲水性黏土矿物组成的黏性土。

特征：含蒙托石、伊里石，吸水膨胀、失水收缩。

（6）风化岩和残积土：

风化岩指岩石在风化营力等作用下，使其结构、成分、性质等产生不同程度变异的岩石。

残积土指岩石完全风化后未经搬运的残积物。

特点：不均匀性，易产生不均匀沉降。

（7）冻土。多年冻土指土的温度等于或低于 0℃，含有固态水且这种状态在自然界连续保持三年或三年以上的土。

特点：冻胀、融陷。

（8）混合土。由级配不连续的黏粒、粉粒、砾粒和巨粒组组成。

分类：
- Ⅰ类混合土：黏粉 >25%（以粗为主）
- Ⅱ类混合土：碎石土 >25%（以细为主）

（9）盐渍土。指易溶盐含量 >0.5%，且具有吸湿、松胀等特性的土。

盐渍土可按土中含盐的主要成分或土壤的酸碱度进行分类：

含盐成分：
- 氯盐渍土
- 亚氯盐渍
- 硫酸盐渍土
- 亚硫酸盐渍土
- 碱性盐渍土

酸碱度：
- 酸盐渍土
- 中盐渍土
- 强盐渍土
- 超盐渍土

14.1.3 常见不良地基土及其特点

1. 软黏土

软黏土也称软土，是软弱黏性土的简称。它形成于第四纪晚期，属于海相、泻湖相、河谷相、湖沼相、溺谷相、三角洲相等的黏性沉积物或河流冲积物。多分布于沿海、河流中下游或湖泊附近地区。常见的软弱黏性土是淤泥和淤泥质土。软土的物理力学性质包括如下几个方面：

（1）物理性质。黏粒含量较多，塑性指数 I_p 一般大于 17，属黏性土。软黏土多呈深灰、暗绿色，有臭味，含有机质，含水量较高（一般大于 40%），而淤泥也有大于 80% 的情况。孔隙比一般为 1.0 ~ 2.0，其中孔隙比为 1.0 ~ 1.5 称为淤泥质黏土，孔隙比大于 1.5 时称为淤泥。由于其高黏粒含量、高含水量、大孔隙比，因而其力学性质也就呈现与之对应的特点——低强度、高压缩性、低渗透性、高灵敏度。

（2）力学性质。软黏土的强度极低，不排水强度通常仅为 5 ~ 30kPa，表现为承载力基本值很低，一般不超过 70kPa，有的甚至只有 20kPa。软黏土尤其是淤泥灵敏度较高，这也是区别于一般黏土的重要指标。

软黏土的压缩性很大。压缩系数大于0.5MPa，最大可达45MPa，压缩指数约为0.35～0.75。通常情况下，软黏土层属于正常固结土或微超固结土，但有些土层特别是新近沉积的土层有可能属于欠固结土。

渗透系数很小是软黏土的又一重要特点，渗透系数小则固结速率就很慢，有效应力增长缓慢，从而沉降稳定慢，地基强度增长也十分缓慢。这一特点是严重制约地基处理方法和处理效果的重要方面。

(3) 工程特性。软黏土地基承载力低，强度增长缓慢；加荷后易变形且不均匀；变形速率大且稳定时间长；具有渗透性小、触变性及流变性大的特点。常用的地基处理方法有预压法、置换法、搅拌法等。

2. 杂填土

杂填土主要出现在一些老的居民区和工矿区内，是人们的生活和生产活动所遗留或堆放的垃圾土。这些垃圾土一般分为三类：即建筑垃圾土、生活垃圾土和工业生产垃圾土。不同类型的垃圾土、不同时间堆放的垃圾土很难用统一的强度指标、压缩指标、渗透性指标加以描述。

杂填土的主要特点是无规划堆积、成分复杂、性质各异、厚薄不均、规律性差。因而同一场地表现为压缩性和强度的明显差异，极易造成不均匀沉降，通常都需要进行地基处理。

3. 冲填土

冲填土是人为的用水力冲填方式而沉积的土。近年来多用于沿海滩涂开发及河漫滩造地。西北地区常见的水坠坝(也称冲填坝)即是冲填土堆筑的坝。冲填土形成的地基可视为天然地基的一种，它的工程性质主要取决于冲填土的性质。冲填土地基一般具有如下一些重要特点。

(1) 颗粒沉积分选性明显：在入泥口附近，粗颗粒较先沉积；远离入泥口处，所沉积的颗粒变细；同时在深度方向上存在明显的层理。

(2) 冲填土的含水量较高，一般大于液限，呈流动状态。停止冲填后，表面自然蒸发后常呈龟裂状，含水量明显降低，但下部冲填土当排水条件较差时仍呈流动状态，冲填土颗粒愈细，这种现象愈明显。

(3) 冲填土地基早期强度很低，压缩性较高，这是因冲填土处于欠固结状态。冲填土地基随静置时间的增长逐渐达到正常固结状态。其工程性质取决于颗粒组成、均匀性、排水固结条件以及冲填后静置时间。

4. 饱和松散砂土

粉砂或细砂地基在静荷载作用下常具有较高的强度。但是当振动荷载(地震、机械振动等)作用时，饱和松散砂土地基则有可能产生液化或大量震陷变形，甚至丧失承载力。这是因为土颗粒松散排列并在外部动力作用下使颗粒的位置产生错位，以达到新的平衡，瞬间产生较高的超静孔隙水压力，有效应力迅速降低。对这种地基进行处理的目的就是使它变得较为密实，消除在动荷载作用下产生液化的可能性。常用的处理方法有挤出法、振冲法等。

5. 湿陷性黄土

在上覆土层自重应力作用下，或者在自重应力和附加应力共同作用下，因浸水后土的结构破坏而发生显著附加变形的土称为湿陷性土，属于特殊土。有些杂填土也具有湿陷性。广泛分布于我国东北、西北、华中和华东部分地区的黄土多具湿陷性(这里所说的黄土泛指黄土和黄土状土。湿陷性黄土又分为自重湿陷性和非自重湿陷性黄土，也有的老黄土不具湿陷性）。在湿陷性黄土地基上进行工程建设时，必须考虑因地基湿陷引起附加沉降对工程可能造成的危害，选择适宜的地基处理方法，避免或消除地基的湿陷或因少量湿陷所造成的危害。

6. 膨胀土

膨胀土的矿物成分主要是蒙脱石，它具有很强的亲水性，吸水时体积膨胀，失水时体积收缩。这种胀缩变形度往往很大，极易对建筑物造成损坏。膨胀土在我国的分布范围很广，如广西、云南、河南、湖北、四川、陕西、河北、安徽、江苏等地均有不同范围的分布。膨胀土是特殊土的一种，常用的地基处理方法有换土、土性改良、预浸水以及防止地基土含水量变化等工程措施。

7. 含有机质土和泥炭土

当土中含有不同的有机质时，将形成不同的有机质土，在有机质含量超过一定含量时就形成泥炭土，它具有不同的工程特性，有机质的含量越高，对土质的影响越大，主要表现为强度低、压缩性大，并且对不同工程材料的掺入有不同影响等，对直接工程建设或地基处理构成不利的影响。

8. 山区地基土

山区地基土的地质条件较为复杂，主要表现在地基的不均匀性和场地稳定性两个方面。由于自然环境和地基土的生成条件影响，场地中可能存在大孤石，场地环境也可能存在滑坡、泥石流、边坡崩塌等不良地质现象。它们会给建筑物造成直接的或潜在的威胁。在山区地基建造建筑物时要特别注意场地环境因素及不良地质现象，必要时对地基进行处理。

9. 岩溶(喀斯特)

在岩溶(喀斯特)地区常存在溶洞或土洞、溶沟、溶隙、洼地等。地下水的冲蚀或潜蚀使其形成和发展，它们对结构物的影响很大，易于出现地基不均匀变形、崩塌和陷落。因此在修建结构物之前，必须进行必要的处理。

14.1.4 不良地基土的处理

1. 置换法

(1) 换填法。就是将表层不良地基土挖除，然后回填有较好压密特性的土进行压实或夯实，形成良好的持力层。从而改变地基的承载力特性，提高抗变形和稳定能力。

施工要点：将要转换的土层挖尽，注意坑边稳定；保证填料的质量；填料应分层夯实。

(2) 振冲置换法。利用专门的振冲机具，在高压水射流下边振边冲，在地基中成孔，再在孔中分批填入碎石或卵石等粗粒料形成桩体。该桩体与原地基土组成复合地基，达到提高地基承载力、减小压缩性的目的。

施工注意事项：碎石桩的承载力和沉降量很大程度取决于原地基土对其的侧向约束作用，该约束作用越弱，碎石桩的作用效果越差，因而该方法用于强度很低的软黏土地基时必须慎重行事。

(3) 夯(挤)置换法。利用沉管或夯锤的办法将管(锤)置入土中，使土体向侧边挤开，并在管内(或夯坑)放入碎石或砂等填料。该桩体与原地基土组成复合地基，由于挤、夯使土体侧向挤压，地面隆起，土体超静孔隙水压力提高，当超静孔隙水压力消散后土体强度也有相应的提高。

施工注意事项：当填料为透水性好的砂及碎石料时，是良好的竖向排水通道。

2. 预压法

(1) 堆载预压法。在建造建筑物之前，用临时堆载(砂石料、土料、其他建筑材料、货物等)的方法对地基施加荷载，给予一定的预压期。使地基预先压缩完成大部分沉降并使地基承载力得到提高后，卸除荷载再建造建筑物。

施工工艺与要点：

① 预压荷载一般宜取等于或大于设计荷载；

② 大面积堆载可采用自卸汽车与推土机联合作业，对超软土地基的第一级堆载用轻型机械或人工作业；

③ 堆载的顶面宽度应小于建筑物的底面宽度，底面应适当放大；

④ 作用于地基上的荷载不得超过地基的极限荷载。

(2) 真空预压法。在软黏土地基表面铺设砂垫层，用土工薄膜覆盖且周围密封。用真空泵对砂垫层抽气，使薄膜下的地基形成负压。随着地基中气和水的抽出，地基土得到固结。为了加速固结，也可采用打砂井或插塑料排水板的方法，即在铺设砂垫层和土工薄膜之前打砂井或插排水板，达到缩短排水距离的目的。

施工要点：先设置竖向排水系统，水平分布的滤管埋设宜采用条形或鱼刺形，砂垫层上的密封膜采用2~3层的聚氯乙烯薄膜，按先后顺序同时铺设。面积大时宜分区预压；做好真空度、地面沉降量、深层沉降、水平位移等观测；预压结束后，应清除砂槽和腐植土层。应注意对周边环境的影响。

(3) 降水法。降低地下水位可减少地基的孔隙水压力，增加上覆土自重应力，使有效应力增加，从而使地基得到预压。这实际上是通过降低地下水位，增加地基土自重来实现预压目的。

施工要点：一般采用轻型井点、喷射井点或深井井点；当土层为饱和黏土、粉土、淤泥和淤泥质黏性土时，此时宜辅以电极相结合。

(4) 电渗法。在地基中插入金属电极并通以直流电，在直流电场作用下，土中水将从阳极流向阴极形成电渗。不让水在阳极补充而从阴极的井点用真空抽水，这样就使地下水位降低，土中含水量减少。从而地基得到固结压密，强度提高。电渗法还可以配合堆载预压用于加速饱和黏性土地基的固结。

3. 压实与夯实法

(1) 表层压实法。采用人工夯、低能夯实机械、碾压或振动碾压机械对比较疏松的表层土进行压实，也可对分层填筑土进行压实。当表层土含水量较高时或填筑土层含水量较高时可分层铺垫石灰、水泥进行压实，使土体得到加固。

(2) 重锤夯实法。重锤夯实就是利用重锤自由下落所产生的较大夯击能来夯实浅层地基，使其表面形成一层较为均匀的硬壳层，获得一定厚度的持力层。

施工要点：施工前应试夯，确定有关技术参数，如夯锤的重量、底面直径及落距、最后下沉量及相应的夯击遍数和总下沉量；夯实前槽、坑底面的标高应高出设计标高；夯实时地基土的含水量应控制在最优含水量范围内；大面积夯时应按顺序；基底标高不同时应先深后浅；冬季施工时，当土已冻结时，应将冻土层挖去或通过烧热法将土层融解；结束后，应及时将夯松的表土清除或将浮土在接近1m的落距夯实至设计标高。

（3）强夯。强夯是强力夯实的简称。将很重的锤从高处自由下落，对地基施加很高的冲击能，反复多次夯击地面，地基土中的颗粒结构发生调整，土体变为密实，从而能较大限度提高地基强度和降低压缩性。

其施工工艺流程如下：

① 平整场地；

② 铺级配碎石垫层；

③ 强夯置换设置碎石墩；

④ 平整并填级配碎石垫层；

⑤ 满夯一遍；

⑥ 找平，并铺土工布；

⑦ 回填风化石渣垫层，用振动碾碾压八遍。

一般在大型强夯施工前，都应选择面积不大于400m^2的场地进行典型试验，以便取得数据，指导设计与施工。

4. 挤密法

（1）振冲密实法。利用专门的振冲器械产生的重复水平振动和侧向挤压作用，使土体的结构逐步破坏，孔隙水压力迅速增大。由于结构破坏，土粒有可能向低势能位置转移，这样土体由松变密。

施工工艺：

① 平整施工场地，布置桩位；

② 施工车就位，振冲器对准桩位；

③ 启动振冲器，使之徐徐沉入土层，直至加固深度以上30～50cm，记录振冲器经过各深度的电流值和时间，提升振冲器至孔口。再重复以上步骤1～2次，使孔内泥浆变稀。

④ 向孔内倒入一批填料，将振冲器沉入填料中进行振实并扩大桩径。重复这一步骤直至该深度电流达到规定的密实电流为止，并记录填料量。

⑤ 将振冲器提出孔口，继续施工上节桩段，一直完成整个桩体振动施工，再将振冲器及机具移至另一桩位。

⑥ 在制桩过程中，各段桩体均应符合密实电流、填料量和留振时间等三方面的要求，基本参数应通过现场制桩试验确定。

⑦ 施工场地应预先开设排泥水沟系，将制桩过程中产生的泥水集中引入沉淀池，池底部厚泥浆可定期挖出送至预先安排的存放地点，沉淀池上部比较清的水可重复使用。

⑧ 最后应挖去桩顶部lm厚的桩体，或用碾压、强夯（遍夯）等方法压实、夯实，铺设并压实垫层。

（2）沉管砂石桩（碎石桩、灰土桩、OG桩、低标号桩等）。利用沉管制桩机械在地基中锤击、振动沉管成孔或静压沉管成孔后，在管内投料，边投料边上提（振动）沉管形成密实桩体，与原地基组成复合地基。

（3）夯击碎石桩（块石墩）。利用重锤夯击或者强夯方法将碎石（块石）夯入地基，在夯坑里逐步填入碎石（块石）反复夯击以形成碎石桩或块石墩。

5. 拌和法

（1）高压喷射注浆法（高压旋喷法）。以高压力使水泥浆液通过管路从喷射孔喷出，直接切割破坏土体的同时与土拌和并起部分置换作用。凝固后成为拌和桩（柱）体，这种桩

(柱)体与地基一起形成复合地基。也可以用这种方法形成挡土结构或防渗结构。

(2) 深层搅拌法。深层搅拌法主要用于加固饱和软黏土。它利用水泥浆体、水泥(或石灰粉体)作为主固化剂，应用特制的深层搅拌机械将固化剂送入地基土中与土强制搅拌，形成水泥(石灰)土的桩(柱)体，与原地基组成复合地基。水泥土桩(柱)的物理力学性质取决于固化剂与土之间所产生的一系列物理-化学反应。固化剂的掺入量及搅拌均匀性和土的性质是影响水泥土桩(柱)性质以及复合地基强度和压缩性的主要因素。

施工工艺：

① 定位。

② 浆液配制。

③ 送浆。

④ 钻进喷浆搅拌。

⑤ 提升搅拌喷浆。

⑥ 重复钻进喷浆搅拌。

⑦ 重复提升搅拌。

⑧ 当搅拌轴钻进、提升速度为0.65~1.0m/min时，应重复搅拌一次。

⑨ 成桩完毕，清理搅拌叶片上包裹的土块及喷浆口，桩机移至另一桩位施工。

6. 加筋法

(1) 土工合成材料。土工合成材料是一种新型的岩土工程材料。它以人工合成的聚合物，如塑料、化纤、合成橡胶等为原料，制成各种类型的产品，置于土体内部、表面或各层土体之间，发挥加强或保护土体的作用。土工合成材料可分为土工织物、土工膜、特种土工合成材料和复合型土工合成材料等类型。

(2) 土钉墙技术。土钉一般是通过钻孔、插筋、注浆来设置，但也有通过直接打较粗的钢筋和型钢、钢管形成土钉。土钉与周围土体接触，依靠接触界面上的黏结摩阻力，与其周围土体形成复合土体，土钉在土体发生变形的条件下被动受力。并主要通过其受剪工作对土体进行加固，土钉一般与平面形成一定的角度，故称为斜向加固体。土钉适用于地下水位以上或经降水后的人工填土、黏性土、弱胶结砂土的基坑支护和边坡加固。

(3) 加筋土。加筋土是将抗拉能力很强的拉筋埋置于土层中，利用土颗粒位移与拉筋产生的摩擦力使土与加筋材料形成整体，减少整体变形和增强整体稳定。拉筋是一种水平向增强体。一般使用抗拉能力强、摩擦系数大而耐腐蚀的条带状、网状、丝状材料，例如：镀锌钢片、铝合金、合成材料等。

7. 灌浆法

利用气压、液压或电化学原理将能够固化的某些浆液注入地基介质中或建筑物与地基的缝隙部位。灌浆的浆液可以是水泥浆、水泥砂浆、黏土水泥浆、黏土浆、石灰浆及各种化学浆材如聚氨酯类、木质素类、硅酸盐类等。根据灌浆的目的可分为防渗灌浆、堵漏灌浆、加固灌浆和纠倾灌浆等。按灌浆方法可分为压密灌浆、渗入灌浆、劈裂灌浆和电化学灌浆。灌浆法在水利、建筑、道桥及各种工程领域有着广泛的应用。

14.2 混凝土的组成

混凝土，简称为“砼(tóng)”：是指由胶凝材料将集料胶结成整体的工程复合材料的统称。通常讲的混凝土一词是指用水泥作胶凝材料，砂、石作集料，与水(加或不加外加剂和掺合料)按一定比例配合，经搅拌、成型、养护而得的水泥混凝土，也称普通混凝土，它广泛应用于土木工程。普通水泥的抗拉强度较低，只有抗压强度的十分之一。普通混凝土一般是由水泥、骨料(砂、石)和水所组成。为改善混凝土的某些性能，经常还加入适量的外加剂和掺合料。

14.2.1 水泥

水泥，粉状水硬性无机胶凝材料。加水搅拌后成浆体，能在空气中硬化或者在水中更好的硬化，并能把砂、石等材料牢固地胶结在一起。

1. 水泥的分类

(1) 水泥按用途及性能分为通用水泥、专用水泥和特性水泥。

① 通用水泥。一般土木建筑工程通常采用的水泥。通用水泥主要是指 GB 175—2007 规定的六大类水泥，即硅酸盐水泥、普通硅酸盐水泥、矿渣硅酸盐水泥、火山灰质硅酸盐水泥、粉煤灰硅酸盐水泥和复合硅酸盐水泥。

② 专用水泥：专门用途的水泥。如：G 级油井水泥、道路硅酸盐水泥。

③ 特性水泥：某种性能比较突出的水泥。如：快硬硅酸盐水泥、低热矿渣硅酸盐水泥、膨胀硫铝酸盐水泥。

(2) 水泥按其主要水硬性物质名称分为：

① 硅酸盐水泥，即国外通称的波特兰水泥；

② 铝酸盐水泥；

③ 硫铝酸盐水泥；

④ 铁铝酸盐水泥；

⑤ 氟铝酸盐水泥；

⑥ 以火山灰或潜在水硬性材料及其他活性材料为主要组分的水泥。

2. 常用水泥的定义

(1) 水泥。加水拌和成塑性浆体，能胶结砂、石等材料，既能在空气中硬化又能在水中硬化的粉末状水硬性胶凝材料。

(2) 硅酸盐水泥。由硅酸盐水泥熟料、0～5%石灰石或粒化高炉矿渣、适量石膏磨细制成的水硬性胶凝材料，称为硅酸盐水泥，分 P. Ⅰ和 P. Ⅱ，即国外通称的波特兰水泥。

(3) 普通硅酸盐水泥。由硅酸盐水泥熟料、6%～15%混合材料、适量石膏磨细制成的水硬性胶凝材料，称为普通硅酸盐水泥(简称普通水泥)，代号 P. O。

(4) 矿渣硅酸盐水泥。由硅酸盐水泥熟料、粒化高炉矿渣和适量石膏磨细制成的水硬性胶凝材料，称为矿渣硅酸盐水泥，代号 P. S。

(5) 火山灰质硅酸盐水泥。由硅酸盐水泥熟料、火山灰质混合材料和适量石膏磨细制成的水硬性胶凝材料，称为火山灰质硅酸盐水泥，代号 P. P。

(6) 粉煤灰硅酸盐水泥。由硅酸盐水泥熟料、粉煤灰和适量石膏磨细制成的水硬性胶凝材料，称为粉煤灰硅酸盐水泥，代号 P. F。

(7) 复合硅酸盐水泥。由硅酸盐水泥熟料、两种或两种以上规定的混合材料和适量石膏磨细制成的水硬性胶凝材料，称为复合硅酸盐水泥(简称复合水泥)，代号 P. C。

(8) 中热硅酸盐水泥。以适当成分的硅酸盐水泥熟料加入适量石膏磨细制成的具有中等水化热的水硬性胶凝材料。

(9) 低热矿渣硅酸盐水泥。以适当成分的硅酸盐水泥熟料加入适量石膏磨细制成的具有低水化热的水硬性胶凝材料。

(10) 快硬硅酸盐水泥。由硅酸盐水泥熟料加入适量石膏，磨细制成早强度高的、以3天抗压强度表示标号的水泥。

(11) 抗硫酸盐硅酸盐水泥。由硅酸盐水泥熟料加入适量石膏磨细制成的抗硫酸盐腐蚀性能良好的水泥。

(12) 白色硅酸盐水泥。由氧化铁含量少的硅酸盐水泥熟料加入适量石膏磨细制成的白色水泥。

(13) 道路硅酸盐水泥。由道路硅酸盐水泥熟料、0～10%活性混合材料和适量石膏磨细制成的水硬性胶凝材料，称为道路硅酸盐水泥(简称道路水泥)。

(14) 砌筑水泥。由活性混合材料加入适量硅酸盐水泥熟料和石膏磨细制成的主要用于砌筑砂浆的低标号水泥。

(15) 油井水泥。由适当矿物组成的硅酸盐水泥熟料、适量石膏和混合材料等磨细制成的适用于一定井温条件下油、气井固井工程用的水泥。

(16) 石膏矿渣水泥。以粒化高炉矿渣为主要组分材料，加入适量石膏、硅酸盐水泥熟料或石灰磨细制成的水泥。

3. 水泥主要技术指标

(1) 密度与容重。普通水泥密度为3.1g/cm^3，容重通常采用1300kg/m^3。

(2) 细度。指水泥颗粒的粗细程度。颗粒越细，硬化得越快，早期强度也越高。

(3) 凝结时间。水泥加水搅拌到开始凝结所需的时间称为初凝时间。从加水搅拌到凝结完成所需的时间称为终凝时间。硅酸盐水泥初凝时间不早于45min，终凝时间不大于6.5h。实际上初凝时间在1～3h，而终凝为4～6h。水泥凝结时间的测定由专门凝结时间测定仪进行。

(4) 强度等级。新标准实行以MPa表示的强度等级，如32.5、32.5R、42.5、42.5R、52.5、52.5R等，使强度等级的数值与水泥28天抗压强度指标的最低值相同。硅酸盐水泥的强度等级分为42.5、42.5R、52.5、52.5R、62.5、62.5R六个等级；普通硅酸盐水泥的强度等级分为42.5、42.5R、52.5、52.5R四个等级；矿渣硅酸盐水泥、火山灰质硅酸盐水泥、粉煤灰硅酸盐水泥、复合硅酸盐水泥的强度等级分为32.5、32.5R、42.5、42.5R、52.5、52.5R六个等级。

(5) 体积安定性。指水泥在硬化过程中体积变化的均匀性能。水泥中含杂质较多，会产生不均匀变形。

(6) 水化热。水泥与水作用会产生放热反应，在水泥硬化过程中，不断放出的热量称为水化热。

(7) 标准稠度。指水泥净浆对标准试杆的沉入具有一定阻力时的稠度。

4. 水泥的选用

配制混凝土时，应根据混凝土工程的性质、部位、施工条件、环境状况等，按各品种水泥的特性作出合理的选择。如大坝工程，宜用中热硅酸盐水泥或低热矿渣硅酸盐水泥。

水泥强度等级的选择，应与混凝土设计强度等级相适应。若用低强度等级的水泥配制高强度等级混凝土，不仅会使水泥用量过多，还会对混凝土产生不利影响。反之，用高强度等级的水泥配制低强度等级混凝土，若只考虑强度要求，会使水泥用量偏少，从而影响耐久性；若水泥用量兼顾了耐久性等要求，又会导致超强而不经济。因此，根据经验一般选择以水泥强度等级标准值为混凝土强度等级标准值的 1.5 ~2.0 倍为宜。

14.2.2 细骨料

细骨料(Fine aggregate)粒径为 0.15 ~4.75mm，通常细、粗骨料的总体积占混凝土总体积的 70% ~80%。

1. 种类及特性

河砂：洁净、质地坚硬，为配制混凝土的理想材料；

海砂：质地坚硬，但夹有贝壳碎片及可溶性盐类；

山砂：含有黏土及有机杂质，坚固性差；

人工砂：富有棱角，比较洁净，但细粉、片状颗粒较多，成本高。

2. 混凝土用砂质量要求

一般要求：质地坚实、清洁、有害杂质含量少。

(1) 含泥量、石粉含量和泥块含量。天然砂含泥量和泥块含量及人工砂石粉含量和泥块含量应分别符合表 14 –1 和表 14 –2 的规定。

表 14 –1　天然砂含泥量和泥块含量

项　　目	指　　标		
	Ⅰ类	Ⅱ类	Ⅲ类
含泥量(质量)/%	<1.0	<3.0	<5.0
泥块含量(质量)/%	0	<1.0	<2.0

表 14 –2　人工砂石粉含量和泥块含量

项　　目			指　　标		
			Ⅰ类	Ⅱ类	Ⅲ类
亚甲蓝试验	$MB<1.40$ 或合格	含泥量(质量)/%	<3.0	<5.0	<7.0
		泥块含量(质量)/%	0	<1.0	<2.0
	$MB\geq1.40$ 或不合格	含泥量(质量)/%	<1.0	<3.0	<5.0
		泥块含量(质量)/%	0	<1.0	<2.0

(2) 有害物质含量。砂中不应混有草根、树叶、树枝塑料等杂物，如含有云母、有机物及硫酸盐等，其含量应符合表 14 –3 的规定。

表 14 –3　砂中有害物质含量

项　　目		指　　标		
		Ⅰ类	Ⅱ类	Ⅲ类
云母(质量)/%	<	1.0	2.0	2.0
轻物质(质量)/%	<	1.0	1.0	1.0
有机物(比色法)		合格	合格	合格
硫化物及硫酸盐(按 SO_3 质量计)/%	<	0.5	0.5	0.5
氯化物(以氯离子质量计)/%	<	0.01	0.02	0.06

有害物质产生危害的原因如下：

① 泥块阻碍水泥浆与砂粒结合，使强度降低；含泥量过大，会增加混凝土用水量，从而增大混凝土收缩；

② 云母表面光滑，为层状、片状物质，与水泥浆黏结力差，易风化，影响混凝土强度及耐久性；

③ 泥块阻碍水泥浆与砂粒结合，使强度降低；

④ 硫化物及硫酸盐对水泥起腐蚀作用，降低混凝土的耐久性；

⑤ 有机质可腐蚀水泥，影响水泥的水化和硬化。氯盐会腐蚀钢筋。

3. 砂的粗细程度(Mx)及颗粒级配

砂的粗细程度是指不同粒径的砂粒混合在一起后的总体砂的粗细程度。通常分为粗砂、中砂、细砂等几种。在相同砂用量条件下，粗砂的总表面积比细砂小，则所需要包裹砂粒表面的水泥浆少。因此，用粗砂配制混凝土比用细砂所用水泥量要省。

砂的颗粒级配是指不同粒径砂颗粒的分布情况。在混凝土中砂粒之间的空隙是由水泥浆所填充，为节省水泥和提高混凝土的强度，就应尽量减少砂粒之间的空隙。要减少砂粒之间的空隙，就必须有大小不同的颗粒合理搭配。见图 14－1。

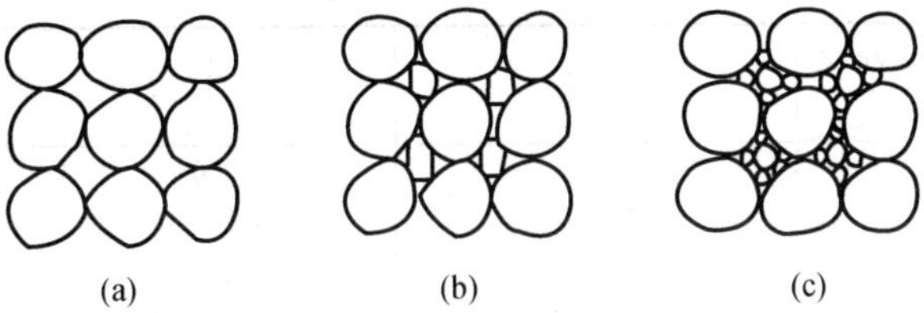

图 14－1　骨料的颗粒级配

砂的粗细程度及颗粒级配，常用筛分析的方法进行测定。砂的粗细程度用细度模数表示，颗粒级配用级配区表示。

筛分析是用一套方孔孔径为 9.50mm、4.75mm、2.36mm、1.18mm、0.6mm、0.3mm、0.15mm 的七个标准筛，将 500g 干砂试样由粗到细依次过筛，然后称量余留在各筛上的砂量，并计算出各筛上的分计筛余百分率(各筛上的筛余量占砂子总量的百分率)a_1、a_2、a_3、a_4、a_5、a_6及累计筛余百分率(各筛和比该筛粗的所有分计筛余百分率之和)A_1、A_2、A_3、A_4、A_5、A_6计算而得，即：

$$A_i = a_1 + a_2 + \cdots + a_i \qquad (14-1)$$

如：对于2.36mm 孔径，其分计筛余百分率为 a_2，累计筛余百分率为($a_1 + a_2$)。

其中 $a_1 = m_1/500$，$a_2 = m_2/500$，$a_3 = m_3/500$，以此类推。m_1、m_2、m_3等分别为对应各筛的筛余量。分计筛余百分率与累计筛余百分率的关系见表 14－4。

表 14－4　分计筛余百分率与累计筛余百分率的关系

筛孔尺寸	分计筛余/%	累计筛余/%
4.75	a_1	$A_1 = a_1$
2.36	a_2	$A_2 = a_1 + a_2$
1.18	a_3	$A_3 = a_1 + a_2 + a_3$
0.6	a_4	$A_4 = a_1 + a_2 + a_3 + a_4$
0.3	a_5	$A_5 = a_1 + a_2 + a_3 + a_4 + a_5$
0.15	a_6	$A_6 = a_1 + a_2 + a_3 + a_4 + a_5 + a_6$

其中 0.6mm 为控制粒径，它使任一砂样只能处于某一级配区内，不会同时属于两个级配区。

(1) 砂的粗细程度(Coarseness)。砂的粗细程度用细度模数(Fineness Modulus)(M_x)表示。细度模数(M_x)通过累计筛余百分率(Cumulative percentage retained)计算而得。

$$M_x = \frac{(A_2 + A_3 + A_4 + A_5 + A_6) - 5A_1}{100 - A_1}$$

按 M_x 将砂分为粗砂和细砂。

粗砂：$M_x = 3.7 \sim 3.1$；中砂：$M_x = 3.0 \sim 2.3$；

细砂：$M_x = 2.2 \sim 1.6$；特细砂：$M_x = 1.5 \sim 0.7$

普通混凝土用砂得细度模数：$M_x = 3.7 \sim 1.6$

(2) 砂的颗粒级配(Gradation)。骨料各级粒径颗粒的分布情况，以级配区或筛分曲线判定级配的合格性。

① 级配区。砂按 0.6mm 孔径筛的累计筛余百分率，划分成三个级配区，即Ⅰ区、Ⅱ区、Ⅲ区，见表 14-5。普通混凝土用砂的颗粒级配应处于任何一个区内，否则不合格。

表 14-5　砂的颗粒级配区

级配区 累计筛余方孔筛径/mm	Ⅰ区	Ⅱ区	Ⅲ区
9.50	0	0	0
4.75	10~0	10~0	10~0
2.36	35~5	25~0	15~0
1.18	65~35	50~10	25~0
0.6	85~71	70~41	40~16
0.3	95~80	92~70	85~55
0.15	100~90	100~90	100~90

② 筛分曲线(图 14-2)。以累计筛余百分率为纵坐标，以筛孔尺寸为横坐标，作出三个级配区的筛分曲线。观察所计算的砂的筛分曲线是否完全落在三个级配区的任一区内，即可判断该砂级配的合格性。

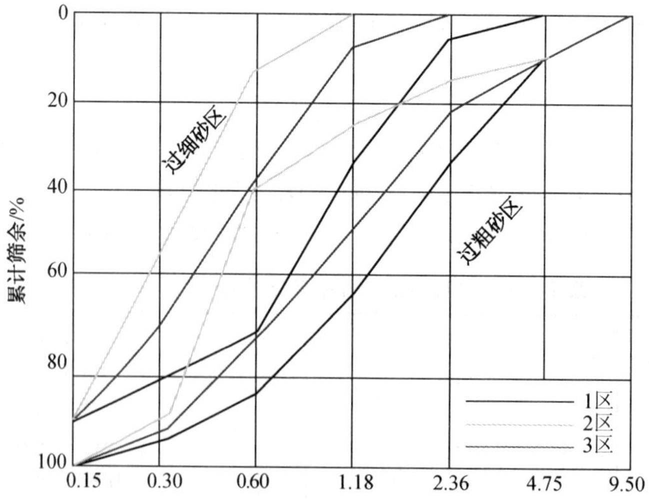

图 14-2　筛分曲线

4. 砂的选用原则

一般配制混凝土时，宜优先选用Ⅱ区砂；若选用Ⅰ区砂，应该适当提高砂率，保证水泥用量；若选用Ⅲ区砂，应该适当降低砂率，保证强度。

若某一地区砂料过细，可采用人工级配。图 14－3 和图 14－4 均为级配较差的砂。

图 14－3　级配较差的砂

图 14－4　级配较差的砂

【**例**】：特制混凝土采用河砂，取砂样烘干，特取 500g，按规定步骤进行了筛分，称得各筛号上的筛余量如表 14－6。

表 14－6　河砂筛余量

筛孔尺寸/mm	4.75	2.36	1.18	0.6	0.3	0.15	<0.15
筛编号	1	2	3	4	5	6	7
筛余量/g	15	75	70	100	120	100	20

求：(1)该砂的细度模数；(2)判断该砂的级配合格否？

(3)绘制筛分曲线图。

解：(1) 求分计筛余百分率 a：

$$a_1=\frac{15}{500}\times100\%=3\%$$

$$a_2=\frac{75}{500}\times100\%=15\%$$

同理：$a_3=14\%$，$a_4=20\%$，$a_5=24\%$，$a_6=20\%$，$a_7=4\%$

(2) 求累计筛余百分率 A：

$$A_1=a_1=3\%$$

$$A_2=a_1+a_2=18\%$$

$$A_3=a_1+a_2+a_3=32\%$$

同理：$A_4=52\%$，$A_5=76\%$，$A_6=96\%$，$A_7=100\%$

(3) 计算砂的细度模数：

$$M_x=\frac{(18+32+52+76+96)-5\times3}{100-3}=2.67$$

(4) 判断：用各筛号的 A 值与表对比，该砂的累计筛余百分率落在Ⅱ区，该砂级配合格。

因$M_x=2.67$，所以是中砂。

(5) 绘制筛分曲线(见图 14－5)。

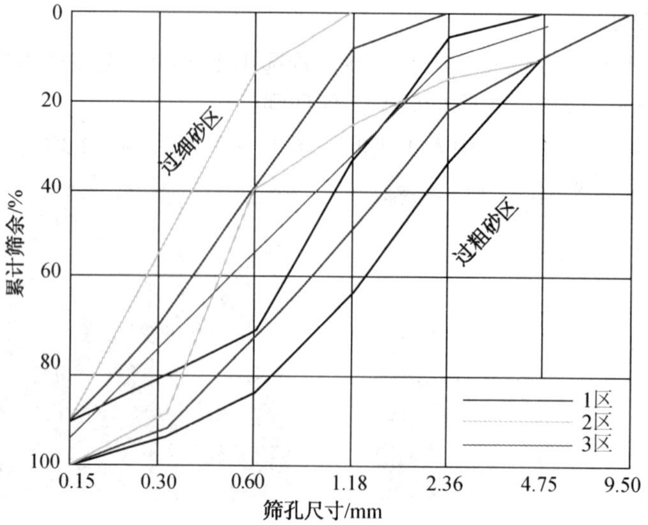

图 14－5　筛分曲线

14.2.3　粗骨料

粗骨料(Coarse－aggregate)粒径＞4.75mm，通常细、粗骨料的总体积占混凝土总体积的70%～80%。

粗骨料性能要求：有害杂质含量少；具有良好的颗粒形状，适宜的颗粒级配和细度，表面粗糙，与水泥黏结牢固；性能稳定，坚固耐久。

粗骨料为粒径＞4.75mm的岩石颗粒，分为卵石和碎石两类。卵石(砾石)包括河卵石、海卵石和山卵石等，其中河卵石应用较多。碎石大多由天然岩石经破碎筛分而成。碎石和卵石按技术要求分为Ⅰ类、Ⅱ类、Ⅲ类三种类别。Ⅰ类宜用于强度等级大于C60的混凝土；Ⅱ类宜用于强度等级为C30～C60及抗冻、抗渗或其他要求的混凝土；Ⅲ类宜用于强度等级小于C30的混凝土。

1. 质量及技术要求

(1) 含泥量及泥块含量，应分别符合表14－7的规定。

(2) 有害物质含量，应分别符合表14－8的规定。

表 14－7　卵石、碎石含泥量和泥块含量

项　目	指　标		
	Ⅰ类	Ⅱ类	Ⅲ类
含泥量(质量)/%	<0.5	<1.0	<1.5
泥块含量(质量)/%	0	<0.5	<0.7

表 14－8　卵石、碎石中有害物质含量

项　目	指　标		
	Ⅰ类	Ⅱ类	Ⅲ类
有机物	合格	合格	合格
硫化物及硫酸盐(按 SO_3 质量计)/%　<	0.5	1.0	1.0

2. 强度

碎石强度采用岩石立方体抗压强度和碎石的压碎指标两种方法检验。

（1）岩石立方体抗压强度检验。是将碎石的母岩制成直径与高均为50mm的圆柱体或边长为50mm的立方体，在水饱和状态下，测定其极限抗压强度值。一般要求碎石母岩岩石的抗压强度不小于混凝土抗压强度的1.5倍，还要考虑母岩的风化程度。

（2）压碎指标(Aggregate crushing value)。是指将一定质量气干状态下的9.0~9.5mm的石子，按一定的方法装入压碎指标值测定仪(内径152mm的圆筒)内，上面加压头后放在试验机上，在3~5min内均匀加荷到200kN，卸荷后称取试样质量(G_0)，再用孔径为2.36mm的筛进行筛分，称取试样的筛余量(G_1)，压碎指标Q_c如式(14-2)计算：

$$Q_c = \frac{G_0 - G_1}{G_0} \times 100\% \tag{14-2}$$

3. 颗粒形状及表面特征

粗骨料比较理想的颗粒形状为三维长度相等或相近的立方体或球形颗粒，而三维长度相差较大的针、片状颗粒粒形较差。颗粒长度大于平均粒径2.4倍为针状颗粒，颗粒厚度小于平均粒径0.4倍的为片状颗粒。平均粒径为一个粒级的骨料其上、下限粒径的算术平均值。

骨料表面的粗糙程度及孔隙特征影响混凝土的强度。

卵石：光滑少棱角，孔隙率及总表面积小，工作性好，水泥用量少，但黏结力差，强度低。

碎石：多棱角，孔隙率及总表面积大，工作性差，水泥用量多，但黏结力强，强度高。在相同条件下，碎石混凝土比卵石混凝土的强度约高10%左右。

4. 最大粒径和颗粒级配

（1）最大粒径。粗骨料公称粒级的上限称为该粒级的最大粒径。

最大粒径的选用原则：质量相同的石子，粒径越大，总表面积越小，越节约水泥，故尽量选用大粒径石子。同时应综合考虑以下几点：

① 从结构上考虑。建筑构件的截面尺寸及配筋疏密。

钢筋混凝土：粗骨料最大粒径 <1/4 结构截面最小尺寸且 <3/4 钢筋间最小净距；

混凝土实心板：粗骨料最大粒径不宜超过/2 板厚且不超过50mm；

② 从施工方面考虑。根据搅拌、运输、振捣方式，选择合适的粒径。对泵送混凝土，碎石最大粒径与输送管内径之比宜小于或等于1∶3，卵石宜小于或等于1∶2.5；

③ 从经济上考虑。粒径越大，水泥用量越小。当最大粒径小于80mm时，节约效果显著，粒径再大，节约效果不明显。故一般取粒径小于80mm。

（2）颗粒级配。良好的级配可减小孔隙率，节约水泥，提高密实度及良好的工作性。

粗骨料的级配也是通过筛分试验来确定，其方孔标准筛为孔径2.36、4.75、9.50、16、19、26.5、31.5、37.5、53.0、63.0、75.0及90mm共12个筛孔。普通混凝土用卵石及碎石的颗粒级配应符合国家标准的规定。

粗骨料的级配分为连续级配和间断级配两种。

① 连续级配：石子颗粒尺寸由小到大连续分级，每级骨料都占有一定比例，如天然卵石。通常工程中多采用连续级配的石子。

② 间断级配：人为剔除某些中间粒级颗粒，用小颗粒的粒级直接和大颗粒的粒级相配，颗粒级差大，空隙率的降低比连续级配快得多，可最大限度地发挥骨料的骨架作用，减少水泥用量。但混凝土拌和物易产生离析现象，工程应用较少。

③ 单粒级：预先分级筛分的粗骨料，用来改善骨料级配或配成较大粒度的连续粒级。

应用：分别堆放，需要时按要求的比例配合。

14.3 混凝土的性能

14.3.1 混凝土的和易性

1. 和易性的概念

和易性是指混凝土拌合物能保持其组成成分均匀，不发生分层离析、泌水等现象，适于运输、浇筑、捣实成型等施工作业，并能获得质量均匀、密实的混凝土的性能。

和易性是一项综合技术性能，包括流动性、黏聚性和保水性三个方面。

（1）流动性。指混凝土拌合物在自重或机械振捣力的作用下，能产生流动并均匀密实地充满模型的性能。反映拌合物的稀稠程度：拌合物太稠，混凝土难以振捣，易造成内部孔隙；拌合物过稀，会分层离析，影响混凝土的均匀性。

（2）黏聚性。指混凝土拌合物内部组分间具有一定的黏聚力，在运输和浇筑过程中不致发生离析分层现象，而使混凝土能保持整体均匀的性能。

（3）保水性。指混凝土拌合物具有一定的保持内部水分的能力，在施工过程中不致产生严重的泌水现象。

这三个方面互相关联，又互相矛盾。如：流动性很大时，往往黏聚性和保水性差。反之亦然。黏聚性好，一般保水性较好。因此，所谓的拌合物和易性良好，就是使这三方面的性能在某种具体条件下得到统一，达到均为良好的状况。

2. 和易性的测量

混凝土拌合物的和易性内涵比较复杂，难以用一种简单的测定方法和指标来全面恰当地表达。根据我国现行标准《普通混凝土拌合物性能试验方法》规定，用坍落度和维勃稠度来测定混凝土拌合物的流动性，并辅以直观经验来评定黏聚性和保水性。

（1）坍落度试验(Slump Test)。坍落度试验是用标准坍落圆锥筒(见图 14－6)测定，该筒为钢皮制成，高度 $H=300$mm，上口直径 $d=100$mm，下底直径 $D=200$mm，试验时，将圆锥置于平台上，然后将混凝土拌合物分三层装入标准圆锥筒内，每层用弹头棒均匀地捣插25 次。多余试样用镘刀刮平，然后垂直提取圆锥筒，将圆锥筒与混合料排放于平板上，测量筒高与坍落后混凝土试体最高点之间的高差，即为新拌混凝土的坍落度，以 mm 为单位(精确至 5mm)。见图 14－7。

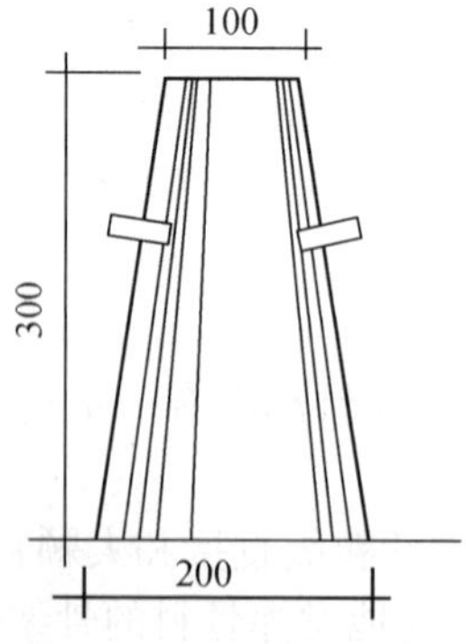

图 14－6　坍落度筒

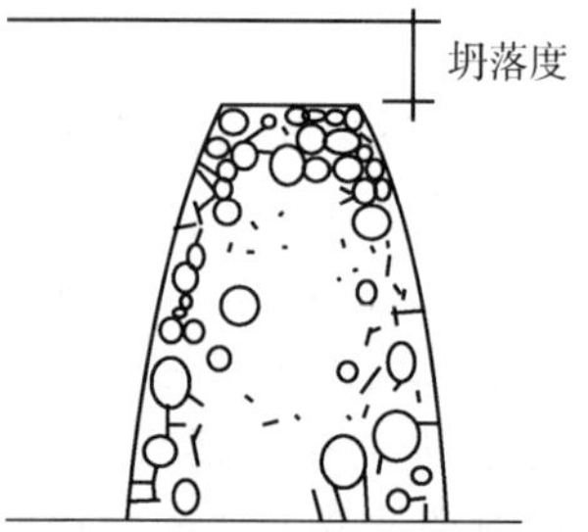

图 14－7　混凝土拌合物的坍落度

坍落度越大，流动性越好。根据混凝土拌合物坍落度 S 大小，可将混凝土进行如下分级：

T1 低塑性混凝土　$S = 10 \sim 40$mm

T2 塑性混凝土　$S = 50 \sim 90$mm

T3 流动性混凝土　$S = 100 \sim 150$mm

T4 大流动性混凝土　$S \geqslant 160$mm

若 $S \leqslant 10$mm，则为干硬性混凝土。

测定坍落度后，观察拌合物的下述性质：

① 黏聚性：用捣棒在已坍落的拌合物锥体侧面轻轻敲打，如果锥体逐步下沉，表示黏聚性良好；如果突然倒塌，部分崩裂或石子离析，则为黏聚性不好的表现。

② 保水性：当提起坍落度筒后，如有较多的稀浆从底部析出，锥体部分的拌合物也因失浆而骨料外露，则表明保水性不好。如无这种现象，则表明保水性良好。

(2) 维勃稠度试验(Vebe consistometer Test)。维勃稠度试验方法是将坍落度筒放在直径为40mm、高度为200mm的圆筒中，圆筒安装在专用的振动台上，见图14－8。按坍落度试验的方法将新拌混凝土装入坍落度筒内后再拔去坍落筒，并在新拌混凝土顶上置一透明圆盘。开动振动台并记录时间，从开始振动至透明圆盘底面被水泥浆布满瞬间止，所经历的实间，以s计(精确至1s)，即为新拌混凝土的维勃稠度值。

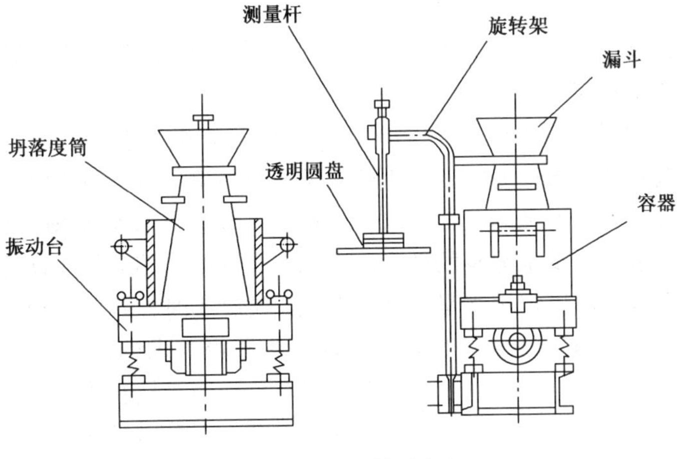

图14－8　维勃稠度仪

根据混凝土拌合物维勃稠度 t 值大小，可将混凝土进行如下分级：

V0 超干硬性混凝土　$t \geqslant 31$s

V1 特干硬性混凝土　$t = 30 \sim 21$s

V2 干硬性混凝土　$t = 20 \sim 11$s

V3 半干硬性混凝土　$t = 10 \sim 5$s

3. 坍塌度的选择

(1) 原则：

① 结构构件类型及截面尺寸大小。构件截面尺寸较大时，选用较小的坍落度。

② 结构构件的配筋疏密。钢筋较疏时，选用较小的坍落度。

③ 输送方式及施工捣实方法。机械振捣时，选用较小的坍落度；人工振捣时，选用较大的坍落度。

（2）选用。根据《混凝土结构工程施工及验收规范》（GB50204）规定，混凝土浇注的坍落度宜按表 14－9 选用。

表 14－9　混凝土浇注时的坍落度

项　　目	结构种类	坍落度/mm
1	基础或地面等的垫层、无配筋的大体积结构（挡土墙、基础等）或配筋稀疏的结构	10～30
2	板、梁或大型及中型截面的柱子等	30～50
3	配筋密列的结构（薄壁、斗仓、筒仓、细柱等）	50～70
4	配筋特密的结构	70～90

4. 和易性的影响因素

影响混凝土和易性的因素有：水泥浆的数量，水泥浆的稠度，砂率，水泥品种与集料的性质，外加剂，时间和温度等。

（1）水泥浆数量的影响。水泥浆作用为填充骨料空隙，包裹骨料形成润滑层，增加流动性。

混凝土拌合物保持水灰比不变的情况下，水泥浆用量越多，流动性越大，反之越小。但水泥浆用量过多，黏聚性及保水性变差，对强度及耐久性产生不利影响。水泥浆用量过小，黏聚性差。因此，水泥浆不能用量太少，但也不能太多，应以满足拌合物流动性、黏聚性、保水性要求为宜。

（2）水泥浆的稠度。当水泥浆用量一定时，水泥浆的稠度决定于水灰比大小，水灰比（W/C）为用水量与水泥质量之比。

但 W/C 过小时，水泥浆干稠，拌合物流动性过低，给施工造成困难。W/C 过大，水泥浆稀使拌合物的黏聚性和保水性变差，产生流浆及离析现象，并严重影响混凝土的强度。故水灰比大小应根据混凝土强度和耐久性要求合理选用，取值范围为 0.40～0.75 之间。

无论是水泥浆的数量还是水泥浆的稠度，实际上对混凝土拌合物流动性起决定作用的是单位体积用水量的多少，即恒定用水量法则：在配制混凝土时，若所用粗、细骨料种类及比例一定，水灰比在一定范围内（0.4～0.8）变动时，为获得要求的流动性，所需拌合用水量基本是一定的。即骨料一定时，混凝土的坍落度只与单位用水量有关。

（3）砂率的影响。砂率是指混凝土中砂的质量占砂、石总质量的百分率。

① 砂率对和易性的影响。砂率过大，孔隙率及总表面积大，拌合物干稠，流动性小；砂率过小，砂浆数量不足，流动性降低，且影响黏聚性和保水性。故砂率大小影响拌合物的工作性质及水泥用量。

② 合理砂率：是指在用水量及水泥用量一定的情况下，能使混凝土拌合物获得最大的流动性，且能保持黏聚性及保水性良好时的砂率值。或指混凝土拌合物获得所要求的流动性及良好的黏聚性及保水性，而水泥用量为最少时的砂率值。见图 14－9 和图 14－10。

（4）组成材料性质的影响

① 水泥品种的影响。水泥对和易性的影响主要表现在水泥的需水性上。使用不同水泥拌制的混凝土其和易性由好至坏：粉煤灰水泥——普通水泥、硅酸盐水泥——矿渣水泥（流动性大，但粘聚性差）——火山灰水泥（流动性差，但黏聚性和保水性好）

② 骨料性质的影响。

粒径：粒径越大，总比表面积越小，拌合物流动性大；

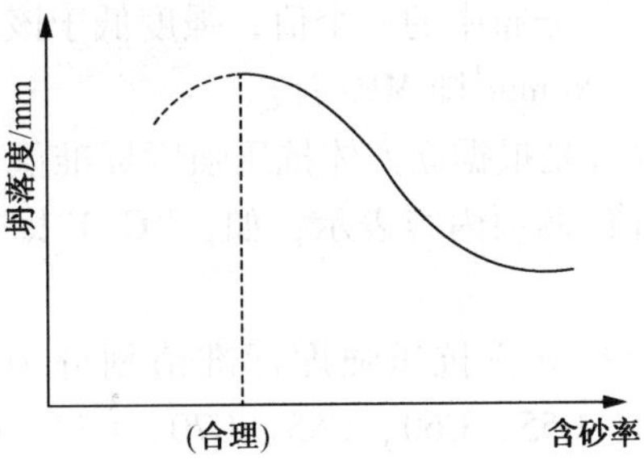

图 14 - 9　砂率与坍落度的关系
（水与水泥用量一定）

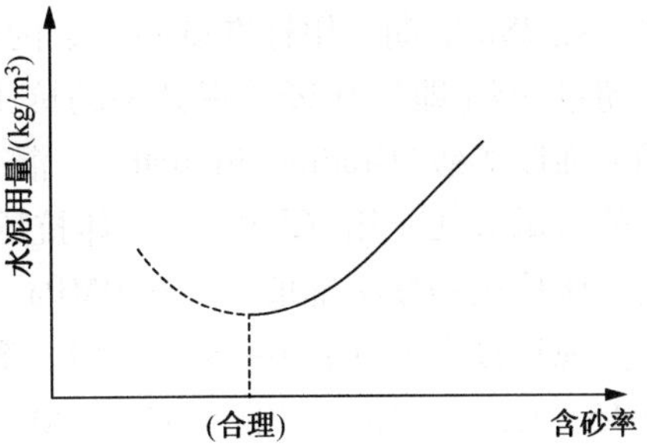

图 14 - 10　砂率与水泥用量的关系
（达到相同的坍落度）

品种：卵石拌制的砼拌合物优于碎石；

级配：具有优良级配的混凝土拌合物具有较好的和易性和保水性。

(5) 外加剂的影响。外加剂(如减水剂、引气剂等)对混凝土的和易性有很大的影响。少量的外加剂能使混凝土拌合物在不增加水泥用量的条件下，获得良好的和易性。不仅流动性显著增加，而且还可有效地改善拌合物的黏聚性和保水性。

(6) 拌合物存放时间及环境温度的影响。

① 温度：环境温度升高，水分蒸发及水化反应加快，相应坍落度下降。

② 时间：时间延长，水分蒸发，坍落度下降。

5. 改善新拌混凝土和易性的措施

(1) 调节混凝土的材料组成：

① 采用合理砂率，并尽可能使用较低的砂率；

② 改善砂、石的级配；

③ 在可能的条件下，尽量采用较粗的砂、石；

④ 当拌合物坍落度太小时，保持水灰比不变，增加适量的水泥浆；当拌合物坍落度太大时，保持砂率不变，增加适量的砂石。

(2) 掺加各种外加剂(如减水剂、引气剂等)。

(3) 提高振捣机械的效能。

14.3.2　混凝土的强度

硬化后混凝土(Hardened concrete)的强度(Strength)包括立方体抗压强度、棱柱体抗压强度、劈裂抗拉强度、抗弯强度、抗剪强度和与钢筋的黏结强度等。抗压强度 > 抗弯强度 > 抗剪强度 > 抗拉强度。

1. 混凝土的抗压强度与强度等级

混凝土的抗压强度是指其标准试件在压力作用下直到破坏的单位面积所能承受的最大应力。常作为评定混凝土质量的指标，并作为确定强度等级的依据。

(1) 立方体抗压强度(f_{cu})。按照标准的制作方法制成边长为 150mm 的正立方体试件，在标准养护条件(温度 20 ±3℃，相对湿度 90% 以上)下，养护至 28d 龄期，按照标准的测定方法测定其抗压强度值，称为“混凝土立方体试件抗压强度”(简称“立方抗压强度”，以 f_{cu} 表示)，以 MPa 计。

(2) 立方体抗压强度标准值($f_{cu,k}$)。按照标准方法制作和养护的边长为 150mm 的立方体试件，在28d龄期，用标准试验测定的抗压强度总体分布中的一个值，强度低于该值的百分率不超过5%（即具有95%保证率的抗压强度），以N/mm^2即MPa计。

（3）强度等级（Grading Strength）。混凝土强度等级是根据立方体抗压强度标准值来确定的。它的表示方法是用"C"和"立方体抗压强度标准值"两项内容表示，如："C30"即表示混凝土立方体抗压强度标准值$f_{cu,k}=30MPa$。

我国现行规范（GBJ 10—89）规定，普通混凝土按立方抗压强度标准值划分为C7.5、C10、C15、C20、C25、C30、C35、C40、C45、C50、C55、C60、C65、C70、C75、C80等16个强度等级。立方体强度 > 强度等级。

（4）混凝土强度等级的实用意义：

C7.5 ~ C15：用于垫层、基础、地坪及受力不大的结构；

C15 ~ C25：用于普通混凝土结构的梁、板、柱、楼梯及屋架；

C25 ~ C30：用于大跨度结构、耐久性要求较高的结构、预制构件等；

C30以上：用于预应力钢筋混凝土结构、吊车梁及特种构件等。

（5）混凝土的轴心抗压强度（f_{cp}）。轴心抗压强度采用150mm × 150mm × 300mm的棱柱体作为标准试件，如有必要，也可采用非标准尺寸的棱柱体试件，但其高宽比（h/a）应在2 ~3的范围。在钢筋混凝土结构计算中，计算轴心受压构件时，都采用混凝土的轴心抗压强度f_{cp}作为设计依据。f_{cp}比同截面的f_{cu}小，且h/a越大，f_{cp}越小。在立方体抗压强度为10 ~ 55MPa范围内时，$f_{cp}\approx(0.70\sim0.80)f_{cu}$。

（6）混凝土的抗拉强度。劈裂试验测得劈裂抗拉强度（Splitting tension strength）。混凝土的抗拉强度只有抗压强度的1/10 ~ 1/20，故在结构设计中，不考虑混凝土承受拉力，而是在混凝土中配以钢筋，由钢筋来承受拉力。但确定抗裂度时，须考虑抗拉强度，它是结构设计中确定混凝土抗裂度的主要指标。

试验方法：劈裂法，测出强度为劈裂抗拉强度f_{ts}。

混凝土的劈裂抗拉强度与混凝土标准立方体抗压强度之间的关系，可用经验公式表达如下：

$$f_{ts}=0.35f_{cu}^{3/4}$$

（7）混凝土与钢筋的黏结强度：

强度主要来源：混凝土与钢筋间的摩擦力、钢筋与水泥石间的黏结力、变形钢筋的表面机械咬合力。

影响因素：混凝土质量（强度）、钢筋尺寸及种类、钢筋在混凝土中的位置、加载类型、干湿变化和温度变化等。

2. 影响硬化后水泥混凝土强度的因素

混凝土破坏包括：硬化水泥石与骨料间破坏（与水泥强度、水灰比、骨料性质有关）；硬化水泥石的破坏（水泥石强度有关）；骨料本身的破坏（与骨料强度有关）。

主要影响因素有材料组成、制备方法、养护条件、试验条件等。

（1）材料组成对混凝土强度的影响：

① 水泥的强度和水灰比。

$$f_{cu}=\alpha_a f_{ce}\left(\frac{C}{W}-\alpha_b\right) \tag{14-3}$$

式中　f_{cu}——混凝土28d龄期的立方体抗压强度，MPa；

f_{ce}——水泥实际强度，MPa，可取$f_{ce}=1.13\times f_{ce,k}$，$f_{ce,k}$为水泥强度的标准值；

C/W——灰水比；

α_a、α_b——回归系数，碎石：$\alpha_a=0.46$；$\alpha_b=0.07$；卵石：$\alpha_a=0.48$；$\alpha_b=0.33$。

以上经验公式一般只适用于流动性混凝土、低流动性混凝土，不适于干硬性混凝土。

② 骨料的影响。当骨料级配良好、砂率适当时，由于组成了坚强密实的骨架，有利于混凝土强度的提高。如果混凝土骨料中有害杂质较多、品质低、级配不好时，会降低混凝土的强度。

(2) 养护条件对混凝土强度的影响：

① 温度及湿度。养护温度高，水泥水化速度快，混凝土强度的发展也快；反之，在低温下混凝土强度发展迟缓。当温度降到冰点以下时，水泥将停止水化，强度停止发展，而且易使硬化的混凝土结构遭到破坏。因此，冬季施工时，混凝土应特别注意保温养护，防止早期受冻破坏。温度对强度发展的影响见图14-11。

水是水泥水化的必要条件。如果湿度不够，水泥水化反应不能正常进行，甚至停止水化，会严重降低混凝土强度。因此在混凝土浇筑完毕后，应在12h内进行覆盖；在夏季施工的混凝土，要特别注意浇水保湿。湿度对强度发展的影响见图14-12。

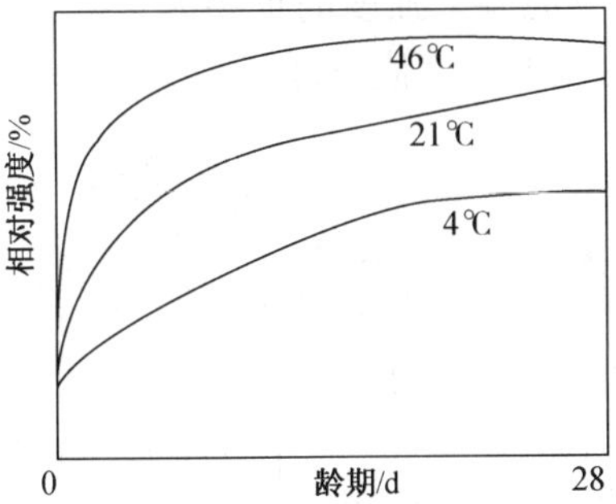

图14-11　温度对强度发展的影响

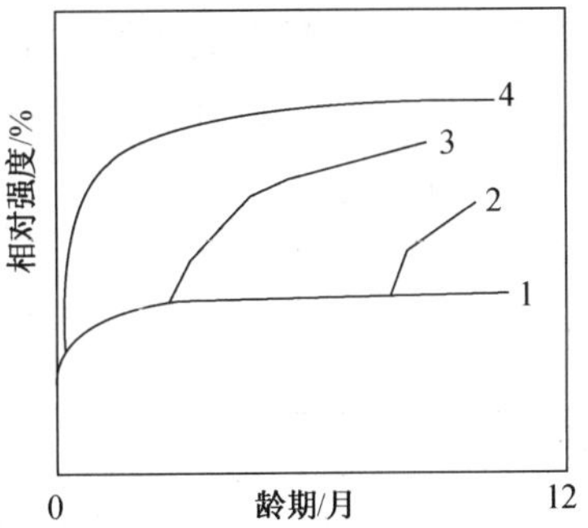

图14-12　湿度对强度发展的影响

1—空气养护；2—九个月后水中养护；

3—三个月后水中养护；4—标准湿度条件下养护

② 龄期(Age)。龄期是指混凝土在正常养护条件下所经历的时间。混凝土的强度随龄期的增长而提高，早期显著，后期缓慢。普通水泥配制的混凝土，在标准养护条件下，其强度发展大致与龄期的常用对数成正比关系，其经验公式如式(14-4)：

$$\frac{f_n}{f_{28}}=\frac{\lg n}{\lg 28} \tag{14-4}$$

式中　f_n——混凝土n天龄期的抗压强度，MPa；

f_{28}——混凝土28d龄期的抗压强度，MPa；

n——养护龄期，d，$n\geqslant 3$。

根据式(14-4)，可估算混凝土28d的强度，或推算28d前混凝土达到某一强度需要养护的天数，如确定生产施工进度：砼的拆模、构件的起吊、放松预应力钢筋、制品堆放、出厂日期等。

(3) 试验条件对混凝土强度的影响。试验条件包括试件形状与尺寸、试件湿度、温度、表面状态、加载方式等。

① 试件尺寸：相同混凝土试件的尺寸越小，测得的混凝土的强度就越高。我国标准规

定，采用边长为150mm的立方体试件作为标准试件，当采用非标准试件时，所测得的抗压强度应乘以表14-10列的换算系数。

表14-10 混凝土试件不同尺寸的强度换算系数

骨料最大粒径/mm	试件尺寸/mm	换算系数
30	100×100×100	0.95
40	150×150×150	1
60	200×200×200	1.05

② 试件的形状：当试件受压面积相同，而高度不同时，高宽比越大，抗压强度越小。这是由于环箍效应所致。当试件受压时，试件受压面与试件承压板之间的摩擦力，对试件相对于承压板的横向膨胀起着约束作用，该约束有利于强度的提高。如图14-13所示，愈接近试件的端面，这种约束作用就越大，在距端面大约$\sqrt{3}/2a$（a为试件横向尺寸）的范围以外，约束作用才消失。试件破坏后，其上下部分各呈现一个较完整的棱锥体（见图14-14），这就是这种约束作用的结果，称为环箍效应。图14-15为不受压板约束时试件的破坏情况。

③ 表面状态。混凝土试件承压面的状态，也是影响混凝土强度的重要因素。当试件受压面有润滑剂时，试件受压时的环箍效应大大减小，测出的强度值较低。

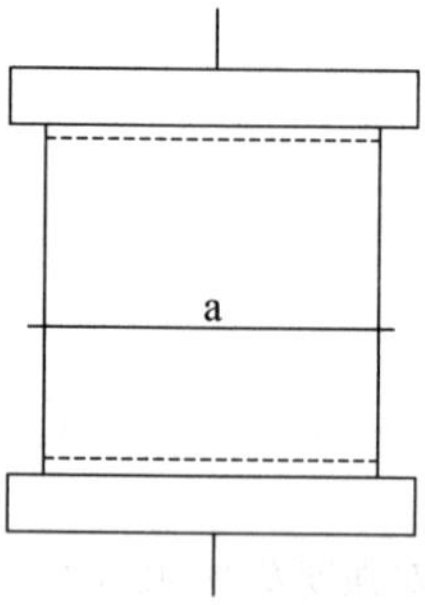

图14-13 压力机压板对试件的约束作用

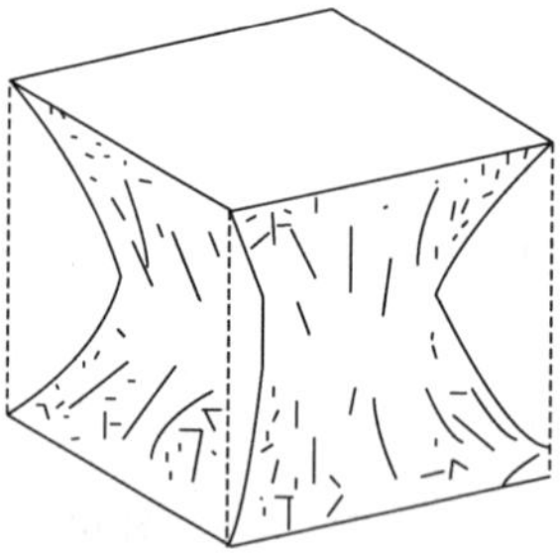

图4-14 试件破坏后残存的棱锥体

图14-15 不受压板约束时试件的破坏情况

④ 加荷速度。加荷速度越大，测得的强度值也越大。

(4) 施工方法的影响。尽量采用机械搅拌和振捣。

(5) 提高混凝土强度的措施：

① 选用高强度水泥和早强型水泥。

② 采用低水灰比的干硬性混凝土。

③ 掺加混凝土外加剂和掺合料。

④ 采用湿热处理——蒸汽养护和蒸压养护。

⑤ 采用机械搅拌和振捣。

14.3.3 混凝土的变形

混凝土的变形包括非荷载作用下的变形和荷载作用下的变形。非荷载下的变形，分为混凝土的化学收缩、干湿变形及温度变形；荷载作用下的变形，分为短期荷载作用下的变形及长期荷载作用下的变形——徐变。

1. 非载荷作用下的变形

(1) 化学收缩(自生体积变形)。在混凝土硬化过程中，由于水泥水化物的固体体积比反应前物质的总体积小，从而引起混凝土的收缩，称为化学收缩。

特点：不能恢复，收缩值较小，对混凝土结构没有破坏作用，但在混凝土内部可能产生微细裂缝而影响承载状态和耐久性。

(2) 干湿变形(物理收缩)。干湿变形是指由于混凝土周围环境湿度的变化，会引起混凝土的干湿变形，表现为干缩湿胀。

① 产生原因。混凝土在干燥过程中，由于毛细孔水的蒸发，使毛细孔中形成负压，随着空气湿度的降低，负压逐渐增大，产生收缩力，导致混凝土收缩。同时，水泥凝胶体颗粒的吸附水也发生部分蒸发，凝胶体因失水而产生紧缩。当混凝土在水中硬化时，体积产生轻微膨胀，这是由于凝胶体中胶体粒子的吸附水膜增厚，胶体粒子间的距离增大所致。

② 危害性。混凝土的干湿变形量很小，一般无破坏作用。但干缩变形对混凝土危害较大，干缩能使混凝土表面产生较大的拉应力而导致开裂，降低混凝土的抗渗、抗冻、抗侵蚀等耐久性能。

③ 影响因素。

a. 水泥的用量、细度及品种；

b. 水灰比不变，水泥用量愈多，混凝土干缩率越大；水泥颗粒愈细，混凝土干缩率越大。

c. 水灰比的影响：水泥用量不变，水灰比越大，干缩率越大。

d. 施工质量的影响：延长养护时间能推迟干缩变形的发生和发展，但影响甚微；采用湿热法处理养护混凝土，可有效减小混凝土的干缩率。

e. 骨料的影响：骨料含量多的混凝土，干缩率较小。

(3) 温度变形。温度变形是指混凝土随着温度的变化而产生热胀冷缩变形。混凝土的温度变形系数 α 为 $(1\sim1.5)\times10^{-5}/℃$，即温度每升高 1℃，每 1m 胀缩 0.01 ~ 0.015mm。温度变形对大体积混凝土、纵长的混凝土结构、大面积混凝土工程极为不利，易使这些混凝土造成温度裂缝。可采取的措施为：采用低热水泥，减少水泥用量，掺加缓凝剂，采用人工降温，设温度伸缩缝，以及在结构内配置温度钢筋等，以减少因温度变形而引起的混凝土质量问题。

2. 荷载作用下的变形

(1) 混凝土在短期作用下的变形。混凝土是一种由水泥石、砂、石、游离水、气泡等组成的不匀质的多组分三相复合材料，为弹塑性体。受力时既产生弹性变形，又产生塑性变形，其应力应变关系呈曲线，见图 14－16。卸荷后能恢复的应变 $\varepsilon_{弹}$ 是由混凝土的弹性应变引起的，称为弹性应变；剩余的不能恢复的应变 $\varepsilon_{塑}$，则是由混凝土的塑性应变引起的，称为塑性应变。

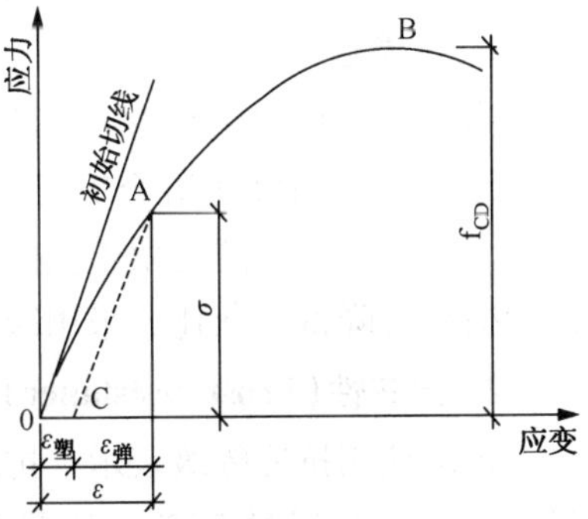

图 14－16　混凝土在压力作用下的应力－应变曲线

混凝土的弹性模量：在应力－应变曲线上任一点的应力 σ 与其应变 ε 的比值，称为混凝土在该应力下的变形模量。影响混凝土弹性模量的主要因素有混凝土的强度、骨料的含量及其弹性模量以及养护条件等。

(2) 混凝土在长期荷载作用下的变形——徐变(Creep)。混凝土在持续荷载作用下，除产生瞬间的弹性变形和塑性变形外，还会产生随时间增长的变形，称为徐变，见图 14-17。

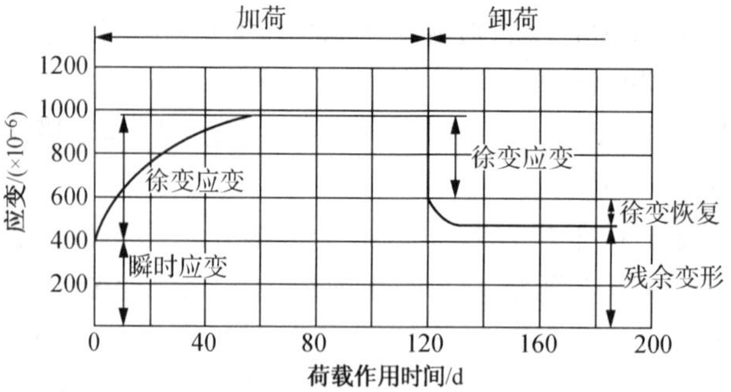

图 14-17 徐变变形与徐变恢复

① 徐变特点：在加荷瞬间产生瞬时变形，随着时间的延长，又产生徐变变形。荷载初期，徐变变形增长较快，以后逐渐变慢并稳定下来。卸荷后，一部分变形瞬时恢复，其值小于在加荷瞬间产生的瞬时变形。在卸荷后的一段时间内变形还会继续恢复，称为徐变恢复。最后残存的不能恢复的变形，称为残余变形。

② 徐变对结构物的影响。有利影响：可消除钢筋混凝土内的应力集中，使应力重新分配，从而使混凝土构件中局部应力得到缓和。对大体积混凝土则能消除一部分由于温度变形所产生的破坏应力。

不利影响：使钢筋的预加应力受到损失(预应力减小)，使构件强度减小。

③ 影响徐变因素。混凝土的徐变是由于在长期荷载作用下，水泥石中的凝胶体产生黏性流动，向毛细孔内迁移所致。影响混凝土徐变的因素有水灰比、水泥用量、骨料种类、应力等。混凝土内毛细孔数量越多，徐变越大；加荷龄期越长，徐变越小；水泥用量和水灰比越小，徐变越小；所用骨料弹性模量越大，徐变越小；所受应力越大，徐变越大。

14.3.4 混凝土的耐久性(Durability)

混凝土抵抗介质作用并长期保持其良好的使用性能和外观完整性，从而维持混凝土结构的安全、正常使用的能力称为混凝土的耐久性。

耐久性是一个综合性的指标，包括抗渗性、抗冻性、抗腐蚀、抗碳化性、抗磨性、抗碱-骨料反应及混凝土中的钢筋耐锈蚀等性能。

1. 抗渗性

指混凝土在有压水、油等液体作用下，抵抗渗透的能力。用抗渗标号(S)表示，有 S4、S6、S8、S10、S12 等五个等级。

混凝土产生渗透是由于其内部存在贯穿孔隙、毛细管和孔洞、蜂窝等。提高混凝土抗渗性的措施有降低水灰比、采用减水剂、选用致密、干净、级配良好骨料。

2. 抗冻性(Frost resistance)

抗冻性用抗冻等级表示，抗冻等级是按规范规定的试验进行反复冻融循环，以同时满足强度损失率不超过 25%、质量损失率不超过 5% 时的循环次数。分为 D10、D15、D25、D50、D100、D150、D200、D250、D300 等九个抗冻等级。

提高混凝土抗冻性的关键是提高密实度。措施是减小水灰比、掺加引气剂等。

3. 耐磨性(Wearing capacity)

耐磨性指混凝土抵抗机械磨损的能力。

影响混凝土耐磨性的主要因素是混凝土的表面光滑程度、水泥品种、石子硬度等。

4. 抗侵蚀性

混凝土的抗侵蚀性主要取决于其所用水泥的品种及混凝土的密实度。故提高混凝土抗侵蚀性的主要措施是合理选用水泥品种、降低水灰比、提高混凝土的密实度及尽量减少混凝土中的开口孔隙。

5. 混凝土的碳化

混凝土的碳化是指混凝土内水泥石中 $Ca(OH)_2$ 与空气中的 CO_2 时发生化学反应，生成 $CaCO_3$ 和 H_2O。

不利影响：减弱了对钢筋的保护作用。增加混凝土的收缩，降低混凝土的抗拉、抗折强度及抗渗能力。

有利影响：提高混凝土的密实度，对提高抗压强度有利。

影响因素：二氧化碳的浓度、环境湿度、水泥品种、水灰比等。二氧化碳的浓度高，碳化速度快。环境中湿度在50% ~75%时，碳化速度最快；湿度小于25%或大于100%时，碳化作用将停止进行。

采取措施：

（1）合理选用适宜品种；

（2）使用减水剂，提高混凝土的密实度；

（3）采用水灰比小、单位水泥用量较大的混凝土配合比；

（4）在混凝土表面涂刷保护层，防止二氧化碳侵入等；

（5）加强施工质量控制，加强养护，保证振捣质量。

6. 混凝土的碱－骨料反应

碱－骨料反应是指水泥中的碱与骨料中的活性二氧化硅发生反应，在骨料表面生成复杂的碱－硅酸凝胶，吸水，体积膨胀(可增加 3 倍以上)，从而导致混凝土产生膨胀开裂而破坏，这种现象称为碱－骨料反应。

碱－骨料反应必须具备以下三个条件：

（1）水泥中碱含量大于0.6%；

（2）骨料中含有活性二氧化硅成分，此类岩石有流纹岩、玉髓等；

（3）有水的存在。

碱－骨料反应速度极慢，但造成的危害极大，而且无法弥补，其危害需几年或几十年才表现出来。通常用长度法，如6个月试块的膨胀率超过0.05%或一年中超过0.1%，这种骨料认为具有活性。

7. 提高混凝土耐久性的措施

（1）合理选择水泥品种；

（2）适当控制混凝土的水灰比和水泥用量(见表 14－11)；

（3）选用品种良好、级配合格的骨料；

(4) 掺外加剂；

(5) 保证混凝土的施工质量。

表 14－11　混凝土的最大水灰比和最小水泥用量

环境条件		结构物类型	最大水灰比			最小水泥用量		
			素混凝土	钢筋混凝土	预应力混凝土	素混凝土	钢筋混凝土	预应力混凝土
干燥环境		正常的居住或办公用房屋内部件	不作规定	0.65	0.60	200	260	300
潮湿环境	无冻害	高湿度的室内部件，室外部件，在非侵蚀性土和(或)水中的部件	0.70	0.60	0.60	225	280	300
	有冻害	经受冻害的室外部件，在非侵蚀性土和(或)水中且经受冻害的部件，高湿度且经受冻害的室内部件	0.55	0.55	0.55	250	280	300
有冻害和除冰剂的潮湿环境		经受冻害和有除冰剂作用的室内和室外部件	0.50	0.50	0.50	300	300	300

14.4　混凝土的自然养护工艺

目的：混凝土制品成型后要经过养护，形成内部结构。

方法：(1) 标准养护：用于混凝土强度质量评定。

(2) 自然养护。

(3) 快速养护。

(4) 快硬水泥。

(5) 化学外加剂。

(6) 加热养护。

1. 一般要求

(1) 炎热条件下(夏天)养护，保持湿度防止水分蒸发。

(2) 寒冷条件下(冬天)养护，平均气温连续 5 天低于 5℃时，按冬季施工处理。

2. 自然条件下温度和湿度对混凝土强度的影响

一般情况下，混凝土的强度与组成材料质量、配合比和施工过程有关，但在自然养护条件下主要取决于养护温度和湿度。

(1) 温度与强度关系：温度升高，强度升高。

(2) 保持养护温度措施。

① 制品成型应采取覆盖、浇水养护。

② 开始覆盖和浇水时间。

塑性混凝土：一般温度不迟于 6～12h，炎热天气不迟于 2～3h。

干硬性混凝土：不迟于 1～2h。

(3) 自然养护每日浇水次数

自然养护每日浇水次数见表 14－12。

表 14－12　自然养护每日浇水次数

正午温度/℃	10	20	30	40
浇水次数/(次/日)	2~3	4~6	6~9	8~12

（4）自然养护浇水覆盖天数

自然养护浇水覆盖天数见表 14－13。

表 14－13　自然养护浇水覆盖天数

正午温度/℃	10	20	30	40
普通水泥/d	5	4	3	2
矿渣水泥、火山灰水泥/d	7	5	4	3

掺入缓凝剂和有抗渗性要求时，浇水天数不少于 14d。

3. 自然养护法

特点：设备简单，费用低，但时间长。

（1）浸水养护法：将养护的混凝土制品浸入水中。设施：蓄水池。应用：自应力混凝土管。

（2）围水养护法：用黏性土在混凝土四周围筑一定高度土埂，中间蓄水。应用：地面、路面、楼板、桥板。

（3）覆盖浇水养护：用纤维织物覆盖和浇水。

（4）塑料薄膜养护法：用塑料薄膜覆盖。

（5）喷膜养护法：用液态成膜剂在成型的表面形成密封膜。

4. 寒冷条件下的养护方法

（1）基本要求：

① 平均气温连续 5 天低于 5℃时，按冬季施工处理(寒冷条件)。

② 水泥品种：硅酸盐水泥、普通水泥。

③ 水泥强度等级：≥42.5。

④ 水灰比：$\frac{w}{c} \leqslant 0.60$。

⑤ 水泥用量：≥300kg/m^3。

（2）养护方法：

① 热混凝土法：将原材料加热，提高混凝土拌合物温度，增加强度发展，防止混凝土受冻。

$$\text{原料加热温度控制}\begin{cases}\text{水泥强度等级} < 52.5\begin{cases}\text{水加热温度} \leqslant 80℃\\ \text{集料加热温度} \leqslant 60℃\end{cases}\\ \text{水泥强度等级} \geqslant 52.5\begin{cases}\text{水加热温度} \leqslant 60℃\\ \text{集料加热温度} \leqslant 40℃\end{cases}\end{cases}$$

② 蓄热法：掺化学外加剂的混凝土浇筑后，利用原材料加热及水泥水化热的热量，通过适当保温延缓混凝土冷却，使混凝土温度降到 0℃或设计规定温度前，达到预期要求强度。

特点：无需热养设施，简单易行。

③ 掺用外加剂法：混凝土中掺用外加剂，其强度在常温下能继续增长并不受冻，若与其他方法复合使用，效果更好。

寒冷条件下常用外加剂品种有：

① 抗冻剂：氯化钠、亚硝酸盐、碳酸钾等。

② 阻锈剂：亚硝酸钠、重铬酸钾、尿素等。

③ 早强剂：氯化钠、氯化钙、硫酸钠、石膏等。

④ 减水剂：木质素磺酸钠等。

14.5 砂浆

14.5.1 砂浆的分类组成材料及技术性质

1. 砂浆的分类组成材料

建筑砂浆按用途不同，可分为砌筑砂浆、抹面砂浆。按所用胶结材料不同，可分为水泥砂浆、石灰砂浆、水泥石灰混合砂浆等。

建筑砂浆的组成材料主要有：胶结材料、砂、掺加料、水和外加剂等。

2. 砂浆的技术性质

（1）砂浆的和易性。砂浆的和易性包括流动性和保水性。

（2）砂浆强度等级。砂浆强度等级是以边长为7.07cm的立方体试块，按标准条件[在(20±3)℃温度和相对湿度为60%~80%的条件下或相对湿度为90%以上的条件下]养护至28d的抗压强度值确定。

（3）收缩性能。收缩性能是指砂浆因物理化学作用而产生的体积缩小现象。

（4）黏结力。砂浆的黏结力主要是指砂浆与基体的黏结强度的大小。

14.5.2 砌筑砂浆的技术条件

将砖、石及砌块黏结成为砌体的砂浆称为砌筑砂浆。它起着黏结砖、石及砌块构成砌体，传递荷载，并使应力的分布较为均匀，协调变形的作用。按国家行业标准JGJ 98—2000《砌筑砂浆配合比设计规程》规定，砌筑砂浆需符合以下技术条件：

（1）砌筑砂浆的强度等级宜采用M20、M15、M10、M7.5、M5、M2.5。

（2）水泥砂浆拌合物的密度不宜小于1900kg/m^3；水泥混合砂浆拌合物的密度不宜小于1800kg/m^3。

（3）砌筑砂浆稠度、分层度、试配抗压强度必须同时符合要求。砌筑砂浆的稠度应按有关规定选用。砌筑砂浆的分层度不得大于30mm。

（4）水泥砂浆中水泥用量不应小于200kg/m^3；水泥混合砂浆中水泥和掺加料总量宜为300~350kg/m^3。

（5）具有冻融循环次数要求的砌筑砂浆，经冻融试验后，质量损失率不得大于5%，抗压强度损失率不得大于25%。

14.5.3 抹面砂浆

1. 抹面砂浆的定义及其特点

抹面砂浆是指涂抹在基底材料的表面，兼有保护基层和增加美观作用的砂浆。与砌筑砂浆相比，抹面砂浆具有以下特点：

(1) 抹面层不承受荷载；

(2) 抹面层与基底层要有足够的黏结强度，使其在施工中或长期自重和环境作用下不脱落、不开裂；

(3) 抹面层多为薄层，并分层涂抹，面层要求平整、光洁、细致、美观；

(4) 多用于干燥环境，大面积暴露在空气中。

2. 抹面砂浆的分类、性能及应用

根据其功能不同，抹面砂浆一般可分为普通抹面砂浆和特殊用途砂浆(具有防水、耐酸、绝热、吸声及装饰等用途的砂浆)。

常用的普通抹面砂浆有水泥砂浆、石灰砂浆、水泥石灰混合砂浆、麻刀石灰砂浆(简称麻刀灰)、纸筋石灰砂浆(纸筋灰)等。

3. 例子

(1) 抹面砂浆出现裂纹。

问题：很多抹面砂浆容易出现裂纹，试分析其原因？

解析：不同用途的砂浆其配合比有所不同，用于地面基层的砂浆水泥量宜较低，水泥∶砂的比例可以用1∶2.5～1∶3。水泥用量高不仅是多耗水泥，且其干缩较大。此外，该砂浆水灰比较大亦是产生裂缝的原因之一。

需说明的是，不同应用范围的抹面砂浆的胶凝材料及其配合比选择是不同的。

(2) 以硫铁矿渣替代建筑砂配制砂浆的质量问题。

问题：上海市某中学教学楼为五层内廊式砖混结构，工程交工验收时质量良好。但使用半年后，发现砖砌体裂缝，墙面抹灰起壳。继续观察一年后，建筑物裂缝严重，以致成为危房不能使用。该工程砂浆采用硫铁矿渣代替建筑砂。其含硫量较高，有的高达4.6%。

解析：由于硫铁矿渣中的三氧化硫和硫酸根与水泥或石灰膏反应，生成硫铁酸钙或硫酸钙，产生体积膨胀。而其硫含量较多，在砂浆硬化后不断生成此类体积膨胀的水化产物，致使砌体产生裂缝，抹灰层起壳。

需说明的是，该段时间上海的硫铁矿渣含硫较高，不仅此项工程出问题，其他许多是硫铁矿渣的工程亦出现类似的质量问题，关键是硫含量高。

(3) 钢筋混凝土海水腐蚀防治。

问题：不少海港码头的钢筋混凝土因海水腐蚀仅几年已出现明显的钢筋锈蚀，严重影响钢筋混凝土的寿命，请思考如何防治钢筋混凝土海水腐蚀。

解答：创造性思维有多种形式，求同思维与求异思维，发散思维与集中思维，逻辑思维与非逻辑思维，理性思维与非理性思维以及正向和逆向思维等。本问题可应用逻辑思维和非逻辑思维去研究解决。从逻辑思维出发，从混凝土的角度来想，尽量使混凝土致密，以抵抗氯离子等有害组分的渗入，把混凝土保护层加厚，也有利于保护钢筋。从钢筋的角度来想，尽可能使用抗腐蚀能力较强的钢筋，如钢筋表面有好的抗锈层。另外，还可以从非逻辑思维出发，非逻辑思维形式通常指直觉、灵感、联想与想象。可在混凝土表面涂覆保护层，隔绝海水的侵蚀，特别是在浪溅区，特别加厚此涂覆保护层。还可以在混凝土内加入阻锈剂，阻止氯离子的渗入。

【例题】

1. 为何混凝土不是水泥的用量越多越好？

解答：水泥用量过大，混凝土干缩较大，且水化热较大，易导致混凝土的开裂。同时浪费水泥，加大工程成本。

2. 配制砂浆时，为什么除水泥外常常还要加入一定量的其他胶凝材料？

解答：因使用水泥配制砂浆时，一般水泥的标号远大于砂浆的强度等级，因而用少量的水泥即可满足强度要求。但水泥用量较少时（如少于350kg时），砂浆的流动性和保水性往往很差，特别是保水性。因此，严重地影响砂浆的施工质量，故常加入一些廉价的其他胶凝材料来提高砂浆的流动性，特别是保水性。

3. 在水泥浆用量一定的条件下，为什么砂率过小和过大都会使混合料的流动性变差？

解答：在水泥浆用量一定的条件下，当砂率很小时砂浆数量不足以填满石子的空隙体积或甚少富余，在此情况下，石子接触点处的砂浆太少，混合料的流动性很小。当砂率过大时，集料的总表面积及空隙率增大，耗用于包裹细集料表面的水泥砂浆数量增多，砂粒接触点处的水泥浆不足，甚至水泥浆不足以包裹所有砂粒，使砂浆干涩，混合料的流动性随之变差。

第 15 章 水工保护设施的设计

15.1 基本认识

15.1.1 水工保护工程用途范围

(1) 以开挖方式通过水域、冲沟，对遭受施工破坏的岸坡恢复及穿越管段的冲刷、稳管防护；

(2) 易受降雨、灌溉等汇流冲刷侵蚀的坡面地段，管沟回填土的流失防治；

(3) 采取浅挖深埋方式的管道保护；

(4) 施工破坏的田、地坎及灌溉渠的恢复；

(5) 特殊地段的坡面绿化恢复；

(6) 施工过程中诱发的小型塌方、滑坡、岩崩以及不稳定边坡等地质灾害的防护；

(7) 影响管道安全的黄土微地貌的处理。

15.1.2 水工保护设计所需基础资料

(1) 水工保护设计前，必须取得油气管道线路相关参数。其要求应按现行国家标准《输油管道工程设计规范》GB 50253 和《输油管道工程设计规范》GB 50251 的规定执行。

(2) 应视设计阶段取得所需的工程测量和工程地质资料。

(3) 应取得管道沿线的水文、气象、地震烈度等区域资料。

(4) 应取得沿线水土保持评价和地质灾害评价等资料。对于大、中型地质灾害易发地段以及采空区沉陷变形较为剧烈地段，还必须取得相应的工程测量、工程地质资料以及地质灾害防治方案施工图。

(5) 水域穿越的水工保护设计前，必须取得相关准确的水文资料及冲刷分析资料。如果采取影响水域水流态势、行洪安全的水工保护措施时，必须取得水域主管部门同意。

(6) 生态保护区、敏感区的水工保护设计前，必须征求保护区管理部门意见，进行生态恢复设计。

15.1.3 水工保护所需工程材料

1. 水工保护工程所用的水泥

水工保护工程所用的水泥应符合现行国家标准《通用硅酸盐水泥》GB 175 的规定。

2. 水工保护工程所用的拌制砂浆和混凝土用水

水工保护工程所用的拌制砂浆和混凝土用水水质应符合现行国家标准《混凝土拌合用水标准》JGJ 63 的规定。

3. 水工保护工程所用砌筑石材

水工保护工程所用砌筑石材应符合下列规定：

（1）石材应新鲜、完整，质地坚硬，不得有剥落层和裂纹。

（2）毛石：无一定规格形状，单块重量宜大于25kg，中部或局部厚度不宜小于20cm。

（3）块石：外形大致呈方正，上、下两面基本平行且大致平整，无尖角、薄边，块厚宜大于20cm。

（4）片石：具有两个大致平行的面，厚度不宜小于15cm，宽度及长度不小于厚度的1.5倍，单块重量约30kg。

（5）毛石、块石及片石最大边长（长、宽、高）不宜大于100cm。

（6）粗料石：应棱角分明，六面基本平整，同一面最大高差不宜大于石料长度的3%，石料长度宜大于50cm，宽度、高度不宜小于25cm。

4. 石材的强度等级

石材的强度等级：分为MU100、MU80、MU60、MU50、MU40、MU30和MU20等；

5. 水工保护工程所用砌筑砂浆的强度等级

水工保护工程所用砌筑砂浆的强度等级为：M10（Mb10）、M7.5（Mb7.5）和M5（Mb5），应符合现行国家标准《混凝土小型空心砌块砌筑砂浆》（JC 860）。

6. 石砌体的计算指标

（1）石砌体的抗压强度设计值

毛石砌体的抗压强度设计值，按表15-1采用。

表15-1 毛石砌体的抗压强度设计值 MPa

毛石强度等级	砂浆强度等级		砂浆强度（干砌石）
	M7.5	M5	0
MU100	1.27	1.12	0.34
MU80	1.13	1.00	0.30
MU60	0.98	0.87	0.26
MU50	0.90	0.80	0.23
MU40	0.80	0.71	0.21
MU30	0.69	0.61	0.18
MU20	0.56	0.51	0.15

块体高度为180~350mm的毛料石砌体的抗压强度设计值，按表15-2采用。

表15-2 毛料石砌体的抗压强度设计值 MPa

毛石强度等级	砂浆强度等级		砂浆强度（干砌石）
	M7.5	M5	0
MU100	5.42	4.80	2.13
MU80	4.85	4.29	1.91
MU60	4.20	3.71	1.65
MU50	3.83	3.39	1.51
MU40	3.43	3.04	1.35
MU30	2.97	2.63	1.17
MU20	2.42	2.15	0.95

注：对于下列各类料石砌体，应按表中数值分别乘以系数：粗料石砌体系数1.2；干砌石勾缝石砌体系数0.8。

（2）龄期为28d的以毛截面计算的毛石砌体的抗剪强度设计值，当施工质量控制为B级时，按表15-3采用。

表 15-3　毛石砌体的抗剪强度设计值　MPa

砌体种类	砂浆强度等级	
	M7.5	M5
毛石	0.19	0.16

（3）石砌体的设计容重，根据砌体类别可按表 15-4 选用。

表 15-4　石砌体的设计容重　MPa

砌体种类	浆砌粗料石	浆砌块石	浆砌毛石	干砌石
密度 $\gamma/(t/m^3)$	2.3~2.5	2.2~2.4	2.1~2.3	2.1

15.2　典型水工保护结构

15.2.1　浆砌石挡土墙

1. 一般规定

（1）浆砌石挡土墙设计应综合考虑工程地质、水文地质、冲刷深度、荷载情况、环境条件、施工条件、工程造价等因素。

（2）浆砌石挡土墙属于刚性重力式结构，应依据管道水工保护结构特点，进行稳定性验算，以确定结构断面，依据公路部门挡土墙设计计算要求。亦可按《挡土墙——重力式、衡重式、悬臂式图集》(04J008)中相关内容确定断面结构尺寸。

（3）浆砌石结构重力式挡土墙，应根据挡土墙墙背渗水量合理布置排水构造物，并设置伸缩缝和沉降缝。

（4）一般地区浆砌石重力式挡土墙，基础埋深一般不小于 1m，且应置于冻深线以下不小于 0.3m、冲刷线以下不小于 1m。

（5）挡土墙墙背填料宜用渗水性强的砂性土、砂砾、碎(砾)石等材料，严禁采用淤泥、腐殖土、膨胀土，不宜采用黏性土作为填料。在季节性冻土地区，不应采用冻胀性材料做填料。

2. 验算指标

（1）浆砌石挡土墙的主要破坏形式有：滑移、倾覆、不均匀沉陷和墙身断裂，见图 15-1 所示。

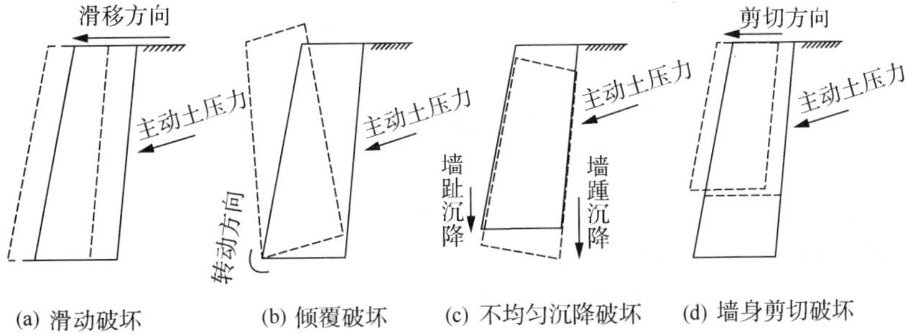

图 15-1　重力式挡土墙破坏类型

滑动破坏：是指挡土墙在墙后土压力作用下，向远离土体一侧发生较大的水平位移，见图 15－1(a)所示。当墙体水平位移量大于主动土压力允许位移量时，虽然挡墙整体不一定会立即产生破坏，但墙后土体会因失去约束作用而坍塌，造成墙后管线可能暴露。

倾覆破坏：是指挡土墙在墙后土压力作用下，发生绕墙趾的逆时针方向的转动，见图 15－1(b)所示。当墙体绕墙趾转动量较大时，挡土墙整体垮塌，此时墙后土体会完全失去约束作用而彻底失稳，造成墙后管线暴露甚至悬空。

不均匀沉降破坏：是指挡土墙在墙后土压力作用下，由于墙体受力偏心距较大，墙趾和墙踵两处所传递给地基的压力不同(通常墙趾部分的压力大于墙踵)，当某一端的压应力大于地基的容许承载力时，会在该端产生基础沉降，而另一端沉降量却很小，这样就会由于墙趾、墙踵两处发生了不同的沉降量，从而造成墙体的破坏，见图 15－1(c)所示。因此，确切地说，不均匀沉降是由于地基承载力小于上部载荷而引起的。此类破坏在墙体上的表现形式，往往是软弱地基的墙体会发生整体下沉，从而往往产生纵向断裂。

墙身剪切破坏：是指挡土墙在墙后土压力作用下，墙体某一断面被完全剪断见图 15－1(d)所示。当上部墙体发生错动时，往往上部墙体就会完全破坏，而断裂墙体后部的土体也会因失去约束作用而彻底失稳。实际表现为墙体产生横向裂缝。

(2) 浆砌石挡土墙的设计需满足表 15－5 中的所列各项要求。

表 15－5　重力式挡土墙计算的要求

要　求	指　标
1. 不产生墙身沿基底的滑移破坏	滑动稳定系数 $K_c \geq 1.3$
2. 不产生墙身绕墙趾倾覆	倾覆稳定系数 $K_0 \geq 1.5$
3. 不出现因基底的过度不均匀沉陷而引起墙身倾斜，地基不出现过大的下沉	作用于基底的合力偏心距 $e \leq \frac{1}{6}B$(土质地基)；$e \leq \frac{1}{5}B$(岩质地基)。基底的最大压应力 σ 小于地基的容许承载力 $\sigma \leq [\sigma]$
4. 墙身截面不产生开裂、破坏	墙身截面上的压应力 σ_{max} 及剪应力 τ_1、拉应力 σ_{min} 小于材料的容许应力，$\sigma_{max} \leq [\sigma_a]$，$\tau_1 \leq [\sigma_j]$，$\sigma_{min} < [\sigma_{m_1}]$，作用于截面上的合力偏心距 $e_1 \leq 0.25B_1$

注：1. 表中所列指标，不适用于地震区挡土墙。

2. 本表未考虑动荷载，如有动荷载时参照相关数据。

3. B 和 B_1 为基底和截面宽度。

4. 坚硬岩质地基上的偏心距 e，可考虑放宽至 $e \leq 0.25B$。

① 抗滑动稳定性。浆砌石挡土墙滑动稳定性可以通过一定的物理方法进行验算，当挡土墙抗倾覆稳定性已满足而受抗滑稳定性控制时，可采用向内倾斜基底以增加抗滑稳定性。基底倾斜度，一般地基不大于 1:5；浸水地基，当 $f<0.5$ 时，不宜设置倾斜基底；当 $0.5 \leq f<0.6$ 时，倾斜基底不大于 1:10；当 $f \geq 0.6$ 时，倾斜基底不大于 1:5；岩质地基不大于 1:3。

增加抗滑稳定性的措施还有：采用凸榫基础，改善地基，例如在黏性土地基夯嵌碎石，以增加基底摩擦系数；改变墙身断面形式等。但单纯的扩大断面尺寸收效不大，而且也不经济。

② 抗倾覆稳定性。当抗滑稳定性满足要求，挡土墙受抗倾覆稳定性控制时，可展宽墙趾，见图 15－2 所示。在墙趾处展宽基础可增大稳定力矩的力臂，是增强抗倾覆稳定性的常用方法。但在地面横坡较陡处，会由此引起墙高的增加。展宽部分一般用与墙身相同的材料砌筑，不宜过宽。展宽度 Δb，重力式挡土墙不宜大于墙高的 10%。基础展宽可分级设置成

台阶基础，每级的宽度和高度关系应符合刚性角的要求(即基础台阶的斜向连线与竖直方向的夹角，即 $\Delta h/\Delta b$)，对于石砌圬工不大于35°；对于混凝土圬工不大于45°。如超过时，则应采用钢筋混凝土基础板。

增加抗倾覆稳定性的措施还有：改变墙背或墙面的坡度以减少土压力或增加稳定力臂，改变墙身形式等。

15.2.2 草袋挡土墙

1. 一般规定

（1）草袋挡土墙属于散体材料结构，一般地区挡土墙高度不大于5m，用于堡坎支护时高度一般不大于3m。

（2）草袋挡土墙基础埋深可不考虑冻结深度及冲刷深度的影响，一般基础埋深在0.5～1.0m。

2. 草袋挡土墙的结构断面尺寸

草袋挡土墙的结构断面尺寸可按图15－3选取。

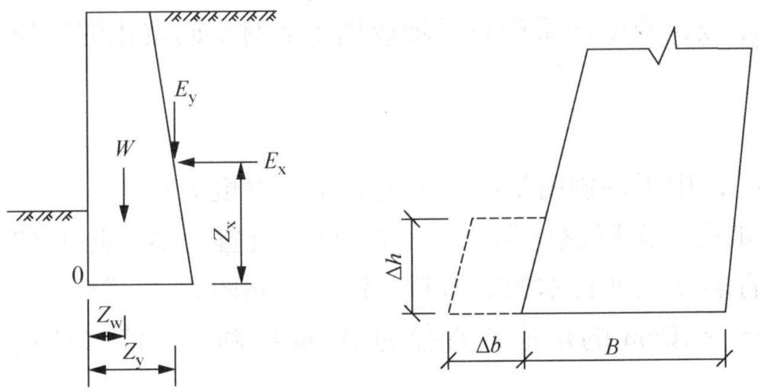

图15－2 展宽墙趾

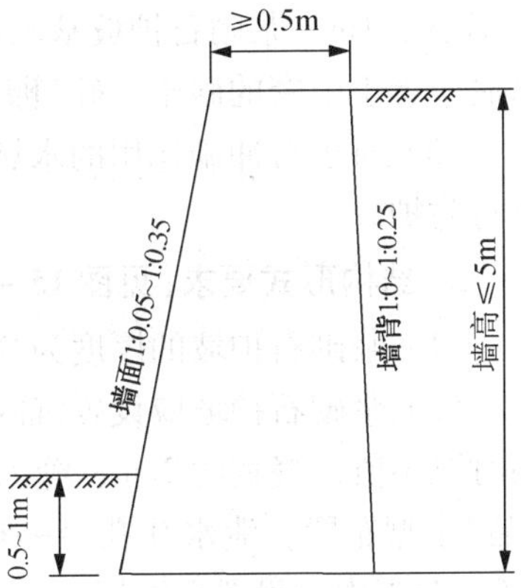

图15－3 草袋挡土墙的结构断面尺寸

15.2.3 堡坎

（1）根据砌体材料不同，堡坎分为浆砌石堡坎、干砌石堡坎和草袋堡坎。浆砌石堡坎一般用于田坎恢复，干砌石堡坎一般用于石料丰富的石方山区坡台地的地坎恢复，草袋堡坎一般用于黄土等一般土质地区地坎的恢复。

（2）堡坎属于简易支挡结构。浆砌石堡坎需按本教材第15.2.1节进行结构稳定性验算，包括抗滑动、抗倾覆、地基承载力以及墙身抗剪强度计算。对于草袋堡坎和干砌石堡坎两种散体材料结构，需按本教材第15.1.3条验算结构抗剪强度。

（3）堡坎结构基础应有一定的埋深，但不受冻深及冲刷深度的限制。

（4）堡坎断面结构可按图15－4选取。

15.2.4 浆砌石护坡

1. 适用条件

（1）浆砌石护坡应在稳定的边坡上设置，一般不考虑边坡地层的侧压力。

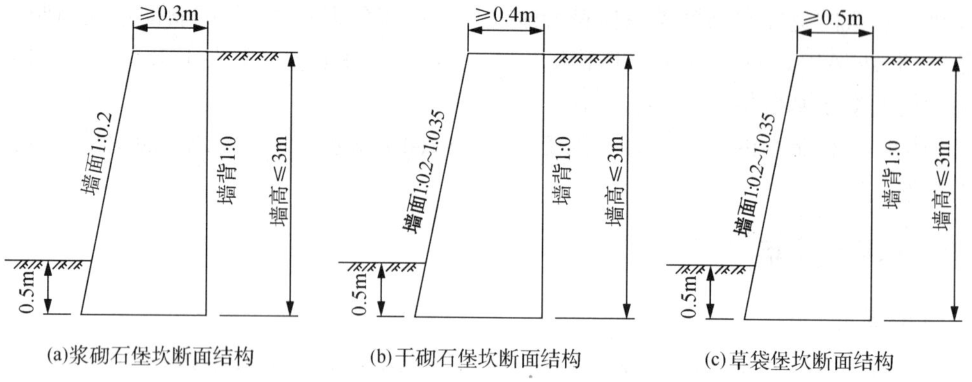

图 15－4　堡坎断面结构

（2）浆砌石护坡一般适用于边坡坡度介于 1∶2～1∶1 的岩石或土质边坡的坡角防护。对于边坡坡比介于 1∶1～1∶0.5 的岩质边坡慎用。

（3）浆砌石护坡应根据坡后渗水量合理布置排水构造物，并设置伸缩缝和沉降缝。

（4）浆砌石护坡基础埋深一般不小于 1m，且应置于冻土线以下不小于 0.3m，冲刷线以下不小于 1m。浆砌石护坡基础严禁置于未经处理的松散回填土和软土地基上，一般情况下基底应置于中密的砂土、碎(卵)石土和基岩上。

（5）对于有冲刷作用的水域、冲沟岸坡，应采用浆砌石护坡或挡土墙对不同坡比的边坡进行防护。

2. 结构形式要求(见图 15－5)

（1）浆砌石护坡的厚度为 0.2～0.5m，用于冲刷防护时取大值，常见厚度为 0.3m。

（2）浆砌石护坡应设置沉降缝和泄水孔。沉降缝一般每隔 10～15m 设置一道，地基软弱时取小值，缝宽约 2cm，缝内填塞沥青麻筋或沥青木板等材料。泄水孔间距为 2～3m，呈“品”字型布置，泄水孔孔径一般为 10cm×10cm 的矩形或直径为 10cm 的圆形，泄水孔后 0.5m 范围内应设置反滤层。

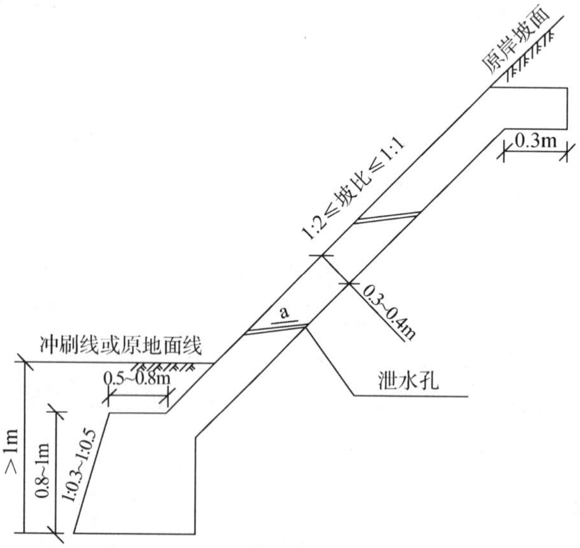

图 15－5　浆砌石护坡结构

（3）浆砌石护坡单级护坡高度不宜大于6m。当防护边坡高度大于6m时，应设置分级平台，平台宽度不宜小于2m。

（4）浆砌石护坡的长度，对于非浸水冲刷的边坡，应为破坏的边坡长度+1m。对于可能遭受浸泡、冲刷的水域、沟道岸坡，应为破坏的岸坡长度+2m。

15.2.5 干砌石护坡

1. 适用条件

（1）干砌石护坡一般适用于边坡坡度介于1:2～1:1.25的土质边坡的坡角防护。对于边坡坡比介于1:1.25～1:1的土质边坡慎用。

（2）一般用于坡角或坡面有地下水或坡面渗水的情况下的防护，亦可以用于石方地区地坎的恢复。

2. 结构形式要求（见图15－6）

（1）干砌石护坡的厚度为0.3～0.6m，用于冲刷防护时取大值，常见厚度为0.4～0.5m。

（2）干砌石护坡基础埋深原则上不受冻结深度的影响。干砌石护坡的基础埋深一般为1.5h（h为护坡厚度），且不小于0.5m。

（3）干砌石护坡后部应设置10～15cm的砂砾石垫层。

（4）干砌石护坡单级护坡高度及护坡的长度要求，参见本教材15.2.4中第（3）、（4）条的要求。

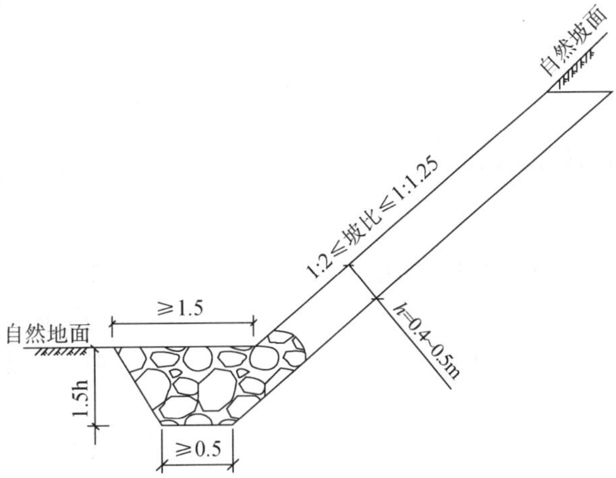

图15－6　干砌石护坡结构

15.2.6 草袋护坡

1. 适用条件

（1）草袋护坡一般适用于边坡坡度介于1:2～1:1的土质边坡的坡角防护。对于边坡坡比介于1:1～1:0.5的土质边坡慎用。

（2）一般用于包括黄土在内的土质地区非浸水情况下的坡角、坡面防护，亦可以用于土质地坎的恢复。

2. 结构形式要求（见图15－7）

（1）草袋护坡的厚度为0.3～0.5m，常见厚度为0.4m。

（2）草袋护坡基础埋深原则上不受冻结深度的影响。草袋护坡的基础埋深一般为 1.5h（h 为护坡厚度），且不小于 0.5m。

（3）草袋护坡的单级护坡高度不宜大于 10m。当防护边坡高度大于 10m 时，应设置分级平台，平台宽度不宜小于 2m。

（4）草袋护坡的长度的要求，参见本教材 15.2.4 中第 4 条的要求。

（5）用于高陡边坡防护时，可在坡面打入短木桩以起到固定坡面草袋的作用。桩间距一般为 2～3m，桩径为 5～8cm 左右为宜，入土深度以 50～80cm 为宜。

（6）空面的草袋内可放入适宜当地生长的草籽，以起到稳固、美化边坡的作用。

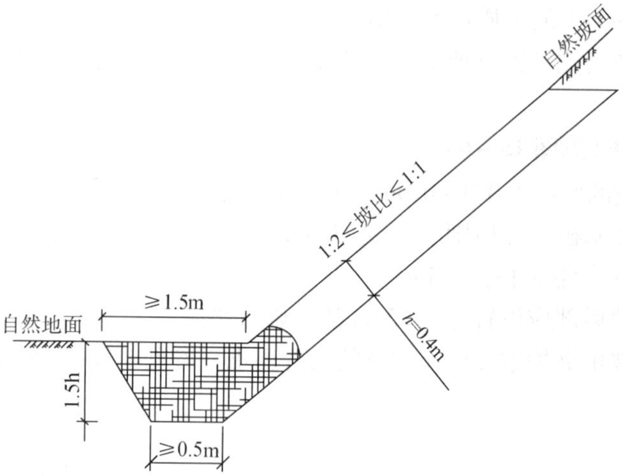

图 15－7　草袋护坡结构

15.2.7　浆砌石拱形骨架植被护坡

1. 适用条件

（1）浆砌石拱形骨架植被护坡一般适用于边坡坡度介于 1∶2～1∶0.75 的土质和全风化岩质边坡的坡角、坡面防护。对于边坡坡比介于 1∶0.75～1∶0.5 的边坡慎用。

（2）一般情况下，浆砌石拱形骨架常用于已经或容易发生溜塌的土质边坡，亦可用于有渗水的边坡防护。

（3）浆砌石拱形骨架基础严禁置于未经处理的松散回填土和软土地基上，一般情况下基底应置于中密的砂土、碎(卵)石土和基岩上。

2. 结构形式要求(见图 15－8)

（1）浆砌石骨架护坡，其竖向主骨架间距为 2～4m，拱高与主骨架间距相等，主要视防护范围确定。管道行业中常采用骨架间距 2.4m 的结构形式。

（2）浆砌石骨架护坡，其竖向主骨架嵌入坡面深度一般为 0.5m，厚度为 0.4～0.6m，一般采用 0.4m 厚。拱形支骨架的嵌入深度为 0.4m，厚度为 0.3～0.5m，一般采用 0.3m 厚。

（3）浆砌石拱形骨架护坡的单级护坡高度不宜大于 10m。当防护边坡高度大于 10m 时，应设置分级平台，平台宽度不宜小于 2m。

（4）拱形骨架内应栽种适宜当地生长的草籽或铺设草皮；当地气候、土质条件恶劣，不适宜植被生长时，应采用 2∶8 灰土捶面。

（5）浆砌石拱形骨架一般每隔 10～15m 设置一道伸缩缝，地基软弱时取小值，缝宽约 2cm，缝内填塞沥青麻筋或沥青木板等材料。

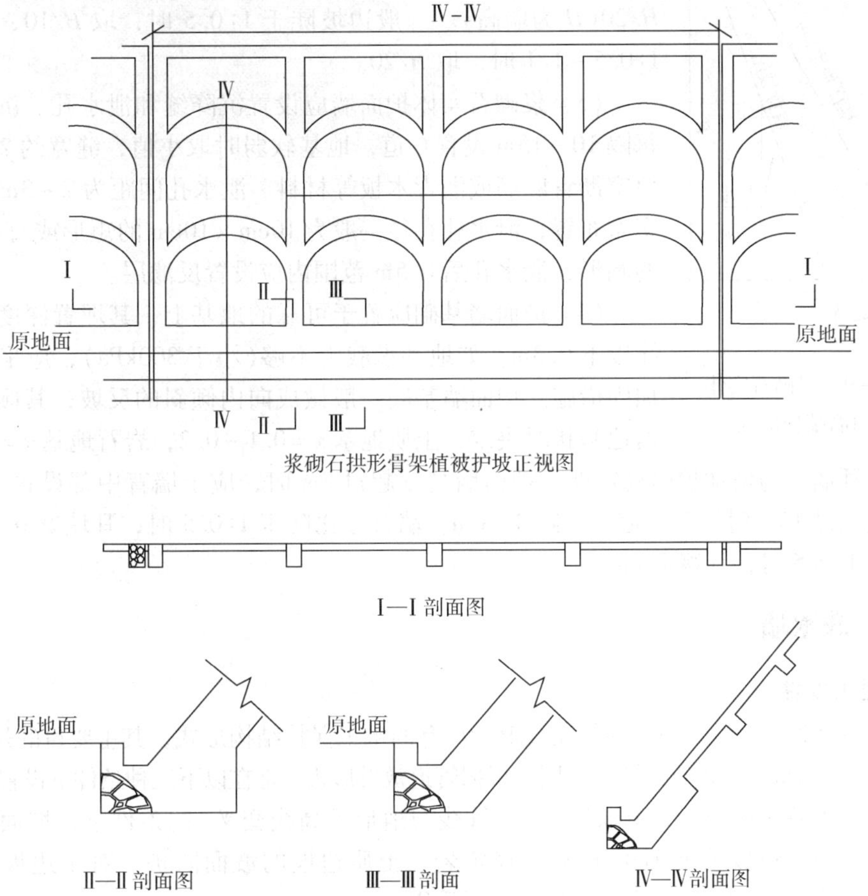

图 15－8　浆砌石拱形骨架植被护坡结构形式

15.2.8　浆砌石实体护面墙

1. 适用条件

（1）浆砌石实体护面墙一般适用于边坡坡度介于 1∶1～1∶0.5 的稳定土质和易风化的岩质边坡的坡角、坡面防护。对于边坡坡比介于 1∶0.5～1∶0.3 的边坡慎用。

（2）护面墙除自重外，不担负其他荷载，亦不承受墙后土压力，因此护面墙所防护的边坡坡度应符合极限边坡的要求。

（3）浆砌石实体护面墙的地基承载力一般不低于 300kPa。

2. 结构形式要求（见图 15－9）

（1）浆砌石实体护面墙高度的要求：

① 等截面（墙顶厚度与墙底厚度相等，墙面坡比与墙背坡比相等）护面墙高度。当边坡为 1∶0.3～1∶0.5 时，单级不宜超过 6m；当边坡为 1∶0.5～1∶1 时，单级不宜超过 10m。

② 变截面护面墙高度（墙顶厚度小于墙底厚度，墙面坡比缓于墙背坡比）。单级不宜超过 20m，总高度不宜超过 30m。多级护墙的下墙高应大于上墙高，下墙截面大于上墙截面。

（2）浆砌石实体护面墙厚度的要求：等截面护面墙厚度视墙高而定，一般为 0.4～

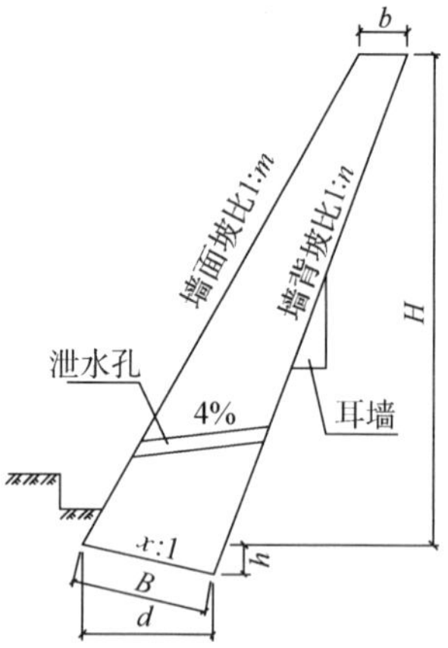

图 15－9　浆砌石实体护面墙结构形式

0.5m，墙高时取大值。变截面护面墙顶宽一般为 0.4m，底宽根据墙高和基础容许承载力大小而定，一般等于顶宽加 $H/10$～$H/20$（H 为墙高）。一般边坡陡于 1∶0.5 时，取 $H/10$，边坡介于 1∶0.5～1∶1 时，取 $H/20$。

（3）浆砌石实体护面墙应设置沉降缝和泄水孔。沉降缝一般每隔 10～15m 设置一道，地基软弱时取小值，缝宽约 2cm，缝内填塞沥青麻筋或沥青木板等材料。泄水孔间距为 2～3m，呈“品”字型布置，泄水孔孔径一般为 10cm×10cm 的矩形或直径为 10cm 的圆形，泄水孔后 0.5m 范围内应设置反滤层。

（4）护面墙基础应置于可靠的地基上，其埋置深度应在冰冻线以下 0.3m。如地基承载力不够（小于 300kPa），应采用适当的加固措施。护面墙基底一般做成向内倾斜的反坡，其倾斜度 x 根据地基状况决定，土质地基 $x=0.1$～0.2，岩石地基 $x=m-0.2$。

（5）耳墙。为增加护墙稳定性，护面墙高度超过 8m 时，应于墙背中部设置耳墙 1 道，护墙高度超过 13m 时设置 2 道，间距 4～6m。墙背坡比陡于 1∶0.5 时，耳墙宽 0.5m；墙背坡比缓于 1∶0.5 时，耳墙宽 1m。

15.2.9　截水墙

1. 适用条件

截水墙是管沟内设置的一种长输管道所特有的水工保护结构形式，其主要目的是防止水流顺管沟冲刷，造成管沟覆土的流失。因此根据管道敷设形式，常在以下三种条件下设置截水墙：

（1）截水墙一般用于管道顺坡敷设（管线与地形等高线交叉）的条件下，坡面汇水顺管沟的冲刷防护。边坡坡度不小于 8°的稳定岩、土质边坡的坡面防护。对于边坡坡度介于 5°～8°的管道连续长距离的顺坡敷设，亦可采用。

（2）管线长距离横切坡面（平行等高线）敷设时，由于坡面汇水量较大，亦容易造成汇水顺管沟的冲刷，因此应考虑设置截水墙。

（3）管道顺河沟道底部敷设，采用截水墙既可以起到防止冲刷的作用，又可以起到配重稳管的作用。

（4）截水墙结构形式一般包括浆砌石截水墙、灰土截水墙和草袋截水墙三种。浆砌石截水墙一般用于卵砾石和石方地区。灰土截水墙一般是采用水泥或石灰与土料拌合、夯实而成的一种胶结体结构，通常灰与土比例采用 2∶8（体积比）。草袋截水墙一般用于地基承载力较低的软土土质地区。

2. 结构形式要求（见图 15－10）

（1）截水墙高度的要求。截水墙基底应置于管沟沟底，原则上其顶面应与原自然坡面齐平，非农田地段，建议截水墙顶高出地面 20～30cm，但高度一般以不大于 3m 为宜。农田地段截水墙顶面应与坡面保留 0.3～0.5m 的耕种层厚度。

（2）截水墙宽度的要求。截水墙宽度以嵌入两侧管沟沟壁 0.2～0.5m 为准。沟壁土质较软时取大值，土质较硬时取小值。

（3）截水墙厚度 a 的要求：截水墙墙背坡比 1∶0～1∶0.3，墙面垂直，因此其横断面一般呈直角梯形。浆砌石截水墙顶厚一般在 0.3～0.4m 之间，灰土截水墙顶介于 0.3～0.5m

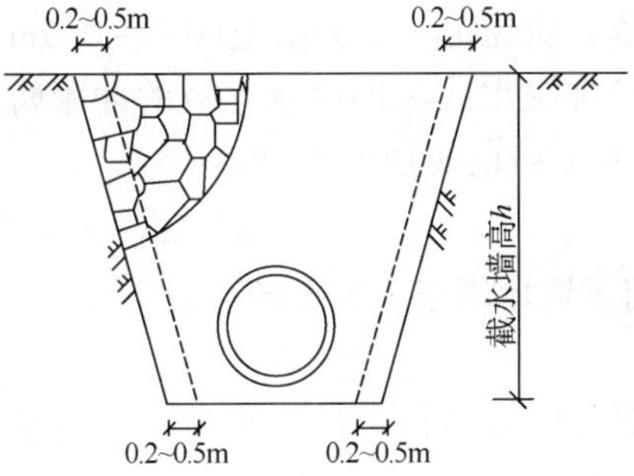

截水墙立面图

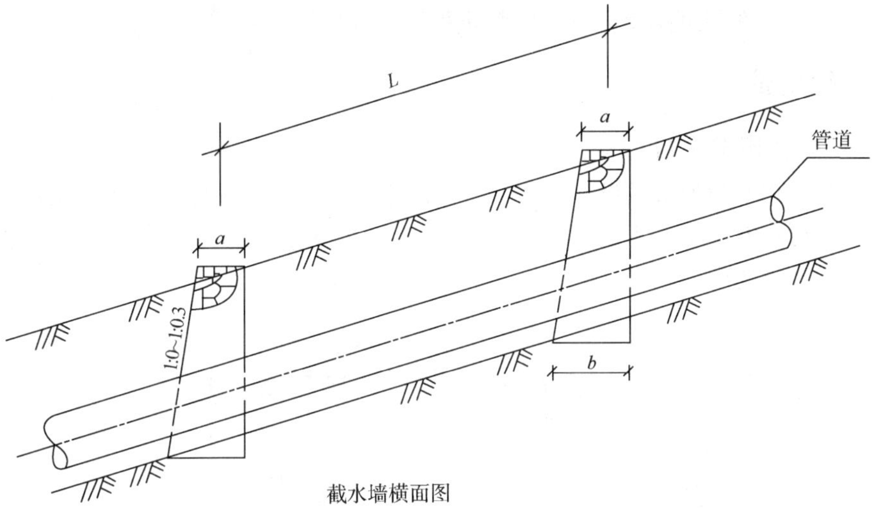

截水墙横面图

图 15－10　截水墙结构形式

之间，草袋截水墙一般顶厚为 0. 5m。对于高度低于 2m 的灰土截水墙，墙背坡比可以直立。

（4）截水墙间距 L 的要求。截水墙间距设置与管线纵坡坡度有关。当管线纵坡坡度介于 5°～8°时，按 15～20m 间距设置；当管线纵坡坡度介于 8°～15°时，按 12～15m 间距设置；当管线纵坡坡度介于 15°～25°时，按 10～12m 间距设置；当管线纵坡坡度大于 25°时，按 10m 间距设置。坡度大时，间距取小值。

（5）截水墙基底。截水墙基底必须为水平，且置于稳定的管沟沟底原装土上。

（6）其他要求。灰土截水墙夯实系数不得小于 0. 9。管道与截水墙交叉段应采用胶皮或绝缘橡胶板包裹。

15. 2. 10　植被防护

1. 种草

（1）适用条件：种草防护适用于边坡稳定、坡面冲刷轻微，且宜于草类生长的坡比不陡于 1∶1. 25 的土质边坡。

（2）技术要求

① 草种选用应根据防护目的、气候、土质、施工季节等确定，宜采用易成活、生长快、根系发达、根茎浅的多年生草种。

② 种子的配比、播种量等的设计应根据选用植物的生长特点、防护地点及施工方法确定。

③ 边坡土层如不适宜种草，应先铺一层种植土(0.2～0.5m)，并采取适当的保土措施。

④ 种草一般不单独用于经常浸水或长期浸水岸坡的冲刷防护。边坡上已扎根的种草防护，可允许缓慢流水(0.4～0.6m/s)的短历时冲刷。

2. 植树

(1) 适用条件。植树适用于坡比缓于1:1.5的边坡。

(2) 技术要求：

① 树种宜选用在当地土壤与气候条件下能迅速生长、根系发达的树种。用于冲刷防护的树种宜选用生长很快的杨柳类，或不怕水淹的灌木类。

② 植树后在树木未长成前，应防止流速大于3m/s的水流侵害。

③ 在管道中心线两侧各5m范围内禁止种植深根植物。

15.2.11 植生带

1. 植生带(见图15－11)

植生带是采用专门的机械设备，依据特定的生产工艺，把草种、肥料、保水剂等按一定的密度定植在可自然降解的无纺布或其他材料上，并经过机器的滚压和针刺的复合定位工序，形成一定规格的产品。

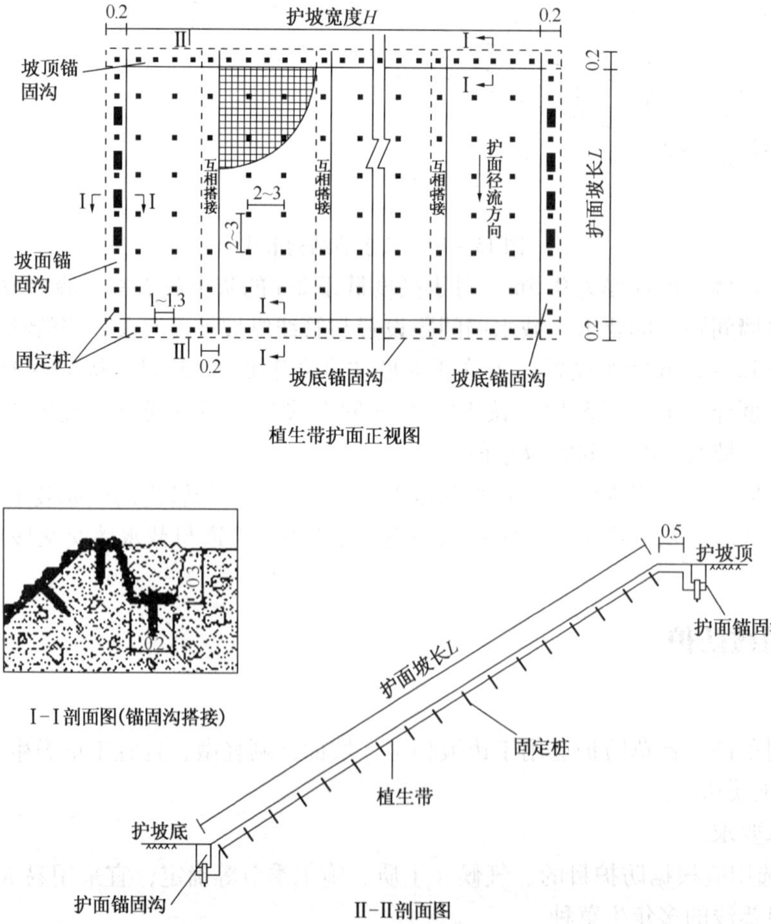

图15－11 植生带

2. 适用条件

一般用于坡比不大于1∶1.25的稳定土质边坡，对于具有一定覆盖土层的土石混合边坡亦可采用。单级边坡高度一般不大于10m。应用的地区一般不受限，但对于干旱和半干旱地区应保证养护用水的持续供给。

3. 技术要求

（1）一般应在春季施工，应尽量避免在暴雨季节施工。

（2）植生带施工工序为：平整坡面—开挖沟槽—铺植生带—覆土—洒水—前期养护。

（3）草籽要求。植生带内自带草籽必须适宜当地生长，对土质适应性强，自生能力强，耐酸碱，出芽迅速，根系发达，成活率不低于85%。

（4）植生带铺设。在坡面上沿水流方向铺设，铺设要平顺，不要拉紧。植生带的上下端在坡顶和坡底应埋入锚固沟（见图15－11中Ⅰ—Ⅰ剖面图），两端也要埋入锚固沟。相邻两植生带搭接5～10cm。

（5）植生带的固定。可采用楔形短木桩（或树枝），桩径2～3cm，桩长15～30cm，松土用长桩。需配以垫圈，垫圈可用普通纸板简单制作，垫圈直径5～10cm；固定桩的间距一般为2～3m（包括搭接处）。锚固沟内按1m间距布桩，然后填土压实。

（6）植生带铺设固定完毕后，表面需铺厚1～2cm细粒肥土，轻轻拍实。注意及时浇水，观察草的生长情况。禁止在植生带上行驶车辆或机械。

15.2.12　喷浆护面

1. 一般规定

（1）喷浆护面依据加固材料不同，分为素喷（直接喷射砂浆或混凝土）和锚喷（坡面采用锚杆并挂钢筋或铁丝网后，再行喷射混凝土）。

（2）喷浆护面应设置泄水孔和伸缩缝。

（3）在年均降雨量大于400mm地区的较高边坡实施喷护时，宜在坡角设置1～2m高浆砌石护坡或挡墙，亦可设置截排水渠基础。

2. 素喷

（1）适用条件。喷浆护面适用于坡比缓于1∶0.5，易风化但未遭受强风化的岩石边坡。

（2）技术要求：

① 喷浆防护厚度不宜小于20～50mm，采用的砂浆强度不应低于M10。

② 喷射混凝土防护厚度不宜小于50～80mm，混凝土强度不应低于C15。

3. 锚杆挂网喷浆（混凝土）

（1）适用条件。适用于坡面为碎裂结构的硬质岩石或层状结构的不连续地层以及坡面岩石与基岩分开并有可能下滑的挖方边坡。

（2）技术要求：

① 锚杆应嵌入稳固基岩内，锚固深度应依据岩体性质确定，且不小于1～2m。锚孔深度应比锚固深度深20cm。

② 钢筋网喷射混凝土支护厚度不应小于100mm，亦不应大于250mm，混凝土强度不应低于C15。钢筋保护层厚度不应小于20mm。

15.2.13 整地工程

1. 一般规定

（1）整地工程是指除耕地、林地、草地和其他用地（村庄、道路、水域）以外，一切可以利用而尚未利用的土地的整治。包括带状整地工程和穴状整地工程。

（2）整地工程防御标准，按10~20年一遇3~6h的最大雨量设计。根据各地不同降雨情况，分别采用不同的暴雨频率和当地最易产生严重水土流失的短历时、高强度降雨。

2. 水平沟

（1）适用条件。水平沟属于带状整地工程。适用于地层比较完整、土层较厚的坡面。整地工程基本上顺等高线在坡面上连续布设。适用于15°~25°的陡坡。

（2）技术要求：水平沟沟口上宽0.6~1m，沟底宽0.3~0.5m，沟深0.4~0.6m，沟由半挖半填做成，内侧挖出的生土用作外侧作梗。树苗植于沟底外侧，根据坡面暴雨径流情况，确定上下两沟的间距和沟的具体尺寸。

3. 鱼鳞坑

（1）适用条件。鱼鳞坑属于穴状整地工程。主要适用于地形破碎、土层较薄、不能采用带状整地工程的地方。

（2）技术要求：每坑平面呈半圆形，长径0.8~1.5m，短径0.5~0.8m，坑深0.3~0.5m。坑内取土在下沿作成弧状土埂，高0.2~0.3m（中部较高，两端较低）。各坑在坡面基本沿等高线布设，上下两行坑口呈"品"字型错开排列。树苗栽植在坑内距下沿0.2~0.3m位置。

15.2.14 石笼

1. 适用条件

（1）石笼一般用于防护河岸免受冲刷的破坏作用，同时也是加固河床、防止冲刷的常用护底措施。

（2）在缺乏大石块做冲刷防护的地区，用石笼填充较小的石块，可抵抗较大的流速。

（3）在流速大且有滚石冲击的河流中，由于单纯的铁丝石笼易受破坏，因此常采用钢筋骨架+镀锌铅丝网片的形式制作石笼。

（4）石笼防护施工不受季节、气候限制，也可带水作业，但以无水或低水位施工较好。

（5）石笼用于过水面护底时，一般采用平铺的形式。石笼用于护岸时，采用垒码的形式。一般均采用扁长方形石笼。

（6）石笼一般用于容许流速为5~6m/s的水流冲刷防护。

2. 石笼结构及技术要求（见图15-12）

（1）石笼可用ϕ8~12mm钢筋做骨架，ϕ3.5~4mm（$8^{\#}$~$10^{\#}$）的镀锌铁丝编网或机加工成型的网片。石笼网孔一般采用六角形。

（2）石笼内所填石块，宜用容重大、浸水不崩解、坚硬未风化的石块，尺寸不小于石笼网孔尺寸的1.5倍。外层应用大石块，并使石块棱角突出网孔，以起到保护铁丝网的作用。内层可用较小石块填充。

（3）石笼下面以碎石或砾石作为整平垫层为宜。必要时底层石笼的各角，可用直径

10～30mm 的铁棒固定于基底土中。表 15－6 列出了常用的扁长方形石笼的规格及工程量。

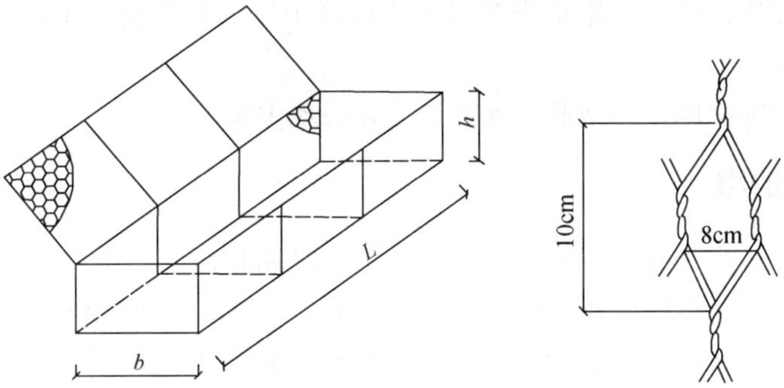

扁长方形石笼结构图　　六角形铁丝石笼网孔图

图 15－12　石笼结构

表 15－6　石笼尺寸及单体工程量表

石笼尺寸 $L\times b\times h$/m	表面积/m^2	体积/m^3	ϕ10 钢筋		ϕ4 镀锌铁丝		石笼单重/kg
			长度/m	重量/kg	长度/m	重量/kg	
2×1×0.5	7	1	23	14.3	141	14.0	28.2
3×1×0.5	10	1.5	32	19.8	202	20.0	39.8
3×2×0.5	17	3	48	28.8	343	33.9	63.7

15.2.15　截排水渠

（1）截排水渠的设置应依据地形、地质条件及汇水面积等进行设置。管道水工保护中截排水渠一般用于黄土沟头的汇水截排、管道横坡敷设条件下堑顶坡面的汇水排放以及因施工破坏水渠的恢复等。

（2）截排水渠的结构一般有黏性土夯实、灰土夯实、浆砌石以及混凝土预制板水渠形式。黏性土夯实水渠一般用于黏性土地区；灰土夯实水渠多用于黄土、砂性土地区；浆砌石水渠常用于汇水面积较大的排水；混凝土预制板水渠多用于原水渠结构的恢复。

（3）截排水渠排放的水流不得对管道本体及管道水工结构形成隐患，不得直接排入饮用水源地、养殖池等。

（4）除需按流量计算者外，一般可采用底宽 0.4m、深度 0.6m 的水渠断面形式。干旱少雨地区，水渠深度可减少至 0.4m。边坡平台截排水渠，可采用底宽 0.4m、深度 0.2～0.4m 的断面尺寸。

（5）需按流量设计的截排水渠，其断面设计应按 15 年降雨重现期设防，渠顶应高出设计水位 0.2m。

（6）截排水渠的渠底纵坡应与地形起伏一致，并不宜小于 3‰。特殊困难情况下，可减少至 3‰。

（7）截排水渠的水流通过坡度大于 10%、水头高差大于 1m 的陡坡地段时，宜设置跌水或激流槽。跌水或激流槽应采取加固措施。

15.2.16　草袋植物护岸

（1）草袋植物护岸适用于允许流速小于 1.2～1.8m/s 的季节性水流冲刷且岸坡植被较为

茂密的河沟道。经常浸水或长期浸水的岸坡，不适宜采用草袋植物护岸。

（2）依据岸坡坡比，选择采用草袋挡墙式或坡式护岸。并应符合本教材第15.2.2条和第15.2.6条的规定。

（3）草袋护岸的临空面，因地制宜地撒播适宜当地生长的草籽。

15.2.17 浆砌石护岸

（1）浆砌石护岸适用于允许流速为4～8m/s的岸坡防护。

（2）依据岸坡坡比，选择采用浆砌石坡式或挡墙式护岸。浆砌石坡式护岸应符合本教材第15.2.4条的规定。浆砌石挡墙式护岸原则上应按《公路路基设计规范》(JTG D30—2004)第5.4条有关浸水挡土墙设计内容计算确定，相关地质、水文条件不具备时，亦可按本教材第15.2.1条的规定选用。

（3）浆砌石坡式护岸的厚度应按流速的大小确定，并应不小于0.35m。护坡的底面应设厚度不小于0.1m的反滤层。

15.2.18 石笼护岸

（1）石笼护岸适用于允许流速为4～5m/s的岸坡防护。

（2）石笼护岸适用于受水流冲刷且防护工程基础不易开挖的河岸防护。

（3）石笼内所填石料，应采用密度大、浸水不易崩解、坚硬且未风化石块，粒径应大于石笼网孔的1.5倍。

（4）石笼制作应符合本教材第15.2.14条的规定。石笼护岸的结构形式可见图15－13。

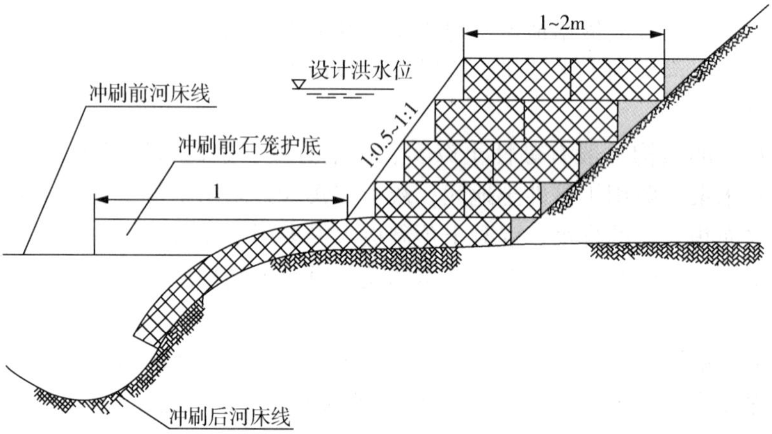

图15－13 石笼护岸的结构

15.2.19 抛石护岸

（1）抛石护岸适用于允许流速不大于3m/s的岸坡防护。

（2）石笼护岸适用于经常浸水且水深较大的河岸防护。抛石护岸多用于抢修工程。抛石护岸的结构形式可见图15－14。

（3）抛石边坡坡度和选用石料粒径应根据水深、流速情况确定，石料粒径应大于300mm，坡度不应陡于所抛石料浸水后的天然休止角，厚度不应小于所用石料粒径的2倍，见表15－7和表15－8。

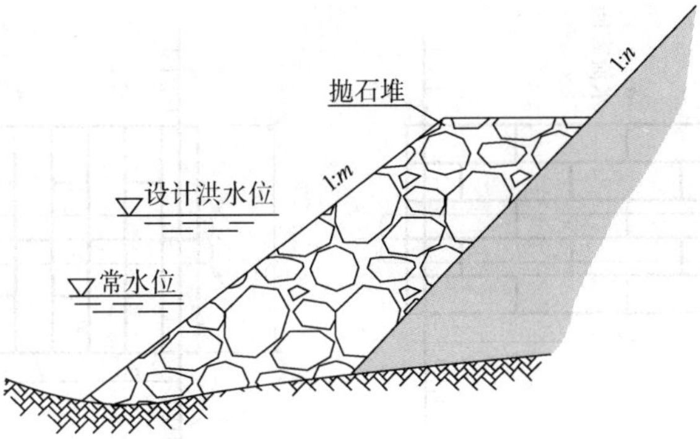

图 15－14　抛石护岸结构

表 15－7　抛石边坡坡度参考值

水文条件	采用边坡	水文条件	采用边坡
水浅，流速较小 水深2～6m，流速较大	1∶1.25～1∶1.2 1∶2～1∶3	水深大于6m，水流急	缓于1∶2

表 15－8　抛石粒径与水深、流速的关系

抛石粒径/cm	水深/m				
	0.4	1	2	3	4
	容许流速/(m/s)				
15	2.70	3.00	3.40	3.70	4.00
20	3.15	3.45	3.90	4.20	4.50
30	3.50	3.95	4.25	4.45	5.00
40		4.30	4.45	4.80	5.05
50			4.85	5.00	5.40

15.2.20　过水面

（1）过水面适用于设防流速不大于10m/s的河、沟床的冲刷下切防护。包括干砌石过水面、石笼过水面和浆砌石过水面三类。

（2）过水面底部距管顶的安全距离不得小于0.3m，过水面顶部原则上不高于原河、沟床面。

（3）过水面宽度应为管沟上开口宽度＋2m。

（4）过水面所用石料应符合本教材第2.2.10条的规定。

（5）干砌石过水面一般用于设防流速3～5m/s的河、沟床的冲刷下切防护。可采用片、块石平铺，或卵石栽砌的施工方法。过水面厚度0.4～0.5m，石料厚度不小于15cm。

（6）石笼过水面一般用于设防流速4～6m/s的河、沟床的冲刷下切防护。笼内装填石料可采用块石或卵石。过水面厚度0.3～0.5m。石笼制作应符合本教材第15.2.14条的规定。石笼过水面的结构形式可见图15－15。

（7）浆砌石过水面一般用于设防流速6～10m/s的河、沟床的冲刷下切防护。采用块石或片石砌筑，砌筑砂浆标号不小于M7.5。过水面厚度一般为0.3～0.4m。浆砌石过水面的结构形式可见图15－16。

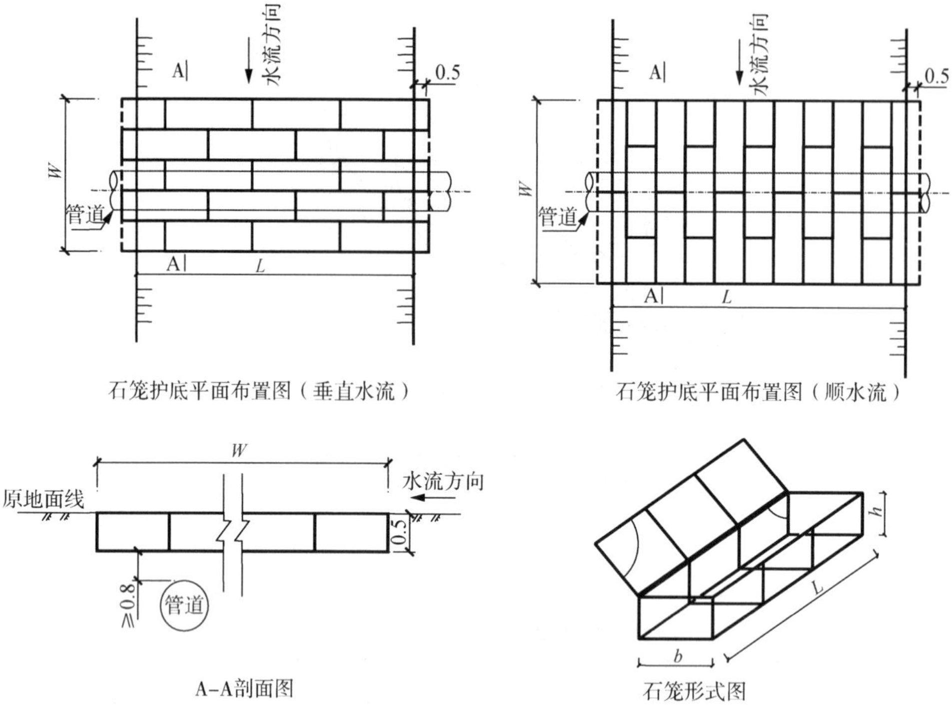

图 15－15　石笼过水面的结构

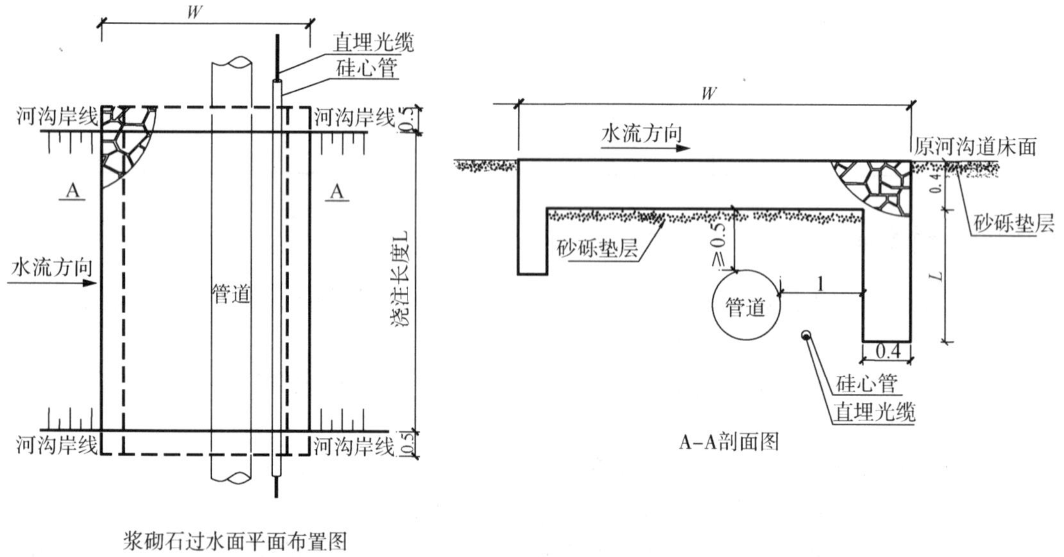

图 15－16　浆砌石过水面的结构

15. 2. 21　混凝土连续浇筑护管

（1）混凝土连续浇筑适用于管线穿越段的河、沟床地质为耐冲刷的稳定基岩，且管顶埋入基岩深度不小于0.5m 的管道本体防护。混凝土连续浇筑护管不受流速限制。见图 15－17。

（2）混凝土标号不宜低于 C25。一般不宜带水作业，在排水困难的条件下，应采取相应的措施保证混凝土标号满足设计要求。

(3) 混凝土浇筑前，应采用胶皮或橡胶板对管道进行保护。

(4) 混凝土浇筑还应执行国家现行的《混凝土结构设计规范》(GB 50010)、《混凝土结构工程施工质量验收规范》(GB 50204—2002)和《混凝土强度检验评定标准》(GBJ 107—87)。

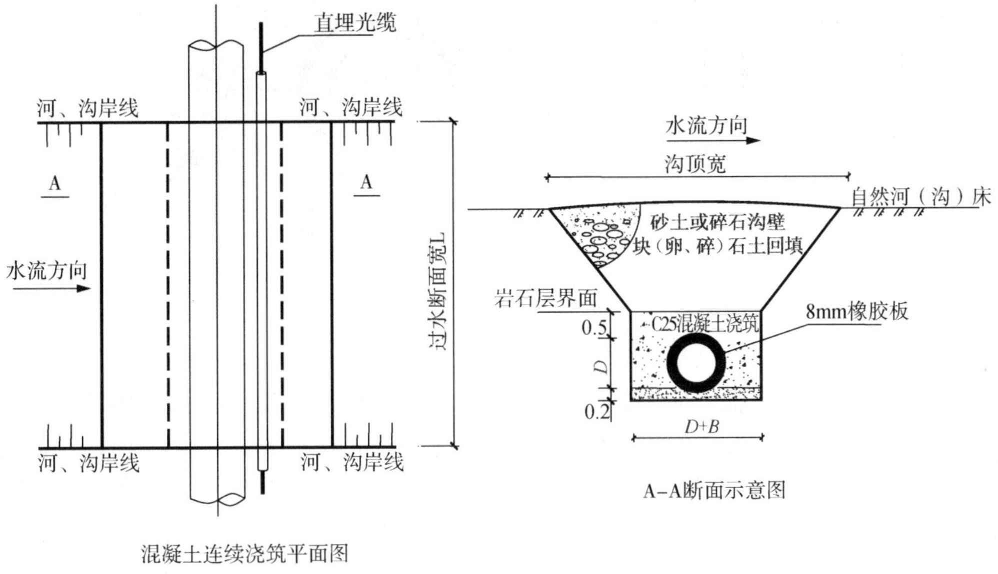

图 15－17　混凝土连续浇筑护管

15.2.22　混凝土配重块稳管

(1) 混凝土配重块稳管属于河道穿越段管道本体抗漂浮的稳管措施。管道埋深必须置于河、沟道设防冲刷线以下，且符合《油气输送管道穿越工程设计规范》(GB 50423—2007)中第4.1.2条中规定的管顶埋深。

(2) 混凝土配重块稳管设计前，应按《油气输送管道穿越工程设计规范》(GB 50423—2007)中第4.2条进行水下管段抗漂浮稳定性计算，以确定配重块的间距、单块重量等设计参数。

(3) 施工条件允许的情况下，混凝土配重块稳管宜采用配重块连续稳管的方式。

(4) 混凝土配重块一般应置于中密的砂土、卵砾石土等地基承载力较高的地层。对于地基容许承载力低于100kPa的软土地基，应进行地基承载力验算，慎重采用配重块稳管方式。

(5) 混凝土配重块标号不宜低于C20。执行国家现行的《混凝土结构设计规范》(GB 50010)、《混凝土结构工程施工质量验收规范》(GB 50204—2002)和《混凝土强度检验评定标准》(GBJ 107—87)。

(6) 混凝土配重块安装前，应采用胶皮或橡胶板对管道进行保护。

(7) 混凝土配重块设计宜采用马鞍型，见图15－18所示。

15.2.23　袋装土稳管

(1) 袋装土稳管属于鱼塘、藕塘、沼泽等饱和黏性土或淤泥穿越段管道本体抗漂浮的临时性稳管、回填措施。管道埋深必须置于水域疏浚线以下，且符合《油气输送管道穿越工程设计规范》(GB 50423—2007)中第4.1.2条中规定的管顶埋深。

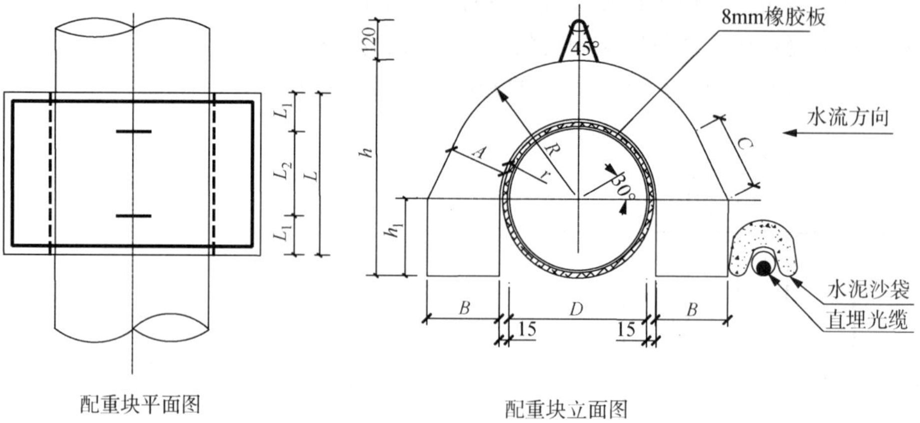

图 15－18　混凝土配重块

（2）袋装土稳管设计前，应按《油气输送管道穿越工程设计规范》（GB 50423—2007）中第 4.2 条进行水下管段抗漂浮稳定性计算，以确定袋装土的码放方式、重量等设计参数。

（3）袋装土稳管应采用连续稳管的方式。袋装土稳管可结合管沟细土回填一并考虑。

（4）袋装土所用材料一般采用编织袋，也可根据设计需要选择高强度土工袋。袋内装填材料宜采用砂性土，严禁采用饱和黏性土作为充填材料。袋装土规格应考虑到施工的可行性，以人工能搬运为宜。

（5）袋装土稳管宜采用马鞍形，采取"一丁一顺"的形式压盖管道（见图 15－19 所示），应做好封口措施，袋之间应采用有一定强度的软质绳连接固定。

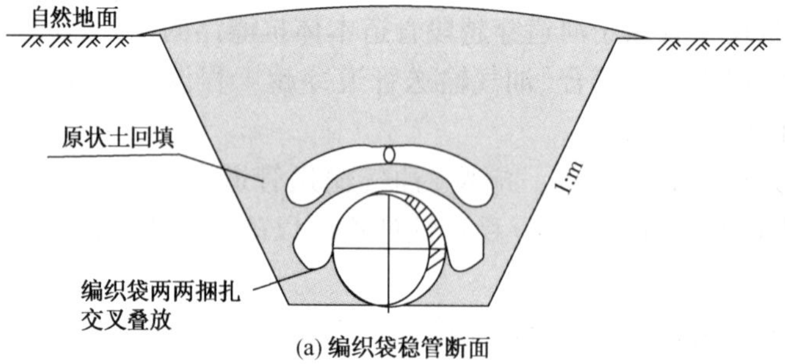

(a) 编织袋稳管断面

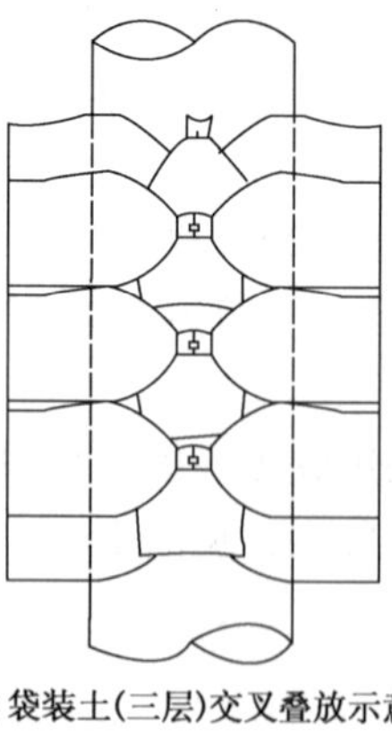

(b) 袋装土(三层)交叉叠放示意图

图 15－19　袋装土稳管

15.2.24 浆砌石地下防冲墙

（1）浆砌石地下防冲墙适用于一般土质河、沟床的冲刷下切防护，基本不受水流流速限制。但软土地区慎用。

（2）防冲墙应置于管线下游 5 ~ 10m 范围内设置，与水流方向、两岸垂直布设。

（3）防冲墙顶高程一般不超过原河床面，但应高于管顶 1m。防冲墙顶面必须高于河床面时，一般不超过 0.3m，否则应在防冲墙下游设置跌水处理设施。

（4）防冲墙墙面坡比垂直，墙背坡比介于 1∶0.2 ~ 1∶0.5 之间，顶厚宜为 0.4 ~ 1m，墙高一般为 2 ~ 3m。见图 15 - 20 所示。

（5）对于冲刷剧烈的河沟道防护，可采用防冲墙与过水面的组合措施进行防护。对于河沟床比降较大的河沟道，可采用多级防冲墙的组合方案，防冲墙间距应控制在 10 ~ 20m 左右为宜。

（6）对于有滚石撞击作用的河沟道，可在防冲墙外侧设置钢筋混凝土保护层，保护层厚度一般为 10 ~ 20cm。

（7）地下防冲墙应每隔 10 ~ 15m 设伸缩缝一道，宽度 2 ~ 3cm，沥青麻丝填满。

（8）防冲墙应嵌入两岸各 0.5 ~ 1m。如两岸有护岸，应嵌入护岸 0.5m。

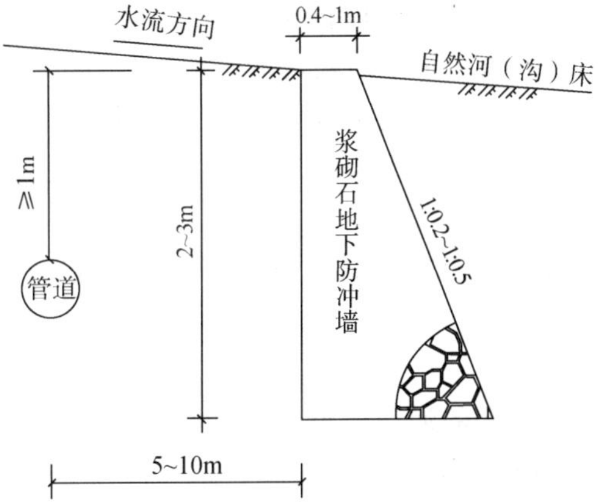

图 15 - 20　防冲墙

第 16 章　典型敷设方式下的防护

16.1　水域、冲沟穿越防护

16.1.1　一般规定

（1）管道穿越水域、冲沟，应依据地质、地形及水文条件，设置护岸和护底措施。

（2）护岸工程顶面高程应高于设防水位以上 0.5 ~ 1m 即可，不必与原始岸坡顶面齐平。

（3）浆砌石护岸结构基础应在冲刷深度以下不小于 1m、冻深以下不小于 0.3m，且基础埋深不得小于 1m。基础应置于稳定的砂土、卵砾石土或基岩上。当冲刷深度较大、护岸基础开挖困难时，应在护岸下游设置防冲墙护岸。

（4）岸坡坡度小于 25°时，一般不采取护岸措施；岸坡坡比介于 25 ~ 60°之间时，可选择坡式护岸；岸坡坡度陡于 60°时，采取挡墙式护岸结构。

（5）在地基承载力满足设计要求的条件下，优先采用浆砌石结构护岸。必须带水作业的情况下，可选择石笼或抛石护岸。对于地基承载力较差的软土地区，岸坡侵蚀不严重、且适宜植被生长的条件下，应采用草袋护岸。

（6）高陡河流、冲沟的岸坡应依据本教材第 15.2.9 条，设置截水墙。

16.1.2 河道穿越

（1）对于设防高度不小于 1m 的河道岸坡，应依据地形、地质、水文等资料设置护岸，并应符合本教材第 15.2.15 ~15.2.18 条。

（2）对于无冲刷资料的土质河道穿越段，应依据设防流速，设置过水面、防冲墙等护底措施，并应符合本教材第 15.2.19 条和第 15.2.22 条。对于河道中有树木、植被的河床稳定河道，可不采取护底措施。

（3）对于管道埋入冲刷深度以下的土质河道穿越段，应依据《油气输送管道穿越工程设计规范》相关条款，进行管道抗漂浮计算，相应采取配重块稳管措施，并符合本教材第 15.2.22 条。原则上不另外再设置针对管道的护底措施。

（4）对于管道埋入稳定岩层以下 0.5m 的岩质河道穿越段，应依据《油气输送管道穿越工程设计规范》相关条款，采取混凝土连续浇筑护管措施，并符合本教材第 15.2.21 条。原则上不再另设置针对管道的护底措施。

16.1.3　沟道穿越

（1）沟道是指季节性冲刷剧烈的黄土冲沟、泥石流沟、石方山区的沟壑以及戈壁山前汇水侵蚀沟。

（2）管道穿越黄土冲沟时，应依据地质、地形、水文条件设置护岸和护底措施，护底应优先选用防冲墙。对于沟床比降大于10%的黄土“V”字形冲沟，护底措施应考虑多级防冲墙。对于沟床植被茂密的“U”字形冲沟，可不考虑采用工程护底措施。并符合本教材第15.2.15～15.2.17和15.2.19、15.2.22条。

（3）管道穿越泥石流沟时，应设置防冲墙护底，泥石流裹挟物较大时，应采用外包钢筋混凝土防冲墙。并应依据地质、地形、水文条件设置护岸。并符合本教材第15.2.16条和第15.2.22条。管道穿越泥石流沟洪积区时，应加大管线埋深，一般不采取水工保护措施。

（4）管道穿越石方山区沟壑时，应采用浆砌石结构护岸，混凝土连续浇筑稳管护底的措施。并符合本教材第15.2.22条。

（5）管道穿越戈壁山前汇水侵蚀沟。应依据地质、地形、水文条件设置护岸和护底措施。块石缺乏地区，可以采用石笼的结构形式。并符合本教材第15.2.16条、第15.2.17条和第15.2.19条、第15.2.22条。

16.1.4 静水水域的穿越防护

（1）管道穿越鱼塘、水库、航道、水网、沼泽等静水水域时，其管道埋深应置于清淤、疏浚线以下不小于0.8m，同时管顶覆土不小于2.5m。并应依据水域地质条件等，执行《油气输送管道穿越工程设计规范》相关条款的稳管验算，选择混凝土连续浇筑、混凝土配重块以及袋装土等稳管措施。并符合本教材第15.2.20和第15.2.21条。

（2）管道穿越鱼塘，应依据岸坡地质、地形及地基条件，选择以草袋护岸或浆砌石护岸。并符合本教材第16.1条。

（3）管道穿越水库、航道，应依据岸坡地质、地形及地基条件，选择浆砌石护岸。并符合本教材第16.1条，护岸不得影响水库蓄洪及航道通行。

（4）管道穿越水网、沼泽时，一般不设置护岸。但应依据本教材第15.2.21条，确定稳管措施。优先选择袋装土稳管及混凝土配重块连续稳管。

16.1.5 水渠穿越防护

（1）堤上水渠采用大开挖时，尽量按原貌恢复，特别是水资源匮乏的地区。对于渠深大于等于0.5m的堤上渠采用水工措施恢复。一般采用浆砌石结构水渠或混凝土预制板结构恢复。符合本教材第15.2.15条。

（2）管道穿越地表水渠时，管顶的埋深建议不小于2.5m。对毁坏的渠道进行原貌恢复。对渠深大于等于1m的灌溉渠采用水工措施恢复（两条件须同时满足）；对渠深小于1m的土渠，在保证埋深的情况下夯实恢复原样即可，不再增加水工设施。符合本教材第15.2.15条。

16.2 顺坡敷设防护

16.2.1 一般规定

（1）管道顺坡敷设，应依据地质、地形及降雨条件，设置管沟截水墙和坡角防护措施。见图16－1所示。

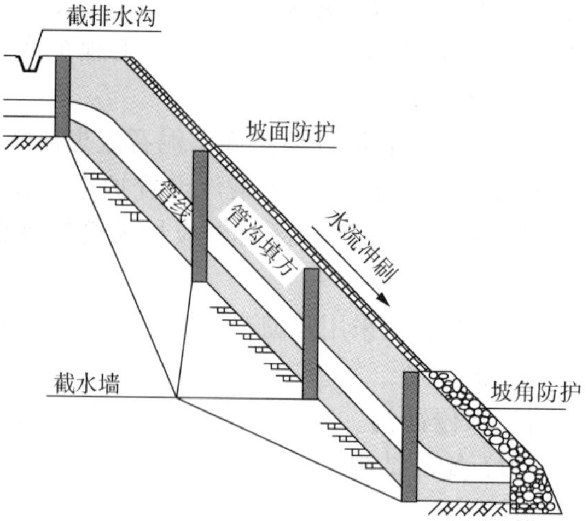

图 16－1　顺坡敷设防护

（2）管道顺坡敷设，可依据地质、地形、坡顶汇水条件及坡面植被状况，设置坡顶截排水沟和植被坡面防护措施。见图 16－1 所示。

16.2.2　坡角防护

（1）坡角防护应依据地质、地形条件，本着就地取材的原则，选择使用浆砌石护坡、浆砌石拱形骨架护坡、浆砌石挡墙、干砌石护坡、草袋护坡、草袋挡墙等结构形式。应符合本教材第 15.2.1 条、15.2.2 条和第 15.2.4～15.2.7 条。

（2）当边坡坡度小于 25°时，一般不采取坡角防护措施；边坡坡度介于 25°～45°之间时，可选择护坡结构进行防护。边坡坡度介于 45°～60°之间时，可慎重选择护坡结构进行防护；边坡坡度陡于 60°时，可采取挡墙式结构防护。

（3）坡角防护的范围应为施工扰动的作业范围＋1m。坡角防护高度一般不大于 5m，其中刚性重力式挡墙高度不宜超过 2.5m。

（4）坡角防护采用浆砌石结构时，其基础埋深应满足冻深的要求。

16.2.3　截水墙

（1）坡角防护应依据地质、地形等条件，本着就地取材的原则，选择使用浆砌石截水墙、水泥土截水墙和草袋截水墙等结构形式。应符合本教材第 15.2.9 条。

（2）当管沟沟底纵坡坡度不小于 8°时，须采取截水墙防护，间距一般为 8～15m（坡度大时取小值）；边坡坡度介于 5°～8°之间的连续长坡，宜采用截水墙防护，间距一般为 15～30m。

（3）截水墙必须嵌入管沟沟壁和沟底，截水墙底部必须为水平。截水墙高度原则上应自管沟沟底至自然坡面，但不宜大于 3m。坡面为耕地时，截水墙顶面应与坡面保留 0.3～0.5m 的耕作层。

（4）一般石方、卵石坡面，可采用浆砌石截水墙。一般砂性土、黄土等土方地区，可采用水泥土截水墙。软土、黏性土地区，可采用草袋截水墙。

16.2.4 坡顶截排水沟

（1）坡顶汇水面积较大时，应依据地质、地形、降雨等条件，设置截排水沟。

（2）截排水沟形式包括素土夯实、水泥土夯实、浆砌石和混凝土预制板等结构形式，选择使用时应符合本教材第15.2.15条。一般黄土地区宜采用水泥土结构，黏性土地区可采用素土开挖夯填结构，浆砌石结构多用于石方山区及卵砾石地区。

（3）应根据汇流流量、流速等等水力参数，确定截排水沟的沟底纵坡、断面等参数。一般而言，截排水沟的底宽和深度均不宜小于0.5m。沟底纵坡一般不应小于0.5%。

（4）截排水沟的防护范围应针对管道扰动作业带设防，截排水沟据坡顶边缘距离应大于5m。

（5）截排水沟的排水应充分利用原始坡面沟道，设置成单向排水，出水口位置应置于管线下游。

16.2.5 植被坡面防护措施

（1）管线顺坡敷设通过下列区域时，应进行植被坡面防护建设：

① 水土保持生态工程建设的区域。

② 天然林保护、水源涵养林、自然保护区、旅游区、城市及城市近郊的区域；

③ 易造成大量植被破坏的项目区；

④ 适宜造林种草、绿化美化防护的区域。

（2）植被坡面防护设计，应依据地质、地形及坡面植被状况，选择适用植草、植生带、鱼鳞坑、水平沟整地等水土保持措施，并符合本教材第15.2.10、15.2.11和15.2.13。

（3）在管道中心线两侧各5m范围内，不得种植深根植物。

（4）植被坡面防护范围应为管道施工扫线所破坏的作业带。

16.3 横坡敷设的防护

（1）管道横坡敷设，应依据地质、地形及上部边坡汇流情况，设置管沟截水墙。截水墙间距一般为20 ~50m。一般岩石、卵砾石山区，可选择浆砌石截水墙；黄土及砂性土地区可采用水泥土截水墙；黏性土地区可采用草袋截水墙。应符合本教材第15.2.9条。

（2）管道横坡敷设，可依据地质、地形、坡面稳定性状况，对削方坡面设置防护措施。坡面破碎且易发生落石崩塌地区，可采取喷浆护面或锚杆喷浆护面措施。符合本教材第15.2.12条。

（3）管道正常横坡敷设，可依据地形及上部边坡汇流情况，设置截水沟。符合本教材15.2.15。

（4）管道以浅挖深埋的方式横坡敷设时，应设置浆砌石侧挡墙结构以保证管顶覆土厚度，挡墙防护高度一般不大于2m。符合本教材第15.2.1条。上部坡面有落石危害时，应在管线上方设置护面措施，护面结构可选择浆砌石、石笼或干砌石结构。符合本教材第15.2.19条(见图16－2所示)。

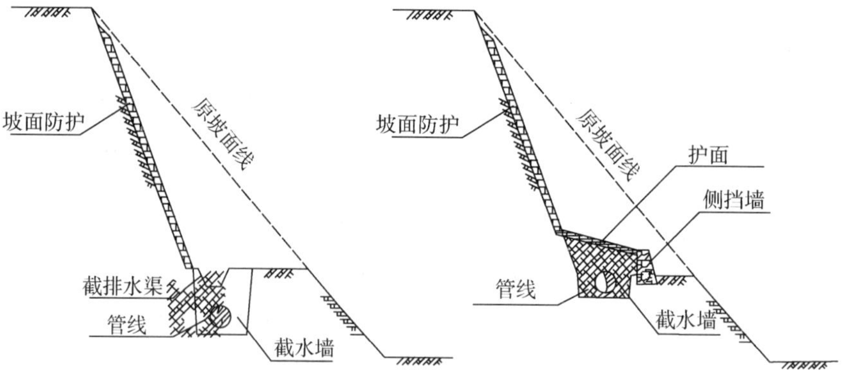

图 16－2　横坡敷设防护

16.4　黄土高陡边坡的土体改良加固措施

16.4.1　一般规定

（1）黄土高陡边坡是指坡比陡于 1∶0.5，高度不小于 6m 的易受水力侵蚀的极限稳定边坡。当管线距坡面边缘距离小于 5～10m 时，应采取边坡土体的改良加固防护措施。

（2）当边坡高度大于 30m 时，应与其他线路方案进行比选后再决定是否实施土体改良方案。当边坡高度小于 6m 时，应采取其他边坡防护措施。

（3）黄土高陡边坡土体改良方案包括灰土和草袋素土加固。实施前应对周边黄土陷穴、漏斗、盲沟等黄土微地貌进行夯填封水处理。

（4）边坡顶部有较大汇水面积或集中灌溉条件下，可在坡面顶部设置截排水沟进行拦截、疏导来水。符合本教材第 15.2.15 条。坡角有集中水流冲刷时，应在坡角设置浆砌石结构的护岸措施，执行本教材第 15.2.1 条和第 15.2.4 条。

16.4.2　灰土固化护坡

（1）适用于原始边坡未受到严重破坏，植被稀少，周边无耕地、林地，环保要求较低，具有一定的作业空间的黄土高陡边坡。

（2）夯填采用体积比 2∶8 的灰土，夯实系数不得低于 0.9。

（3）灰土加固采用平台式结构，见图 16－3 所示，每级平台高度不得大于 10m。对于高度介于 6～10m 的边坡，不设平台，单级坡比不陡于 1∶1.25。对于高度介于 10～20m 的边坡，中部设一级平台，上部坡比不陡于 1∶1.25，下级坡比不陡于 1∶1.5。对于高度介于 20～30m 的边坡，设两级等高平台，上部坡比不陡于 1∶1.25，中级坡比不陡于 1∶1.5，下级坡比不陡于 1∶1.75。平台底部应设置深度不小于 0.5m 的 2∶8 灰土基础垫层。

16.4.3　草袋素土防护

（1）适用于边坡周边有耕地、林地，环保要求较高，作业空间较小的黄土高陡边坡。坡高一般介于 6～20m 之间，坡高小于 6m 时，可设置草袋挡墙的结构形式进行防护。

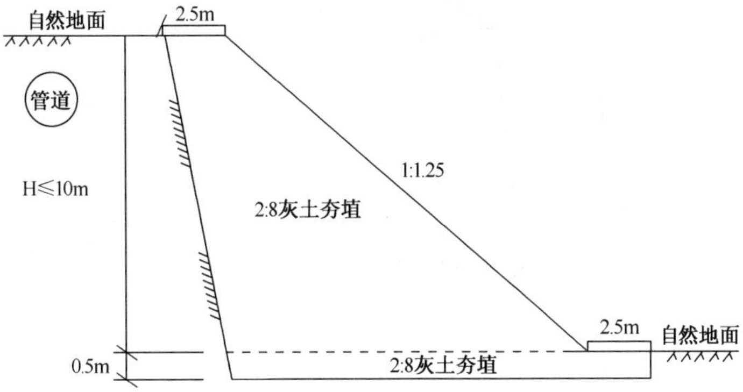

(a) Ⅰ级灰土夯填断面图

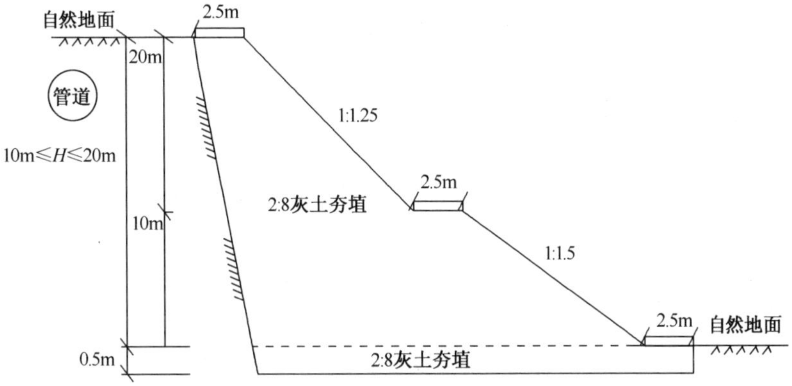

(b) Ⅱ级灰土夯填断面图

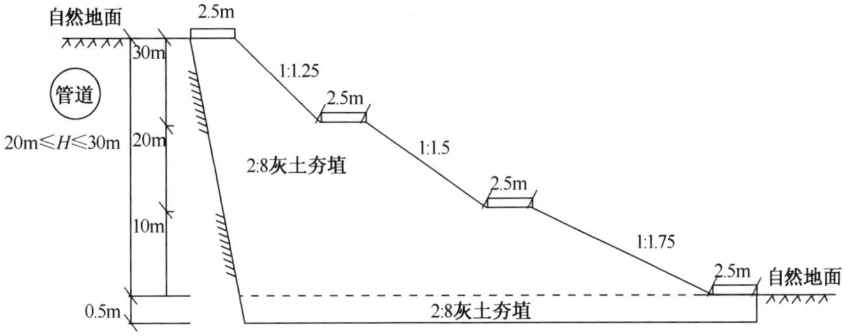

(c) Ⅲ级灰土夯填断面图

图 16－3 灰土固化护坡

（2）草袋内装原状素土应大小一致，草袋之间错缝码砌，须经简单压实，不得形成纵向通缝。结构外侧坡面应一坡到顶，不得形成鼓胀、变坡。草袋背后填土应分层夯实。

（3）草袋土加固采用单级坡面加固结构，见图 16－4 所示。墙面坡比 $m=0.05\sim0.35$，墙背坡比 $n=0\sim0.3$，且 $m+n\geqslant0.35$。墙顶宽介于 1～2m 之间，结构高度 H 大时取大值。

（4）平台底部应设置深度不小于 0.5m 的草袋素土基础。

（5）坡面外侧草袋可充填适宜当地生长的草籽或 2∶8 灰土。

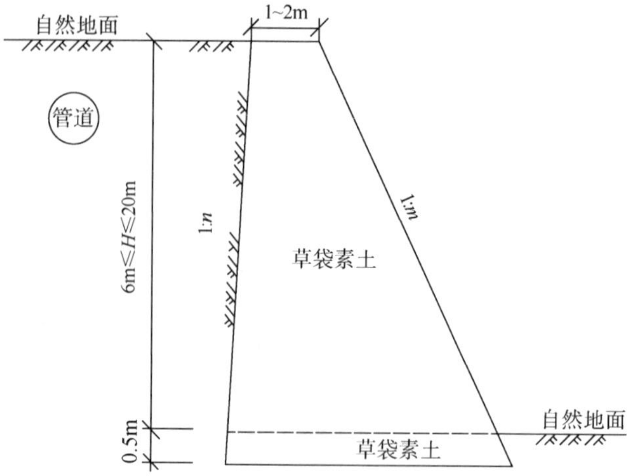

图 16－4　草袋素土防护

16.5　田、地坎的恢复

（1）对于高度不小于 0.8m 的田、地坎，应采用工程措施进行恢复。

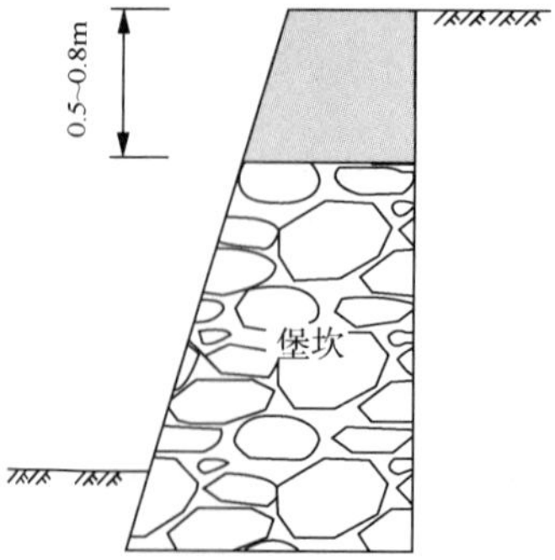

图 16－5　草袋土加固

（2）堡坎顶面的选择原则上应与原坎高度齐平。堡坎高度低于原坎高度 0.5～0.8m 以内时，可以采用坎顶培土夯填的形式进行恢复。见图 16－5。

（3）堡坎恢复长度应为施工作业带所破坏的范围＋1m。

（4）当堡坎高度介于 0.8～3m 时，根据农田的利用类型，按本教材第 15.2.3 条，选择使用浆砌石、干砌石或草袋堡坎。

（5）对于坎高介于 3～6m 的地坎，应依据地质、地形条件，采用草袋护坡、草袋挡土墙或干砌石护坡的形式恢复。执行本教材相应的第 15.2.2 条、15.2.5 条和 15.2.6 条。

（6）对于坎高介于 6～10m 的黄土地坎，应依据地质、地形条件，采用草袋改良加固边坡的结构形式，执行本教材第 16.2.4 条。也可采用多级护坡的结构形式进行恢复。

（7）位于坡台地的田地坎恢复，堡坎措施应与截水墙结构结合使用。相应执行本教材第 15.2.9 条。

16.6　风沙地区的防护

（1）一般规定：

① 风沙地区管道保护设计应结合伴行路保护设计综合考虑，应当依据当地气象、地质和生态环境等方面的资料，确定风沙治理措施。

② 风沙对管道的危害主要表现为风蚀和风积两种类型。前者对管道本体和伴行路均会构成危害，后者仅对管道伴行路有较大危害。风蚀主要与启动风速、沙粒粒径和沙中含水量等因素有关，见表 16－1。

（2）管道中心线两侧各 10m 范围内，不得设置柴草类防护措施。

（3）盐盖。适用于当地有盐、碱湖的地区，防护区域一般为施工破坏的作业带范围。防护厚度一般为 3 ~ 5cm，施工时利用天然盐、碱湖水喷洒于沙面。

表 16 - 1　起动风速与粒径和含水量的关系

粒径/mm	不同含水量的起动风速/(m/s)				
	干燥状态	含水量/%			
		1	2	3	4
0.18 ~ 0.25	3.8	4.6	6.0	10.5	12.0
0.25 ~ 0.50	4.8	5.8	7.5	12.0	
0.5 ~ 1.00	6.0	7.0	9.5	12.0	
1.00 ~ 2.00	9.0	10.8	12.0		

（4）砂、卵、砾石压盖。适用于产有砂、砾、卵石地段的风蚀地段防护，防护区域一般为施工破坏的作业带范围。普压厚度一般为 5 ~ 10cm，压盖物粒径应超过当地极限风速所对应砂砾径上限的 1 倍。

（5）低立式柴草沙障。适用于产有草类、麦秆、芦苇等地段的风积的防护，一般在管道及管道伴行路 10m 以外区域设置。上风侧防护宽度为 100m，下风侧如果只有单一主导风向时可不设，如除主导风向作用外还有反向风向作用时，则需设置 50m 宽度的沙障。沙障外露高度以 15 ~ 30cm 为宜，沙障入土深度与外露部分的比例为 1∶2。沙障设置成网格状，网格尺寸一般为 1 ~ 2m。见图 16 - 6。

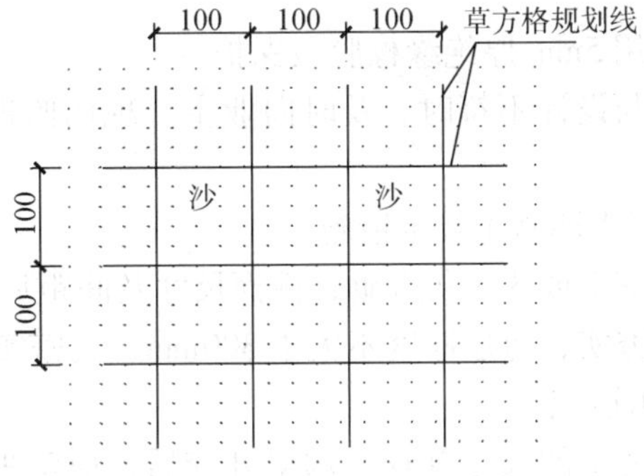

拉方格线，摆放麦草把平面图

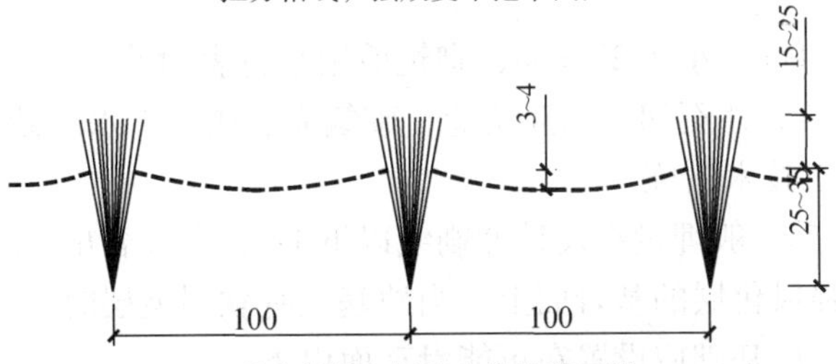

拉方格线，摆放麦草把纵面图

图 16 - 6　网格尺寸

第 17 章　水工保护工程的施工

17.1　水工保护工程施工概述

17.1.1　水工保护工程施工要点

1. 材料控制

对水工保护所需材料(砂、碎石、块石、水泥、石灰、钢筋)及材料的供应厂家进行严格的选择，本着不合格材料坚决不用的原则，并对选择的材料到业主或监理规定合格的建材检测中心进行正规的检验程序，以满足设计要求的合格的材料、配合比，保证材料质量。

2. 施工技术措施

(1) 砌筑式挡土坎施工技术措施

① 砌筑式挡土坎一般用于坡度大于25°的斜坡，高度一般不超过3m。

② 砌筑用的片石，厚度不小于150mm，砌筑前，用水将表面冲洗干净。采用铺浆法砌筑，灰缝厚度为12～20mm，采用顺顶相间的砌筑方法，上下错缝，内外搭砌。

③ 每砌3～4皮，分为一个分层高度，每个分层高度找平一次，两个分层高度间错缝不得小于80mm。

④ 挡土坎管道周围用5mm厚绝缘橡胶板保护。

⑤ 当现场实际情况与设计不符时，及时向业主、现场监理反应，并通知设计人员现场调整。

(2) 灰土挡土坎或阻水墙施工技术措施

① 挡土坎采用2:8灰土或3:7灰夯砌，截面尺寸及间距见施工图。

② 回填土必须分层夯实，每层厚度不大于300mm，其密实度大于93%。

(3) 排水沟施工技术措施

① 沟渠按图纸设计要求的尺寸开挖。沟渠开挖后，应整平夯拍，如土质干燥应洒水湿润，遇有洞穴应堵塞夯实。

② 砌筑用的片石厚度不小于200mm，砌筑前用水将表面冲洗干净。

③ 采用铺浆法砌筑，片石间应相互错缝，砌筑完后用1:1水泥砂浆勾凸缝。

(4) 护岸(坡)施工技术措施

① 护岸(坡)的基础一般埋设在设计冲刷线以下1m，在基岩出露或基岩埋深较浅地段挡墙，可直接做在去掉强风化层的基岩面上，当地基上有软弱夹层时，应将其挖除，当墙体后土体可能发生滑动时，墙基础应设置在可能滑动面以下。

② 砌筑用的片石厚度应不小于150mm，当用于外墙时，厚度不小于200mm，砌筑前用水将表面冲洗干净。

③ 采用铺浆法砌筑，灰缝厚度控制在12～20mm之间，采用顺顶相间的砌筑方法，上

下错缝，内外搭砌，每砌3～4皮，分为一个分层高度，每个分层高度找平一次，两个分层高度间错缝不得小于80mm，设置拉结石。

④ 护岸(坡)的长度结构和形式根据现场情况选用，当护岸较长时，应每隔10m设一沉降缝，缝宽20mm，缝内用沥青麻填充。

⑤ 渗水孔的尺寸为100mm×100mm，孔眼间距2～3m，墙高4m以下，设一排渗水孔，4～7m设两排渗水孔，7m以上设三排渗水孔，最下排渗水孔应高出正常水位300mm，渗水孔半径500mm范围内应堆放粗颗过滤填料，颗粒粒径25～40mm，并在最低渗水孔下部铺设300mm厚黏土层并夯实。

⑥ 护岸(坡)的坡度高度以实际为准，宽度现场确定。

⑦ 护岸(坡)两端应嵌入冲沟岸坡面500mm，嵌缝应填土夯实，护岸(坡)同两端自然岸边应平顺衔接，不得缩窄原河口宽度。

(5) 临时水工保护措施

① 在施工过程中为防止强降雨汇水造成的水毁损失，在施工过程中需采取临时水工保护措施。

② 在陡坡、冲沟头等顶面处各做阻水墙一道，防止路面水顺坡冲刷，阻水墙采用素土夯实而成。

③ 施工时准备彩条布，当下雨时将所有灰土护坡覆盖保护，以防损坏。

④ 施工过程中注意收听天气预报，预告有雨或下雨时及时将施工机具等转移到安全地点，防止山洪暴发。

17.1.2 水工保护质量控制内容

(1) 砌筑砂浆应采用机械搅拌，自投料完算起，搅拌时间应符合下列规定：水泥砂浆和水泥混合砂浆不得少于2min；水泥粉煤灰砂浆和掺用外加剂的砂浆不得少于3min；掺用有机塑化剂的砂浆，应为3～5min。

(2) 砂浆应随拌随用，水泥砂浆和水泥混合砂浆应分别在3h和4h内使用完毕；当施工期间最高气温超过30℃时，应分别在拌成后2h和3h内使用完毕(对掺用缓凝剂的砂浆，其使用时间可根据具体情况延长)。

(3) 护坡、管涵、堡坎、过水路面、挡水(土)墙、固沙等线路保护构筑物的施工，应符合设计要求和国家现行建筑工程施工规范的有关规定(见表17－1)。

表17－1 水工保护施工质量检查控制重点

序号	操作要点及检查项目	检查方法	施工单位	监理单位
1	护坡、管涵、堡坎、过水路面、挡土墙、固沙等线路保护构筑物的施工，应符合设计要求	观察	必检	巡检
2	工程所用的原材料应符合规范的规定和设计要求	观察	必检	巡检
3	砌筑砂浆和现浇混凝土工程的石块强度应符合设计要求	观察	必检	巡检
4	基坑开挖及回填应符合设计要求	观察	必检	巡检
5	砌筑砂浆应采用机械搅拌，自投料完算起，搅拌时间应符合下列规定：水泥砂浆和水泥混合砂浆不得少于2min；水泥粉煤灰砂浆和掺用外加剂的砂浆不得少于3min	观察	必检	巡检

续表

序号	操作要点及检查项目	检查方法	施工单位	监理单位
6	砂浆应随拌随用，水泥砂浆和水泥混合砂浆应分别在3h和4h内使用完毕；当施工期间最高气温超过30℃时，应分别在拌成后2h和3h内使用完毕	观察	必检	巡检
7	石材表面的泥垢、水锈等杂志，砌筑前应清除干净	观察	必检	巡检
8	石砌体的灰缝厚度不应大于20mm	观察测量	必检	巡检
9	砌筑毛石基础的第一皮石块应座浆，并将大面向下	观察	必检	巡检
10	砂浆饱满度不应小于80%	观察测量	必检	巡检
11	石砌体的轴线位置及垂直度允许偏差应符合标准规范要求	观察测量	必检	巡检
12	石砌体的组砌形式应符合下列规定：内外搭砌，上下错缝，拉结石、丁砌石交错设置	观察	必检	巡检
13	毛石墙拉结石每0.7m^2不应少于1块	观察	必检	巡检
14	挡土墙的泄水孔施工应符合下列规定：泄水孔应均匀设置，在每米高度上间隔2m左右设置一个泄水孔；泄水孔与土体间铺设长宽各为300mm、厚200mm的卵石或碎石作疏水层	观察	必检	巡检
15	挡土墙内侧回填土必须分层夯填，分层松土厚度为300mm	观察	必检	巡检

17.1.3 水工保护HSE控制内容

1. 机械操作

（1）混凝土搅拌机使用前应认真进行设备功能、安全检查，严禁违规操作。

（2）设备操作人员须经过培训合格，方可独立上岗；搅拌机要定机、定人建立互控机制，确保设备和人身安全。

（3）在搅拌机设备旁醒目位置张挂《设备使用安全操作规程》，操作人员须熟悉安全操作规程内容。

2. 施工用电

（1）非电工严禁拆接电气线路、插头、插座、电气设备、电灯等作业；使用电气设备前必须要检查线路、插头、插座、漏电保护装置等是否完好。

（2）临时线路开关箱距地面1m以上，且“一机一闸”。移动式配电、开关箱应装设在牢固的支架上，与地面距离0.6~1.5m(固定式1.3~1.5m)，漏电保护器按在开关箱内。

（3）电气线路或机具发生用电故障时，由专业电工处理，非电工不得自行修理或排除故障。

（4）在架空输电线路附近工作时，应停止输电，不能停电时，应有隔离措施，要保持安全距离，防止接触。

（5）电线必须架空，不得在地面、施工的临时建筑物上随意拖拉，若必须通过路面时应有过路套管保护，物料、车辆不准碾压磨损电线。

3. 砌筑作业安全

（1）砌筑前，安全员应对施工人员进行安全交底，并保存交底记录；

（2）土质较差或坡度较大部位，应采取放坡或加固处理；

（3）筑前应清除基槽旁边的碎石，以防止掉入槽内伤人。

17.2 浆砌石挡土墙施工实例

浆砌片石挡土墙施工工艺如下：

1. 施工设备

每个施工段面必须配置小型拌合机、水泵、铁板、磅秤等基本机械设施。手推车、铁锹、锄头、大铲、瓦刀手锤、手凿、水平尺、勾缝条、扁担、坡度门架等由劳务合作队按施工要求自备。

2. 材料要求

工程所用石料，其材质要均匀、坚硬、不易风化、无裂纹、表面的污渍予以清除。片石形状不受限制，但其中部厚度不得小于15cm。宜使用普通硅酸盐水泥，不同品种的水泥不得混合使用，严禁使用过期失效水泥。细集料采用坚硬耐久、粒径在5mm以下的天然黄砂，砂的含泥量不大于3%。

3. 安全措施

施工人员必须佩戴安全帽和防护手套。高边坡施工要有防护绳、吊带、警示标牌等。在清除松石的施工过程中要有专人指挥，人工修坡时要注意塌方、滑坡等潜在风险，及时做出相应的调整，避免不必要的安全事故发生。施工现场电气作业，应由专职电工按规范操作。应检查作业区内使用设备及电线的漏电情况，发现问题立即整修。电器设备操作人员，必须穿合格劳保服装，戴标准绝缘手套。雨雪或潮湿天气，不宜在露天使用电器设备。施工现场用电设施应设置漏电保护装置。施工现场的配电盘应采取防雨雪措施。用电设备的金属外壳外应作接地保护。配电盘上的各种线路应有编号并标明用途。配电线路维修时应悬挂“禁止合闸，有人操作”警告标志。停、送电必须有专人负责。

搬运石块时要注意步调协调一致，施工便道应有足够的宽度和强度，确保运输安全，人工凿岩时要防止石块崩伤操作人员。搅拌机操作时应遵守操作规程，严禁违章操作。

4. 施工准备

施工现场要求三通一平，水泥、黄砂、石料的质量指标已经试验室抽检合格；进场的施工机具设备能满足生产要求；操作工人、施工队负责人、技术员已接受过技术交底。根据图纸要求，已做好测量放线工作，有坡度要求的砌体，应立好自制的坡度门架。施工用的水泥、砂、石料应分类堆放，水泥应下垫上盖防雨防潮。砌筑砂浆应根据设计要求和现场材料实际情况，由实验员确定施工配合比，并写在标示标牌上。

5. 基础测量放线

依据设计图纸，用全站仪准确放出基础四个角点坐标点位，精确测定出挡土墙基座主（横）轴线和起讫点及沉降缝位置。按施工放样的实际需要，用水准仪测量挡土墙各点的原地面高程，用以确定基坑开挖深度。设置施工水准点，在基坑底面弹出轴线及墙身线，将轴线及墙身线引出作业段面之外。

6. 基坑开挖

基坑开挖前疏通地面排水系统。采用挖掘机开挖时严禁超挖，避免扰动基底原状土。挖至设计基底应预留 20cm 采用人工刷底、修整，确保基底平整，几何尺寸及基底高程符合要求。基底要刷成 10% 的反坡(即内低外高)，防止墙内土的挤压力引起挡土墙向外滑动。开挖时保证边坡稳定，若遇石方则采用人工浅眼爆破。基底开挖的平面尺寸应比设计尺寸加宽 50cm 左右；基坑坑壁坡度应视地质条件、基坑深度、施工方法等情况，采取相应的坡比。基础开挖后若出现与设计情况有出入时，应向有关部门汇报，按实际情况调整设计。基坑开挖到设计标高后，应检查基底承载力，经监理工程师检验合格后应立即进行基础施工。开挖基坑的土方，在场地有条件堆放时，一定要留足回填需要的好土；多余的土方应一次运走，避免二次倒运。在基坑边弃土时，坑边的堆土应距基坑上口边缘 1. 2m 以外，高度不得超过 1. 5m。任何土质基坑挖至标高后不得长时间暴露、扰动或浸泡而削弱基底承载能力。基坑开挖完成后，应放线复验，确认位置无误并经监理工程师签字确认后，可进行基础施工。

7. 浆砌基础

（1）砌筑前应将石料表面清洗干净，用水湿润，在基坑内外两侧立杆挂线，外侧面线应顺直平整、逐层收坡。

（2）砌筑基础时应先坐浆后砌石。

（3）基础沉降缝设置要求同墙身。

（4）基础浆砌完成后立即用透水性材料分层回填基坑，用小型机械分层夯实，并使表层稍留向外斜坡，以免积水渗入浸泡基底。

（5）基础浆砌工艺与墙身的工艺基本相同。

8. 砂浆拌合

（1）砌筑砂浆标号为 M7. 5，为了保证砂浆的实际配置强度，应按不小于 8. 7MPa 的强度要求配料。施工配合比以重量计进行配料，采用小型搅拌机械拌合。若采用 P. O32. 5 水泥，砂浆的设计配合比宜为水泥: 砂 =1: 5. 1，掺水量依据砂的含水率适当调整。砂浆拌合投料顺序为砂、水泥干拌后再加水湿拌，湿拌时间不得少于 45s。砂浆随拌随用，保持适宜的稠度(30 ~ 50mm)，一般宜在 2h 内使用完毕。发生离析、泌水的砂浆，砌筑前应重新拌合，已超时或凝固的砂浆不得使用。拌合好的砂浆由手推翻斗车运至砌石现场，堆放在干净的铁皮上，严禁存放在地面上。

（2）项目部试验人员除了对浆砌施工现场下发砂浆配料单外，还应履行“开盘鉴定”职责。所谓“开盘鉴定”就是在施工现场检查水泥、砂、拌合用水是否与配料单中的品种规格一致；检查每盘掺配的材料数量是否符合要求。砂宜装入手推车过磅，未经过磅称重的砂不得直接铲入搅拌机料斗内。宜在手推车内用墨汁标出水平线，将重量转换为体积，有利于施工方便。

9. 浆砌墙身

（1）砌石前应按设计放出实样，为了控制好墙身内外侧的坡度，砌筑前，还需用松木板钉好坡度架并立于砌筑段的两端，挂横线采用坐浆法分段分层砌筑。分段位置设在沉降缝处，各段水平砌缝应一致。片石在砌筑前浇水湿润，石料表面有污垢应冲洗干净。分层砌筑以2～3层石块组成一工作层，每工作层的水平缝大致找平，不同层位的竖缝应相应错开，不能贯通。

（2）每层砌石都应先坐浆后砌石，坐浆厚度应使石料在挤压安砌时能紧密连结，且砌石砂浆密实饱满。应选用具有比较整齐表面的大尺寸石块作为定位石（角隅石）及镶面石。分层砌筑时各砌层应先砌角石、后边石或面石，最后才砌筑腹石。外围固定砌块应与里层砌块交错连成一体，定位石的砌缝应满铺砂浆，不得镶嵌小石块。

（3）砌筑腹石时，砌体中的石块应大小搭配，石料间的砌缝要互相交错、咬搭，砂浆密实。石料之间不得无砂浆直接接触，也不准干填石料后铺灌砂浆。片石不宜竖立使用，砌筑时应将尖锐突出部分敲除。一般情况下较大的石料以大面为底，但是浆砌片石时，需利用片石的自然形状，将大小砌石相互交错地衔接在一起，除最下一层石块应大面朝下外，上面的石块不一定必须大面朝下，做到犬牙交错，搭配紧密即可。同时在砌下层石块时，既应考虑上层石块如何接砌，砌筑过程中还要将石料的缝隙留开，保证2cm的深度，以利于勾缝。平缝与竖缝宽度不大于20mm，较宽的砌缝可用小锤将小石片敲入挤塞，但石片应被砂浆包裹。在砂浆未凝固前，将砌缝砂浆刮深不小于20mm，为以后勾缝做准备。

（4）浆砌片石应嵌入边坡内0.2m，以防表水灌入。相邻挡土墙设计高差较大时，应先砌筑高墙段。砌筑中断时，应将砌筑好的石层空隙用砂浆填满，再砌筑时应将石层表面清扫干净，洒水湿润，工作缝应留斜茬。

（5）浆砌临近至设计高度时，应用较平整的石块砌筑顶部，并用水泥砂浆全面找平，顶面的横向流水坡度宜为2%。砌体在砌筑过程中随时检查平面位置、断面尺寸和坡度，确保砌体外观及内在质量。

（6）砌筑的挡土墙需设置泄水孔，泄水孔间距为2～5m，孔内安装直径10cm圆形PVC管。预设泄水孔的位置要符合设计要求，泄水孔向外横坡一般为3%。上下排泄水孔应交错设置，最底层泄水孔距底面高度宜为30cm。按设计要求设置砌体沉降缝，一般每10m设置一道（与基础沉降缝对应），每道沉降缝应垂直贯穿整个砌体断面，缝宽宜在2cm左右，缝内填塞沥青麻絮，填塞深度不小于20cm。

10. 砂浆试件制作

每工作台班制作两组自检用的和一组监理抽检用的标准养生试件，一组试件由6块试块组成。制作时将砂浆分两层（每层约40mm）先后放入涂了脱模剂的试模中，用捣棒（直径为20mm、长度200mm的钢棒，底面加工成平面）对每层砂浆均匀插捣25次。第二层插捣完毕后，用抹刀沿模壁插数次，使砂浆高出模壁6～8mm。试件成型后0.5～1h，再用抹刀刮掉剩余砂浆，并抹平表面在现场覆盖养护，一般情况下24h脱模并标注施工部位和日期后分别送至施工单位和驻地办试验室标准养生。

11. 抹面

挡土墙在砌筑完毕后要对墙顶抹面，抹面砂浆不低于10号，抹面厚度一般为20～30mm。抹面顶的流水横坡度宜为2%。抹面段落沉降缝的设置要求同墙体，待顶面沉降缝完工后再予抹面，抹面结束后用C30水泥浆在沉降缝顶面勾出流水条。抹面宽度应超出墙体顶面外侧边线2cm，俗称“戴帽子”，“帽子”应沿墙体下延与墙体连成整体，帽厚宜为6cm。

12. 勾缝工艺

浆砌片石挡土墙应勾凹缝，而且是真凹缝，严禁勾假凹缝。勾缝后石块轮廓不能被掩盖，真实砌缝的准确位置和宽度应清晰可见。勾缝前应检验缝槽深度不小于20mm，缝槽宽度应是砌缝的真实宽度，不合要求者应返工处理。对合格缝槽充分清洗湿润后，用比砌筑砂浆高一个标号的砂浆(用细砂拌制)勾缝，缝面高度比砌体石略低2～4mm，勾缝砂浆面应平整、光滑，勾完缝后，砌石轮廓分明、清晰可见。凹缝处涂以墨汁，更能增加美感。

13. 墙背回填

待砂浆强度达到70%以上时，方能回填墙背填料，以确保墙体稳定。采用透水性材料分层回填压实，基坑弃料如符合要求，应优先采用，回填层最大松铺厚度不得大于20cm。墙后泄水孔部位设置用双层防水土工布包裹的砂砾反滤层。视作业面空间选择合适的压实机具，压实时应注意勿使墙身受到冲击影响，临近墙背1.0m的范围内，应采用蛙式打夯机、内燃式打夯机、手扶式震动压路机等小型压实机具碾压。

14. 养生

砌体砌筑完成后应及时用草袋或土工布进行覆盖，并经常洒水保持湿润，养护期一般不得小于7天。养生期间应避免碰撞和承重。

冬季低温施工应采取防冻保温措施。

图17－1～图17－7记录了本施工案例典型环节的情形。

图17－1　基坑清理到设计标高后精确测定挡土墙的平面位置

图17－2　自制的坡度门架挂线施工控制坡比

图17－3　用磅秤按照配合比秤重后机械搅拌砂浆

图17－4　挂线施工砌体咬口紧密错缝砌口大于90°

图 17－5　采用勾凹缝先清理 2～3cm 深的缝

图 17－6　挡墙勾缝

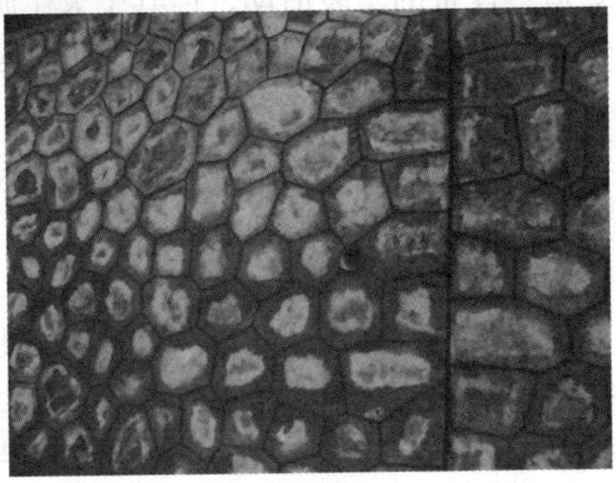

图 17－7　挡土墙的泄水孔和沉降缝

第 18 章　水工保护工程造价管理

18.1　相关法律与制度

18.1.1　建筑法

《中华人民共和国建筑法》(以下简称《建筑法》)主要适用于各类房屋建筑及其附属设施的建造和与其配套的线路、管道、设备的安装活动，但其中关于施工许可、建筑施工企业资质审查和建造工程发包、承包、禁止转包，以及建筑工程监理、建筑工程安全和质量管理的规定，也适用于其他建设专业建筑工程的建筑活动工程。

1. 建筑许可

建筑许可包括建筑工程施工许可和从业资格两方面。

(1) 建筑工程施工许可

① 施工许可证的申领。除国务院建设行政主管部门确定的限额以下的小型工程外，建筑工程开工前，建设单位应按照国家有关规定向工程所在地县级以上人民政府建设行政主管部门申领施工许可证。按照国务院规定的权限和程序批准开工报告的建筑工程，不再领取施工许可证。

申请领取施工许可证，应当具备如下条件：已办理建筑工程用地批准手续；在城市规划区内的建筑工程，已取得规划许可证；需要拆迁的，其拆迁进度符合施工要求；已经确定建筑施工单位；有满足施工需要的施工图纸及技术资料；有保证工程质量和安全的具体措施；建设资金已经落实；法律、行政法规规定的其他条件。

② 施工许可证的有效期。建设单位应当在领取施工许可证之日起 3 个月内开工。因故不能按期开工的，应当向发证机关申请延期；延期以二次为限，每次不超过 3 个月。既不开工又不申请延期或者超过延期时限的，施工许可证自行废止。

(2) 从业资格

① 单位资格。从事建筑活动的施工企业、勘察、设计和监理单位，按照其拥有的注册资本、专业技术人员、技术装备、已完成的建筑工程业绩等资质文件，划分为不同的资质等级，经资质审查合格，取得相应等级的资质证书后，方可在其资质等级许可的范围内从事建筑活动。

② 专业技术人员资格。从事建筑活动的专业人员应当依法取得相应的执业资格证书，并在执业资格证书许可的范围内从事建筑活动。

18.1.2 合同法

《中华人民共和国合同法》(以下简称《合同法》)中的合同是指平等主体的自然人、法人、其他组织之间设立、变更、终止民事权利义务关系的协议。

1. 合同法的主体

《合同法》中所列的平等主体有三类，即：自然人、法人和其他组织。

2. 合同的基本原则

(1) 平等原则;

(2) 自愿原则;

(3) 公平的原则;

(4) 诚实信用的原则;

(5) 合法的原则;

18.2 建设工程造价的计价方法

18.2.1 工程造价的含义与特点

18.2.1.1 工程造价的含义

工程造价本质上属于价格范畴。工程造价也称工程总造价,工程总造价由直接费、间接费、利润、税金组成。在市场经济条件下,工程造价有两种含义:

1. 第一种含义

从投资者或业主的角度来定义。建设工程造价是指有计划地建设某项工程,预期开支或实际开支的全部固定资产投资和流动资产投资的费用。即有计划地进行某建设工程项目的固定资产再生产建设,形成相应的固定资产、无形资产和辅底流动资金的一次性投资费的综合。

2. 第二种含义

从承包商、供应商、设计市场供给主体来定义。建设工程造价是指为建设某项工程,预计或实际在土地市场、设备市场、技术劳务市场、承包市场等交易活动中形成的工程发包(交易)价格。

18.2.1.2 工程造价的特点

(1) 大额性;

(2) 单个性;

(3) 动态性;

(4) 层次性;

(5) 阶段性。

18.2.2 建设工程造价的内容与构成

18.2.2.1 工程造价的内容

(1) 分部分项工程单价。

(2) 单位工程造价。单位工程是单项工程的组成部分,是指具有独立的设计可以独立组织施工,但竣工后不能独立发挥生产能力或使用效益的工程。

(3) 单项工程造价。单项工程是建设项目的组成部分,具有独立的设计文件,竣工后能单独发挥设计所规定的生产能力或效益。

(4) 建设项目总造价。

18.2.2.2 建筑安装工程造价的构成

为了加强基本建设的管理和适应建筑业的发展,有利于合理确定工程造价,提高基本建设投资效益，国家统一了建筑、安装工程造价划分的口径。

按照建设部、财政部建标【2003】206 号文件规定：建筑安装工程费用项目由直接费、间接费、利润和税金组成，见图 18－1。

- 建筑安装工程费
  - 直接费
    - 直接工程费
      - 1. 人工费
      - 2. 材料费
      - 3. 施工机械使用费
    - 措施费
      - 1. 环境保护
      - 2. 文明施工
      - 3. 安全施工
      - 4. 临时设施
      - 5. 夜间施工
      - 6. 二次搬运
      - 7. 大型机械设备进出场及安拆
      - 8. 混凝土、钢筋混凝土模板及支架
      - 9. 脚手架
      - 10. 已完工程及设备保护
      - 11. 施工排水、降水
  - 间接费
    - 规 费
      - 1. 工程排污费
      - 2. 工程定额测定费
      - 3. 社会保障费
        - （1）养老保险费
        - （2）失业保险费
        - （3）医疗保险费
      - 4. 住房公积金
      - 5. 危险作业意外伤害保险
    - 企业管理费
      - 1. 管理人员工资
      - 2. 办公费
      - 3. 差旅交通费
      - 4. 固定资产使用费
      - 5. 工具用具使用费
      - 6. 劳动保险费
      - 7. 工会经费
      - 8. 职工教育经费
      - 9. 财产保险费
      - 10. 财务费
      - 11. 税金
      - 12. 其他
  - 利 润
  - 税 金

图 18－1 建筑安装工程费用项目的组成

1. 直接费

直接费由直接工程费和措施费组成。

（1）直接工程费

① 人工费。指直接从事建筑安装工程施工的生产人工开支的各项费用。

② 材料费。指施工过程中消耗的构成工程实体的原材料、辅助材料、构配件、零件、半成品的费用。其中，定额基础单价与市场单价的差额称为材料价差。

③ 施工机械使用费。指施工机械作业所发生的机械使用费以及机械安拆费和场外运费。

（2）措施费。指为完成工程项目施工，发生于该工程施工前和施工过程中非工程实体项目的费用。包括环境保护费、文明施工费、安全施工费、临时设施费、夜间施工费、二次搬运费、大型机械设备进出场及安装费等。

2. 间接费

间接费由规费和企业管理费组成。

（1）规费。规费指政府和有关权力部门规定必须缴纳的费用。包括工程排污费、工程定额测定费、养老保险费、医疗保险费等。

（2）企业管理费。企业管理费指施工企业为组织施工生产经营活动而发生的管理费用。包括管理人员工资、办公费、差旅交通费等。

18.2.3 工程造价的计价方法

工程造价计价的方法有多种，各不相同，但工程造价计价的基本过程和原理是相同的。从工程费用计算角度分析，工程造价计价的顺序是：分部分项工程单价—单位工程造价—单项工程造价—建设项目总造价。影响工程造价的主要因素有两个，即单位价格和实物工程数量，可用下列基本计算式表达：

$$工程造价 = \sum_{i=1}^{n}（工程量 \times 单位价格）$$

式中 i——第 i 个基本子项；

n——工程结构分解得到的基本子项数目。

18.2.3.1 工程利润的计算公式

1. 以直接费为计算基础

利润 =（直接工程费 + 措施费 + 间接费）× 相应利润率

2. 以人工费和机械费为计算基础

利润 = 直接工程费和措施费中的（人工费 + 机械费）× 相应利润率

3. 以人工费为计算基础

利润 = 直接工程费和措施费中的人工费 × 相应利润率

税金计算公式：

税金 =（税前造价 + 利润）× 税率（%）

18.2.3.2 税率计算公式

1. 纳税地点在市区的企业

税率(%) = 1/(1 −3%) −(3% ×7%) −(3% ×3%) − 1

2. 纳税地点在县城、镇企业

税率(%) = 1/(1 −3%) −(3% ×5%) −(3% ×3%) − 1

3. 纳税地点在县城、镇企业

税率(%) = 1/(1 −3%) −(3% ×1%) −(3% ×3%) −1

18.3 建设工程造价的计价依据

18.3.1 工程定额的概念与分类

1. 定额的概念

定额就是一种规定的额度，或称数量标准。工程定额指在规定工作条件下，完成合格的单位建筑安装产品所需要用的劳动、材料、机具、设备以及有关费用的数量标准。

2. 工程建设定额的分类

(1) 按定额反映的生产要素消耗内容分类：

① 劳动定额。劳动定额规定了在正常施工条件下某工种某等级的工人，生产单位合格产品所需消耗的劳动时间，或是在单位时间内生产合格产品的数量。

② 材料消耗定额。材料消耗定额是在节约和合理使用材料的条件下，生产单位合格产品所必须消耗的一定品种规格的原材料、半成品、产品或结构件的消耗量。

③ 机械台班消耗定额。机械台班消耗定额是在正常施工条件下，利用某种机械，生产单位合格产品所必须消耗的机械工作时间，或是在单位时间内机械完成合格产品的数量。

(2) 按定额的不同用途分类：

① 施工定额。施工定额是企业内部使用的定额，它以同一性质的施工过程为研究对象，由劳动定额、材料消耗定额、机械台班消耗定额组成。它既是企业投标报价的依据，也是企业控制成本的基础。

② 预算定额。预算定额是编制工程预结算时计算和确定一个规定计算单位的分项工程或分项工程或结构件的人工、材料、机械台班耗用量(或货币量)的数量标准。它是以施工定额为基础的综合扩大。

施工预算：施工预算是施工单位根据施工图纸、施工定额、施工及验收规范、标准图集、施工组织设计(或施工方案)编制的单位工程(或分部分项工程)施工所需的人工、材料和施工机械台班数量，是施工企业内部文件，是单位工程(或分部分项工程)施工所需的人工、材料和施工机械台班消耗数量的标准。

③ 概算定额。概算定额是编制扩大初步设计概算时计算和确定扩大分项工程的人工、材料、机械台班用量(或货币量)的数量标准。它是预算定额的综合扩大。

工程概预算：工程概预算是指在工程建设过程中，根据不同设计阶段的设计文件的具体内容和有关定额、指标及收费标准，预先计算和确定建设项目的全部工程费用的技术经济文件。

(3) 按照定额的编制单位和执行范围分类：

① 全国统一定额；

② 地区统一定额；

③ 行业定额；

④ 企业定额；

⑤ 补充定额；

(4) 按照投资的费用性质分类：

① 建筑工程定额。建筑工程一般是指房屋和构筑物工程。包括土建工程、电气工程、暖通工程、工业管道工程等。

② 设备安装工程定额。设备安装工程是对需要安装的设备进行定位、组合、校对、调试等工作的工程。在工业项目中，机械设备安装和电器设备安装工程占有重要地位。

③ 建筑安装工程费用定额。建筑安装工程费用定额是指与建筑安装施工生产的个别产品无关，而为企业生产全部产品所必须，为维持企业的经营管理活动而必须发生的各项费用开支的费用高消耗标准。

④ 工程建设其他费用定额。是独立于建筑安装工程、设备和工器具购置之外的其他费用开支的标准。

18.3.2 工程造价计价依据的分类

1. 工程造价计价依据的要求

工程造价计价依据是据以计算造价各类基础资料的总称。由于影响工程造价的因素很多，每一项工程的造价都要根据工程的用途、类别、结构特征、建设标准、所在地区和坐落地点、市场价格信息，以及政府的产业政策、税收政策和金融政策等作具体计算。

工程造价计价依据必须满足以下要求：

(1) 准确可靠，符合实际；

(2) 可信高度，有权威性；

(3) 数据化表达，便于计算；

(4) 定性描述清晰，便于正确利用。

2. 现行工程计价依据体系(见表 18-1)

表 18-1 现行工程量计价依据体系一览表

序号	分类	计价依据名称	内容	批准文号	执行时间
1	标准类	《建设工程工程量清单计价规范》	建设工程	建设部公告第 119 号	2003 年 7 月
2	定额类	《全国统一建筑工程基础定额》	建设工程	建标【1995】736 号	1995 年 12 月
		《全国统一建筑工程基础定额》	安装工程	建设部公告第 431 号	2006 年 9 月
		《全国统一建筑装饰装修消耗量定额》	装饰工程	建标【2001】271 号	2002 年 1 月
		《全国统一建筑工程预算定额》	安装工程	建标【2000】60 号	2000 年 3 月
		《全国统一建筑工程预算定额》	市政工程	建标【1999】221 号	1999 年 10 月
		《全国统一施工机械台班费用编制规则》	通用	建标【2001】196 号	2001 年 9 月
		《全国统一建筑安装工程工期定额》	建筑安装工程	建标【2000】38 号	2000 年 2 月
		各省、直辖市、自治区颁发的计价依据			
		各行业部门颁发的计价依据			
3	相关的法律、政策类	《中华人民共和国建筑法》	通用	中华人民共和国主席令第 91 号	1998 年 3 月
		《中华人民共和国招投标法》	通用	中华人民共和国主席令第 21 号	2000 年 1 月
		《建筑工程施工发包与承包计价管理办法》	通用	建设部令第 107 号	2001 年 12 月
		《房屋建筑和市政基础设施工程施工招标投标管理办法》	通用		2001 年 6 月
		《建筑安装工程费用组成》	通用		2004 年 1 月

18.3.3 预算定额

1. 预算定额的概念

预算定额是建筑工程预算定额和安装工程预算定额的总成。随着我国推行工程量清单计价，一些地方出现综合定额、工程量清单计价定额、工程量消耗量定额，但其本质上仍然归于预算定额一类。

预算定额是计算和确定一个规定计量单位的分项工程或结构构件的人工、材料和施工机械台班消耗的数量标准。

2. 预算定额的作用

（1）是编制施工图预算、确定工程造价的依据；

（2）是建筑安装工程在工程招投标中确定标底和标价的依据；

（3）是建筑单位拨付工程价款、建设资金和编制竣工结算的依据；

（4）是施工企业编制施工计划，确定劳动力、材料、机械台班需用量计划和统计完成工程量的依据；

（5）是施工企业实施经济核算制、考核工程成本的参考依据；

（6）是对设计方案和施工方案进行技术经济评价的依据；

（7）是编制概算定额的基础。

3. 预算定额的编制依据

（1）全国统一劳动定额、全国统一基础定额。

（2）现行的设计规范、施工验收规范、质量评定标准和安全操作规程。

（3）通用的标准图和已选定的典型工程施工图纸。

（4）推广的新技术、新结构、新材料、新工艺。

（5）施工现场测定资料、实验资料和统计资料。

（6）现行预算定额及基础资料和地区材料预算价格、工资标准及机械台班单价。

4. 预算定额编制步骤

（1）准备阶段：

① 根据国家或授权机关关于编制预算定额的指示，由工程建设定额管理部门主持，组织编制预算定额的领导机构和各专业小组。

② 拟定编制预算的工作方案，提出编制预算定额的基本要求，确定预算定额的编制原则、适用范围，确定项目划分以及预算定额表格形式等。

③ 调查研究、收集各种编制依据和资料。

（2）编制初稿阶段：

① 对调查和收集的资料进行深入细致的分析研究。

② 按编制方案中项目划分的规定和所选定的典型施工图纸计算出工程量，并根据取定的各项消耗指标和有关编制依据，计算分项定额中的人工、材料和机械台班消耗量，编制预算定额项目表。

③ 测算预算定额水平。

18.3.4 人工、材料、机械台班消耗量定额

人工、材料、机械台班消耗量以劳动定额、材料消耗量定额、机械台班消耗量定额的形式来表现，它是工程计价最基础的定额，是编制地方和行业部门预算定额的基础。

18.3.4.1 劳动定额

1. 劳动定额的概念

劳动定额亦是人工定额，指在正常施工条件下，某等级工人在单位时间内完成合格产品

的数量或完成单位合格产品所需的劳动时间。安其表现形式的不同，可分为时间定额和产量定额。

2. 时间定额与产量定额的关系

时间定额 = 1/产量定额

18.3.4.2 材料消耗定额

1. 材料消耗定额的概念

材料消耗定额是指先进合理的施工条件和合理使用材料的情况下，生产质量合格的单位产品所必须消耗的建筑安装材料的数量标准。

直接构成建筑安装工程实体的材料称为材料消耗净用量定额，不可避免的施工废料和材料施工操作损耗量称为材料损耗量定额。

材料消耗用量定额与损耗量定额之间具有下列关系：

材料消耗定额(材料总消耗量) = 材料消耗净用量 + 材料损耗量

材料消耗率 = 材料损耗量/材料消耗净用量 × 100%

材料消耗定额 = 材料消耗净用量 × (1 + 损耗率)

2. 编制材料消耗定额的基本方法

(1) 现场技术测定法；

(2) 试验法；

(3) 统计法；

(4) 理论计算法。其举例如下：

① 砖砌体材料用量计算：标准砖砌体中，标准砖、砂浆用量计算公式：

每立方米砌体标准砖用量(块) = 2 × 墙厚的砖数/墙厚 × (砖长 + 灰缝) × (砖厚 + 灰缝)

② 各种块料面层得材料用量计算：

每100平方米块料面层中块料净用量(m^3) = (100 - 块料净用量 × 块料长 × 块料宽) × 块料厚

每100平方米块料面层

中结合层砂浆净用量(m^3) = 100 × 结合层厚

各种材料总消耗量 = 净用量 × (1 + 损耗量)

18.3.5 人工、材料、机械台班单价及定额基价

预算定额人工材料、机械台班消耗量确定后，就需要确定人工、材料、机械台班消耗量的单价。

18.3.5.1 人工单价

按照建设部、财政部印发的《建筑安装工程费用项目组成》(建标【2003】206号)的方法计算：

$$人工费 = \sum(工日消耗量 \times 日工资单价)$$

$$日工资单价(G) = G_1 + G_2 + G_3 + G_4 + G_5$$

1. 基本工资

基本工资(G_1) = 生产工人平均月工资/年平均每月法定工作日

2. 工资性补贴

工资性补贴(G_2) = $\sum$年发放标准/全年日历 - 法定假日 + $\sum$月发放标准/年平均每月法

定工作日 + 每工作日发放标准

3. 生产工人辅助工资

生产工人辅助工资(G_3) = 全年无效工作日 × ($G_1 + G_2$)/全年日历日 - 法定假日

4. 职工福利费

职工福利费(G_4) = ($G_1 + G_2 + G_3$) × 福利费计提比例(%)

5. 生产工人劳动保护费

生产工人劳动保护费(G_5) = 生产工人年平均支出劳动保护费/全年日历日 - 法定假日

18.3.5.2 材料价格

1. 材料预算价格的概念及其组成

(1) 材料预算价格的概念。材料预算价格是指材料由其来源地(或交货地)运至工地仓库堆放地后的出库价格。这里指的材料价格包括构件、半成品及成品。

(2) 材料预算价格的组成:

① 材料原价(供应价格);

② 包装费;

③ 材料运杂费;

④ 运输损耗费;

⑤ 采购及保管费;

⑥ 检验试验费。

2. 施工机械台班单价

施工机械台班单价亦称施工机械台班使用费，它是指单位工作台班中为使机械正常运转所分摊和支出的各项费用。

3. 定额基价

定额基价，亦称分项工程单价，一般是指在一定使用期范围内建筑安装单位产品的不完全价格。

(1) 基价的编制依据

① 现行的预算定额;

② 现行的日工资标准，目前日工资标准通常采用建筑劳务市场的价格;

③ 现行的地区材料预算价格;

④ 现行的施工机械台班价格。

(2) 基价的确定方法

定额项目基价 = 人工费 + 材料费 + 机械费

人工费 = 定额项目工日数 × 综合平均日工资标准

材料费 = Σ(定额项目材料用量 × 材料预算价格)

机械费 = Σ(定额项目台班数 × 台班单价)

18.4 设计阶段工程造价的确定与控制

18.4.1 建设项目投资估算

1. 建设项目决策的概述

(1) 建设项目决策的概念。项目投资决策时选择和决定投资方案的过程，是对拟建项目的必要性和可行性进行技术及经济论证，对不同建设方案进行技术和经济比较，以及做出判断和决定的过程。

（2）建设项目决策与项目投资的关系：

① 项目决策的正确性是项目投资合理性的前提；

② 项目决策是项目投资和确定建设项目工程造价的基础；

③ 项目投资和建设项目工程造价水平影响项目决策；

④ 投资估算的精确度和工程造价的控制水平依赖于项目决策阶段对项目的理解深度。

2. 投资估算的概念与作用

按照建设项目管理程序，项目决策阶段应编制投资估算，投资估算是这些文件的重要组成部分。

（1）投资估算概念。投资估算是指在项目决策过程中，对建设项目投资数额进行的估算。它是项目建议书、项目申请报告和可行性研究报告的重要组成部分，是项目决策的重要依据之一。

（2）投资估算的作用：

① 项目建设书、可行性研究报告文件中投资估算是研究、分析、计算项目投资经济效益的重要条件。

② 项目建议书阶段的投资估算是项目主管部门审批项目的依据之一，并对项目的规划、规模起参考作用。

③ 项目可行性研究阶段的投资估算是方案选择和投资决策的重要依据。

④ 项目投资估算是项目资金筹措及制定建设贷款计划的依据，建设单位可根据批准项目投资估算额，进行资金筹措和向银行申请贷款。

（3）投资估算的方法：

① 单位生产能力估算法

$$C_2 = (C_1/Q_1)Q_2F$$

式中 C_1——已建类似项目的静态投资额；

C_2——拟建项目静态投资额；

Q_1——已建类似项目的生产能力；

Q_2——拟建项目的生产能力；

F——不同时期、不同地点的工程造价综合调整系数。

② 系数估算法

$$C = E(1 + F_1P_1 + F_2P_2 + F_3P_3 + \cdots\cdots) + I$$

式中 C——拟建项目投资额；

E——拟建项目设备费；

P_1、P_2、$P_3\cdots$——已建项目中建筑安装费及其他工程费等与设备费的比例；

F_1、F_2、$F_3\cdots$——由于时间因素引起的定额、价格、费用标准等变化的综合调整系数；

I——拟建项目的其他费用。

18.4.2 建设项目施工图预算

1. 施工图预算的概念与作用

（1）施工图预算的概念。施工图预算是施工图设计预算的简称，又叫设计预算。它是由设计单位在施工图纸设计完成后，根据施工图设计图纸、现行预算定额、费用定额以及地区设备、材料、人工、施工机械台班等预算价格编制和确定的建筑安装工程造价的文件。

（2）施工图预算的作用：

① 根据施工图预算修正建设投资。

② 施工图预算可作为确定招标标底的参考依据。

③ 根据施工图预算拨付和结算工程款。

2. 施工图预算编制的原则

（1）严格执行规定的设计和建设标准；

（2）完整、准确地反映设计内容的原则；

（3）坚持结合拟建工程的实际，反映工程所在地当时价格水平的原则。

3. 施工图预算书的组成

（1）封面；

（2）编制说明；

（3）总预算表；

（4）费用计算表；

（5）单位工程直接费计算表；

（6）材料价差调整表；

（7）工、料、机分析表；

（8）补充单位估算表；

（9）主要设备材料数量级价格表。

4. 施工组织设计

施工组织设计一般包括四项基本内容：

① 施工方法与相应的技术组织措施，即施工方案。

② 施工进度计划。

③ 施工现场平面布置。

④ 有关劳力、施工机具、建筑安装材料、施工用水、电、动力及运输、仓储设施等暂设工程的需要量及其供应与解决办法。前两项指导施工，后两项则是施工准备的依据。

18.4.3 决策和设计阶段工程造价的控制

1. 项目决策和设计阶段工程造价控制的意义

（1）在项目决策和设计阶段进行工程造价控制可以使投资构成更合理，提高资金利用效率；

（2）在项目决策和设计阶段进行工程造价控制可以提高投资管理效率；

（3）在项目决策和设计阶段进行工程造价控制会使控制工作更加主动；

（4）在项目决策和设计阶段进行工程造价便于技术与经济相结合；

（5）在项目决策和设计阶段控制工程造价效果最显著。

2. 项目决策和设计阶段影响工程造价的主要因素

（1）项目建设规模；

（2）项目建设地点；

（3）项目技术方案；

（4）设备方案；

（5）辅助设施、公用设施、建设标准。

第 5 篇
管道施工

第19章 管道施工基础知识

19.1 管材和管件基本知识

19.1.1 管材

19.1.1.1 管材的分类

管材是管道工程最主要的施工用料。由于输送的介质及其参数不同，对管材的要求也就各异，因而生产了多种类型的管材，其分类方法有：

1. 按材质分类

（1）金属管。可分为钢管、铸铁管、铜管、铝管、铅管等。

（2）非金属管。可分为钢筋混凝土管、混凝土管、陶瓷管、塑料管、玻璃管、胶管等。

（3）复合管。可分为衬铅管、衬胶管、玻璃钢管、塑料管等。

2. 按生产方法分类

（1）无缝管。可分为热轧管、冷轧管、冷拔管、挤压管、顶管。

（2）焊管。可分为电弧焊管、电阻焊管(高频、低频)、气焊管、炉焊管；按焊缝可分为：直缝焊管、螺旋焊管。

3. 按壁厚分类

（1）薄壁钢管。

（2）厚壁钢管。

4. 按用途分类

按用途分为管道用钢管、热工设备用钢管、机械工业用钢管、石油、地质钻探用钢管、容器钢管、化学工业用钢管、特殊用途钢管、其他。

19.1.1.2 常用工业管道

常用工业管道有焊接钢管和无缝钢管。

1. 焊接钢管

（1）直缝焊接钢管。直缝钢管是焊缝与钢管纵向平行的钢管。通常分为公制电焊钢管、电焊薄壁管、变压器冷却油管等。直缝焊管生产工艺简单，生产效率高，成本低，发展较快。直缝焊接钢管是通过高频焊接机组将一定规格的长条形钢带卷成圆管状并将直缝焊接而成钢管。钢管的形状可以是圆形的，也可以是方形或异形的，它取决于焊后的定径轧制。焊接钢管的材料主要是低碳钢及 $\sigma_s \leq 300N/mm^2$、$\sigma_s \leq 500N/mm^2$ 的低合金钢或其他钢材。

（2）螺旋焊接钢管。螺旋焊接钢管是指用钢带或钢板弯曲变形为圆形、方形等形状后再焊接成的、表面有接缝的钢管。螺旋焊管的强度一般比直缝焊管高，能用较窄的坯料生产管径较大的焊管，还可以用同样宽度的坯料生产管径不同的焊管。但是与相同长度的直缝管相比，焊缝长度增加30%～100%，而且生产速度较低。因此，较小口径的焊管大都采用直缝焊，大口径焊管则大多采用螺旋焊。常见材质：Q235A、Q23b、0Cr13、1Cr17、00Cr19Ni11、1Cr18Ni9、0Cr18Ni11Nb、Q345 L245 L290 X42 X46 X70 X80。

2. 无缝钢管

无缝钢管是一种具有中空截面、周边没有接缝的圆形、方形、矩形钢材，是用钢锭或实心管坯经穿孔制成毛管，然后经热轧、冷轧或冷拔制成。无缝钢管具有中空截面，大量用作输送流体的管道，如输送石油、天然气、煤气、水及某些固体物料的管道等。钢管与圆钢等实心钢材相比，在抗弯抗扭强度相同时，重量较轻，是一种经济截面钢材，广泛用于制造结构件和机械零件，如石油钻杆、汽车传动轴、自行车架以及建筑施工中用的钢脚手架等。用钢管制造环形零件，可提高材料利用率，简化制造工序，节约材料和加工工时，如滚动轴承套圈、千斤顶套等。

19.1.2 管件

管件是将管子联接成管路的零件。根据联接方法可分为承插式管件、螺纹管件、法兰管件和焊接管件四类。多用与管子相同的材料制成。有弯头(肘管)、法兰、三通管、四通管(十字头)和异径管(大小头)等。弯头用于管道转弯的地方；法兰用于管子与管子相互连接，连接于管端；三通管用于三根管子汇集的地方；四通管用于四根管子汇集的地方；异径管用于不同管径的两根管子相联接的地方。

管件在管道中起的作用是：连接两根管子，改变管路方向和直径，引出支管或堵塞管路。常用的管件及材料：

(1) 弯头：常用的有钢制无缝弯头、冲压焊接弯头、焊制弯头、异径管和活接头等。

(2) 法兰：常用的有平焊法兰、对焊法兰、活套法兰和螺纹法兰。

(3) 紧固件：常用的有单头螺栓、双头螺栓、栓母和垫片。

19.2 管道焊接基本知识

19.2.1 焊接的基本概念及分类

在油气管道保护工作中，对于损坏或腐蚀的管段必须更换或补强。由此，学习基本的管道焊接知识是十分必要的。

焊接是被焊工件的材质(同种或异种)，通过加热或加压，或两者并用，也可能用填充材料，使工件达到结合的方法。通常有熔焊、压焊和钎焊三种。

1. 熔焊

熔焊是在焊接过程中将工件接口加热至熔化状态，不加压力完成焊接的方法。熔焊时，热源将待焊两工件接口处迅速加热熔化，形成熔池。熔池随热源向前移动，冷却后形成连续焊缝而将两工件连接成为一体。在熔焊过程中，如果大气与高温的熔池直接接触，大气中的氧就会氧化金属和各种合金元素。大气中的氮、水蒸气等进入熔池，还会在随后冷却过程中在焊缝中形成气孔、夹渣、裂纹等缺陷，恶化焊缝的质量和性能。为了提高焊接质量，人们研究出了各种保护方法。例如，气体保护电弧焊就是用氩、二氧化碳等气体隔绝大气，以保护焊接时的电弧和熔池率；又如钢材焊接时，在焊条药皮中加入对氧亲和力大的钛铁粉进行脱氧，就可以保护焊条中有益元素锰、硅等免于氧化而进入熔池，冷却后获得优质焊缝。

2. 压焊

压焊是在加压条件下，使两工件在固态下实现原子间结合，又称固态焊接。常用的压焊工艺是电阻对焊，当电流通过两工件的连接端时，该处因电阻很大而温度上升，当加热至塑性状态时，在轴向压力作用下连接成为一体。各种压焊方法的共同特点是在焊接过程中施加压力而不加填充材料。多数压焊方法如扩散焊、高频焊、冷压焊等都没有熔化过程，因而没有像熔焊那样的有益合金元素烧损和有害元素侵入焊缝的问题，从而简化了焊接过程，也改善了焊接安全卫生条件。同时由于加热温度比熔焊低、加热时间短，因而热影响区小。许多难以用熔化焊焊接的材料，往往可以用压焊焊成与母材同等强度的优质接头。

3. 钎焊

钎焊是使用比工件熔点低的金属材料作钎料，将工件和钎料加热到高于钎料熔点、低于工件熔点的温度，利用液态钎料润湿工件，填充接口间隙并与工件实现原子间的相互扩散，从而实现焊接的方法。

19.2.2 焊接设备

焊接设备是指实现焊接工艺所需要的装备。焊接设备包括焊机、焊接工艺装备和焊接辅助器具。

1. 焊机

焊机包括焊接能源设备、焊接机头和焊接控制系统。

(1) 焊接能源设备。

用于提供焊接所需的能量。常用的是各种弧焊电源，也称电焊机。它的空载电压为60~100V，工作电压为25~45V，输出电流为50~1000A。手工电弧焊时，弧长常发生变化，引起焊接电压变化。为使焊接电流稳定，所用弧焊电源的外特性应是陡降的，即随着输出电压的变化，输出电流的变化应很小。熔化极气体保护电弧焊和埋弧焊可采用平特性电源，它的输出电压在电流变化时变化很小。弧焊电源一般有弧焊变压器、直流弧焊发电机和弧焊整流器。弧焊变压器提供的是交流电，应用较广。直流弧焊发电机提供直流电，制造较复杂，消耗材料较多且效率较低，有渐被弧焊整流器取代的趋势。

(2) 焊接机头。它的作用是将焊接能源设备输出的能量转换成焊接热，并不断送进焊接材料，同时机头自身向前移动，实现焊接。手工电弧焊用的电焊钳，随电焊条的熔化，须不断手动向下送进电焊条，并向前移动形成焊缝。自动焊机有自动送进焊丝机构，并有机头行走机构使机头向前移动。常用的有小车式和悬挂式机头两种。电阻点焊和凸焊的焊接机头是电极及其加压机构，用以对工件施加压力和通电。缝焊另有传动机构，以带动工件移动。对焊时需要有静、动夹具和夹具夹紧机构，以及移动夹具和顶锻机构。

(3) 焊接控制系统。它的作用是控制整个焊接过程，包括控制焊接程序和焊接规范参数。一般的交流弧焊机没有控制系统。高效或精密焊机用电子电路、数字电路和微机控制。

2. 焊接工艺装备

焊接工艺装备是完成焊接操作的辅助设备，包括保证焊件尺寸、防止焊接变形的焊接夹具；焊接小型工件用的焊接工作台；将工件回转或倾斜，使焊件接头处于水平或船形位置的焊接变位机；将工件绕水平轴翻转的焊接翻转机；将焊件绕垂直轴作水平回转的焊接回转台；带动圆筒形或锥形工件旋转的焊接滚轮架；以及焊接大型工件时，带动操作者升降的焊工升降台。

3. 焊接辅助器具

焊接辅助器具包括防止操作人员被焊接电弧或其他焊接能源产生的紫外线、红外线或其他射线伤害眼睛的气焊眼镜，电弧焊时保护焊工眼睛、面部和颈部的面罩，白色工作服、焊工手套和护脚等。常用焊接设备包括：

（1）手弧焊使用的设备简单、方法简便灵活、适应性强，但对焊工操作要求高。手弧焊适用于碳钢、低合金钢、不锈钢、铜及铜合金等金属材料的焊接。

（2）埋弧焊设备由焊接电源、埋弧焊机和辅助设备构成。其电源可以用交流、直流或交直流并用。埋弧焊机分为自动焊机和半自动焊机两大类。

（3）半自动 CO_2 气体保护焊设备主要由焊接电源、供气系统、送丝机构和焊枪等组成。

（4）手工惰性气体保护焊设备包括焊枪、焊接电源与控制装置、供气和供水系统四大部分。

（5）等离子弧焊设备主要包括焊接电源、控制系统、焊枪、气路系统和水路系统。

（6）超声波焊接设备主要包括超声波塑料焊接机和超声波金属焊接机。

19.2.3 焊接材料

焊接材料是指焊接时所消耗材料的通称，例如焊条、焊丝、金属粉末、焊剂、保护气体等。

1. 焊条

焊条是气焊或电焊时熔化填充在焊接工件的接合处的金属条。焊条的材料通常跟工件的材料相同。焊条由焊芯和药皮两部分构成。焊条中被药皮包覆的金属芯称为焊芯。焊芯一般是一根具有一定长度及直径的钢丝。焊接时，焊芯有两个作用：一是传导焊接电流，产生电弧把电能转换成热能；二是焊芯本身熔化作为填充金属与液体母材金属熔合形成焊缝。焊条焊接时，焊芯金属占整个焊缝金属的一部分。所以焊芯的化学成分直接影响焊缝的质量。因此，作为焊芯用的钢丝都单独规定了它的牌号与成分。如果用于埋弧自动焊、电渣焊、气体保护焊、气焊等熔焊方法作填充金属时，则称为焊丝。药皮是指涂在焊芯表面的涂料层。药皮在焊接过程中分解熔化后形成气体和熔渣，起到机械保护、冶金处理、改善工艺性能的作用。药皮的组成物有矿物类(如大理石、氟石等)、铁合金和金属粉类(如锰铁、钛铁等)、有机物类(如木粉、淀粉等)、化工产品类(如钛白粉、水玻璃等)。焊条药皮是决定焊缝质量的重要因素，在焊接过程中有以下几方面的作用：①提高电弧燃烧的稳定性。②保护焊接熔池。③保证焊缝脱氧、去硫磷杂质。④为焊缝补充合金元素。⑤提高焊接生产率，减少飞溅。

2. 焊丝

焊丝是焊接时作为填充金属或同时作为导电用的金属丝焊接材料。在气焊和钨极气体保护电弧焊时，焊丝用作填充金属；在埋弧焊、电渣焊和其他熔化极气体保护电弧焊时，焊丝既是填充金属，同时也是导电电极。焊丝可分为轧制焊丝、铸造焊丝和药芯焊丝 3 类。焊丝的表面不涂防氧化作用的焊剂。

3. 焊剂

焊剂是焊接时能够熔化形成熔渣和气体，对熔化金属起保护和冶金处理作用的一种物质。

4. 保护气体

保护气体是指焊接过程中用于保护金属熔滴、熔池及焊缝区的气体，它使高温金属免受外界气体的侵害。保护气体有：氩气(Ar)、氦气(He)、氮气(N_2)、氢气(H_2)、二氧化碳气(CO_2)。

19.2.4 常见焊接工艺

焊接工艺是指焊接过程中的一整套技术规定。包括焊接方法、焊前准备、焊接材料、焊接设备、焊接顺序、焊接操作、工艺参数以及焊后热处理等。不同的焊接方法有不同的焊接工艺。焊接工艺主要根据被焊工件的材质、牌号、化学成分、焊件结构类型、焊接性能要求来确定。首先要确定焊接方法，如手弧焊、埋弧焊、钨极氩弧焊、熔化极气体保护焊等，焊接方法的种类非常多，只能根据具体情况选择。确定焊接方法后，再制定焊接工艺参数，焊接工艺参数的种类各不相同，如手弧焊主要包括：焊条型号(或牌号)、直径、电流、电压、焊接电源种类、极性接法、焊接层数、道数、检验方法等。

焊接工艺要点

(1) 预热 。预热有利于减低中碳钢热影响区的最高硬度，防止产生冷裂纹，这是焊接中碳钢的主要工艺措施，预热还能改善接头塑性，减小焊后残余应力。通常 35 号和 45 号钢的预热温度为 150 ~250℃，含碳量再高或者因厚度和刚度很大，裂纹倾向大时，可将预热温度提高至 250 ~400℃。

若焊件太大，整体预热有困难时，可进行局部预热，局部预热的加热范围为焊口两侧各 150 ~200mm。

(2) 焊条条件。许可时优先选用碱性焊条。

(3) 坡口形式。将焊件尽量开成 U 形坡口式进行焊接。如果是铸件缺陷，铲挖出的坡口外形应圆滑，其目的是减少母材熔入焊缝金属中的比例，以降低焊缝中的含碳量，防止裂纹产生。

(4) 焊接工艺参数。由于母材熔化到第一层焊缝金属中的比例最高达 30% 左右，所以第一层焊缝焊接时，应尽量采用小电流、慢焊接速度，以减小母材的熔深。

(5) 焊后热处理。焊后最好对焊件立即进行消除应力热处理，特别是对于大厚度焊件、高刚性结构件以及严厉条件下(动载荷或冲击载荷)工作的焊件更应如此。消除应力的回火温度为 600 ~650℃。若焊后不能进行消除应力热处理，应立即进行后热处理。

19.2.5 焊接安全技术与质量检验

焊接时可能发生的事故主要有：电流伤害、电光性眼炎、皮肤灼伤、有害气体中毒、烧烫伤以及火灾、爆炸等。除采取相应的电气安全措施、防火防暴措施外，还应加强个人防护。焊缝质量检验主要包括以下几方面：

(1) 外观检查。

(2) 气密性检查。承受气压的、液压的焊件必须进行气密性试验。常用的检查方法有煤油试验、气压及水压试验。钢制油罐壁的煤油试验主要检查焊缝有无渗漏，钢制油罐和管道的水压试验主要检查容器的强度及气密性。

(3) 无损探伤检查。无损探伤检查属于物理检查方法，能在不破坏焊件的前提下有效地确定焊缝缺陷的位置、大小和形状。常用的方法有 X 射线、γ 射线检查和超声波检查。钢制油罐和管道的焊缝一贯用X射线和超声波检查。无论用哪种无损探伤法，操作人员都应经过专门培训并通过资格考试。

（4）机械性能试验。焊接接头的机械试验包括拉伸、弯曲、冲击和硬度等试验。通过试验检查焊接材料选用是否正确，焊接工艺是否恰当，并检验焊接接头是否达到了设计要求或加工工艺要求。

第 20 章　管道施工基本工艺

20.1　测量放线

20.1.1　管道测量准备工作

1. 施工测量准备工作

施工测量准备工作包括：施工图审核、测量定位依据点的交接与检测、测量方案的编制与数据准备、测量仪器和工具的检验校正、施工场地测量等内容。

2. 施工测量前

应根据工程任务的要求，收集和分析有关施工资料，包括以下内容：

(1) 测绘成果；

(2) 工程勘察报告；

(3) 施工设计图纸与有关变更文件；

(4) 施工组织设计或施工方案；

(5) 施工场区地下管线、建(构)筑物等测绘成果。

20.1.2　测量控制放样

1. 根据控制点测设管线主点

当管道规划设计图上已给出管线起点、转折点和终点的设计坐标与附近控制的坐标时，可计算出测设数据，然后用极坐标法或交会法进行测设。

2. 根据地面上已有建筑物测设管线主点

在城镇中，管线一般与道路中心线或永久建筑物的轴线平行或垂直。主点测设数据可由设计时给定坐标计算，然后用直角坐标法进行测设；当管道规划设计图的比例尺较大，管线是直接在大比例尺地形图上设计时，往往不给出坐标值，可根据与现场已有的地物(如道路、建筑物)之间的关系采用图解法来求得测设数据。如图 20－1 所示，AB 是原有管道，1、2 点是设计管道主点。欲在实地定出 1、2 等主点，可根据比例尺在图上量取长度 D、a、b，即得测设数据，然后用直角坐标法测设 2 点。

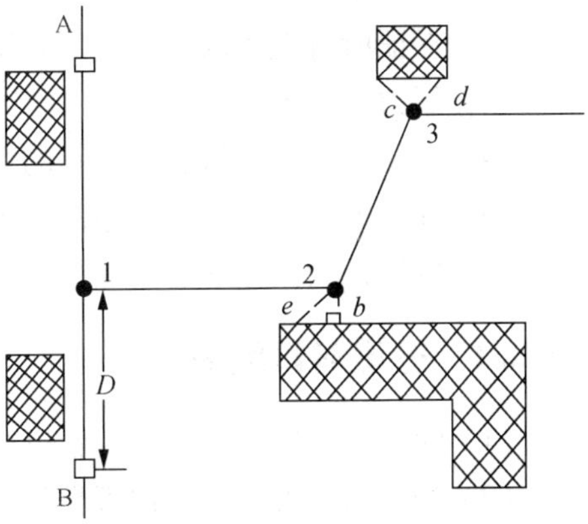

图 20－1　根据已有建筑物测设主点

主点测设好以后，应丈量主点间距离和测量管线的转折角，并与附近的测量控制点连测，以检查中线测量的成果。为了便于施工时查找主点位置，一般还要做好点的记号。

3. 钉(设)里程桩和加桩

为了测定管线长度和测绘纵、横断面图，沿管道中心线自起点每50m钉一个里程桩。在50m之间地势变化处要钉加桩，在新建管线与旧管线、道路、桥梁、房屋等交叉处也要钉加桩。

里程桩和加桩的里程桩号以该桩到管线起点的中线距离来确定。管线的起点，给水管道以水源作为起点；排水管道以下游出水口为起点；煤气、热力管道以供气方向作为起点。

为了给设计和施工提供资料，中线定好后应将中线绘到现状地形图上。图上应反映出点的位置和桩号，管线与主要地物、地下管线交叉的位置和桩号，各主点的坐标、转折角等。如果敷设管道的地区没有大比例尺地形图，或在沿线地形变化较大的情况下，还需测出管道两侧各20m的带状地形图；如通过建筑物密集地区，需测绘至两侧建筑物处，并用统一的图式表示。

20.2 管道组装与焊接

工序流程图如图20－2所示。

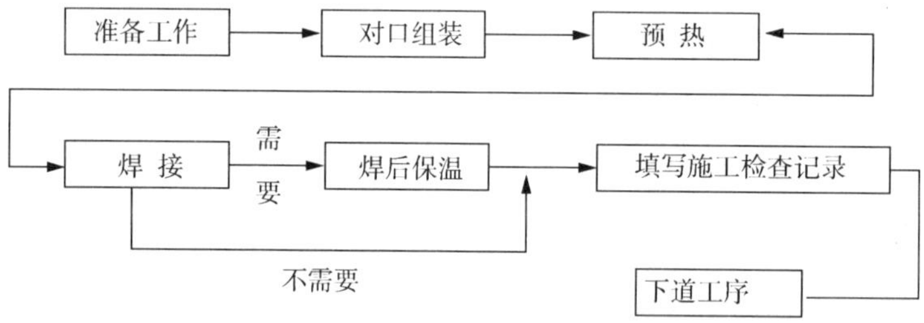

图20－2 工序流程图

（1）检查上道工序管口清理的质量。

（2）检查施工作业带是否平整、顺畅。

（3）保证所有设备的完好性。若用对口器，必须保证对口器的中心与管子中心重合，气源的工作压力应大于1.0MPa。

（4）每位焊工必须持有本工程的焊接考试合格证，由监理确认后，方能上岗。

（5）施工人员应熟悉本工序的施工作业指导书。

（6）电焊条的储存和运输应按照厂家的要求执行，规格型号必须符合设计要求。

20.2.1 管道对口组装

（1）除连固定口和弯头外，管道组装应采用内对口器。

（2）对口前应再次核对钢管类型、壁厚及坡口质量，必须与现场使用要求相符合。

（3）对口时使用的吊管机数量不宜少于2台。起吊管子的尼龙吊带宽度应大于100mm，且尼龙吊带应放置在活动管已划好的中心线处进行吊装。

（4）管口组装要求如表20－1所示。

表 20－1　管口组装要求

序号	检查项目	组装规定
1	螺旋缝或直缝错开间距	不得小于 100mm 弧长
2	相邻环缝间距	不得小于 2 倍管外径
3	错边量	小于或等于 1.0mm

① 焊后错边量要求≤1.6mm，为防止焊接变形、错口超标，管口组装时应控制错边量≤1.0mm。

② 对口后，根焊施焊前，若存在大于 1.0mm、长度在 240mm 内的局部错口，可用图 20－3所示方法矫正。根焊开始后，不得对管口进行任何校正。

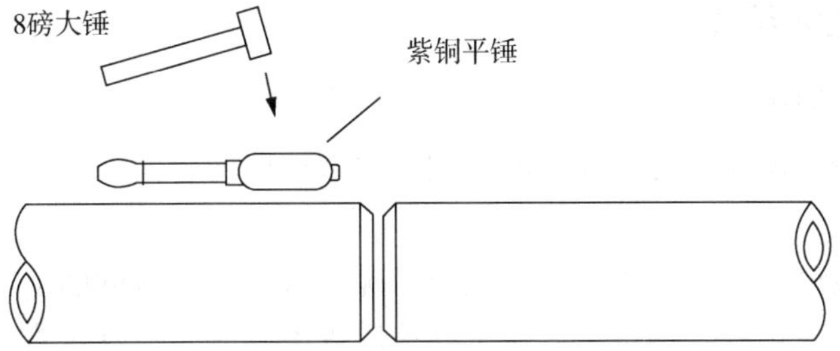

图 20－3

③ 对口间隙为(1.6±0.4)mm，用间隙样板或螺丝刀控制。

(5) 一般地段均采用沟上组装，组对的管口端部应设置稳固的支撑。见图 20－4：

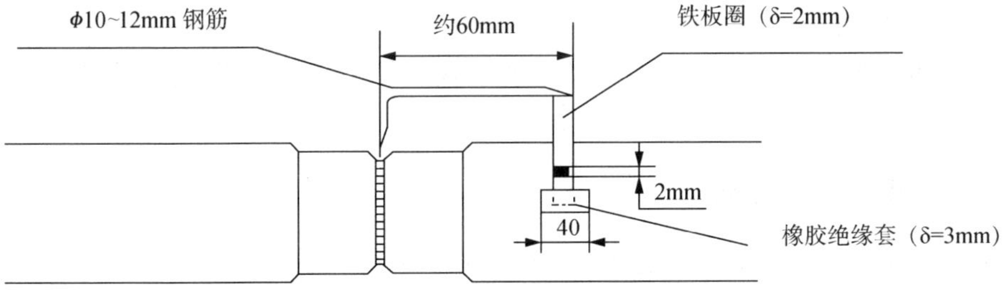

图 20－4

(6) 特殊地段的管道组装

① 当纵向坡角大于 15°或横向坡角大于 10°的坡地进行组装时，应对管子和施工机具采取锚固或牵引等措施，以防止发生位移。

② 当纵向坡角小于 20°时，钢管组装应自上而下进行；当大于或等于 20°时，可在坡顶将管组焊完毕，再吊运或牵引就位；当坡地较长时应采用沟下组装，自下而上进行。

③ 当横向坡角大于 18°时，应采取沟下组装的方法。

④ 水平转角大于 5°的弹性弯曲管段，在沟上组装时，应在曲线的末端留断。

(7) 旁站监理应监督此工序的全部过程。

20.2.2　管道预热焊接

1. 预热

焊前必须预热以消除内应力。

(1) 预热温度：80～120℃，实际操作时应高于该值 20～30℃，以保证施焊所需温度。

预热宽度：坡口两侧各大于75mm；测温方法：测温笔或表面温度计；预热方法：应保证管口加热均匀。常用的方法有火焰加热、中频感应加热等。

（2）预热后若管口污染，应清除污染后重新预热。

（3）预热完毕应立即施焊，以保证焊接所需温度。

2. 焊接

应根据工程焊接工艺评定制定具体条例。根据焊接工艺评定进行焊接。

20.3 管沟开挖

20.3.1 管沟的几何尺寸

管沟几何尺寸的要求：

（1）管沟的开挖深度应符合设计要求，侧向斜坡地段的管沟深度，应按管沟横断面的低侧深度计算。

（2）管沟边坡坡度应根据土壤类别、载荷情况和管沟开挖深度确定。管沟沟底宽度应根据管道外径、开挖方式、组装焊接工艺及工程地质等因素确定。深度在5m以内管沟沟底宽度应按下式确定：

$$B = D_m + K$$

式中 B——沟底宽度；

D_m——钢管的结构外径(包括防腐、保温层的厚度)；

K——沟底加宽余量。深度超过5m的管沟，沟底宽度应根据工程地质情况酌情处理。

20.3.2 管沟开挖基本要求

（1）开挖管沟前，应了解地下设施的分布情况。在地下设施两侧3m范围内，应采用人工开挖，并对挖出的地下设施给予必要的保护。对于重要地下设施，开挖前应征得其管理部门同意，必要时应在其监督下开挖。

（2）一般地段管沟开挖时，应将挖出的土石方堆放到焊接施工对面一侧，堆土距沟边不应小于1m。

（3）在耕作区开挖管沟时，应将表层耕作土与下层土分别堆放，下层土放置在靠近管沟一侧。

20.4 管道下沟与回填

20.4.1 管道下沟

管道下沟前应复查管沟深度，清除管内塌方、石块、积水等有损防腐层的异物。管道下沟前宜采用吊管机，起吊点与焊缝距离不应小于两米。管道下沟前，应采用电火花检漏仪检查管道防腐层破损情况。

20.4.2 管道回填

管道下沟后，石方段管沟细土应回填至管顶上方300mm。细土的粒径最大不应超过10mm。然后回填原土石方，但石头的最大粒径不应超过250mm。黄土地段管沟回填应按设计要求做好垫层及夯实，陡坡地段管沟回填宜采取袋装土分段回填，回填土应平整密实。

20.5 管道试压

20.5.1 清管及测径

分段试压前，应采用清管器进行清管，清管次数不应小于2次，以开口端不再排出杂物为合格。如清管合格后进行测径，测径宜采用铝制测径板，直径为试压段中最大壁厚钢管或者弯头内径的90%，当测径板通过管段后，无变形、褶皱为合格。

20.5.2 水压试验

水压试验一般采取分段试压，分段试压的管段长度不宜超过30km，试压管段的高差不宜超过30m，当管段高差超过30m时，应根据该段的纵断面图计算管道最低点的静水压力。

输油管道水压试验压力值、稳压时间及合格标准如表20－2。

表20－2 输油管道水压试验压力值，稳压时间及合格标准

分类		强度试验	严密性试验
输油管道一般地段	压力值/MPa	1.25倍设计压力	设计压力
	稳压时间/h	4	24
输油管道大中型穿(跨)越及管道通过人口稠密区	压力值/MPa	1.5倍设计压力	设计压力
	稳压时间/h	1	24
合格标准		无泄漏	压降不大于1%试验压力值，且不大于0.1MPa

20.5.3 气压试验

分段气压试验长度不宜超过18km。气压试验压力值、稳压时间及合格标准如表20－3。

表20－3 气压试验压力值，稳压时间及合格标准

分类		强度试验	严密性试验
输油管道	压力值/MPa	1.1部设计压力	设计压力
	稳压时间/h	4	24
一级地区输气管道	压力值/MPa	1.1倍设计压力	设计压力
	稳压时间/h	4	24
二级地区输气管道	压力值/MPa	1.25倍设计压力	设计压力
	稳压时间/h	1	24
合格标准		不破裂、无泄漏	压降不大于1%试验压力值，且不大于0.1MPa

20.6 管道带压封堵

20.6.1 管道带压封堵常用设备

长输管道带压封堵一般为塞式、筒式封堵，主要设备为封堵头、对开三通、闸板阀、开孔器等。

封堵头：由机械转动部分和密封部件组成、用于阻止管道内介质流动的装置，分为悬挂式封堵头、折叠封堵头和筒式封堵头。

对开三通：用于管道开孔、封堵作业、法兰部位带有塞堵和卡环机构的全包围式特质三通，分为封堵三通和旁通三通。

闸板阀：在开孔、封堵作业中，用于连接三通与开孔及封堵装置的专用阀门。

开孔器：在无介质外泄的情况下，以机械切削方式在管道上加工出圆孔型的装置。

20.6.2 管道带压封堵施工工艺

管道带压封堵技术是一种安全、经济、快速、高效的在役管道抢维修特种技术。它能在不间断管道介质输送的情况下完成对管道的更换、移位、换阀及增加支线的作业，也可以在管道发生泄漏时对事故管道进行快速、安全的抢修，恢复管道的运行。

管道突发性事故的抢修，过去传统的做法是必须停输、清空管线后进行或采取一些临时性补救措施，给管线的安全运行带来了极大的隐患。

我国的管道不停输封堵业务在借鉴国外技术的基础上，通过科研攻关，实现了多项技术工艺的自主创新，封堵设备日趋完善，封堵能力、规格、种类不断提高，业务范围也不断扩大，封堵口径从 25mm 到 1020mm 多种管径，封堵压力最高达 10MPa。

不停输带压封堵技术安全可靠、无污染，既不影响管线的正常输送，又能保证安全、高效、环保地完成新旧管线的连接工作。不停输带压封堵技术适用的介质有石油、天然气、水、乙烯、煤气、中质油、航油等无强腐蚀性的介质。

带压封堵工序如下：

（1）开挖封堵作业坑。开挖封堵作业坑时，应由施工队长统一指挥挖掘机，其他人员远离现场，如出现伤人事件，立即启动应急方案；为避免封堵作业坑出现滑坡现象，坑的周围必须有一定的坡度。如出现滑坡，应立即组织清理。

（2）带压焊接封堵三通。焊接时，必须降低管道输油压力在 2.0MPa 以下，同时采取水冷却降温措施；焊接时必须穿戴焊工保护用品，避免出现弧光伤眼，如出现伤人事件应立即送医院治疗。如出现焊穿现象，应立即用焊条堵上，并焊死；如出现着火现象，应立即启用应急方案。

（3）密闭开孔。开孔前严格按照安全操作规程进行试压，如遇开孔时出现漏油现象应立即采取措施，找出漏油点并消除掉；如出现着火现象，应立即启用应急方案。如果卡刀，应立即扳动换向阀，停车分析原因后，重新启动；如果刀具损坏，应果断提起刀盘，关闭夹板阀，换上备用刀具。

（4）封堵。封堵时，要依照“先高压再低压，先内侧再外侧”的原则来进行，即先封高压端，再封低压端。下堵头时，夹板阀上的放气阀门关闭不严或未关，造成漏油或着火，此时应立即启动应急方案。

（5）抽油。放油要在封堵成功后进行，放油点要尽量开在管线底部，进气点尽量开在管线顶部。如果出现漏油现象或着火现象，立即启动应急方案。

开泵抽油前，须保证动力线的绝缘层无损坏、抽油泵接地良好。如果出现触电现象，立即启动应急方案。

（6）切管

切管机捆绑之前，首先检查轮距，捆绑后要检查电机正反转，要保证链条在一条直线上，且要捆紧，以防止行走时切管机颤动。

切管时，在打开电源前，须保证开关无破损、动力线连接良好。如果出现触电现象，立即启动应急方案。

（7）砌筑黄油墙。黄油墙的砌筑是在切管完成、老管线或设备吊离后进行的。首先将管口内外壁的污油清理干净，清理时必须使用防爆工具。如果出现爆炸现象，立即启动应急方案。

（8）管线碰口。管线对口与焊接时，严禁敲击震动管线；施工要迅速，时间越短越好；如果环境温度太热，需对黄油墙部位的管线采取降温措施。

由于对口时敲击震动管线、施工时间过长、天气太热等原因，可能导致黄油墙上部出现裂缝，甚至黄油墙倒塌，管内油气溢出，当有电焊打火时，易造成爆炸事故，此时应立即启动应急方案。

（9）解除封堵。解除封堵必须在管线施工完毕后进行，原则上先解除低压端，后解除高压端，设备拆除前，要检查夹板阀旁通是否关闭，然后从放油口通入氮气，排油完毕后，再拆除设备。如不通入氮气，油流出或严重发生着火现象时，应立即启动应急方案。

第 21 章　穿跨越施工方法

21.1　大开挖穿越施工

21.1.1　大开挖穿越施工特点

大开挖穿越施工的优点是施工简便、直接、施工成本低，缺点是安全性低。

21.1.2　道路大开挖穿越施工

21.1.2.1　施工流程

施工流程如图 21－1。

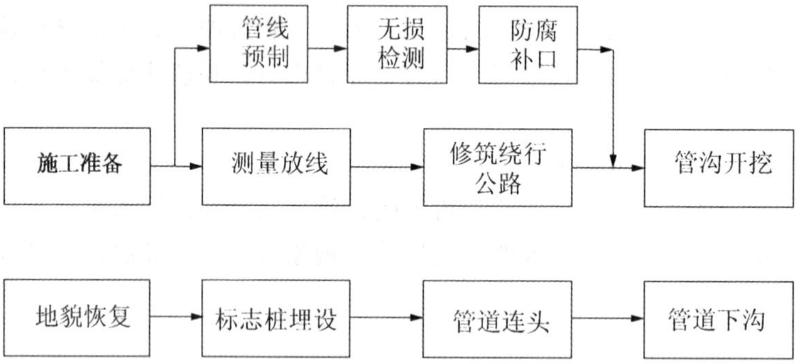

图 21－1　施工流程

21.1.2.2　施工程序

1. 施工准备

（1）认真熟悉图纸，掌握穿越的结构、深度等要求。

（2）检查施工用设备、用料等是否齐全完好。

（3）与公路主管部门联系，按要求办理好穿越施工许可手续。

（4）查明穿越段地下是否有管道、电缆、光缆等障碍物。

2. 测量放线

由测量员对开挖公路进行测量放线，撒灰线，标出管线中心线、开挖边线、施工作业带边线，确定开挖线路。测量中标出是否有地下管道、电缆等构筑物，并对施工机组进行交桩和技术交底。

3. 穿越管段的预制

把穿越管放置在平整好的预制场进行组对、焊接。施工方法与质量标准与主体管道焊接相同。

预制管段进行射线 100% 检测和超声波 100% 检测，无损检测合格后进行防腐补口、补伤。施工方法、质量标准与主体管道相同。

4. 修筑绕行便道(见图21-2)

对公路周围地形进行详细踏勘，如地形允许，采用修筑绕行便道方法开挖公路，先查看穿越点地形，选择合适的便道走向，便道长度150~200m。或可利用附近现有的、废弃的公路进行绕行，必要时可对这些公路进行修复。修筑绕行便道用推土机、压路机进行施工。路基扎实，在细土地段修筑时拉碎石填压路基。水田段临时通道采用原地取土铺垫，机械反复碾压修筑。如果绕行路口下道处有沟渠，采用埋设过水涵管。修筑的道路应保证车辆的正常通行并得到地方公路主管部门的同意。

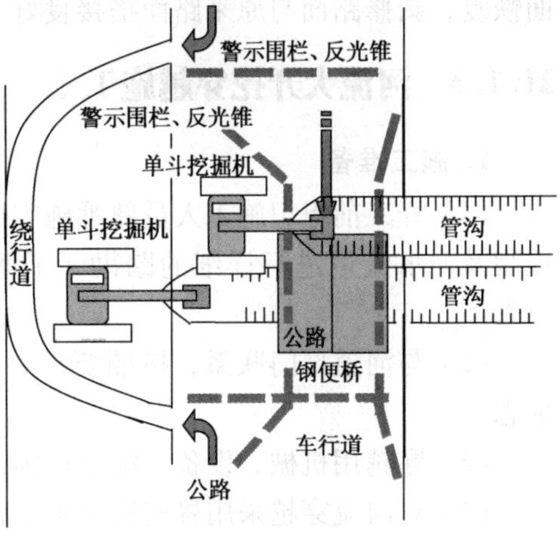

图21-2 修筑绕行便道

在公路两侧绕行路口以外200m处设置明显的大字标志，并在路口以外50m处再设一块同样的标志，以警告过往车辆。在施工作业带两旁设置路障。

公路开挖之前，根据穿越点的实际情况选择修筑绕行道路、架设钢便桥或半弧开挖，当穿越点两边开阔能修筑绕行便道时，可修筑绕行道路保证车辆通行；如穿越点狭窄无法修筑绕行便道，也可用钢便桥保证车辆通行；若公路路面较宽，但周围地形不适合采用修筑绕行道路的，可采用半弧开挖方式保证车辆通行。

路面开挖要尽量将对路面的破坏降到最小限度。开挖时，不能采用向上钩、向下压的方法破坏路面，首先需要用单斗齿沿表面划痕，破除表面整体黏结力，然后再用单斗慢慢拉起。对于沥青和砼路面先用混凝土切割机进行切割后再开挖。

夜间施工时，开挖公路，由专人指挥车辆和行人从便道通过，并且准备足够的夜间照明设施，管沟开挖作业处悬挂指明作业带边界、禁止通行的“红灯”，边沟处安装防护栏，以避免行人和车辆误入作业带而造成危险事故的发生。

5. 管沟渗水排水

若管沟两侧渗水严重，积水较快。在开挖管沟时及时抽水，用一台3″离心泵排水。

6. 管沟基础夯实

管沟底部利用挖机对其进行夯实，避免因管沟底土层松软造成安装不便及管道安装后出现大量沉降情况；用挖机对管沟壁压实，避免两侧泥土塌方，出现不安全或者阻碍施工进度情况，由测量员对管沟进行复测。

7. 管线穿越

管沟开挖完成后进行主管线下沟。管道下沟前再进行一次防腐层的检漏，发现有漏点立即修复处理，直至电火花检漏合格；采用两台挖机一起吊管下沟，穿越就位的过程中小心缓慢，防止管道碰撞沟壁损伤防腐层。

8. 标志桩埋设和地貌恢复

公路穿越两侧埋设穿越标志桩。穿越旁的线路转角桩，可代替穿越标志桩。

9. 标志桩的埋设和地貌恢复

标志桩的埋设和地貌恢复详见线路工程标志桩埋设和地貌恢复要求。

管道安装需经测量、检查合格并经监理确认后立即进行公路回填，恢复正常通车。回填全部采用细土，分层夯实，每层厚度 >300mm。回填后按相应公路施工规范要求迅速进行路面恢复，新修路面与原来路面搭接良好。

21.1.3 河流大开挖穿越施工

1. 施工准备

（1）开工前组织施工人员熟悉施工图，进行技术交底。组织相关人员对现场道路、地形地貌及河水流量进行详细的踏勘，了解当地气候及河水的涨落情况，保证穿越施工万无一失。

（2）与河道部门联系，按照要求办理穿越施工手续，并根据现场情况设置相应的警示标志。

（3）穿越用机械、设备、配套设施及各种机具材料准备齐全并运至施工现场。

（4）对河流穿越采用昼夜连续施工，因此夜间所需材料、用具必须准备齐全，以保证施工正常进行。

（5）修筑施工进场便道。便道主要是利用原有道路，将低洼处用石子进行铺垫，并适当加宽；修筑汇车点；过桥时要铺垫钢浮板，防止车辆损坏桥体。

2. 测量放线

根据设计的给定的桩位，参照中线成果表，对河流的穿越位置进行测量，确定管道中心线的位置，并用标桩放出管线穿越位置、留头位置、管沟开挖位置；同时放出作业带边线及堆土场地。

3. 围堰导流(如图 21-3)

在河的上游距管中心 8m 处用麻袋装土筑挡水坝，坝体坡比 1∶0.75，顶宽 7m，坝高根据河底与地表高差确定，坝长按照河岸宽度确定。在坝的迎水面铺土工布挡水以免渗漏，沿坝两边打木桩加固，直径 15cm，间隔 0.5m，桩长 5m，两排桩间用 8 号铁丝连接牢固以免承载时向外倾斜。坝顶铺钢浮板，增加坝的承载力；下游距中心 10m 处筑拦水坝，坝体坡比 1∶0.75，顶宽 4m，坝高根据河底与地表高差确定，坝长按照河岸宽度确定，在坝的迎水面铺土工布挡水以免渗漏，沿坝两边打木桩加固，直径 10~15cm，间隔 0.5m，桩长 5m，两排桩之间用铁丝连接牢固。

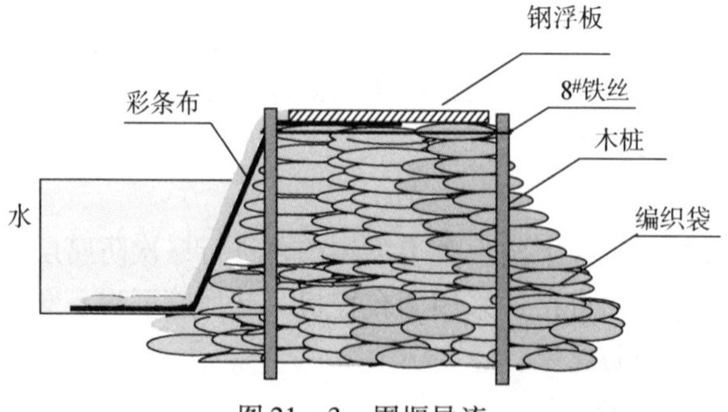

图 21-3 围堰导流

导流管导流，导流管采用 φ813 钢管，数量根据河水的流量选取，通常为 4~6 根，保证河道内水流的正常流动。筑坝时预留出导流管安放的位置，待坝体基本完成后，将导流管下入河中，继续筑坝。

4. 坝间排水

坝筑好后用多台潜水泵连续抽水直至抽净。然后对河床进行降坡，河底清淤：用湿式推土机在河两岸进行降坡，使其平滑过渡，用人工配合挖掘机清理河底淤泥，放至作业带一侧。清淤后用人工在河底作业带两边开挖两条 1m×1m 的排水沟，将水引至积水坑内，用泥浆泵排除渗水(见图 21－4)。

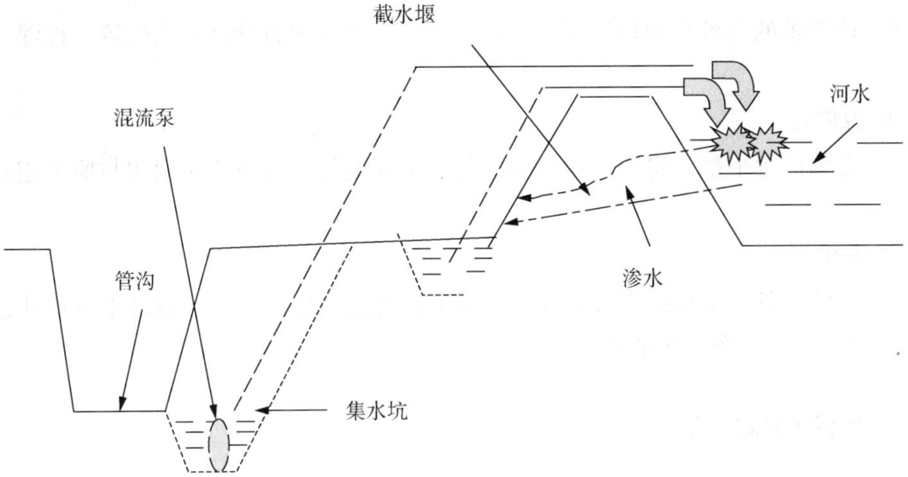

图 21－4　坝间排水

5. 主体组焊

管道的主体焊接在上游围堰上进行，对穿越管段采用一步成型法进行施工，即根据沟渠的断面、相对高差计算出所需要的弯管，组装焊接完毕后进行 100% 射线探伤检验。

6. 管道防腐补口

管道检测合格后，立即对焊口进行防腐补口以及电火花检漏，发现漏点应及时进行修补。补口、补伤具体操作方法要符合设计及施工规范要求。

7. 管道下沟

对管道焊接检测、防腐补口补伤完成后，进行下沟。由于河渠地段地质条件差，地下淤泥层较深，管沟难以成型，塌方严重，为此管道下沟采用双面沉管的施工方法。挖沟时加大管沟开挖的宽度，同时在管沟两侧打木桩及钢板桩，设备行走处铺垫钢浮板，随着管沟的开挖，管道会自然下沉，直至下沉到管道埋深符合设计要求为止。

管沟在开挖过程中，要用水泵不停地将管沟内的积水排出，同时由于塌方严重，加大了开挖宽度，使土方量增大，原施工作业带已经难以满足要求，需临时征用土地作为临时堆土场地。

8. 管道稳管

管道下沟完成后，按照设计要求对管道进行稳管，稳管采用麻袋装土或石子，稳管形式按设计给定的图纸进行。

9. 管沟回填

稳管完成后进行回填，回填时对管沟内回填土人工进行分层夯实，每次夯实厚度不能大于 300mm，当回填到河底时用单斗挖掘机进行碾压，确保回填土的密实度符合设计要求。

10. 水工保护

在管沟回填的同时，按照设计要求的位置、结构、尺寸进行临时水工保护工程施工，临时水工保护按照设计文件进行施工。

11. 拆除围堰

先拆除下游围堰，并将围堰用单斗推到河岸边缘，最后拆除上游围堰，上游围堰宜用单斗采用后退方法进行拆除，将堰体土方恢复到原处。

12. 三桩埋设

根据设计要求的三桩类型埋设三桩，施工时，必须按照设计规定的位置、埋深、方向进行埋设。

13. 地貌恢复

对施工现场进行平整，将地貌恢复到原貌，保证恢复后的河流净面积与原来相同，防止河道堵塞。

14. 清理现场

将施工用的设备、余料运出施工现场，施工现场的各种生产、生活垃圾进行外运，清理现场，达到“工完、料净、场地清”。

21.2 顶管穿越施工

21.2.1 常见顶管方法

管道穿越铁路、道路等主要干道时，不允许开挖管沟时，常采用顶管施工。运用液压传动产生巨大的推力向土壤内顶进套管，再将管道安装在套管内。顶管法按出土方式可分为人工出土、水力出土、挤压法和机械钻孔法。

1. 人工出土法

这种方法采用人工在管前端挖土，用千斤顶在管后施加顶力。对工人来说，工作环境恶劣，所以一般用于大口径管道。

2. 水力出土法

水力出土法也采用千斤顶在管后施加顶力，在管前端有出泥、纠偏及向周边施放减阻泥浆的工具管。工具管前端设有活动水枪，把管前的土冲成泥浆，用水力吸泥浆排到井外的沉淀池中，经过沉淀，泥水分离后，清洗水可重复使用，泥土用挖土机清除。水力出土法顶进距离长，施工进度快，适用于大口径钢管或混泥土管长距离顶进。

3. 挤压法

挤压法是一种不出土的施工方法。施工时在钢管前端安装一个开口式刃脚或密闭性顶帽，借助顶进设备，直接将管子顶入土内，而不需出土。开后刃脚挤压时，少量土挤入管内，管前形成坚硬土塞。管子顶进时，土塞顶挤压前面的土前进。

21.2.2 顶管施工工艺

21.2.2.1 施工程序

测量放线→开挖工作坑→铺设导向轨道→安装液压千斤顶→吊放混凝土预制管→挖土→顶进→……→竣工验收。

21.2.2.2 施工方法

1. 开挖工作坑

顶管工作坑一般选定在公路地面较平缓、出土、排水方便并且有可利用的原土后背施工的一侧。由测量准确放样出工作井的中心位置。

2. 设备安装

(1) 导轨安装：枕木的高程应严格控制，其高程宜低于管外底高程 1.00 ~ 2.00 cm，其埋设间距可根据管重、顶力和土质选定，一般用 40 ~ 80 cm 为宜。

(2) 千斤顶安装：本工程顶管主要采用 QW200 型液压千斤顶。千斤顶要固定在轨道上，并与套管中心的垂线对称，其合力的作用点应在管道的垂直线上。

(3) 顶铁安装：顶铁是均匀传递千斤顶推力至混凝土套管上的重要部件，应无歪斜扭曲现象，安装必须直顺；在顶进过程中，随时注意观察顶铁有无扭曲迹象，及时采取措施。

3. 顶管施工

第一节管子顶进方向的准确，是保证整段顶管质量的关键。第一节管子下到导轨上，应测量管子的中线及前后端的管底高程，确认合格后，方可顶进。对顶进方位应勤测量、勤检查，并细致操作，防止出现偏差。

(1) 顶管方向控制：在顶第一节管子时，及时校正偏差过程，应每顶进 20 ~ 30 cm，即对中心线及高程测量一次；在正常顶进中，应每顶进 50 ~ 100cm 测量一次。发现管位中轴线偏差达 1cm 时，一般应考虑校正。纠偏校正应缓缓进行，使管子逐渐复位。偏差为 1 ~ 2cm 时，可在管子偏向设计中心的一侧适当超挖，而在相对的一侧不超挖或留坎，使管子在继续顶进中，逐渐回到设计位置；偏差大于 2cm 时或采用挖土法校正无效时，可用圆木一端顶在管子偏向设计中心的一侧内管壁上，另一端安在垫有钢板或木板的管前土壤上，支架牢固后，开动千斤顶，利用顶进时顶木斜支管子所产生的分力，使管子得到校正。

(2) 挖土：顶管前挖土是保证顶管质量及管上构筑物安全的关键。管前挖土不得超越管端以外 10cm，并边挖边顶，在道轨以外最大不得超过 30cm。管子周围的一般不得超挖，因施工需要不得不超挖时，要在穿越完成后及时通过灌浆处理将超挖部分填实，防止土体坍陷。

21.3 定向钻穿越施工

21.3.1 定向钻穿越施工工艺

水平定向钻穿越施工工艺如图 21 -5。

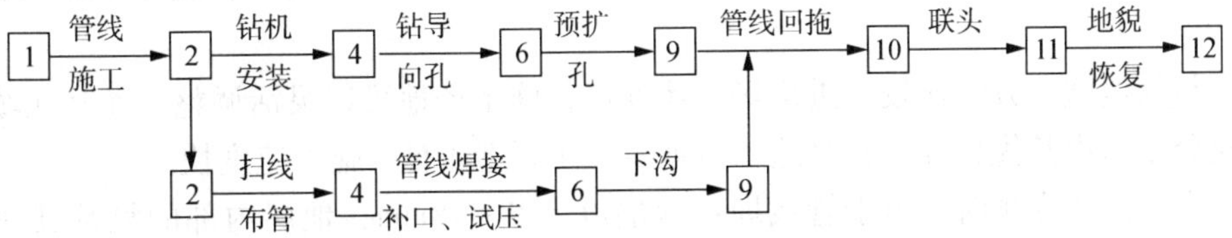

图 21 -5 水平定向钻穿越施工工艺

使用水平定向钻机进行管线穿越施工，一般分为两个阶段：第一阶段是按照设计曲线尽可能准确地钻一个导向孔；第二阶段是将导向孔进行扩孔，并将产品管线(一般为 PE 管道、光缆套管、钢管)沿着扩大了的导向孔回拖到导向孔中，完成管线穿越工作。

1. 钻导向孔

要根据穿越的地质情况，选择合适的钻头和导向板或地下泥浆马达，开动泥浆泵对准入土点进行钻进，钻头在钻机的推力作用下由钻机驱动旋转(或使用泥浆马达带动钻头旋转)切削地层，不断前进，每钻完一根钻杆要测量一次钻头的实际位置，以便及时调整钻头的钻进方向，保证所完成的导向孔曲线符合设计要求，如此反复，直到钻头在预定位置出土，完成整个导向孔的钻孔作业。钻机被安装在入土点一侧，从入土点开始，沿着设计好的线路，钻一条从入土点到出土点的曲线，作为预扩孔和回拖管线的引导曲线。

2. 预扩孔和回拖管道

一般情况下，使用小型钻机时，直径大于 200mm 时，就要进行预扩孔，使用大型钻机时，当管道直径大于 350mm 时，就需进行预扩孔。预扩孔的直径和次数，视具体的钻机型号和地质情况而定。回拖管道时，先将扩孔工具和管道连接好，然后开始回拖作业，并由钻机转盘带动钻杆旋转后退，进行扩孔回拖。管道在回拖过程中是不旋转的，由于扩好的孔中充满泥浆，所以管道在扩好的孔中是处于悬浮状态，管壁四周与孔洞之间由泥浆润滑，这样既减少了回拖阻力，又保护了管线防腐层。经过钻机多次预扩孔，最终成孔直径一般比管子直径大 200mm，所以不会损伤防腐层。在钻导向孔阶段，钻出的孔往往小于回拖管线的直径，为了使钻出的孔径达到回拖管道直径的 1.3 ~ 1.5 倍，需要用扩孔器从出土点开始向入土点将导向孔扩大至要求的直径。地下孔经过预扩孔，达到了回拖要求之后，将钻杆、扩孔器、回拖活节和被安装管线依次连接好，从出土点开始，一边扩孔一边将管线回拖至入土点为止。

21.3.2 定向钻施工的特点

(1) 定向钻穿越施工不会阻碍交通，不会破坏绿地，植被，不会影响商店，医院，学校和居民的正常生活和工作秩序，解决了传统开挖施工对居民生活的干扰及对交通、环境、周边建筑物基础的破坏和不良影响。

(2) 现代化的穿越设备的穿越精度高，易于调整敷设方向和埋深，管线弧形敷设距离长，完全可以满足设计要求埋深，并且可以使管线绕过地下的障碍物。

(3) 城市管网埋深一般达到 3m 以下，穿越河流时，一般埋深在河床下 9 ~ 18m，所以采用水平定向钻机穿越，对周围环境没有影响，不破坏地貌和环境，适应环保的各项要求。

(4) 采用水平定向钻机穿越施工时，没有水上、水下作业，不影响江河通航，不损坏江河两侧堤坝及河床结构，施工不受季节限制，具有施工周期短人员少、成功率高、施工安全可靠等特点。

(5) 与其他施工方法比较，进出场地速度快，施工场地可以灵活调整，尤其在城市施工时可以充分显示出其优越性，并且施工占地少、工程造价低、施工速度快。

(6) 大型河流穿越时，由于管线埋在地层以下 9 ~ 18mm，地层内部的氧及其他腐蚀性物质很少，所以起到自然防腐和保温的功用，可以保证管线运行时间更长。

21.4 跨越穿越施工

21.4.1 平跨施工

平跨是利用管道自身的刚性增加跨距，作成直管结构跨过河。

21.4.2 拱跨施工

拱跨是利用管道自身的刚性增加跨距，用单管或组合管作成拱式机构。

21.4.3 悬索跨施工

悬索式跨越一般使用悬索式桥上安装管道跨过河流或者山沟。悬索式管桥由主索和吊杆作为主要受力杆件，它由主索、吊杆、横担、钢管、温度补偿器、锚固墩和抗风索组成。悬索式管桥的主要特点是跨度大；缺点是使用的材料多，投资大。

悬索跨一般施工工序：主塔及锚固墩基础开挖→浇注主塔及锚固墩混凝土→安装主塔铰支座→吊装主塔架→安装主索，吊索→安装桁架→安装抗风索→防腐工程。

21.5 隧道穿越施工

21.5.1 隧道穿越施工特点

用隧道安装大型天然气、成品油管道新工艺，与以往的各类大型管道穿、跨越工程相比，它具有工程质量优、工期短、受地质情况影响小、后期维护方便等诸多优点。

目前，大型天然气、成品油管道穿越一般采用盾构穿越。

21.5.2 盾构穿越

盾构法是暗挖法施工中的一种全机械化施工方法，它是将盾构机械在地中推进，通过盾构外壳和管片支承四周围岩防止发生往隧道内的坍塌，同时在开挖面前方用切削装置进行土体开挖，通过出土机械运出洞外，靠千斤顶在后部加压顶进，并拼装预制混凝土管片，形成隧道结构的一种机械化施工方法。

盾构施工方法由以下几个步骤组成：

第一，在放置盾构机的地方打一个垂直井，再用混凝土墙进行加固；

第二，将盾构机安装到井底，并装配相应的千斤顶；

第三，用千斤顶之力驱动井底部的盾构机往水平方向前进，形成隧道；

第四，将开挖好的隧道边墙用事先制作好的混凝土衬砌加固，地压较高时可以采用浇铸的钢制衬砌加固来代替混凝土衬砌。盾构法施工中，其隧道一般采用以预制管片拼装的圆形衬砌，也可采用挤压混凝土圆形衬砌，必要时可再浇筑一层内衬砌，形成防水功能好的圆形双层衬砌。

21.6 隧道穿越典型范例

西南成品油管道工程所经地区的地形、地质条件极为复杂，从南部沿海冲积平原、丘陵地带向云贵高原攀升，从粤西沿海红色残积土、砂岩、火山岩为主向桂、黔广大灰岩地区以及滇东灰岩、红色砂岩、泥岩等过渡，一路穿江过河、翻山越岭，施工难度非常大。全线采用隧道形势穿越的河流2处，山体隧洞8处，总长度4295m。

由于六景郁江隧道地处桂中石灰岩地区，隧道全程通过高岩溶发育区，集溶洞、泥石流、涌水、破碎带等各种不良地质构造于一体。它的成功建设，给我国江底隧道工程建设史上增添了新的范例，对今后从事各类隧洞工程施工具有参考价值。

21.6.1 工程概述

六景郁江隧道位于南(宁)~柳(州)高速公路郁江大桥上游约180m处，六景镇郊区，全长506m。工程于2004年2月1日正式开工，2004年11月28日贯通，历时301天。隧道净空尺寸为$B \times H = 2.3m \times 2.2m$，城门洞形，轴线与郁江河床正交，纵剖面呈U形设置。隧洞口分别位于郁江南、北两岸河堤外50~70m，南口斜井长201m，北口斜井长195m，斜井与平面夹角为25°。平洞段长109.22m，平段洞底标高为-16.392m，距河床底面43.892m。洞轴线穿越地层：表层为第四系冲积层(坡积)厚3.9~13.30m，黄褐色、红黄色黏土夹砾、卵、碎石，下为泥盆系灰岩，局部夹砂质灰岩或方解石，裂隙发育、溶蚀严重。

21.6.2 修改设计图纸，确定施工程序，降低施工风险

由于地质资料提供的14个钻孔资料中仅有6个是取芯及原位测试钻孔，其余为一般钻孔，均在隧洞顶线15~20m之外，且90%的钻孔深度均未达到洞顶高程(距洞顶11~37m)，仅ZK_{12}(第十二个钻孔)穿过洞身，对位于洞轴的溶洞、裂隙，难以准确判断。隧洞地处泥盆系灰岩在丘陵孤峰地貌的河谷地带，河床受地表水及江水侵蚀的下切作用明显，设计隧洞轴线上部溶洞、岩石裂隙发育且可能与河床连通，有发生岩体失稳和涌水、突泥的危险。因此，从有利于施工安全和加快施工进度的角度出发，经西南管道项目部穿跨越领导小组与设计院商议后，决定：调整斜井坡度，由原设计斜坡与水平段夹角20°改为25°，从而降低了洞底高程，使洞顶的覆盖层厚度由25m增加为43.83m，减少了塌顶、冒顶、突水的风险，为该隧洞顺利贯通打下了坚实的基础。

根据该隧洞工程地质特点，在施工过程中如何防止大量突水、突泥以及溶蚀破碎松散岩体坍塌是安全、顺利施工的关键，因此在参考国内外类似工程施工经验的基础上，经过地质、水工专家多次咨询，制定了"超前探水、预注浆、勤监测、快循环、弱爆破、强支护"的施工工艺。施工流程如下：

→超前控水→预注浆→钻孔爆破→通风排烟→出碴→支护、衬砌→(返回)

21.6.3 超前钻探和注浆

21.6.3.1 超前钻探手段

六景郁江隧道的超前地质探测主要采取三种方式超前水平钻探(10~20m)、开挖工作面

浅孔钻探(5m)以及TSP203地质物探相结合的方式，从中获取隧道掌子面前方一定范围内围岩的地质情况和较为准确的预测，为工程施工制定施工方案提供了科学依据和有效参数。

1. 开挖掌子面用深孔超前钻探

超前钻探主要是根据水平钻机在隧道前方围岩钻进过程中出现的钻速、岩屑、冲洗液色度及卡钻、跳钻等变化，分析判断掌子面前方约10~20m范围内地质变化，取得宝贵的第一手资料，便于制定完善的处理措施。

(1) 超前钻探每个断面布置1~4个孔，隧道上下左右各一个。

(2) 探孔深度控制在10~20m，外插角8°~12°，孔底布孔于开挖轮廓线1m处。

(3) 开口孔ϕ127mm深1.5m，安装ϕ120mm止水阀门及ϕ120mm导管，并用水泥沙浆填缝(填加适量速凝剂)，距离孔口中心适当位置加设ϕ22锚杆以固定孔口管阀。

(4) 孔口管阀安装养护达到一定强度后(一般4h)，配用ϕ90~ϕ65mm钻头钻凿中长探孔。

(5) 钻孔过程中，如遇水应停止钻进，待注浆处理后再探孔前进。

2. 掌子面浅孔钻探

由于中长孔超前探10~20m施工时间长、成本高，因此布孔的数量受到限制，只能粗略地对前方一定范围内的岩溶、裂隙发育情况进行简单的描述，不能满足岩溶地区水下隧洞的施工需要。为确保对掌子面前方溶洞、裂隙情况进行较为准确的勘测，在掌子面布置浅孔钻探作为补充显得尤为必要。

每个作业循环完成以后，在掌子面采用YT28型手风钻进行超前探水，孔深5m，断面钻孔布置数量4~5个，外插角10°~15°。由于每循环开挖长度为1.8~2m，故下一个循环施作浅孔钻探时，应转换位置布孔，以增大探测密度，又不至于浪费工本。采用ϕ42mm一字钻头，施作时任意一孔遇水应停止所有孔钻进，转入注浆，切忌对透水孔封堵后继续钻凿其他孔位。

浅孔开钻前，应预先准备涨塞式注浆导管备用，一旦发现水情，及时将涨塞式注浆导管安装入孔，以避免透水、突泥情况发生。同时为转入注浆创造有利条件(涨塞式注浆导管见图21-6)。

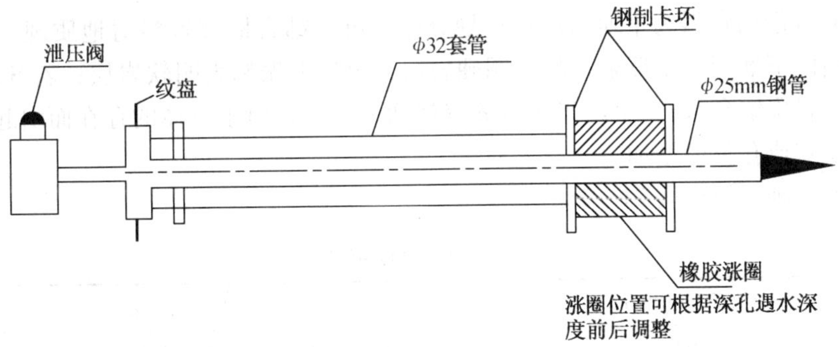

图21-6　涨塞式注浆导管

3. TSP203地质预报

为对隧洞掌子面前方一定范围内围岩溶洞、裂隙发育情况进行初步了解，便于提前制定施工预案，在隧洞经过几次大规模涌水淹没工作面以后，使用了TSP203地质雷达。该设备通过人工制造一系列有规则排列的轻微震源，形成一个地震断面，同时，三维地震波接收器在计算机监控下采集地震回波资料，可获得地层变化的二维和三维图像，能够对掌子面前方250m及周边地质状况进行初步判断。

在施工过程中，我们分别对隧洞南北口采用TSP203仪器进行资料采集。因北口属于溶洞、裂隙高发育区，因此地震回波信号极弱，数据采集困难；南口信号采集条件较好，说明围岩地质结构较好。从隧洞掘进过程中所揭示的地质构造来看，检测结果较为准确地反映了相关地段的地质状况。

检测结果分析：采用TSP 203仪器进行资料采集，共计激发18炮，接收器置于距洞口40m的隧洞侧壁，掌子面位置距洞口78m。采集的TSP资料，通过TSPwin软件进行处理，获得P波、SH波、SV波的时间剖面、深度偏移剖面和反射层提取以及岩石物性参数等一系列成果。在成果解释中，以P波剖面资料为主对岩层进行划分(见图21－7)。

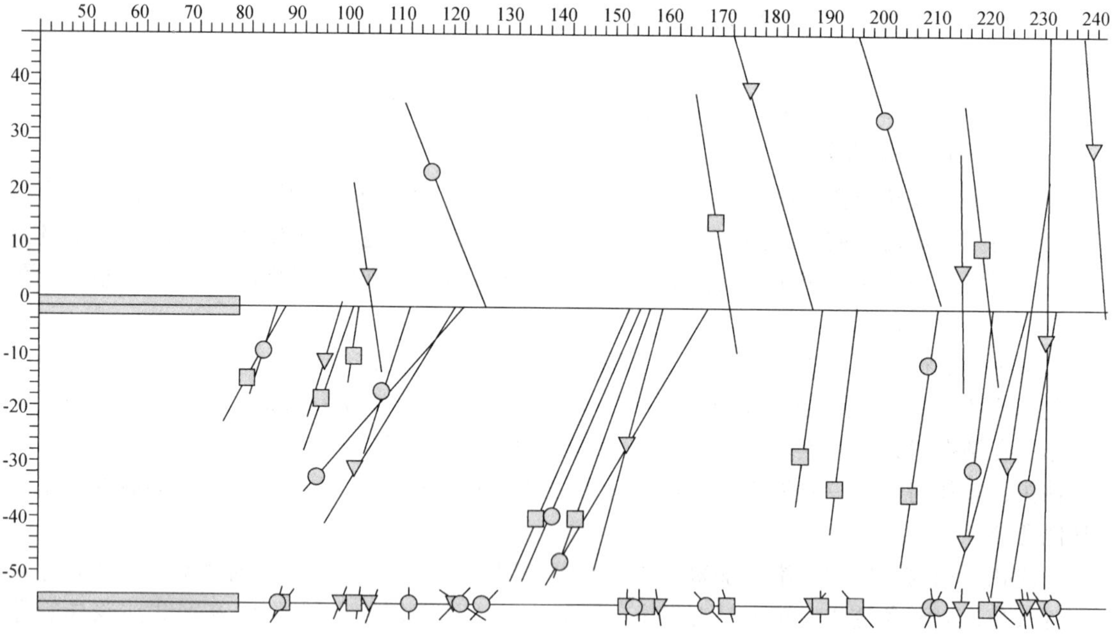

图21－7　隧道二维结果图

以上以P波剖面资料为主对岩层进行划分图，可以结合横波资料对地质现象进行解释。解释中要遵循以下准则：正反射振幅表明硬岩层，负反射振幅表明软岩层；若S波反射较P波强，则表明岩层饱含水；V_p/V_s增加或δ突然增大，常常由于流体的存在而引起；若V_p下降，则表明裂隙或孔隙度增加。

根据以上准则，得出表21－1。

表21－1　推断结果

序号	距离掌子面距离/m	推　断　结　果
1	78～97	与工作面围岩情况一致，在85m附近有水通过隧道
2	97～103	软岩层，有裂隙水
3	103～157	硬岩层。S波在150～157范围内反射较P波强，表明含溶隙水
4	157～198	软岩层。有裂隙水
5	平洞30	岩体单一完整

21.6.3.2 超前注浆

超前围岩注浆，主要是依靠浆液压力，将软弱破碎围岩或黏土石层用浆液充填、固结，从而达到加固地层和堵水作用。

在六景郁江隧道注浆施工方案中，考虑到隧洞作业空间窄小，为加快工序转换速度，于南、北口分设地面注浆钻，通过两根 $\phi 32$ 输料钢管将双液浆输送到洞内作业面进入混合器混合后压注，取得明显的经济效果。

1. 注浆施工原则及参数

(1) 施工原则。探孔钻至岩溶裂隙涌水、突泥处均应停钻立即注浆。注浆后钻检查孔，检查效果，如达到开挖条件，即可开挖掘进，如不能开挖，可用检查孔继续注浆，直至满足开挖条件。

注浆机具应保持良好状态，专人操作，专人管理，逐孔做好钻孔、注浆记录及时反馈分析。检查孔的记录必须详实可靠。必须严格按照选定参数(配合比)施工，以保证实现最佳压力及吃浆量，达到最佳效果。

(2) 注浆参数。注浆选用水泥－水玻璃双液浆：水泥为 42.5 普通硅酸盐水泥；水玻璃为 40Be′水玻璃。配合比：水泥浆水灰比(0.6～1)∶1；水泥浆水玻璃体积比(C∶S)1∶1～1∶0.5；水玻璃玻美度 25～30Be′；浆液胶凝时间 20″～45″；注浆压力 2～4MPa。注浆结束标准：注浆压力达 2～4MPa。

2. 深孔超前钻孔注浆

深孔注浆压力：注浆压力为涌水压力的 2～3 倍，见式 (21－1)：

$$p_2 = (2 \sim 3)p \tag{21-1}$$

式中 p_2——注浆压力；

p——涌水压力，MPa。

当涌、渗水压力很小，注浆终压见式(21－2)：

$$p_2 = p + (2 \sim 4)\ \text{MPa} \tag{21-2}$$

深孔注浆量的估算见式(21－3)：

$$Q_2 = V \cdot \eta \cdot \alpha / 10000 \tag{21-3}$$

式中 Q_2——总注浆量，m^3；

V——注浆有效范围的岩体体积，m^3；

η——岩体空隙率,%；

α——充填率，40%～60%。

深孔注浆影响因素很多，受岩性、岩体结构和浆液配比的影响，必须据实认真选择和比较注浆设计参数，方能保证注浆效果。

钻孔过程中，遇水停止钻进，注浆处理后再扫孔钻进。

3. 浅孔超前钻孔注浆

为弥补超前探孔注浆不足和局部裂隙充填体及渗水的影响，在深孔注浆后，采用 $\phi 40$～$\phi 42$mm 钢管，用手持风枪沿开挖轮廓钻 4～5m 超前孔，采用顶管器将钢管顶入。每断面布置 4～5 个，拱顶 1～2 个，左右拱脚各一个，底板 2 个，外插角 18°～20°。钢管作为注浆管，遇水就必须先注浆，注浆压力 2MPa。

21.6.4 隧洞开挖爆破

21.6.4.1 钻孔爆破

施工中充分考虑了隧道开挖断面小、斜井清底及排水设备转接费时及隧道不同地段地质条件等因素，通过试验确定了光面爆破参数。钻孔的深度、角度、密度(间距)必须严格按光面爆破设计实施。考虑到小断面隧洞掏槽爆破产生较大的地震动强度，因此必须严格控制总装药量及分段起爆药量，尽量降低地震波及冲击波对隧道围岩的危害。爆破钻孔深度不超过2.3m，每循环进尺1.5m，由施工员现场根据围岩类别、探孔情况确定调整爆破参数，控制循环进尺。

堵塞采用黏性土，斜井爆破堵塞长度为$L_0=(0.2\sim0.5)W$(W为最小抵抗线)。钻爆工序都必须经施工人员确认后方可进入下道工序，钻爆破施工必须遵照《爆破安全规程》操作和实施，以确保施工安全。

21.6.4.2 通风防尘

放炮后立即进行机械通风排烟、洒水降尘后才能进入工作面作业。

斜井独头开挖，采用压入式通风，以稀释和置换炮烟为主，最长通风距离120m，洞口安装11kW轴流风机供风，悬挂ϕ400mm复合塑料软风管送风，并保证风筒及时修补、更换，百米漏风率≯1.5%，确保工作面粉尘浓度在2mg/m^{3}以下，排烟时间30min。

通风排烟后，安全员进入工作面检查，处理危、浮石，在确认施工环境安全后方可进入出碴工序。

21.6.4.3 装碴运输

1. 采用人工装碴

由于断面小，掌子面狭窄每班只能容纳4人装碴，每次爆破1.5m，约7～8m^3(松方)，装碴约需5～6h。

2. 运输采用可调速绞车

钢丝绳安全系数≥6，绳速64m/min提升，专人操作。提升容量采用单斗1.2m^{3}侧卸式自制斗车。轨道采用24kg/m钢轨，轨距765mm，枕木用松方木制作，间距700mm。洞内左侧设人行道及安全洞室，斜井运输车行进时距人行道均有安全距离。井口地面设挡车器，斜井起平段4～5m处设防撞安全挡。绞车司机与井下有专门信号联络，以确定运输斗车的运行状态。轨道提升、牵引应严格按照《铁路隧道施工安全规程》的有关规定及吊装要求执行，做到每班上班前检查钢丝绳及连结环、插销、挡车器等确保提升安全。

3. 反斜井出碴方案

因隧道北口地质状况复杂，施工进度缓慢，为加快工程进度，确定南口为主要开挖方向，并拟定南口反斜井向上开挖与北口贯通，由于洞内作业空间限制，反斜出碴无法采用扒碴机械，为此制定了反斜井排碴、装碴方案。

(1) 于平斜交界处安装卸碴平台，平台上方设置活动抗冲钢绳网，用锚杆定位，卸碴口采用抽插式扳闸。

(2) 溜槽随开挖进度延伸，岩碴通过溜槽如出现阻滞，可在上方冲水送碴，卸碴口设置两名出碴工，人工向矿斗扒碴。

21.6.5 隧洞支护

每完成一个开挖段后，应立即进行洞壁封闭支护，重点是首先封闭底板，防止裂隙冒涌。采用 C_{20} 混凝土，浇筑厚度不少于30cm，并应连同人行踏步一并浇筑。拱墙喷射 C_{20} 混凝土，厚度8cm，在岩隙及破碎地段架设钢拱架并加挂钢筋网，随岩面铺设，挂网采用 $\phi 6$ 钢筋网 15cm×15cm～20cm×20cm 方格，并适当加厚喷砼至 12～15cm，保证喷面平整，保护层不小于2cm。锚杆应视情况设置，防止穿透注浆固结层，引起再次涌水。

钢筋混凝土二次衬砌是否施作应根据具体情况和使用要求。在围岩稳定、堵水较成功地段，小断面隧洞挂网喷混凝土的柔性支护可以保证隧洞的使用安全。

洞内采用的混凝土和喷混凝土的标号均不低于20号，抗渗不低于S4。

喷混凝土含砂率应在45%～55%之间，过低易堵管，过高则降低强度，增加收缩量。喷混凝土骨料最大粒径应在5～10mm之间，最大粒径≯15mm，水灰比0.4～0.5，水泥骨料比1∶4～1∶4.5，适量掺入附加剂以减少回弹量。

混凝土钢材等原材料均有合格证，并作检测试验。砂石材料符合各项物理及化学指标，经检测合格后使用。

混凝土、喷混凝土都制作试块，认真养护，专人管理，定期试压，其强度必须符合设计要求。

斜井施工排水应分段截水，设置拦水坑，安设水泵(并设置备用水泵)，其排水量不小于隧道内0.5h的涌水量，由拦水坑抽至集水洞室集中，再采用大功率高扬程的水泵排至洞外水网，其排水量应大于隧道4h的总涌水量，尽量保证工作面在无水状态下施工。

21.6.6 特殊洞段处理

21.6.6.1 围岩变形处理

2004年04月04日下午1：20分，六景(郁江)隧道北口斜井段(52～60m)两侧边墙围岩出现变形裂隙，通过对现场监控量测资料及变形成因的分析判断，拟定如下处理措施：

1. 围岩变形监控量测资料

左侧边墙围岩变形裂隙呈不规则波形纹状，自井口下行52m向前延伸至60m处，直线长度达8m。与左边墙相对称的右侧边墙出现间断变形裂隙，长度为0.5～1.5m不等。两侧变形裂隙宽最大值7mm，最小值3mm，塞尺量测裂隙深度为0.3～0.5m不等。变形段拱部稳定，边墙无侧压变形迹象，底部未见隆起，变形裂缝无渗水，井口下行58.2m位置底板裂隙有间断突泥、涌水。

2. 围岩变形成因分析及判断

(1) 地质因素。该段处于钻孔 ZK_{12} 地质柱状图标注的垂直连续溶洞发育区，掘进揭露节理裂隙连续发育，围岩破碎。

施工因素：掘进爆破对围岩扰动，应力释放。

(2) 根据围岩变形量测资料及地质因素的分析，判断该段底部为溶洞发育，经掘进爆破对卧层基岩的扰动，以及揭露裂隙后大量含水充填物涌出，造成下部溶洞持力层失衡，由此产生两侧边墙沉降变形开裂。

3. 临时支护

(1) 采用一级配高标号混凝土充填底部裂隙，锚网喷混凝土封闭墙拱裂隙，通过封堵措施，避免溶洞含水充填物的涌出，控制沉降变形。

（2）沿变形裂缝布置长度2.5m的ϕ22mm锚杆，防止继续发展。

裂隙封闭及变形裂缝锚固后，架设工字钢加强支护。钢架纵向间距1.0m一榀，径向锚杆兼作定位锚杆，在钢架两侧交错布置，每榀钢架纵向间采用ϕ22mm钢筋连接使之成为整体，ϕ22mm钢筋与工字钢架采用焊接方式连结，钢筋环向设置间距1.2m，全长12m。钢架支护完成后，直接浇注钢筋混凝土，形成整体支护结构。

效果：裂隙封堵后无渗漏物，变形段锚固后趋向稳定，为永久支护的施工安全创造了条件。

4. 永久支护

因判断围岩变形段底部为溶洞发育，永久支护采取先底板、后墙拱的衬砌顺序，形成梁跨通过变形段后，再浇注墙拱混凝土，形成死循环。为避免对围岩的扰动，将混凝土底板抬高200cm，确保混凝土梁跨强度。为确保底板抬高后的隧轨运输安全，预埋24kg/m×14m×2根钢轨于混凝土底板上，两根钢轨间每米设1根ϕ22mm拉杆（共13根）用于轨距定位。

21.6.6.2 隧道北口涌水处理

隧道左岸自井口下行28～73m段位于岩溶裂隙发育区，揭露后多次发生突泥、涌水情况。位于71.6m（左侧墙）有一出水点，涌水量约3～5m^3/h。4月15日16时，在完成（4×ϕ42×6m）超前探水孔后，因无异常情况，随即实施正常钻爆。21时20分，在出碴时发现，位于71.6m左侧墙出水点水量突然增大并变黄浊，工作面附近裂隙部位底板左、右两处也同时出现大量涌水，涌水量约100m^3/h左右，被迫停止施工。随即增设4台QXN20～9999/3～11水泵，加上工作面已有的2台WQ15－32－4水泵，共计6台排水泵。4月18日13时水基本排干，开始清泥碴。在清了部分泥碴后，涌水量又有增大，4月21日10时，隧道第二次被淹。因地表水、江水水位变化和裂隙断面随着不断排水而增大，涌水量不断增多，洞内空间窄小，大型排水设备难以布置，隧道反复被淹。

1. 水情分析及判释

（1）涌水段地层岩性。该段为浅灰白、青灰色微风化灰岩，局部夹砂质灰岩和方解石，厚层构造，岩石坚硬，张型裂隙较发育，多充填方解石细脉，透水性好，且位于ZK_{12}钻孔揭示垂直溶洞发育区。

（2）地下水位及郁江水面标高。岩土工程勘察报告测定地下水位为－62.98～65.61m，施工实测得郁江水面标高＋60.1～62.2m。

（3）降雨情况：4月13日起，施工区域有间断阵雨。4月15日临晨2时40分，持续大雨至凌晨6时55分，降雨量约为30～40mm/h。隧道左岸地处洼地中心，汇水面积约60000m^2（150m×400m）。

（4）隧道附近地表有一灌渠，灌渠向地下渗水，不定时间断灌水，引起隧道涌水量变化。

（5）随着隧道机械排水，溶洞、裂隙等信道中泥砂不断被冲出，过水断面不断增大，涌水量不断增加。并伴有鱼、虾类水生物涌出。从井口下行62～71.8m左侧共有三处出水点，其中有两处为中股状涌水，色黄浊，含泥砂；右侧有两处小股涌水，色较清。两股中股状涌水初始出口喷距0.3m，水压较小，隧道工作面涌水量约为15～20m^3/h，涌水量在停排前已达240～300m^3/h以上。

综合上述水文地质情况及涌水量变化情况，初步判断涌水来源主要为岩层层理裂隙及岩溶溶洞水、大气降雨、灌渠灌溉等地表渗水、郁江江水侵入补充。

2. 处理方案

鉴于隧洞处于喀斯特地质构造特点，加之洞口处于洼地，地表水和江水同时涌入，经研究，采用了地质钻机钻孔地面垂直注浆和洞内注浆封堵相结合的封堵方案。

（1）地面垂直注浆封堵：

① 钻孔参数、设备及施工顺序：采用 XY－100 钻机 4 台，KBY－50/70 双液注浆机 2 台。孔径 $\phi75$、$\phi50$ 注浆钢管，前端设尖角下切，用 1∶2 加 2%～3% 速凝剂的水泥砂浆封底，封底高度 2m，用同样水泥砂浆封口，封口长度 10m。采用钻注并行操作，间距孔距×排距＝4m×1m。注浆孔深为隧道底板下 3m。先钻注工作面周围孔，接着向后推进，最后向前推进。浆液扩散半径定为 3.5m。

② 注浆范围：隧洞开挖轮廓线以外 3～4m，注浆段长度 40m。

③ 注浆材料及配合比：选用 42.5 号普通硅酸盐水泥，波美度 40 的水玻璃，淡水。水灰比(0.8～0.12)∶1，浆液体积比 1∶1、1∶0.6。

④ 压注方式：间隔注浆，浆注终压为 2MPa。注浆前先用 1∶2 水泥砂浆(掺 2%～3% 速凝剂)封口，封口水泥砂浆初凝后，即可进行双液注浆。达到设计终压稳定 10～15min 结束。

地面压注完时，隧道可以进行排水，水排干后在隧道内和井口 30m 段实施壁后帷幕注浆，洞内形成止浆墙。

（2）洞内注浆封堵

洞内注浆采用 2 台 T28 凿岩机造孔，孔深 $L=3\sim5.5$m，孔径 $\phi=42$mm，间距 $L=1.0$m，孔向与隧道轴线夹角 85°。孔口埋设 $\phi32$mm 钢管，用锚固剂封口固定。注浆采用 2 台 KBY－50/70 双液注浆机注浆，扩散半径 $L=1.5$m，注浆终压 $P=0.6\sim1.0$MPa。终压稳定 10～15min 结束。打一孔注一孔，避免钻孔与围岩裂隙连通，造成泄浆、废孔的现象发生。注浆材料及配合比与地面注浆相同。

21.6.6.3 隧道北口下行斜井贯通段溶洞处理

2004 年 11 月 7 日，北斜井下行 106m 处施作超前钻时，进钻 1.3m 后发现前方地层为沙砾结构，伴有渗水流出，继续钻进 16m 与南口反斜井超前注浆钻孔重叠 1.5m 后停钻。结合南口反斜井超前钻探测资料分析，贯通段 21m 为大型溶洞发育区，溶洞充填为沙砾，取样比较与郁江河床取样沙砾相同，南北超前探孔涌水量遂渐增大，并由清转浊，表明该区段岩溶极发育，并与河床互通。

（1）预注浆封闭渗水通道：治理地下水是隧道通过流沙地段的首要关键技术，隧道施工中一般采用“防、截、排、堵”的治理方法。根据隧道的实际水文地质情况及前期施工经验，我们采取注浆封堵的施工措施，分别由南、北口同时钻孔对该段进行注浆封闭，经检查试压后转入开挖支护。

（2）超前小导管预注浆加固：先沿隧道断面周边按间距 20cm/根(每根长 2.5m)打入 $\phi32$mm 超前小导管(兼作管棚)，压注双液浆，封堵填充渗水孔隙，密实加固沙砾地层。

（3）开挖前先架设钢支架，锁固超前小导管，采用插板法封挡开挖断面周边沙砾，工作面打入 $\phi150\sim\phi200$mm 松木桩，以防阻沙层涌动坍塌。

（4）开挖时，采取自上而下分层进行，密闭支撑，边挖边封闭，遇缝必堵，严防沙砾从支撑缝隙中逸出。

（5）每间隔 50cm 架设一榀钢拱架，拱脚用 I_{16} 垫铺牢固，拱架间纵向间距 50cm 用

ϕ22mm 螺纹钢连接，布设网格 200mm×200mm，ϕ6.5mm 钢筋网，每开挖 1～2m 后，用 C_{20} 钢筋混凝土浇筑底板和施作喷射混凝土(厚度 15cm)。

施工中，我们严密监测支撑和支护的实际沉降和变化情况，未发现沉降及开裂变形，直至隧道贯通，该段支护稳定，无渗水和沙砾外泄情况。

21.6.7　体会

（1）岩溶地区隧道施工必须严格遵守“超前探、预注浆、快循环、弱爆破、勤监测、强支护”的施工原则，稳打稳扎，规范施工。

（2）超前探预注浆是隧道施工的关键，施工中我们充分考虑喀斯特地质构造特点，采取“洞内与洞外结合，前进与后退结合，超前中长钻探与浅孔钻孔结合”的方案，效果显著。特别是在南口里程 184～189m、219～256m 段的多处透水溶洞裂隙处理中，都是在中长探孔未检测到异常情况，由浅孔超前钻探测到并实施注浆封堵成功的。

（3）溶岩地区穿江隧道的关键技术在于治水，我们在施工中立足一个“早”字，抓好一个“快”字，落实一个“实”字，就是早预案，早钻探，早注浆封堵，遇水必堵，裂隙溶洞及时封闭。施工工艺必须落到实处，确保环环相扣，工艺质量必须检查确保万无一失。

（4）岩溶地区穿江隧道施工，如发生渗透水情况，宜堵不宜排，如采用强排，必然造成溶洞裂隙充填物泄出，过水信道打开，过水断面增大，最终导致淹井，并使后期治水更为艰难。

（5）施工中应注意搞好作业人员的劳动保护，特别是清理双液浆结石体时，如缺乏可靠的防护措施，对作业人员的皮肤损害极为严重。施工中我们选用动物油脂掺兑凡士林作为皮肤防护品，涂抹在作业人员表皮，再配发连体防护服，防护效果较好，避免作业人员因皮肤溃烂减员。

（6）穿江隧道的地质勘探设计应沿隧道轴线设计钻孔，且应形成断面，其孔深应达到隧道底板以下 2m 为宜。为防止钻孔形成过水信道，可在收钻后加注浆液，如此既起到提前堵水固岩的作用，又可有效探明水文地质状况。

第 6 篇
综合管理

第6篇

[illegible]

第 22 章　管道保护法律法规

《中华人民共和国石油天然气管道保护法》已由中华人民共和国第十一届全国人民代表大会常务委员会第十五次会议于 2010 年 6 月 25 日通过，于 2010 年 10 月 1 日起施行。《中华人民共和国石油天然气管道保护法》共有六章六十一条。

22.1 《石油天然气管道保护法》适用范围及管道主管部门的有关规定

为了保护石油、天然气管道，保障石油、天然气输送安全，维护国家能源安全和公共安全，制定了《石油天然气管道保护法》。中华人民共和国境内输送石油、天然气的管道的保护，适用《石油天然气管道保护法》。城镇燃气管道和炼油、化工等企业厂区内管道的保护，不适用《石油天然气管道保护法》。《石油天然气管道保护法》所称石油包括原油和成品油，所称管道包括管道及管道附属设施。

国务院能源主管部门依照本法规定主管全国管道保护工作，负责组织编制并实施全国管道发展规划，统筹协调全国管道发展规划与其他专项规划的衔接，协调跨省、自治区、直辖市管道保护的重大问题。国务院其他有关部门依照有关法律、行政法规的规定，在各自职责范围内负责管道保护的相关工作。省、自治区、直辖市人民政府能源主管部门和设区的市级、县级人民政府指定的部门，依照本法规定主管本行政区域的管道保护工作，协调处理本行政区域管道保护的重大问题，指导、监督有关单位履行管道保护义务，依法查处危害管道安全的违法行为。县级以上地方人民政府其他有关部门依照有关法律、行政法规的规定，在各自职责范围内负责管道保护的相关工作。

省、自治区、直辖市人民政府能源主管部门和设区的市级、县级人民政府指定的部门，统称县级以上地方人民政府主管管道保护工作的部门。县级以上地方人民政府应当加强对本行政区域管道保护工作的领导，督促、检查有关部门依法履行管道保护职责，组织排除管道的重大外部安全隐患。

22.2 《石油天然气管道保护法》对管道规划与建设的有关规定

管道的规划、建设应当符合管道保护的要求，遵循安全、环保、节约用地和经济合理的原则。全国管道发展规划应当符合国家能源规划，并与土地利用总体规划、城乡规划以及矿产资源、环境保护、水利、铁路、公路、航道、港口、电信等规划相协调。管道企业应当根据全国管道发展规划编制管道建设规划，并将管道建设规划确定的管道建设选线方案报送拟建管道所在地县级以上地方人民政府城乡规划主管部门审核；经审核符合城乡规划的，应当依法纳入当地城乡规划。管道建设的选线应当避开地震活动断层和容易发生洪灾、地质灾害的区域，与建筑物、构筑物、铁路、公路、航道、港口、市政设施、军事设施、电缆、光缆等保持本法和有关法律、行政法规以及国家技术规范的强制性要求规定的保护距离。

管道建设使用土地，依照《中华人民共和国土地管理法》等法律、行政法规的规定执行。依法建设的管道通过集体所有的土地或者他人取得使用权的国有土地，影响土地使用的，管道企业应当按照管道建设时土地的用途给予补偿。依照法律和国务院的规定，取得行政许可或者已报送备案并符合开工条件的管道项目的建设，任何单位和个人不得阻碍。管道建设应当遵守法律、行政法规有关建设工程质量管理的规定。

管道企业应当依照有关法律、行政法规的规定，选择具备相应资质的勘察、设计、施工、工程监理单位进行管道建设。管道的安全保护设施应当与管道主体工程同时设计、同时施工、同时投入使用。管道建设使用的管道产品及其附件的质量，应当符合国家技术规范的强制性要求。穿跨越水利工程、防洪设施、河道、航道、铁路、公路、港口、电力设施、通信设施、市政设施的管道的建设，应当遵守本法和有关法律、行政法规，执行国家技术规范的强制性要求。管道企业应当按照国家技术规范的强制性要求，在管道沿线设置管道标志。管道标志毁损或者安全警示不清的，管道企业应当及时修复或者更新。

管道建成后应当按照国家有关规定进行竣工验收。竣工验收应当审查管道是否符合本法规定的管道保护要求，经验收合格方可正式交付使用。管道企业应当自管道竣工验收合格之日起六十日内，将竣工测量图报管道所在地县级以上地方人民政府主管管道保护工作的部门备案；县级以上地方人民政府主管管道保护工作的部门应当将管道企业报送的管道竣工测量图分送本级人民政府规划、建设、国土资源、铁路、交通、水利、公安、安全生产监督管理等部门和有关军事机关。

22.3 《石油天然气管道保护法》对运行管道的保护的有关规定

管道企业应当建立、健全管道巡护制度，配备专门人员对管道线路进行日常巡护。管道巡护人员发现危害管道安全的情形或者隐患，应当按照规定及时处理和报告。管道企业应当定期对管道进行检测、维修，确保其处于良好状态；对管道安全风险较大的区段和场所应当进行重点监测，采取有效措施防止管道事故的发生。对不符合安全使用条件的管道，管道企业应当及时更新、改造或者停止使用。

（1）《石油天然气管道保护法》禁止下列危害管道安全的行为：

① 擅自开启、关闭管道阀门；

② 采用移动、切割、打孔、砸撬、拆卸等手段损坏管道；

③ 移动、毁损、涂改管道标志；

④ 在埋地管道上方巡查便道上行驶重型车辆；

⑤ 在地面管道线路、架空管道线路和管桥上行走或者放置重物。禁止管道附属设施的上方架设电力线路、通信线路或者在储气库构造区域范围内进行工程挖掘、工程钻探、采矿。

（2）在管道线路中心线两侧各5m地域范围内，禁止下列危害管道安全的行为：

① 种植乔木、灌木、藤类、芦苇、竹子或者其他根系深达管道埋设部位可能损坏管道防腐层的深根植物；

② 取土、采石、用火、堆放重物、排放腐蚀性物质、使用机械工具进行挖掘施工；

③ 挖塘、修渠、修晒场、修建水产养殖场、建温室、建家畜棚圈、建房以及修建其他建筑物、构筑物。

(3) 在管道线路中心线两侧和管道附属设施周边修建下列建筑物、构筑物的，建筑物、构筑物与管道线路和管道附属设施的距离应当符合国家技术规范的强制性要求：

① 居民小区、学校、医院、娱乐场所、车站、商场等人口密集的建筑物；

② 变电站、加油站、加气站、储油罐、储气罐等易燃易爆物品的生产、经营、存储场所。国家技术规范的强制性要求，应当按照保障管道及建筑物、构筑物安全和节约用地的原则确定。

(4) 在穿越河流的管道线路中心线两侧各500m 地域范围内，禁止抛锚、拖锚、挖砂、挖泥、采石、水下爆破。但是，在保障管道安全的条件下，为防洪和航道通畅而进行的养护疏浚作业除外。

(5) 在管道专用隧道中心线两侧各1000m 地域范围内，禁止采石、采矿、爆破。进行下列施工作业，施工单位应当向管道所在地县级人民政府主管管道保护工作的部门提出申请：

① 穿跨越管道的施工作业；

② 在管道线路中心线两侧各5 ~50m 和管道附属设施周边100m 地域范围内，新建、改建、扩建铁路、公路、河渠，架设电力线路，埋设地下电缆、光缆，设置安全接地体、避雷接地体；

③ 在管道线路中心线两侧各200m 和管道附属设施周边500m 地域范围内，进行爆破、地震法勘探或者工程挖掘、工程钻探、采矿。县级人民政府主管管道保护工作的部门接到申请后，应当组织施工单位与管道企业协商确定施工作业方案，并签订安全防护协议；协商不成的，主管管道保护工作的部门应当组织进行安全评审，做出是否批准作业的决定。

④ 在管道专用隧道中心线两侧各1000m 地域范围内，因修建铁路、公路、水利工程等公共工程，确需实施采石、爆破作业的。

进行上述四条施工作业应当在开工七日前书面通知管道企业。管道企业应当指派专门人员到现场进行管道保护安全指导，同时施工单位应当制定：

① 具有符合管道安全和公共安全要求的施工作业方案；

② 已制定事故应急预案；

③ 施工作业人员具备管道保护知识；

④ 具有保障安全施工作业的设备、设施。

未经管道企业同意，其他单位不得使用管道专用伴行道路、管道水工防护设施、管道专用隧道等管道附属设施。管道企业在紧急情况下进行管道抢修作业，可以先行使用他人土地或者设施，但应当及时告知土地或者设施的所有权人或者使用权人。给土地或者设施的所有权人或者使用权人造成损失的，管道企业应当依法给予赔偿。

管道企业应当制定本企业管道事故应急预案，并报管道所在地县级人民政府主管管道保护工作的部门备案；配备抢险救援人员和设备，并定期进行管道事故应急救援演练。

管道泄漏的石油和因管道抢修排放的石油造成环境污染的，管道企业应当及时治理。因第三人的行为致使管道泄漏造成环境污染的，管道企业有权向第三人追偿治理费用。环境污染损害的赔偿责任，适用《中华人民共和国侵权责任法》和防治环境污染的有关法律规定。管道泄漏的石油和因管道抢修排放的石油，由管道企业回收、处理，任何单位和个人不得侵占、盗窃、哄抢。

22.4 管道建设工程与其他建设工程相遇关系的处理

管道建设工程与其他建设工程的相遇关系，依照法律的规定处理；法律没有规定的，由建设工程双方按照下列原则协商处理，并为对方提供必要的便利：

（1）后开工的建设工程服从先开工或者已建成的建设工程；

（2）同时开工的建设工程，后批准的建设工程服从先批准的建设工程。

（3）后开工或者后批准的建设工程，应当符合先开工、已建成或者先批准的建设工程的安全防护要求；需要先开工、已建成或者先批准的建设工程改建、搬迁或者增加防护设施的，后开工或者后批准的建设工程一方应当承担由此增加的费用。管道建设工程与其他建设工程相遇的，建设工程双方应当协商确定施工作业方案并签订安全防护协议，指派专门人员现场监督、指导对方施工。

铁路、公路等建设工程修建防洪、分流等水工防护设施，可能影响管道保护的，应当事先通知管道企业并注意保护下游已建成的管道水工防护设施。建设工程修建防洪、分流等水工防护设施，使下游已建成的管道水工防护设施的功能受到影响，需要新建、改建、扩建管道水工防护设施的，工程建设单位应当承担由此增加的费用。

需要在管道通过的区域泄洪的，县级以上地方人民政府水行政主管部门应当在泄洪方案确定后，及时将泄洪量和泄洪时间通知本级人民政府主管管道保护工作的部门和管道企业或者向社会公告。主管管道保护工作的部门和管道企业应当对管道采取防洪保护措施。

管道与航道相遇，确需在航道中修建管道防护设施的，应当进行通航标准技术论证，并经航道主管部门批准。管道防护设施完工后，应经航道主管部门验收。进行修建管道防护设施的施工作业，应当在批准的施工区域内设置航标，航标的设置和维护费用由管道企业承担。

22.5 法律责任

《中华人民共和国石油天然气管道保护法》对各类破坏、毁损管道设施的各类违法行为做了明确的规定：

（1）采用移动、切割、打孔、砸撬、拆卸等手段损坏管道或者盗窃、哄抢管道输送、泄漏、排放的石油、天然气，尚不构成犯罪的，依法给予治安管理处罚。

（2）在管道安全区域对进行各类违法第三方施工作业、各类违章占压由县级以上地方人民政府主管管道保护工作的部门责令停止违法行为；情节较重的，处一万元以上五万元以下的罚款；对违法修建的危害管道安全的建筑物、构筑物或者其他设施限期拆除；逾期未拆除的，由县级以上地方人民政府主管管道保护工作的部门组织拆除，所需费用由违法行为人承担。

（3）有下列行为之一的，由县级以上地方人民政府主管管道保护工作的部门责令改正；情节严重的，处二百元以上一千元以下的罚款：

① 擅自开启、关闭管道阀门的；

② 移动、毁损、涂改管道标志的；

③ 在埋地管道上方巡查便道上行驶重型车辆的；

④ 在地面管道线路、架空管道线路和管桥上行走或者放置重物的；

⑤ 阻碍依法进行的管道建设的。

22.6 管道附属设施

管道附属设施包括：

(1) 管道的加压站、加热站、计量站、集油站、集气站、输油站、输气站、配气站、处理场、清管站、阀室、阀井、放空设施、油库、储气库、装卸栈桥、装卸场；

(2) 管道的水工防护设施、防风设施、防雷设施、抗震设施、通信设施、安全监控设施、电力设施、管堤、管桥以及管道专用涵洞、隧道等穿跨越设施；

(3) 管道的阴极保护站、阴极保护测试桩、阳极地床、杂散电流排流站等防腐设施；

(4) 管道穿越铁路、公路的检漏装置；

(5) 管道的其他附属设施。

第 23 章 管道管理

23.1 管道与相关工程间距的相关规定

23.1.1 管道同地面建(构)筑物的最小间距

输油管道具有高压、易燃、易爆、点多线长、连续生产、技术性较高和多为地下敷设、维护、抢修等施工困难的特点，因此输油管道对各建筑设施间距有严格的距离要求。输油管道与地面构(建)物最小间距应附合下列要求：

(1) 埋地输油管道与镇城居民地或独立人口密集的房屋的距离，不宜小于 15m。

(2) 埋地输油管道与飞机场、海(河)港码头、大中型水库和水工建(构)筑物、工厂的距离不宜小于 20m。

(3) 埋地输油管道同军工厂、军用设施、易燃易爆仓库、国家重点文物保护单位的最小距离，应同有关部门协商解决。

上述规定的距离要求对于城镇居民点，由边缘建筑物的外墙算起对于单独的工厂、机场、码头、港口、仓库等，应由划定的区域边界线算起。当情况特殊或受地形及其条件限制时，应采取有效措施保证相邻建(构)筑物和管道安全后，允许缩小规定的距离，但不宜小于 8m。敷设在地面的输油管道同建(构)筑物的最小距离，应按上述规定的距离增加 1 倍。

23.1.2 管道与电线电缆的相互关系

管道与埋地电力、通信电缆相遇时应符合以下设计原则：

(1) 管道与电力、通信电缆平行敷设时，两者间距离不宜小于 10 m。当距离小于 10 m 时，应对在距离小于 10m 内的管段及其两端各延伸 10m 以上的管段做加强级防腐层。

(2) 管道与电力、通信电缆交叉时，相互间的净垂直距离不应小于 0.5m。同时在交叉点两侧各延伸 10 m 以上的管段上，应做特加强级防腐层。对于后建线路要求必须从管道下面通过。

(3) 埋地管道与架空送电线路平等敷设时控制的最小距离按表 23 -1 规定执行。

表 23 -1 埋地管道与架空送电线路的最小距离

地形	电力等级/kV					
	小于 3	6 ~ 10	35 ~ 66	110 ~ 220	330	500
	最小距离/m					
开阔地区	最高杆(塔)高	最高杆(塔)高	最高杆(塔)高	最高杆(塔)高	最高杆(塔)高	最高杆(塔)高
路径受限地区	1.5	2	4	5	6	7.5

注：距离为边导线与管道任何部门的水平距离。

(4) 一般情况下，交流电力系统的各种接地装置与埋地管道之间的水平距离不宜小于表 23 -2 的规定。

表 23－2　埋地管道与交流接地体的安全距离

埋地管道与交流接地体的安全距离 接地形式	电力等级/kV			
	10	35	110	220
	安全距离/m			
临时接地	0.5	1.0	3.0	5.0
铁塔或电杆接地	1.0	3.0	5.0	10.0
电站变电所接地	5.0	10.0	15	30.0

（5）在埋地管道与架空送电线路的距离不能满足表 23－1 和表 23－2 的要求时或在路径受限地区，在采取隔离、屏蔽等防护措施后，表 23－1 和表 23－2 规定的距离可适当减少，但最小水平距离应大于 0.5m。

（6）埋地管道的正上方或下方，严禁有直埋敷设的电缆，埋地管道与直埋敷设的电缆之间容许的最小距离平行为 1m，交叉为 0.5m。

23.1.3　管道与水管道及其他油（气）管道的交叉、平行的要求

管道与其他的地下管道交叉时，后建管道应从原管道下方穿过，夹角不宜小于 60°，两者间的净垂直距离不应小于 0.3m。当小于 0.3m 时，两者间必须设有坚固的绝缘隔离物，确保交叉两管道不接触。同时两管道在交叉点两侧各延伸 10m 以上的管段上应做特加强级防腐层。当两管道都采用外加电流阴极保护时，应在交叉点设置电位平衡设施，并将电位差调整到 200mV 以下。

非联合保护的平行管道，两者间的距离不宜小于 10m。当距离小于 10m 时，后施工的管道在距离小于 10m 内的管段及其两端各延伸 10m 以上的管段上，应做加强级防腐层当某一管线输送为腐蚀性介质时，两管线间距不应小于 50m，连续平行的长度不应超过 500m。如必须超过 500m 时，应采取电位平衡措施。

23.1.4　管道同其他用途的管道、光缆同沟敷设的间距

联合保护的平行管道可同沟敷设。均压线间距和规格，应根据管道电压降、管道间距离、管道防腐层质量等因素综合考虑确定。

23.1.5　管道与公路相互关系的若干规定

（1）埋地输油管道与高速公路、一二级公路平行敷设时，其管道中心距公路用地范围边界不宜小于 10m，三级及以下公路不宜小于 5m。对于地形特殊困难地段与公路平行的局部管段，在采取加强保护措施后，可埋设在公路肩边线以外的公路用地范围以内。

（2）在现有公路两侧敷设油、气管道，或在现有油、气管道附近新（改）建公路时，油、气管道的中心线与公路用地范围边线之间应保持一定的安全距离。

① 对于石油管道，安全距离不应小于 10m。

② 对于天然气管道，安全距离不应小于 20m。

③ 在县、镇公路或受地形限制地段，上述安全距离可适当减小；在地形困难的个别地段，最小不应小于 1m。

对于地形特殊困难，确实难以达到上述规定的局部地段，在对管道采取加强保护措施

后，管道可埋设在公路路肩边线以外的公路用地范围内。新(改)建公路路基必要时也可填压管道两侧的防护带范围，但其填压长度不应超过100m。

(3) 公路部门不得在油、气管道防护带内取土、新植树木。管道防护带为管线中心算起两侧各5m的范围。

(4) 管道与公路应尽量减少交叉，如必须交叉时：

① 一般采取垂直交叉，从公路路基下穿越。如必须斜交，斜交角不宜小于60°；在特殊情况下，不应小于45°。在山区因受地形限制的个别地段，斜交角最小不应小于30°。

② 管道在公路路基下穿越(或路基填压管道)时，管道(或套管)顶面距公路路面顶面不应小于1m，距公路边沟底面不宜小于0.5m。同时还应结合石油部门有关管道穿越公路的技术规定，对管道采取相应的加强或保护措施。

(5) 管道与公路桥、涵和渡口的关系：

① 管道穿、跨越河流时，管道距大桥或渡口的距离，不应小于100m；距中桥不应小于50m。在现有水下管线上下游新建公路桥梁时，大、中桥距水下管线不应小于100m。

② 管道如在公路桥梁上游附近跨越河流时，其跨越构造物的设计洪水频率标准不应低于下游公路桥梁的设计洪水频率标准；如采用支架跨越，应采取加强措施。在现有跨河管道上游附近修建公路桥梁时，交通部门也应根据此原则，确定设计洪水频率和加固桥梁结构。

③ 石油管道如需在现有公路桥梁上跨越河流或与公路桥梁结合修建时，双方应根据桥梁和管道的结构类型、承载能力和技术状况协商确定。

④ 公路渡船不得在水下管线附近抛锚。

⑤ 油、气管道不得通过公路隧道。

⑥ 在穿河管道附近新建桥梁时，施工机具不应进入管道的防护带内。

23.1.6 管道与铁路相互关系的若干规定

(1) 埋地输油管道与铁路平行敷设时，管道应敷设在距离铁路用地范围线3m以外。

(2) 在管道或铁路选线设计时，应避免交叉；如需交叉时，宜采用垂直交叉，特殊情况需要斜交时，夹角不宜小于45°。

(3) 管道与铁路相互交叉，其位置宜选在铁路区间路堤段和管道站间的直线段。管道与铁路不应在站场、既有桥涵、道口等建筑物和设备下相互交叉。如遇特殊情况需要交叉时，对管道和铁路设备必须采取特别防护措施。管道严禁在铁路编组站、大型客站、隧道、变电所下穿越。

(4) 管道与铁路相互交叉，为确保铁路及输油、气安全和便于维修养护，交叉处宜修建专用桥涵，使管道从中通过，或采用套管防护从地面下通过。

(5) 油、气管道需跨越铁路时，管道应有可靠的防护措施，其建筑物底至轨顶距离，蒸汽或内燃机车牵引地段，不得小于6.0m；电力机车牵引(含电气化规划铁路)地段，区间内不得小于11.1m。铁路桥梁跨越油、气管道时，其梁底至桥下自然地面距离不得小于2.0m。

(6) 铁路下油、气管道所用之套管(钢或钢筋混凝土套管)、涵洞等防护设备应符合下列规定：

① 套管之内径应大于输送管外径100~300mm，钢筋混凝土套管最小内径不应小于1m；涵洞孔径视通过输送管直径而定，涵洞内自顶点至自然地面高度应为1.8m，涵宽应为$D+2.5$m(D为输送管外径值，含防护层)。若遇特殊情况，涵洞净空不符合上述尺寸时，双方

应通过协商解决。套管长度，当穿过铁路路堤时，套管应长出路堤坡脚护道不小于2m；当穿过路堑时，应长出路堑顶不小于5m，并不得影响铁路排水设施的良好使用。

② 套管埋置深度，自套管顶至路肩不应小于1.7m，并至自然地面不应小于1m。涵洞埋置深度应按铁道部现行的《铁路桥涵设计规范》，通过设计确定。

③ 套管或涵洞均应满足强度、稳定性及耐久性要求。

(7) 当铁路在既有油、气管道上修建涵洞时，管道允许悬空长度见表23－3。在悬空长度之两端应做临时支承护坡，施工过程中，不得损坏防腐保温层，以及在悬空管道上施加任何外荷载。涵、管完成一段应及时回填，分层夯实覆盖土。前段未完，不得开挖后段。一般管道悬空时间最长不宜超过10天。

表23－3 管道悬空长度

管外径/mm	悬空长度/m
ϕ820～ϕ1220	10
ϕ478～ϕ720	7
ϕ273～ϕ426	5

(8) 新(改)建铁路或修建油、气管道时，均不应在对方管道防护带内或铁路用地界内取土、堆料、设置临时或永久性建(构)筑物，以及新植树木等，若因施工需要临时占用土地时，应经双方同意，并签订协议。

(9) 先有管道后修建铁路，其铁路与管道交叉所需工程费用，应由铁路部门承担。先有铁路后敷设管道，其管道与铁路交叉所需工程费用，应由石油部门承担。管道与铁路同时施工时，应按所属产权承担所需工程费用。

(10) 因敷设油、气管道而损坏现有铁路线路、建筑物等，其恢复线路与建筑物等原状所需费用应由石油部门负担。因新(改)建铁路而损坏油、气管道及其附属设施时，铁路部门应负担对油、气管道及附属设施恢复原状所需费用。在实施过程中，可通过协商委托对方协助或代为办理，但所需费用均应由委托单位负担。

23.1.7 处理管道与其他工程施工的原则

(1) 依法处理管道与其他工程施工的问题，严格按《石油天然气管道保护法》第三章《管道运行中的保护》相关条款处理。

(2) "三及时"原则，即及时发现、及时处理、及时汇报。及时发现影响管道安全运行的各种活动，及时处理相交问题，对于处理不了的重大事情要及时汇报上级主管部门。

(3) 处理管道与其他工程之间的问题要遵循以下6个原则：

① 协商原则；

② 平等原则；

③ 先后原则；

④ 有偿原则；

⑤ 最省原则；

⑥ 报告原则。

(4) 依靠各级地方人民政府，依照法律法规解决好管道及其他工程施工之间的问题。

23.2 管道巡查要求

输油管道建成投用后，输油管道企业重点任务是如何做好管道巡检、维护等各项管理工作，确保管道安全平稳运行。首先要建立管道管理规章制度，用完善的规章制度规范管道管理工作。同时建立建全各项技术管理档案和台账，使管道管理工作逐步走向制度化、规范化的轨道。

23.2.1 准备工作

日常巡检需要准备的工具、用具和材料有：万用表一只、饱和硫酸铜参比电极一支、扳手一套、生料带、垫片及黄油、棉纱等；还应随身携带望远镜、军用铲或砍柴刀、简单的药品及临时急救用品等。

23.2.2 检查内容

（1）检查沿线的护坡、管堤、堡坎、排水沟是否垮塌，如果垮塌应及时向上级领导汇报，及时对垮塌水工保护设施进行修复。

（2）检查并及时铲除管道两侧各5m（即防护带）范围内的深根植物，防止根深植物对管道防腐层的破坏。

（3）检查在管道专用隧道中心线两侧各1000m地域范围内有无采石、采矿、爆破，避免和防止大型挖掘设备、探孔钻对管道设施的造成损害。

（4）检查管道是否泄漏。发现泄漏及时修复或报告上级派人修复。

（5）检查管线穿越、跨越的稳定情况，对不稳定情况要及时修复或报告上级处理。

（6）检查管线是否有被打孔盗油，发现盗油迹象（如管线上方有开挖新土、管线上方的残留油渍，有拉运油迹象等）立即上报。

（7）检查和保养管线阀室及设备、仪表，确保其正常运行。

（8）做好管线内外防腐工作，检查和做好阴极保护站的供电工作，定期测量管道电位、维护检查头、测试桩并做好记录。

（9）定期记录干线压力，记录上级指定的有关数据（情况），发现异常现象及时向有关部门汇报。

（10）当管道发生异常情况时，应积极做好管道抢险的各项工作和其他相关工作。

（11）积极向管道沿线的群众宣传输油管道安全运行知识和维护管理知识，动员群众协助管理好输油管道。

23.2.3 技术要求

日常管道维护工作应做到“五清“、“六无”。

1.“五清”

管道的走向清楚；管道埋深清楚；管道的规格清楚；管道防腐层状况清楚；管道周边的地形、地物、地貌清楚。

2.“六无”

明管跨越无腐蚀；检查头、测试桩无缺损；管道阴极保护无空白；管道防腐层无损坏；

管道的防护带无根深植物；水工保护设施无垮塌。

23.2.4 相关知识

管道保护工维护职责范围

（1）认真宣传、贯彻、执行《石油天然气管道保护法》(2010年10月1日正式实施)，宣传、贯彻沿线各级政府发布的关于确保输油管道安全运行的通告，宣传和落实管道沿线各级输油气管道联席会议对输油管道安全运行的要求。积极取得管道沿线各级政府和相关部门的理解和支持，发动沿线群众，共同做好管道的保卫工作，确保管道安全平稳运行。

（2）严格遵守以岗位责任制为中心的各项规章制度和操作规范，切实做到对管道的“五清”和“六无”的要求。

（3）定期对管道进行全面的巡检，暴雨后及时巡检，节假日加强巡检，每次巡检必须如实做好记录，发现问题及时处理，并向主管部门汇报。

（4）定时对阀室及阀室内设备进行检查并做好相关记录，发现问题及时处理，并向主管部门汇报。

（5）做好管道的日常防腐工作，做好阴极保护站的正常送电工作；按要求及时准确地记录通电电位和管道保护电位。

（6）按要求对管道及附属设施进行维护和保养，经调控中心同意，在停输期间对各类阀门进行活动及加注封脂(或黄油)，保证阀门开关灵活。

（7）根据季节特点，及时修复线路上的水工保护设施，清除管道防护带的根深植物。

（8）在离职前和调职前，向接岗人员详细交接所管理管道及附属设施的基本情况和各类资料。

（9）应当定期对管道进行检测、维修，确保其处于良好状态；对管道安全风险较大的区段和场所应当进行重点监测，采取有效措施防止管道事故的发生。对不符合安全使用条件的管道，管道企业应当及时更新、改造或者停止使用；

（10）配合管道沿线各级人民政府向人民群众进行有关管道设施安全保护的宣传教育。

23.3 管道管理基础资料

23.3.1 管道干线标记设置技术规定

对于新建输油管道和已建输油干线应以下设置、标记：

（1）转角桩。表示管道干线水平或纵向转角位置与主要变化参数的设施。

（2）穿(跨)越桩。表示管道干线穿(跨)越铁路、公路、河渠处管道主要变化参数的设施。

（3）交叉桩。表示管道干线与其他建(构)筑物发生交叉位置及相互关系参数的设施。

（4）结构桩。表示管道干线管体或防护结构发生变化位置与变化特征的设施。

（5）设施桩。表示管道干线附属设施位置与主要特征的设施。

23.3.2 管道干线标记设置原则

（1）同一条管线，全线设置的同类标记形式与内容应保持一致。

（2）标记均应设置在管道正输方向的左侧，距管道中心线(1.0 +0.5 D)m 处。

（3）标记的尺寸，应能容纳下标记的内容。

（4）标记编号应以每条管线自起点至终点统一按顺序编号。

（5）管道干线沿线设置的标记应坚固、耐久、统一，便于管理。

23.3.3 管道干线标记设置位置

1. 里程桩

应每 1km 设置一个里程桩。

2. 转角桩

（1）埋地管道干线水平或纵向发生以下变化，应设置转角桩：

① 采用弯头；

② 采用弯管或弹性敷设措施，在水平方向一次转角大于 5°。

③ 埋地管道干线发生连续转角时，转角桩设在第一个转角处。

④ 转角桩设置在转折管段中点处。

3. 穿(跨)越桩

（1）管道干线穿越铁路处，宜两侧设置穿越桩。穿越桩设置在铁路护道坡脚处。

（2）管道干线穿越高速公路、等级公路或行驶载重 8t 以上车辆的其他道路处，宜两侧设置穿越桩，设置在公路路边沟坡顶部且距沟边 1.0m 处。无路边沟时，设置在距路边缘 2.0m 处。

(3)管道干线穿越以下河渠时，宜两侧设置穿越桩。穿越桩设置在河渠堤边坡坡脚或距塘沟边 3m 处。

① 河流与干渠；

② 常年枯水位水面宽度大于 40m 且水深大于 2.0m 的水塘；

③ 深度大于 5.0m，且边坡大于 25°的冲沟；

（4）管道干线跨越铁路、公路、河渠处宜两侧设置跨越桩。跨越桩设置在管道干线架空段的起点和终点处。

4. 交叉桩

埋地管道干线与其他地下建(构)筑物(如其他管道、电缆、坑道)交叉时，应在交叉处设置相应的交叉标记。

5. 结构桩

埋地管道干线存在变径、改变防护层材质、设置三通等隐蔽性结构变化处，应设置相应的结构桩。

6. 设施桩

管道干线沿线设有固定墩、牺牲阳极及其他地下附属设施处，应设置相应的设施桩。

7. 警示牌

（1）在管道干线的以下地点宜设置警示牌：

① 易发生或已多次发生危及管道安全的行为的区域；

② 管道干线靠近人口集中居住区、工业建设地段等需加强管道安全保护的地方；

（2）管道干线穿跨越铁路、公路、通航河流及在航空港附近设有高耸地面设施外，除按本标准设置标记外，还应按交通部门有关规定设置警告标记。

23.3.4 管道干线标记内容

1. 里程桩

应标记管线名称、里程号、企业名称，电话号码等。

2. 转角桩

应标记：转角方向示意符号，里程位置、转角角度、曲率半径 R 等。

转角方向示意符号用45°斜向直线加指示方向箭头线或夹角135°的折线表示。当连续转角时，将符号连接起来示意转角情况。

3. 穿(跨)越桩

(1) 穿越铁路、公路时，穿(跨)越桩应标记：铁路或公路名称，里程位置、涵套管尺寸及材质，管道与铁路或公路交叉角度(β)等。

涵套管尺寸材质表示方法：

混凝土箱涵：混凝土×长度 l ×涵内宽度为 b

混凝土套管：混凝土×长度 l ×套管内径 D

钢套管：钢×长度 l ×套管内径 D

(2) 穿越河渠时，穿(跨)越桩应标记：河渠名称、里程位置、穿越长度 l 、套管尺寸。

(3) 跨越铁路、公路、河渠时，穿(跨)越桩应标记：铁路、公路或河渠名称，里程位置，跨越长度 l 等。

(4) 交叉桩应标记：里程位置、交叉物及交叉物与管道干线的相关关系等。

4. 结构桩

(1) 管道变径时，结构桩应标记里程位置、变化前后管道直径等。管径标注顺序与管径变化顺序应一致。

(2) 防护层材料变化时，结构桩应标记：里程位置、变化前后材质等。

(3) 当为三通时，结构桩应标记：里程位置、分支管管径 D_2 、分支管管线名称等。

5. 设施桩

(1) 当为固定墩时，设施桩应标记：里程位置、吨位、形式(外卡式为A，埋入式为B)。

(2) 当为牺牲阳极时，设施桩应标记：里程位置、用45°箭头线指向阳极所在位置方向。

23.3.5 维护与管理

(1) 标记应按类编号并登记在档。

(2) 新建管道干线标记应与管道主体工程同时设计、施工并交付使用。

(3) 已建管道干线及环境发生变化时，应及时增减或变更标记。

(4) 每月至少应对标记巡查一次，保证标记的完好。当发现标记损坏或丢失时，应及时处理。

(5) 应保持标记内容清晰。标记宜每年刷漆一次。

23.4 阀室管理要求

23.4.1 日常管理

（1）阀室建筑及其设备、设施应满足成品油管道线路截断阀室标准的要求。

（2）输油站应指定专人保管阀室钥匙。

（3）阀门的操作必须按照调度指令执行。

（4）阀室的检维修作业应做好记录。

（5）阀门应定期检查和保养，保持外观清洁，附件齐全完好。

23.4.2 巡检管理

（1）阀室巡护人员应每天对阀室进行巡检，及时上报巡检中发现的问题，并做好记录。

（2）管道管理员每月至少进行 2 次阀室检查，监督、抽查阀室巡护人员巡检工作的落实情况并做好记录。

23.4.3 巡检内容

（1）检查阀室外观是否完好，地基有无下沉。

（2）检查阀室各种标牌是否完好，字迹是否清晰。

（3）检查阀室墙体张贴警示牌、举报电话等是否齐全。

（4）检查阀室门锁是否完好。

（5）检查阀室内卫生是否清洁，灭火器是否有效。

（6）检查阀门防腐、润滑是否良好，开关指示是否明显，阀门及附件是否渗漏。

（7）检查阀室远程监控系统是否正常运转。

23.4.4 安全管理

（1）应保持阀室通道畅通，室内严禁烟火。

（2）阀室内应保持清洁，严禁存放与管道无关的物品。

（3）阀室应实行出入登记制度。

（4）管道阀室应安装远程监控系统。

23.5 管道年检工作内容

成品油管道外管道年检是指在每年春季对管道防腐层、管道壁厚、露管情况、三桩及警示标志、水工保护、阴极保护系统、截断阀门所进行的检测、检查工作。

23.5.1 管道防腐层检测、修补

（1）对管道全线防腐层进行检测、评价。

（2）对防腐层破损点及时开挖、修补。

（3）对重点管段使用金属探测仪等进行盗油暗阀的排查。

23.5.2 管道壁厚检测、修补

（1）根据管道的具体情况安排特殊管段壁厚检测工作。

（2）对管道壁厚减薄或腐蚀严重的管段应进行补强或换管。

（3）管道浅埋和露管检查：

① 应在管道上方徒步巡查，管道线路必须全部巡查到位。

② 应对检查发现的浅埋和露管段及时采取覆土、沉管等措施。

23.5.3 管道“三桩”及警示标志

对管道全线“三桩”及警示标志逐个进行检查。发现“三桩”及警示标志缺失、字迹模糊等情况，应及时采取补齐、喷涂等措施，保持“三桩”及警示标志完整、规范。

23.5.4 水工保护

（1）对管道沿线每处水工保护及需要新增水工保护处进行检查确认。

（2）对检查发现的损毁、需要新增的水工保护，应及时采取修复、新建等措施。

23.5.5 阴极保护系统

（1）检查管道绝缘接头（绝缘法兰）的绝缘性能，绝缘性能不符合要求的，应及时采取更换等措施以确保绝缘良好。

（2）检测阳极地床接地电阻，接地电阻大于10Ω的应及时处理。

（3）检测管道沿线杂散电流情况，对杂散电流干扰严重的管段应采取排流措施。

（4）有腐蚀检查片的管道应进行腐蚀检查片的测试。

23.5.6 线路截断阀门

（1）按规定对线路截断阀门进行维护保养。

（2）根据管道计划停输安排，应进行线路截断阀开关试验并做好记录。

23.6 管道普查的内容

23.6.1 管道干线腐蚀状况的普查

（1）收集管道的技术资料及管道建成后腐蚀损坏、维修等历史资料。

（2）采用等距离坑探法，探坑间距1～2km。当开挖点管体腐蚀严重时，应在该点两侧、距该点10～30m处加挖深坑，如加挖深坑处管体腐蚀依然较严重时，按同样方法继续向两侧扩展，直至管体无腐蚀时为止。

除等距离选点外，对管道干线中的弯头、固定墩、穿越段两端以及架穿管线两端入地处等特定点应根据实际情况按比例抽查。

23.6.2 管道普查内容

（1）管道外形、损伤缺陷；

（2）管道防腐层、绝热层；
（3）管道附件；
（4）安全装置和仪表；
（5）管道标志桩、标志牌、锚固墩、测试桩、围栅和拉索等；
（6）管道防护带和覆土；
（7）阴极保护系统；
（8）管道测厚和从外部对管壁内腐蚀进行有效检测；
（9）无损检测和理化检测；
（10）土壤腐蚀性参数测试；
（11）杂散电流测试；
（12）管道监控系统检查；
（13）管内腐蚀介质测试和挂件腐蚀情况检验；
（14）耐压试验。

管道普查外部全面检验：按有关规定由有资质的单位进行。新建管道应在投产3年内进行首次检验，以后根据检验报告和管道安全运行状况确定检验周期。管道停用1年后再启用，应进行全面检验及评价。

有下列情况之一的管道，应缩短普查周期：
（1）多次发生事故；
（2）防腐层损坏较严重；
（3）受自然灾害破坏；
（4）管道投运超过15年。

第 24 章　成品油管道通信线路保护知识

24.1　通信系统的组成及作用

24.1.1　通信系统简介

简单来说，通信是指各种“消息”的传递和交换，即互通信息，将信息从一个地方到另一个地方的传输。

广义的通信，指信息的交流。最初通信的主体是人，人与人之间的信息交流，比如古时烽火传信、人们的谈话、信件来往、电话沟通以及平时的表情、肢体动作、口哨等传达信息，都属于通信的范畴。在电气时代和信息化社会里，通信的方式通过各种通信网络和通信设备发生。这样的情况下，通信的主体可以是机器，比如计算机之间、芯片之间、设备之间的信息交流，也属于通信的范畴。通信主体的不同，延伸出来不同的通信技术。比如现在的固定电话、移动电话方便人与人直接的沟通，而计算机主板上 CPU 与内存、硬盘、鼠标键盘等所有周边设备也需要“通信”，计算机才能正常运行。

狭义的通信，指电通信。从 1844 年莫尔斯开办电报业务开始，到后来 1876 贝尔发明电话，1895 年马可尼首创无线电通信，以及无线电广播诞生、脉冲编码调制、电视广播、晶体管、集成电路和大规模集成电路、数字传输理论、微处理器等等技术的发展，通信都是围绕电信号进行的，故而我们称现在狭义的通信即是指“电通信”。

通信的最基本形式是点对点之间建立通信系统。传递信息所需要的一切技术设备的总和称为通信系统。通信系统的一般模型如图 24 – 1 所示。

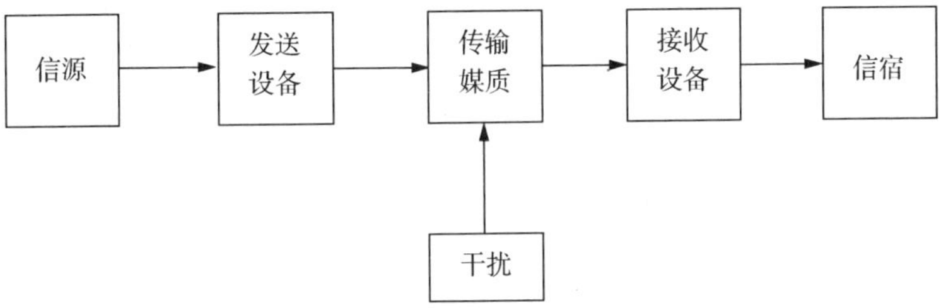

图 24 – 1　通信系统一般模型

24.1.2　常见通信设备

众多的通信系统通过交换系统按照一定的拓扑结构组合在一起，才能形成一个通信网。最早的通信网是公用电报网，随后建立了公用电话网，后来又建立了用户电报网。近年来，综合业务数字网发展迅猛。

一个实际的通信系统由如下三大部分组成：终端设备（电话机、传真机、计算机）；传输链路（无线、有线）；交换设备（电话交换机、SDH、计算机网络交换机、路由器）。输油管道通信系统就是一个开通了电话、传真、会议电视、视频监控、计算机网络和 Internet 等业务的综合业务数字网。

常见通信设备主要有终端设备(如电话机、传真机、计算机等)、传输设备(如光传输设备、微波站等)、交换设备(如程控电话交换机、交换机、路由器)等。

24.1.3 通信系统的作用

伴随着油气长输管道建设，管道通信系统应运而生，主要是以光传输系统为载体，以SCADA系统、OA系统、视频监控系统、视频会议等业务系统组成的一个综合性通信系统，主要功能是为管道石油输送生产、办公自动化等提供可靠的通信保障。

管道通信系统作为成品油管道的基础性配套系统，作为输油管道的神经中枢，担负着生产系统数据传输、调度及语音通信、视频会议及视频监控、办公自动化管理等任务，为成品油安全稳定的输送提供可靠的通信保障。

24.2 光纤通信基础知识

24.2.1 光纤通信的优点和缺点

所谓光纤通信，就是利用光纤来传输携带信息的光波以达到通信的目的。要使光波成为携带信息的载体，必须先在发射端对其进行调制，而在接收端把信息从光波中检测出来(解调)。依目前技术水平，大部分采用强度调制与直接检测方式。

典型的数字光纤通信系统如图24-2所示。

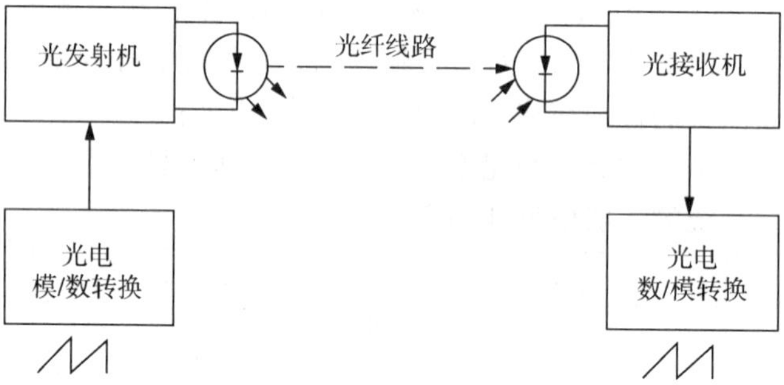

图24-2 数字光纤通信系统

与电缆或微波等电通信方式相比，光纤通信具有以下几方面优点：

(1) 不受电磁干扰。因为光纤完全可以由非金属的介质材料制成，因此它既不受电磁干扰，也无串音干扰，并且保密性强。但一般的光纤采用金属材料为强化元件，故要受电磁干扰的影响。

(2) 光纤线径细、重量轻，便于施工和运输。光纤制成光缆后，与电缆相比，体积较小，而且重量也较轻，这既便于制造多芯光纤，也便于施工和运输。

(3) 资源丰富、成本低。以10000km的四管中同轴电缆计算，需耗铜5000t，如采用光纤只用几十千克的石英就够了，且石英资源丰富。

(4) 损耗低、中继距离长。

光纤通信的缺点如下：

(1) 光纤弯曲半径不宜过小；

（2）光纤的切断和连接操作技术复杂；

（3）分路、耦合麻烦。

24.2.2　光的基本知识

1. 光信号的分类

（1）功率（W/dB）：使用光功率计测试时，dBm 是一种典型的测量单位。类似电灯，功率越大，越亮。

（2）波长：从 350nm（兰色光）到 700nm（红色光）为人眼可以识别的光，光通信系统则通常使用 850、1310、1550nm 三个波长。人眼可以识别的光从 350nm（兰色光）到 700nm（红色光），光纤通信所用的波长 800～1600nm，光度量的单位为纳米（nm）。不同的颜色（波长）有不同的特征，如：日落时的橘红色阳光，雾灯的黄色光。

2. 光的性质

光的反射、折射、全反射，具体见图 24－3。

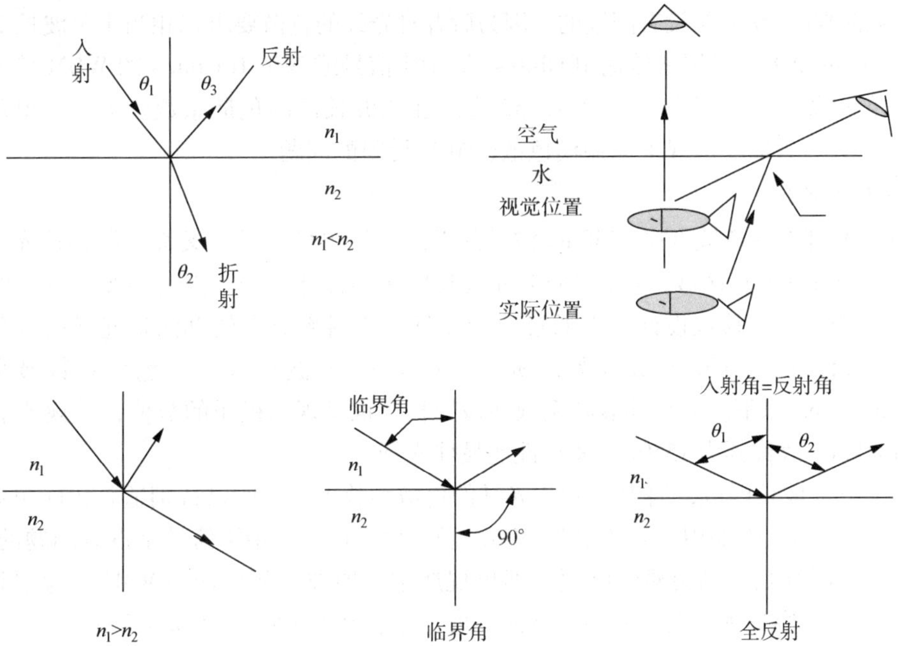

图 24－3　光反射、折射、全反射示意图

24.2.3　光纤类型

国际电信联盟远程通信标准化组织（ITU－T）首先在建议 G.651（多模光纤）中定义了多模光纤。由于单模光纤具有低损耗、带宽大、易于扩容和成本低等特点，目前国际上已一致认同 SDH/DWDM 光传输系统使用单模光纤作为传输媒质。ITU－T 在 G.652（1310nm 性能最佳的单模光纤）、G.653（色散位移光纤）、G.654（1550 性能最佳光纤）和 G.655（非零色色散位移单模光纤）建议中分别定义了四种单模光纤，在此一并予以简要介绍。

1. G.651 光纤

G.651 光纤是一种折射率渐变型多模光纤，主要应用于 850nm 和 1310nm 两个波长区域的模拟或数字信号传输。其纤芯直径为 50μm，包层直径 125μm。在 850nm 波长区衰减系数低于4dB/km，色散系数低于120ps/(nm·km)；在1310nm波长区衰减系数低于2dB/km，色散系数低于6ps/(nm·km)。

2. G.652光纤

G.652光纤指零色散点在1310nm波长附近的常规单模光纤，又称色散未移位光纤，这也是到目前为止得到最为广泛应用的单模光纤。可以应用在1310nm和1550nm两个波长区域，但在1310nm波长区域具有零色散点，低达3.5ps/(nm·km)以下。在1310nm波长区，其衰减系数也较小，规范值为0.3~0.4dB/km(实际光纤的衰减系数低于该规范值)，故称其为1310nm波长性能最佳光纤。

在1550nm波长区域，G.652光纤呈现出极低的衰减，其衰减系数规范值为0.15~0.25dB/km。但在该波长区的色散系数较大，一般约20ps/(nm·km)。

由于在1310nm波长区域目前还没有商用化的光放大器，解决不了超长距离传输的问题，所以G.652光纤虽然称为1310nm波长性能最佳光纤，但仍然大部分工作于1550nm波长区域。

在1550nm波长区域，用G.652光纤传输TDM方式的2.5Gbit/s的SDH信号或基于2.5Gbit/s的WDM信号是没有问题的，因为后者对光纤的色散要求仍相当于单波长2.5Gbit/s的SDH系统的要求。但用来传输10Gbit/s的SDH信号或基于10Gbit/s的WDM信号则会遇到相当大的麻烦。这是因为一方面G.652光纤在该波长区的色散系数较大，会出现色散受限的问题；另一方面还出现了偏振模色散(PMD)受限的问题。

3. G.653光纤

G.653光纤即零色散点在1550nm波长附近的常规单模光纤，又称色散移位光纤。它主要应用于1550nm波长区域，且在1550nm波长区域的性能最佳。因为在光纤制造时已对光纤的零色散点进行了移位设计，即通过改变光纤内折射率分布的办法把光纤的零色散点从1310nm波长移位到1550nm波长处，所以它在1550nm波长区域的色散系数最小，低达3.5ps/(nm·km)以下。而且其衰减系数在该波长区也呈现出极小的数值，其规范值为0.19~0.25dB/km。故称其为1550nm波长性能最佳光纤。

在1550nm波长区域，因为G.653光纤的色散系数极小，所以特别适合传输单波长、大容量的SDH信号。例如用它来传输TDM方式的10Gbit/s的SDH信号是没有问题的。但是，用它来传输WDM信号则会遇到麻烦，即出现严重的四波混频效应(FWM)。考虑到今后网络设备将向超大容量密集波分复系统方向发展，今后网上不宜使用G.653光纤。

4. G.654光纤

G.654光纤又称1550nm波长衰减最小光纤，它以努力降低光纤的衰减为主要目的，在1550nm波长区域的衰减系数低达0.15~0.19dB/km，而零色散点仍然在1310nm波长处。G.654光纤主要应用于需要中继距离很长的海底光纤通信，但其传输容量却不能太大。

5. G.655光纤

G.655光纤是近几年涌现的新型光纤，基本设计思想是在1550nm窗口工作波长区具有合理的、较低的色散，足以支持10Gbit/s以上速率的长距离传输而无需色散补偿，从而节省了色散补偿器件及其附加光放大器的成本；同时，其色散值又保持非零特性，具有最小数值限制，足以压制四波混频和交叉相位调制等非线性影响，同时满足TDM和WDM两种发展方向的需要。因此，G.655光纤可以用来传输单个载波上信号速率为2.5Gbit/s或10Gbit/s的WDM光信号，复用的波长通道数量可达几十、几百个。它代表了今后光纤发展的方向。

24.2.4 光纤的结构

通信用光纤主要由纤芯和包层构成，包层外是涂覆层，整根光纤呈圆柱形。纤芯的粗细、纤芯材料和包层材料的折射率，对光纤的特性起着决定性的影响。基本结构如图 24－4 所示。

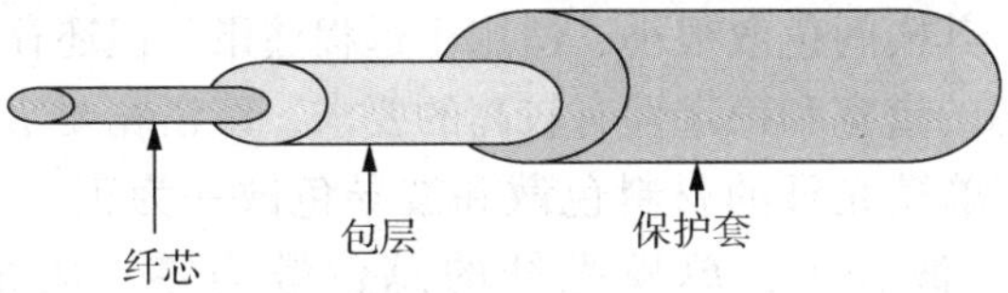

图 24－4　光纤基本结构

1. 纤芯

主体材料为 SiO_2（石英），掺杂微量的掺杂剂，如二氧化锗（GeO_2），用以提高纤芯的折射率（n_1）。纤芯的直径通常在 5～50μm 之间。

2. 包层

一般采用纯 SiO_2，外径为 125μm。包层的折射率（n_2）低于纤芯的折射率（n_1）。

3. 涂覆

涂覆采用环氧树脂、硅橡胶等高分子材料，外径约 250μm。通过增加涂覆，增强光纤的柔韧性、机械强度和耐老化特性。

按照光在光纤中传输模式的不同，分为单模光纤和多模光纤。单模光纤的纤芯直径极细，一般不到 10μm；多模光纤的纤芯直径较粗，通常在 50μm 左右。但从光纤的外观上来看，两种光纤区别不大。

24.2.5 光纤的分类

24.2.5.1 从材料角度分

按照制造光纤所用的材料分类，有石英系光纤、多组分玻璃光纤、塑料包层石英芯光纤、全塑料光纤和氟化物光纤等。

塑料光纤是用高度透明的聚苯乙烯或聚甲基丙烯酸甲酯（有机玻璃）制成的。它的特点是制造成本低廉，相对来说芯径较大，与光源的耦合效率高，耦合进光纤的光功率大，使用方便。但由于损耗较大、带宽较小，这种光纤只适用于短距离低速率通信，如短距离计算机网链路、船舶内通信等。目前通信中普遍使用的是石英系光纤。

24.2.5.2 按传输模式分

按光在光纤中的传输模式可分为单模光纤和多模光纤。

多模光纤的纤芯直径为 50～62.5μm，包层外直径 125μm，单模光纤的纤芯直径为 8.3μm，包层外直径 125μm。光纤的工作波长有短波长 0.85μm、长波长 1.31μm 和 1.55μm。光纤损耗一般是随波长加长而减小，0.85μm 的损耗为 2.5dB/km，1.31μm 的损耗为 0.35dB/km，1.55μm 的损耗为 0.20dB/km，这是光纤的最低损耗，波长 1.65μm 以上的损耗趋向加大。由于 OH^- 的吸收作用，0.90～1.30μm 和 1.34～1.52μm 范围内都有损耗高峰，这两个范围未能充分利用。从 20 世纪 80 年代起，倾向于多用单模光纤，而且先用长波长 1.31μm。

（1）多模光纤(Multi Mode Fiber)。中心玻璃芯较粗(50μm 或 62.5μm)，可传多种模式的光，但其模间色散较大，这就限制了传输数字信号的频率，而且随距离的增加会更加严重。例如：600MB/kM 的光纤在 2kM 时则只有 300MB 的带宽了。因此，多模光纤传输的距离比较近，一般只有几千米。

（2）单模光纤(Single Mode Fiber)。中心玻璃芯很细(芯径一般为 9μm 或 10μm)，只能传一种模式的光，因此，其模间色散很小，适用于远程通讯。但还存在着材料色散和波导色散，这样单模光纤对光源的谱宽和稳定性有较高的要求，即谱宽要窄，稳定性要好。后来又发现在 1.31μm 波长处，单模光纤的材料色散和波导色散一为正、一为负，大小也正好相等，这就是说在 1.31μm 波长处，单模光纤的总色散为零。从光纤的损耗特性来看，1.31μm 处正好是光纤的一个低损耗窗口。这样，1.31μm 波长区就成了光纤通信的一个很理想的工作窗口，也是目前实用光纤通信系统的主要工作波段。1.31μm 常规单模光纤的主要参数是由国际电信联盟 ITU－T 在 G.652 建议中确定的，因此这种光纤又称 G.652 光纤。

24.2.5.3　几种光连接器

在光通信工程中，主要用到图 24－5 中的几种光连接器。在拔插过程中要特别注意不要让光纤头碰到坚硬、污浊的物品或者用力过猛，使接头的损耗值过大，影响整个光纤线路的传输质量。

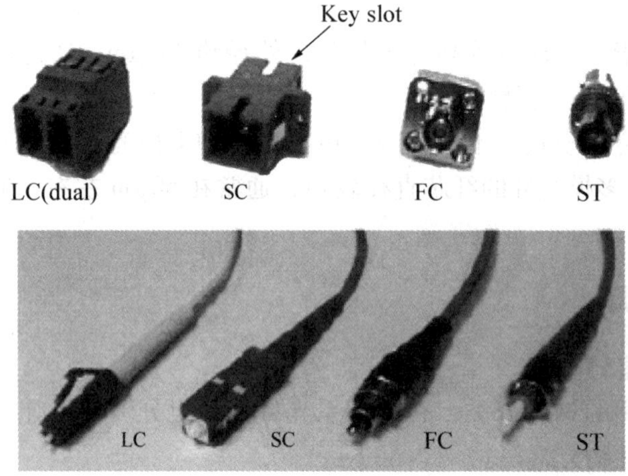

图 24－5　光连接器

LC 型：模块化插孔(RJ)闩锁机理制成。

SC 型：矩形塑料插拔式结构，特点是容易拆装。

FC 型：金属双重配合螺旋终止型结构。

ST 型：金属圆形卡口式结构。

24.2.6　光纤的损耗特性

1. 衰减系数

光纤的损耗主要包括吸收损耗、散射损耗、弯曲损耗三种，在弯曲半径较大的情况下，弯曲损耗对光纤衰减系数的影响不大，决定光纤衰减系数的损耗主要是吸收损耗和散射损耗。

吸收损耗是制造光纤的材料本身造成的，是光纤中过量金属杂质和氢氧根离子 OH^- 吸收光而产生的光功率损耗。

散射损耗通常是由于光纤材料密度的微观变化，以及所含 SiO_2、GeO_2 和 P_2O_5 等成分的浓度不均匀，使得光纤中出现一些折射率分布不均匀的局部区域，从而引起光的散射，将一部分光功率散射到光纤外部引起损耗；或者在制造光纤的过程中，在纤芯和包层交界面上出现某些缺陷、残留一些气泡和气痕等。这些结构上有缺陷的几何尺寸远大于光波，引起与波长无关的散射损耗，并且将整个光纤损耗谱曲线上移，但这种散射损耗相对前一种散射损耗而言要小得多。

综合以上几个方面的损耗，单模光纤的衰减系数一般分别为 0.3 ~ 0.4dB/km（1310nm 区域）和 0.17 ~ 0.25dB/km（1550nm 区域）。ITU - T G.652 建议规定光纤在 1310nm 和 1550nm 的衰减系数应分别小于 0.5dB/km 和 0.4dB/km。光纤衰减图如图 24 - 6 所示。

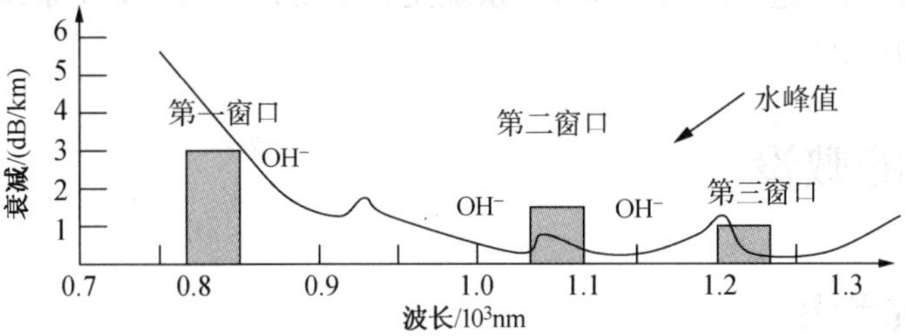

图 24 - 6 光纤的衰减图

2. 色散系数

光纤的色散指光纤中携带信号能量的各种模式成分或信号自身的不同频率成分因群速度不同，在传播过程中互相散开，从而引起信号失真的物理现象。一般光纤存在三种色散：

（1）模式色散：光纤中携带同一个频率信号能量的各种模式成分，在传输过程中由于不同模式的时间延迟不同而引起的色散。

（2）材料色散：由于光纤纤芯材料的折射率随频率变化，使得光纤中不同频率的信号分量具有不同的传播速度而引起的色散。

（3）波导色散：光纤中具有同一个模式但携带不同频率的信号，因为不同的传播群速度而引起的色散。

3. 模场直径

单模光纤的纤芯直径为 8 ~ 10μm，与工作波长 1.3 ~ 1.6μm 处于同一量级，由于衍射效应，不易测出纤芯直径的精确值。此外，由于基模 LP_{01} 场强的分布不只局限于纤芯之内，因而单模光纤纤芯直径的概念在物理上已没有什么意义，所以改用模场直径的概念。模场直径是产生空间光强分布的基模场分布的有效直径，也就是通常说的基模光斑的直径。

G.652 光纤在 1310nm 波长区的模场直径标称值在 8.6 ~ 9.5μm 范围，偏差小于 10%；G.655 光纤在 1550nm 波长区的模场直径标称值在 8 ~ 11μm 范围，偏差小于 10%。上述两种单模光纤的包层直径均为 125μm。

4. 截止波长

为避免模式噪声和色散代价，系统光缆中的最短光缆长度的截止波长应该小于系统的最低工作波长，截止波长条件可以保证在最短光缆长度上单模传输，并且可以抑制高阶模的产生或可以将产生的高阶模式噪声功率代价减小到完全可以忽略的地步。目前 ITU - T 定义了三种截止波长：短于 2m 长跳线光缆中的一次涂覆光纤的截止波长；22m 长成缆光纤的截止波长；2 ~ 20m 长跳线光缆的截止波长。

5. 零色散波长

当光纤的材料色散和波导色散在某个波长互相抵消时，光纤总的色度色散为零，该波长即为零色散波长。一般来讲，光纤的零色散波长位于1310nm 波长区内，但人们可以通过巧妙的波导结构设计使光纤的零色散波长移到我们所希望的波长区内，从而制造出色散移位光纤。

6. 零色散斜率

在零色散波长附近，光纤的色度色散系数随波长而变化的曲线斜率称为零色散斜率。其值越小，说明光纤的色散系数随波长的变化越缓慢，因此越容易一次性地对其区域内的所有光波长进行色散补偿，这一点对于 WDM 系统尤其重要，因为 WDM 系统是工作在某个波长区而不是某个单波长区。

24.3 光缆的敷设

24.3.1 开挖光缆沟

（1）挖沟前首先要对现场做认真勘查(拍照存档，做好现场记录)，查明管线走向，防止损坏管道的防腐层。

（2）对开挖光缆沟的长度和宽度要根据实际需要进行，挖沟深度标准一般普通土为1.2m、石方段为1.0m，穿越铁、公路、鱼塘、小河沟等开挖深度要达到1.5m 以上，沟边离管道0.5m，沟底宽度不窄于0.3m。部分地方需进行沟下熔接光缆时，开挖的作业坑宽度不小于1.8m×1.8m，作业坑深度超过2m，为防止塌方，四周必需进行放坡处理，保证施工人员的安全。

（3）根据敷设地区的地形地貌特点，确保两个光纤接头盒放在地势平坦、地质稳固的地方，避开鱼塘、河流、铁路、公路及沟渠等地域，这项工作称为“配盘”(这项工作在今后管道改线或新建管道施工中是非常重要的)。合理的配盘可以减少熔接点。另外在抢修资料上注明熔接点的位置和里程，同时埋一个光缆断点桩，为日后光缆发生断点时迅速准确地找到断点提供参考点。

24.3.2 光缆的选择与敷设

24.3.2.1 光缆的选择

（1）抢修使用的光缆，尽量使用同一批次的光缆(尽可能使用线路工程施工余料)，其模场直径大致相同，两端间的模场可视为一致，因为在此断点熔接可使模场直径对光纤熔接损耗的影响降到最低。

（2）如果管道改线需要更换光缆，要求光缆厂在生产这批光缆时，必须使用同一批次的裸纤，按要求的光缆长度连续生产，在每盘上顺序编号，并分别标明 A(红色)、B(绿色)端，不得跳号。敷设光缆时需按编号沿确定的路由顺序布放，并保证前盘光缆的 B 端要和后一盘光缆的 A 端相连，从而保证接续时两光纤端面模场直径基本相同，使熔接损耗值达到最小。

24.3.2.2 光缆的敷设

（1）在山区铺设光缆，不可避免地要使用爬坡直埋光缆。由于这些地区一般地形陡峭、石多土少，极易出现刮伤、拉伤光缆和被大块石块压伤光缆等现象，使铺设质量得不到保障。应选抗拉、抗大石块砸压、抗压扁性能优越的光缆或加套 PVC 管。

（2）在穿越小河沟、鱼塘、虾塘及长期被水浸泡的地域，应选择水下光缆或加套 PVC 管。

（3）由于光缆的单盘长度长，受到允许额定拉力和弯曲半径的限制，在布放时必需使用绞车放光缆，特别注意不能猛拉和发生扭结现象。一般光缆可允许的拉力约为 150～200kg，也就是说每 20m 需要有一个人，光缆转弯时弯曲半径应大于或等于光缆外径的 10～15 倍，布放时弯曲半径应大于或等于 20 倍。

（4）在穿越公路、铁路、河流时应加钢套管保护。布放光缆在遇到陡坡、穿越铁、公路等维修困难地段时应作“S”形敷设，同时放多一根光缆备用(根据实际穿越长度放备用光缆，但不能小于 350m)并做好详细的盘留记录和标识。

（5）如果光缆断点距原接点桩较近，应尽量将光缆沟挖至原接点桩，从原接点桩布放光缆至断点处，更换光缆 300m 以上，这样可以消除 OTDR 的测试盲区和减少一个接头盒，有效地降低了线路的总损耗值。

（6）在布放光缆时，严禁光缆打小圈及打折、扭曲，如果出现这类现象，必须更换此段光缆，防止留下隐患。

（7）为了防止光缆在发生断裂时再接续，在每个接头盒两端留有一定余量，长度一般为 15～20m。

（8）当敷设光缆的(管)沟内有水，为防止光缆被水浮起，造成光缆埋深不足，回填前必须先将光缆固定在沟底。

24.3.2.3 施工中注意事项

在放光缆完成前，禁止人为破坏光缆缆盘结构，否则可能造成光缆受损。施工中应尽量减少对光缆的拉、压等作用力，禁止扭曲和弯折光缆。施工中出现光缆打结、被重物压(根据损伤情况)等现象，必须更换此段光缆。施工中应避免光缆有过小的弯曲半径，弯曲半径不得小于光缆外经的 20 倍。光缆接续施工应避免在雨、雪、雾等过于潮湿的环境下及低温环境下进行，如需在此类环境下施工，应做好防护措施。在接续操作时，要根据收容盘的尺寸决定开剥长度，尽量开剥长一些，使光纤较从容地盘绕在收纤盘内。接续操作时，必须把握好开剥刀切入光缆的深度，不能把松套管压扁或损伤使光纤受力。机房内尽量整洁，尾纤应该有圈绕带保护，尾纤之间或与其他连线之间不能交叉缠绕，也不能把尾纤放在脚可以踩到的地方。光纤成端操作(即 ODF 架)时，不要将尾纤捆扎得过紧。

24.3.3 光纤熔接过程

24.3.3.1 光缆色标

常见的光缆有层绞式、骨架式和中心束管式光缆，纤芯的颜色按顺序分为蓝、橙、绿、棕、灰、白、黑、红、黄、紫、粉红、青绿，称为纤芯颜色的全色谱，有些光缆厂家用“蓝”替换色谱中的某颜色。多芯光缆把不同颜色的光纤放在同一束管中成为一组，这样一根多芯光缆里就可能有好几个束管。

光缆 A、B 端及束管编号见图 24－7。

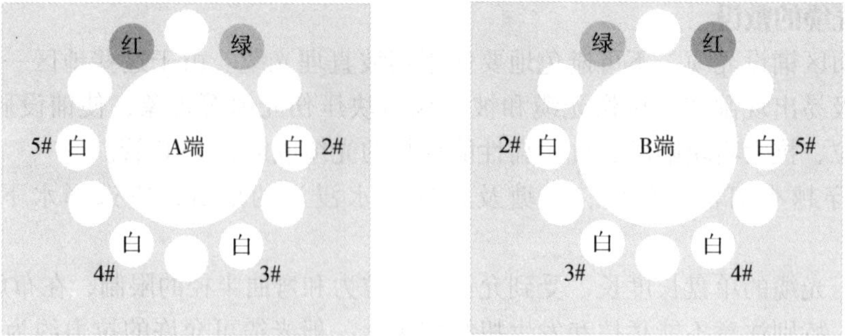

图 24－7　光缆 A、B 端及束管编号

光缆横截面正对自己，色标在上，左边红色为 A 端，左边绿色为 B 端。束管编号 A 端：把红色束管看作光缆的第一束管，逆时针（根据光缆配盘色谱说明）依次为白 $5^{\#}$、白 $4^{\#}$、白 $3^{\#}$……最后一根是绿色束管。B 端：把绿色束管看作光缆的第一束管，逆时针（根据光缆配盘色谱说明）依次为白 $2^{\#}$、白 $3^{\#}$、白 $4^{\#}$……最后一根是红色束管。

光纤色谱对照表见表 24－1。

表 24－1　光纤色谱对照表

1	2	3	4	5	6	7	8	9	10	11	12
蓝	橙	绿	棕	灰	白	红	黑	黄	紫	粉红	青绿
13	14	15	16	17	18	19	20	21	22	23	24

24.3.3.2　光纤熔接步骤

1. 注意事项

光纤熔接应遵循的原则是：芯数相等时，同束管内的对应色光纤对接，芯数不同时，按顺序先接芯数大的，再接芯数小的。光纤熔接的方法有熔接、活动连接、机械连接三种。采用这种熔接方法的优点是接点损耗小、可靠性高。

光纤熔接不能出现纤芯错位、纤芯倾斜、纤芯端面倾斜和纤芯直径不等及折射率不相同等。光纤熔接是一项细致的工作，特别在开光缆、端面制作、熔接、盘纤、封盒等环节，要求维修人员做到严谨细致、勤于思考和执行规程，才能提高工作效率和降低光纤熔接损耗，确保光缆检修的质量。

2. 熔接步骤

（1）光缆的开剥和固定：用小管刀沿光缆外径旋转切割，进刀速度要缓慢，深度控制在 2.5mm，防止伤及束管，将外保护层、铝带铠装、内保护套剥离，开剥长度为 1.5～2m 左右，用棉纱将套管上的油膏擦拭干净，将光缆穿入接头盒，剪除多余的钢丝，把钢丝穿过钢丝固定孔，紧固螺丝，不能有松动。否则，有可能因钢丝脱落造成纤芯折断。

（2）分纤：将不同束管的光纤分开，分别穿过保护套管，纤芯穿过保护套管和热缩管。因为剥去涂覆层的光纤非常脆弱，使用热缩套管热缩后，可以提高纤芯的抗折断强度，使纤芯和熔点得到较好的保护。

（3）制作光纤端面：光纤端面制作的好坏将直接影响熔接的质量，所以熔接前一定要做好合格的端面。用专用的剥线钳剥去涂覆层，长度为 25mm，用沾有无水酒精（95%）的清洁棉球在裸纤上擦拭几次，用力要适度，然后用光纤切割刀切割光纤，切割后的长度为 15mm。

（4）熔接机调试：首先打开熔接机电源（如古河 S176 和 S177），采用预置的各种程式进行熔接，并在使用中和使用后及时去除熔接机中的灰尘，特别是夹具、各镜面和 V 形槽内的灰尘和光纤碎末。根据使用光纤的类型和工作波长来选择合适的熔接程序。如没有特殊情况，一般都选用自动熔接程序。

（5）光纤熔接：将光纤放在熔接机的 V 形槽中，小心压上光纤压板和光纤夹具，要根据光纤切割长度设置光纤在压板中的位置，关上防风罩，即可自动进行熔接，一般熔接的时间约 5s。

（6）测试熔接：应严格按照光纤熔接工艺进行接续，并且熔接过程中应一边熔接一边用 OTDR 测试熔接点的损耗。对不符合要求的应立即重新熔接，对熔接损耗值较大的点，反复熔接 3 次都不合格，应将此段光缆剪掉 1.5 ~2m 重新开缆熔接。

光纤熔接时熔接机出现的异常信息见表 24 -2，光纤接续不良的结果见表 24 -3。

表 24 -2　光纤熔接时熔接机出现的异常信息

信息	原因	处理方法
设定异常	光纤在 V 形槽中伸出太长 切割长度太长	重新放置光纤在合适的位置 重新剥除、清洁、切割和放置光纤
光纤不清洁或者镜不清洁	镜头或反光镜脏 光纤表面、镜头或反光镜脏	清洁镜头、升降镜和防风罩反光镜 重新剥除、清洁、切割和放置光纤，清洁镜头、升降镜和风罩反光镜
光纤端面质量差	清洁放电功能关闭时间太短 切割角度大于门限值	如必要时增加清洁放电时间 重新剥除、清洁、切割和放置光纤，如仍发生切割不良，确认切割刀的状态
超出行程	切割长度太短 切割放置位置错误 V 形槽脏	重新剥除、清洁、切割和放置光纤 重新放置光纤在合适的位置 清洁 V 形槽

表 24 -3　光纤接续不良的结果

信息	原因	处理方法
气泡	光纤端面切割不良 光纤端面脏 光纤端面边缘破裂 预熔时间短	重新制备光纤端面或检查光纤切割刀 重新制备光纤端面 重新制备光纤端面或检查光纤切割刀 调整预熔时间
太细	锥形功能打开 光纤送入量不足 放电强度太强	确保“锥形熔接”功能关闭 执行“光纤送入量检查”指令 如不用自功模式时，减小放电强度
太粗	光纤送入量过大	执行光纤送入量检查指令

（7）热缩套管：打开防风罩，把熔接好的光纤从熔接机上取出，再将热缩管推到裸纤中心，放到加热器中加热。加热器可使用 20mm 微型热缩套管和 40mm 及 60mm 一般热缩套管，20mm 热缩管需 40s，60mm 热缩管为 85s，目前我们使用的热缩套管为 60mm。

3. 纤固定

将接续好的光纤盘到光纤盘上，在盘纤时，盘圈的半径越大，弧度越大，余纤盘留规整，热缩管固定牢固，整个线路的损耗越小。所以盘纤固定是一项非常重要的工作，要尽可能将光纤盘在接续盒的外盘圈，确保光信号在光纤里传输，避免产生一些不必要的损耗。

24.3.3.3 盘纤的规则

以每根松套管为一盘纤单元进行盘纤，避免松套管间光纤的混乱，使之布局合理、易盘、易拆，更便于维护。

以预留盘中热缩管安放单元为单位盘纤，根据接续盒内预留盘中某一小安放区域内能够安放的热缩管数目进行盘纤。避免安放位置不同而造成的同一束光纤参差不齐、难以盘纤和固定，甚至出现急弯、小圈等现象。

1. 盘纤的方法

先中间后两边，即先将热缩后的套管逐个放置于固定槽中，然后再处理两侧余纤。优点：有利于保护光纤接点，避免盘纤可能造成的损害。在光纤预留盘空间小、光纤不易盘绕和固定时，常用此种方法。

从一端开始盘纤，固定热缩管，然后再处理另一侧余纤。优点：可根据一侧余纤长度灵活选择热缩管安放位置，方便、快捷，可避免出现急弯、小圈现象。特殊情况的处理，如个别光纤过长或过短时，可将其放在最后，单独盘绕。

根据实际情况采用多种图形盘纤。按余纤的长度和预留空间大小，自然盘绕，不能硬拉，同时应灵活地采用圆、椭圆形盘纤，充分利用预留空间有效地降低因盘纤带来的额外损耗。

2. 防尘防水

在线路上(野外作业)熔接光纤时，要做好防尘防水工作，如果工作地点尘土多和湿度过大都会影响光纤熔接质量，因此，做好防尘防水工作是非常重要的。光纤熔接完成后一定要做好接续盒密封，防止接续盒进水。由于线路上的接续盒是直埋在地下，如果因密封工作没有做好，一旦接续盒进水，光纤及光纤熔接点长期浸泡在水中，可能会出现部分光纤衰减增加或造成光缆加强钢丝生锈折断，使光缆的抗拉及抗弯曲的强度降低。

3. 质量跟踪的监测

光纤熔接过程中用 OTDR 对每一根纤芯进行实时测试，查看每一个光纤熔接点的质量。每次盘纤后，用 OTDR 对所盘光纤进行测试，确定盘纤后是否带来额外损耗。封接头盒前用 OTDR 对所有光纤进行全面测试，查明有无漏测和光纤预留空间对光纤及接头有无挤压。封盒后，用 OTDR 对所有光纤进行最后测试，检查封盒是否对光纤有损伤。

24.3.4 光缆检测方法

光纤测试的仪器有很多种，一般使用光时域反射仪(OTDR)。光纤测试的方法主要有 2 种。

(1) 第一种是前向单程测试法。OTDR 在光纤接续方向前一个接头点进行测试。采用这种方法监测，测试点与接续点始终只隔一盘光缆长度，测试接头衰耗较为准确，测试速度较快，大部分情况下能较为准确地取得光纤接续的损耗值，但缺点是所测得的损耗值全部是单向测试数据，还不能全面、精确地反映光纤接续的真正的损耗值。

(2) 第二种是前向双程测试法。OTDR 测试点与接续点的位置仍同前向单程监测布置一样，但须在接续方向的最始端做环回，即在接续方向的始端将每组束管内的光纤分别短接，组成环路，由于增加了环回点，所以OTDR测试可以测出接续损耗的双向值。用OTDR前向双程测试光纤，两方向测试的结果有时会不同，主要原因是光纤芯径和相对折射率均不相同时(即不同品牌或不同批次的光纤熔接)，不仅会造成熔接损耗增加，还会造成OTDR两个方向(A端到B端或B端到A端)的测量值相差很大，当两根被熔接的光纤的模场直径不同时，因为小模场直径光纤传导瑞利散射光的能力比大模场直径光纤强，所以当这两种直径的光纤熔接时，若从小模场直径光纤向大模场直径光纤方向测试时，熔接损耗可能是负值(即虚假增益)；反之，则出现高损耗值，这是一种表面现象，是由于不同模场直径对瑞利散射光传导能力不同所造成测量上的缺陷，并不是熔接点的实际损耗。所以从两个不同方向测试并取平均值后，所得的损耗才是熔接点的真正损耗。例如，一个接头从A到B测得的损耗为0.36dB，而从B到A测得的损耗为-0.28dB，实际上此头的损耗为0.36-0.28/2=0.04dB，但如果从单向值0.36dB来判断，可能会误认为接续不合格，剪断重接，所以双向测试能有效避免这种误判的情况发生。

(3) 测试标准。影响光纤传输性能的主要参数是光功率损耗。损耗主要是由光纤本身、接头点造成的。由于光纤的长度、接头点数目不定，造成光纤链路的测试标准也不是固定的，因此对每一条光纤链路测试的标准都必须通过计算才能得出。具体计算公式如下：

光纤链路的损耗极限=光纤长度×损耗系数+每个接头损耗值×数量+每个熔接点损耗值×数量

光缆衰减(dB)=衰减系数(dB/km)×长度(km)

接头衰减(dB)=接头个数×接头损耗(dB)

熔接衰减(dB)=熔接个数×熔接损耗(dB)

衰减参考系数为：1310nm：0.35~0.5dB/km；1550nm：0.2~0.3dB/km；850nm：2.3~3.4dB/km。光纤熔接点损耗：0.2dB/点。

通信光缆要求衰减系数为：0.2dB/km以下。

通信光缆要求熔接衰减为：0.03dB/个以下。

通信光缆指标要求：1550nm单模室外直埋光缆0.25dB/km(含熔接损耗)。

单模光纤(SM)：单模光纤只传输主模，也就是说光线只沿光纤的内芯进行传输。由于完全避免了模式散射使得单模光纤的传输频带很宽，因而适用于大容量、长距离的光纤通迅。单模光纤使用的光波长为1310nm或1550nm，具体见表24-4。

表24-4　单模光纤性能指标表

项目	摸场直径/μm	包层直径/μm	衰减/(dB/km)		色散				折射率
			1310nm	1550nm	零色散波长/nm	零色散斜率/nm	色散系数最大绝对值(1288~1339nm)	1550 nm色散/[ps/(nm·km)]	
指标	9.3 ±0.5 10.5 ±1.0	125.0 ±1.0	0.36 0.38	0.22 0.25	1300~1324	≤0.093	≤3.5	≤18	1.4700

多模光纤(MM)：在一定的工作波长下(850nm/1300nm)，有多个模式在光纤中传输，这种光纤称为多模光纤。由于色散或像差，因此，这种光纤的传输性能较差，频带较窄，传输容量也较小，距离较短，具体见表24-5。

表 24-5 多模光纤指标表

项目	芯径/μm	包层 直径/μm	衰减/(dB/km)		带宽(MHz. km)		筛选张力/N	数值孔径	温度特性
			850nm	1300nm	850nm	1300nm			
指标	62.5 ±2.5	125.0 ±1.0	≤2.7 ≤3.0	≤0.6 ≤0.8	≥200 ≥160	≥600 ≥500	≥9.0 (>100kpsi)	0.275 ±0.005	-40 +60

24.4 通信光缆线路常见故障

24.4.1 光缆中断

在光传输系统故障处理中故障定位的一般思路为：先外部、后传输，即在故障定位时，先排除外部的可能因素，如光纤断裂、电源中断等，然后再考虑传输设备故障。

1. 光缆线路常见故障的原因分析

首先分析光缆线路的常见障碍现象及原因。线路全部中断：SDH 出现断纤告警(光纤接口 Rx 警灯红灯闪烁)，主要原因是 ODF 纤盘熔接点断、尾纤被老鼠咬断、外力挖断光缆或自然灾害等。其次是如何快速判断障碍点的准确位置。目前使用比较常见的光缆故障测试仪是安科特纳 MTS-5100e 便携式光时域反射(OTDR)测试仪，它可以测试光纤的长度、光纤断点的位置、光纤链路的全程损耗、沿线光纤长度的损耗分布、光纤接续点的接头损耗。

2. OTDR 仪测试步骤

当某中继段光缆出现故障时，维修人员应立即携带 OTDR(光时域反射)测试仪到相关输油站，对该中继段光缆进行测试。测试前要设定好 OTDR 测试仪的脉冲大小和宽度，按照厂方给出的折射率 n 值(目前我们选择 1.4700)的指标设定。将量程放在自动挡，找出故障点的基本地点。例如从测试点到故障点自动量程测试的距离是 28km，然后手工将量程设置到 40km，并将脉冲宽度的大小设置到与光缆长度相对应，脉冲宽度越小其精确度越高，当然还要根据实际需要进行设置。

计算故障点距临近输油站实际长度根据 OTDR 测试的距离，在地面上是找不到实际故障点的，例如 OTDR 测试的长度是 32km，在地表 32km 处是找不到故障点的，原因是光缆长度一般是每盘 2~3km，在正常敷设时，为了防止熔接失败，接头盒两边各盘留 10~15m 的光缆余量，接头盒内盘纤约 1.8 m(另外还要考虑进、出输油站、通信机房、自动阀室的光缆盘留长度)，所以在使用 OTDR 测试长度的同时，记录好这段光缆有多少个接头盒，为计算实际长度提供依据。

判断断点或高损耗点，当遇到外力或自然灾害造成光缆故障，接上 OTDR 测试仪，测试故障点的距离，根据 OTDR 的测试数据，比较容易找到故障点。但在地表未被破坏、现场看不到故障点时，故障点的查找是比较困难的，因为直埋光缆不同于架空线路，光缆断了很容易发现。这时，必须根据 OTDR 仪测出的障碍点至测试点的距离，与原始测试资料进行对照，查出故障点所属的中继段，再通过换算和精确丈量其间的地面距离，直至找到障碍点的具体位置。也可以把故障点附近的接头盒打开，从接头盒用 OTDR 朝两个方向测试，利用光缆上的米标进行判断，就很容易准确地找出故障点。

24.4.2 通信质量下降

保证通信系统的畅通是保证成品油管道运输生产的必要条件，如果光纤通信出现问题，小则影响正常的办公网络中断、视频监控的丢失、电话系统的中断等，严重则影响 SCADA 系统，对成品油输送的指令丢失，造成重大的安全事故。所以通信维护人员绝不能掉以轻心，要严格遵守通信管理规章制度、严守操作规程、做好日常巡检，出现问题应及时上报和处理。

通信故障的判断，我们应该从多个方面来获得信息进行分析。如：各种通信设备的指示灯，通信仪器的测试数据，通过 Ping 上下站之间的 IP 等，打电话和上下站之间以及总部沟通。

1. 常见的故障

（1）全部中断。此时表现为其中一站或者几站的数据全部不上传，一般为光纤线路故障。

（2）数据中断，但是电话业务正常。此时一般为传送数据的设备出现了问题，应及时利用电话上报调度中心和通信维护人员。

（3）个别数据上传中断。此时一般为卡件故障，应及时上报调度中心并通知维护人员，说明哪些数据已中断上传。

2. 通信质量下降原因

（1）出现误码告警。可能的原因有：光缆在敷设和接续过程中造成光纤的损伤，使线路衰耗时小时大，法兰连接器与尾纤连接不到位或灰尘污染，或者其他原因造成适配时好时坏。

（2）光纤性能下降，其色散和衰耗特性受环境因素影响产生波动。

（3）光纤受侧应力作用，全程衰耗增大。

（4）光缆接头盒进水，使光纤通光性能下降。

（5）光缆可能因被重物压迫，造成光纤损伤使损耗增大(如盘纤盘内纤芯受压)等。

24.5 通信系统日常维护

24.5.1 计算机日常维护

24.5.1.1 计算机的安装及使用

在安装使用计算机时，绝对禁止带电拔插动作(USB 接口的设备可除外)。开机时，对主机设备必须避免对其发生移动、拍打、震动、碰撞等动作；不要使用带有病毒的软件；禁止对硬盘进行低级格式化。需使用光驱时，主机必须按照正常位置摆放，不要任意颠倒位置，以免损坏光驱。计算机尽量避免频繁开关机的次数，一般来说，在开机的瞬间会产生强大的辐射，对人体造成伤害，二来对机器本身寿命也会产生影响，如果计算机是您的常用工具，就没必要经常关机，可以采取使计算机处于节能状态以减少电损耗。如出差很长时间(一月以上，阴暗潮湿环境半月以上)，这时候计算机肯定会闲置起来，在回来后马上开机，计算机主机内的电路极易造成短路，轻则冲击主板以至损坏，重则主机内的部件多数报废。应该在开机前使用电吹风通过机箱后面的散热孔对主机进行加温，使各部件保持干燥，一般几分钟即可，这样你就可以最大限度地避免损失。

24.5.1.2　计算机的使用

（1）计算机的开关机顺序。先开外设，后开主机，外设的范围包括显示器、打印机、扫描仪等。关机的顺序则相反，先关主机，后关外设。比如显示器，如果先开主机后开显示器，显示器打开时产生的瞬间高压会对主机内的各部件产生冲击。

（2）计算机开关机时间间隔。在关闭计算机后，不要马上再次启动计算机，最好开关的时间间隔大于20s。计算机内部有许多高速运动的部件(如硬盘、各种散热风扇等)，板卡上还有许多电容和错综复杂的电路，关机后立即再开机，多多少少地会缩短计算机的使用寿命。

（3）环境温度要适宜。计算机的工作温度不宜太高，特别是在夏天高温季节使用计算机时，应开空调或风扇，否则会因温度过高而烧坏部件。并且不可以在计算机附近放强磁场的物品，防止显示器被磁化。

（4）资料保存。资料文件等重要的数据资料不要保存在C盘(系统盘)上，因为一旦系统崩溃或是染毒，C盘上的数据往往无一幸免。同时还要养成文件资料随时录入随时保存的习惯，因为计算机出现问题往往都是偶然的，一旦出现错误，录入的资料就会丢失。

（5）杀毒防毒。至少要装一种病毒软件，并开启防火墙，同时应定期升级病毒库，以达到防病毒的目的。

（6）垃圾整理。有时候计算机运行得慢了，往往是硬盘上装的东西太多。要及时清理用不到的文件，C盘剩余空间不足，也会引起计算机变慢。

（7）文档的分类。日常编辑的和需要存档的文件，尽量不要都存到“我的文档”里，可根据需要在非系统盘建立文件存储专用文件夹，按文件内容分门别类放到不同文件夹里。

24.5.2　通信日常管理

24.5.2.1　制度管理

贯彻执行国家及上级主管部门有关通信管理的法规、政策和规定，组织制定和完善本通信管理的各项管理制度。组织制定公司专用通信网的规划、系统升级、改造、设备更新以及系统状态监控和分析等工作，编制年度通信管理计划。

建立通信专职、兼职专业技术人员网络，根据工作需求有计划地开展技术培训和考核，提高通信维护人员的技术水平和处理故障的能力。

指导下级各单位做好通信系统运行管理，组织通信系统的有关技术攻关、推广、新技术应用等。做好通信系统与各专业连接接口、公司对外通信接口连接的管理和通信专线租用等工作。

做好通信系统的优化，并根据生产需求编写解决方案。督促下级各单位做好所辖区域内通信光缆线路测试和线路状况分析工作，并根据实际数据安排光缆检修计划，对安排的检修情况进行督促和检查。

做好全线通信系统运行状态分析和通信线路可靠性测试，并根据实际数据下达系统调整、维护计划。

24.5.2.2　通信机房管理

1. 进入机房要求

机房钥匙要设专人保管，不能复制和由无关人员保管。除通信专业维护人员和巡检人员外，无关人员不准进入通信机房，所有人员进出机房一律要登记。进入机房需换通信机房专用拖鞋或者鞋套，保持机房洁净。外来通信技术人员进出通信机房，必须经主管部门同意后方可进入。

2. 机房环境卫生安全要求

保持通信机房清洁，及时清除地面、设备、机柜上灰尘，物品摆放整齐。

（1）运行环境。通信机房温度应控制在(22 ±1)℃之间，相对湿度35% ~70%之间。

（2）防火。通信机房内严禁放置易燃物品。机房应设置气体灭火器，并放置在指定位置，禁止使用带水或有残留物的灭火器。

（3）防雷击。机房内通信设备接地符合规范要求，与外部设备连接口必须安装防雷保护器。

（4）防静电。凡对通信机柜内设备进行维修、清洁时，必须戴好放静电释放手环。

（5）防鼠(虫)。做好门窗及各进线口的密封，进出机房要随手关好门窗。机房内各类设备和连线要有清晰的标识和线缆走向图。

24.5.2.3 通信设备操作维护

通信设备需要操作时，由通信技术人员进行，操作时要严格按规程进行，其他人员不准操作。对可能造成通信中断的设备操作，需经主管部门批准，提前通知相关部门做好数据备份和应急准备工作。对影响正常生产的通信设备需进行停机检修时，由检修单位负责编写详细的检修方案，报主管部门审核同意后实施，遇重大检修需报公司主管领导批准后实施。

通信各网管系统必须由公司授权的专业人员，使用有效的用户名及管理密码登陆进行系统管理维护操作，通信系统操作终端只能安装专业应用软件，无关的软件一律禁止安装。

定期对备用通信信道、设备进行性能测试，并按要求做好测试记录。

特别规定：禁止擅自修改通信各系统的配置。禁止擅自挪用通信机房内的各种设备以及线缆。禁止擅自对通信系统在用纤芯、线缆及语音配线架等进行任何操作。禁止擅自在通信机房内安装任何设备和架设线路。禁止擅自将各通信专用网络之间进行互联及连接到互联网。禁止擅自将终端设备接入机房内的任何接口。禁止擅自修改各系统的账号和口令。禁止利用通信终端或网络做与生产无关的事项。

24.5.2.4 光缆线路的施工维护

光缆线路两侧10m内(单侧5m内)不准使用机械施工；如有安全可靠的安全措施，可适当放宽标准，并做好施工监护。设置施工安全区域，标清线路的位置。监护外力施工时必须做到：先于施工队到达工地，迟于施工队离开工地。

光缆施工前，方案报主管部门审批，并办理好相关手续后才能动工。施工时要有管理人员现场指挥、监督。落实安全措施，断光缆前必须检查备用信道是否正常投用，在确认生产数据传输正常后才能进行光缆检修。光缆线路的迁移、割接、变更等项目，应有通信主管部门或通信专业人员在现场指挥。

光缆线路的维护项目与测试周期：每月定期对辖区内通信光缆的备用纤芯测试、记录和分析(包括缆长、损耗超标情况、超标原因以及与上月测试数据对比等)。每月定期采用光功率计测试主备光路中的收光功率(-13 ~ -22dB之间)。

光缆故障完全修复依照以下时限：一般故障时限为12h以内(光缆被挖断)，地基下沉等光缆故障时限为36h以内，环境特殊(如穿越河流、铁路等)可适当考虑时限延长48h内完成。

24.5.2.5 阀室通信设备维护管理

各类人员进出阀室通信间必须经过输油站批准，并认真填写登记表，未经输油站批准任何人不能进入。阀室内应保持通风良好，无杂物堆积，房顶不漏雨、无积水，墙壁和地面不渗水，门、窗、锁完好，通信设备整洁卫生。未经主管部门批准，不能对阀室通信设备进行任何操作。太阳能电池表面每月定期用柔软的布和清水擦洗一次。输油站外管线管理员每周清扫设备灰尘一次。当阀室通信间温度超过摄氏35℃、相对湿度超过75%时，开启排风扇进行通风，每次1h，时间应选择在10：00～16：00时进行，阴雨天不进行此项工作。

24.5.2.6 日常抢修

组织重大的通信系统故障抢维修工作，并督促各管理处做好通信系统抢维修工作并提供技术支持。审核通信设备检修、抢修、技术改造技术方案及系统安全措施，并提供技术支持。

建立通信系统技术档案和设备台账等资料，审核通信设备维修、备件计划。负责通信系统维修工器具和备件的保管、使用、出入库台账管理。

配合相关部门对通信阻断事故进行技术分析和责任调查工作。负责通信各项费用的管理、审核和考核工作。负责对通信系统运行和光缆线路管理工作的检查和考核工作。

附录 通信术语

1. IEEE 的标准

(1) IEEE 802. ID 标准：这是 LAN/MAN 管理标准，于 1992 年批准，它与 802. 11K 一起成为 ISO/IEC15802 -2。

(2) IEEE 802. 3 标准：为以太网制定的存储冲突检测的载波检测多路访问(CSMA/CD)的访问控制标准，此后又作为 ISO/IEC 8802 -3 标准的基础。

(3) IEEE 802. 11 标准：IEEE 为无线局域网制定的 MAC(媒体访问控制)层和物理层规范标准，当前的建议主要针对 2. 4GHZ 频带。

2. 10BASE -T(RJ -45)

针对星形拓朴结构的以太网标准，网上的每个设备都用无屏蔽双绞(VIP)接到一个中央集线器上，它仍采用 IEEE802. 3 以太网标准。

3. 协议

(1) BOOTP（自举协议)：是一个基于 IP/UDP 协议的协议，它可以让无盘站从一个中心服务器上获得 IP 地址，为局域网中的无盘工作站分配动态 IP 地址，并不需要每个用户去设置静态 IP 地址。

(2) MAC（介质访问控制，Media Access Control)，一个管理工作站对网络的访问方法的协议。

(3) MIB（管理信息库，Management Information Base)，一个由一系列对象所组成的数库，这些对象表示了关于一个设备不同类型的信息，它被 SNMP 用来管理设备。

(4) SNMP(简单网络管理，Simple Network Management Protocol)：一个用来获得网络管理数据的协议。SNMP 使一个管理工作站能配置，监视和从网关和网关所连接的网络那接收自陷消息。

(5) Telnet（远程终端协议)：它允许一个连到主机上的终端登录到其他的主机上，就好像直接连接到远程机器一样。

(6) TFTP（平凡文件传输协议，Trivial File Transfer Protocol)，一个基本而标准的协议，它用最小的额外开销来上载或下载文件。TFTP 依赖于 UDP 协议，并用它通常是被用来初始化无盘工作站，它没有目录或口令的功能。

(7) FTP：被用来与运行 FTP 服务的远程计算机之间来回传输文件的文件传输协议。

4. OSI（开放系统互连，Open systems Interconnection)

一个 ISO 标准集合，它为在七层中实现协议而定义了框架。

5. ISO（国际标准化组织，International Standard Organization)

一个为网络协议指定标准草案的国际性组织。

6. PING(网际包探测器，Packet internet groper)

在 TCP/IP 互连网络中用到的一个程序，用来测试另一个主机的可到达性。简单来说，ping 就是等待一个变应答的 ICMP 回显请求。

7. 比特率（单位：比特/秒，b/s)

比特率又称作信息速率，它反映出一个数据传输系统每秒内所传送的信息量的多少。信息速率直接与波形速率和一个波形所携带的信息量有关。

8. 以太网 LAN

以太网是在 Xerox 公司开发出来的，是基于 CSMA/CD 介质访问控制的网络的原型系统，称为“以太网”，是得名于一种难以捉摸的、称为“ 以太”的物质，以前人们曾认为电磁波是借助以太(有关通讯方面专业术语解释)来传播的。

9. 同轴电缆

（1）50Ω 同轴电缆：又称为基带同轴电缆，用于传输基带数字信号，专为数据通信所用，在局域网中广泛地使用这种同轴电缆作为传输介质。

（2）75Ω 同轴电缆：是公用天线电视系统 CATV 中的标准传输电缆，一般用于模拟传输系统，传输的信号通常采用频分复用的宽带信号，所以又称为宽带同轴电缆。

参 考 文 献

1 吴荫顺，郑家燊. 电化学保护和缓蚀剂应用技术[M]. 北京：化学工业出版社，2006.

2 W. V. 贝克曼，W. 施文克. 胡士信等译. 阴极保护手册(1988 年版)[M]. 北京：化学工业出版社，2006.

3 秦国治等. 管道防腐蚀技术[M]. 北京：化学工业出版社，2009.

4 米琪，李庆林等. 管道防腐蚀手册[M]. 北京：中国建筑工业出版社，1994.

5 寇杰，梁法春，陈婧. 油气管道腐蚀与防护[M]. 北京：中国石化出版社，2008.

6 中国石油天然气集团公司人事服务中心. 油气管道保护工[M]. 北京：石油工业出版社，2005.

7 吴荫顺，曹备. 阴极保护和阳极保护[M]. 北京：中国石化出版社，2007.

8 俞蓉蓉，蔡志章. 地下金属管道的腐蚀与防护[M]. 北京：石油工业出版社，1998.

9 李朝，陈向新等. 管道线路工程中的水工保护[J]. 油气储运. 1999. 18(2)：37－40.

10 水工混凝土结构设计规范 DL/T 5057—1996.

11 中国石油天然气管道工程有限公司. 水工保护设计指南. 通线－L161/明. 2008.

12 钢质管道外腐蚀控制规范 GB/T 21447—2008.

13 埋地钢质管道阴极保护技术规范 GB/T 21448—2008.

14 关于处理石油管道和天气然气管道与公路相互关系的若干规定. 交通部、石油工业部一九七八年五月二十三日颁发.

15 原油、天然气长输管道与铁路相互关系的若干规定. 铁道部、石油工业部.

16 中华人民共和国石油天然气管道保护法 中华人民共和国主席令(第三十号).

17 油气管道架空部分及其附属设施维护保养规程 SY/T 6068—94.

18 输油管道工程设计规范 GB 50253—2003.

19 石油天然气管道安全规程 SY 6186—2007.

20 钢质管道及储罐腐蚀控制工程设计规范 SY 0007—1999.

21 油气管道保护工. 中国石油天然气集团公司人事服务中心编[M]. 北京：石油工业出版社 2004. 12.